高等教育规划教材　　卓越工程师教育培养计划系列教材

陈洪钫　刘家祺 ◎ 编著

化工分离过程

第二版

U0288490

化学工业出版社

·北京·

本书从化工类大学本科分离工程教学的实际出发，保持第一版的框架结构。以讲授传统分离过程为主，新型分离技术为辅，并且反映当代分离过程科学技术进步的新成果。

　　全书内容分为 7 章。包括：绪论；单级分离过程；多组分多级分离过程分析与简捷计算；多组分多级分离的严格计算；分离设备的性能和效率；分离过程的节能；新型分离技术和过程集成。各章均新增近期参考文献，有一定数量的例题和习题。

　　本书适用于化学工程与技术学科的化学工程、化学工艺等专业大学本科分离工程教学，亦适于化工、石油、材料、冶金、轻工、环境治理等部门从事科研、设计、生产的工程技术人员阅读。

图书在版编目（CIP）数据

化工分离过程/陈洪钫，刘家祺编著. —2 版. —北京：化学
工业出版社，2014.5（2025.1重印）
高等教育规划教材　卓越工程师教育培养计划系列教材
ISBN 978-7-122-19768-9

Ⅰ.①化…　Ⅱ.①陈…②刘…　Ⅲ.①化工过程-分离-高等
学校-教材　Ⅳ.①TQ028

中国版本图书馆 CIP 数据核字（2014）第 027374 号

责任编辑：何　丽　徐雅妮　　　　　　文字编辑：丁建华
责任校对：宋　玮　　　　　　　　　　装帧设计：关　飞

出版发行：化学工业出版社（北京市东城区青年湖南街 13 号　邮政编码 100011）
印　　装：大厂回族自治县聚鑫印刷有限责任公司
787mm×1092mm　1/16　印张 19　字数 501 千字　2025 年 1 月北京第 2 版第13次印刷

购书咨询：010-64518888　　　售后服务：010-64518899
网　　址：http://www.cip.com.cn
凡购买本书，如有缺损质量问题，本社销售中心负责调换。

定　　价：48.00 元　　　　　　　　　　　　　　版权所有　违者必究

前言

《化工分离过程》为原高等学校化学工程与工艺专业教学指导委员会根据化学工程与工艺专业的教学计划，组织编写的专业基础课教材，1995年出版。该教材从我国高等教育的国情出发，依据我们多年来累积的本科分离过程教学经验，参考和吸取了国外名校名著同类教材相关章节的长处，合理地界定了大学本科分离工程课程的基本内容，是具有我国大学课程体系特色的分离工程教材。时至今日，该教材已出版使用19年，在国内大学本科教学中广泛使用。

跨入21世纪后，国内出版了多部大学本科分离工程教材，加之作为《化工分离过程》作者的我们均先后退休，所以近十年来未曾考虑原教材的再版问题。然而《化工分离过程》教材的发行量居高不下，说明该教材仍为较多大专院校所选用，也说明该教材的定位和所选重点内容是恰当的，得到广大院校师生的认同。当然，该教材的部分内容，特别是新型分离技术、过程集成和数学模拟软件等方面的知识已明显陈旧。于是我们意识到《化工分离过程》再版的必要和我们义不容辞的责任。

当我们决定做再版的修订工作时，接下来的问题是，教材的修改原则是什么？我们请来本校《化工分离过程》课程的任课教师座谈；上网查找兄弟院校的课程教学计划和PPT课件；追踪国外名校名著同类教材再版相关信息 ［E. J. Henley，J. D. Seader 以《分离过程原理》为书名的三个版本（1998，2003，2011）；Phillip C. Wankat 以不同书名出版的四个版本（1988，1996，2006，2011）］。综合各个渠道获得的信息，得到的结论是：尽管近二十年来分离过程呈现出快速发展的趋势，新型分离技术研究开发和应用活跃，模拟软件日臻完善和广泛应用，但大学分离过程的基本教学内容和重要章节基本未变，教学重点仍然是传统分离过程，教学内容注重过程基本原理和数学模拟基础知识。据此，再版《化工分离过程》教材的主导思想是教材整体框架不变，基本内容不变；以讲授传统分离方法为主，新型分离技术为辅，并且教材内容能反映当代分离过程科学技术进步的新成果和科技前沿。使学生既掌握扎实的化工分离过程基础知识，又树立开拓创新意识。

《化工分离过程》第二版教材作了如下修订和增补：

1. 在第1章绪论中增加分离技术开发展望，虽文字不多，但提纲挈领，给授课者留有发挥空间，可随时间推移，不断更新。

2. 在第2章单级分离过程中新增两节，液液平衡计算和剩余曲线概念。前者是萃取过程的热力学基础；后者为第6章分离顺序的选择提供基础知识。

3. 在第3章多组分多级分离过程分析与简捷计算中新增反应精馏和间歇精馏，它们是近年来研究和开发相当活跃的单元操作，在理论、工艺、模拟和应用等方面都有较大进展。删除各院校不经常选用的化学吸收内容。

4. 在第 4 章多组分多级分离的严格计算中新增 4.4～4.8 节，反映分离过程在数学模型和计算机模拟软件方面的进展。后四节为平衡级模型的扩展、非平衡级模型和模拟软件的介绍，篇幅不大，为自学留有空间。

5. 在第 5 章分离设备的性能和效率中对气液传质设备的性能和效率内容作了更新和充实，编排相应变化。

6. 在第 6 章分离过程的节能中充实了精馏节能技术；更新了精馏塔序合成的方法。

7. 第 7 章新型分离技术和过程集成反映当前新型分离技术的研究、开发现状，篇幅有限，但内容求新。另外，本章最后一节介绍各种类型的分离过程集成，这也是目前的热点研究开发领域。

8.《化工分离过程》第一版附录中所列多个计算源程序已属淘汰之列，全部删除。

9. 各章参阅了数量不等的 2000～2012 年期间的相关文献，做了补充。部分章节增加了少量习题。

《化工分离过程》第二版全部章节的总授课时数 50～55 学时；重点章节的总授课时数 35～40 学时，其中属自学之列的章节主要有： 3.4， 3.5， 4.3.4， 4.4（仅原则介绍，例题自学）， 4.5～4.8， 5.2， 7.1.3～7.1.6， 7.3 等。上述学时估计为作者一孔之见，仅供参考。

本书由陈洪钫、刘家祺编写。参加编写、制图、录入和校对工作的还有刘国维和李俊台等。限于作者水平，书中一定有不妥之处，敬请读者指正。

编著者

2014 年 3 月于天津大学

目 录

第1章

绪　　论

1.1　分离操作在化工生产中的重要性

分离过程是将混合物分成组成互不相同的两种或几种产品的操作。一个典型的化工生产装置通常是由一个反应器（有时多于一个）和具有提纯原料、中间产物和产品的多个分离设备以及机、泵、换热器等构成。分离操作一方面为化学反应提供符合质量要求的原料，清除对反应或催化剂有害的杂质，减少副反应和提高收率；另一方面对反应产物起着分离提纯的作用，以得到合格的产品，并使未反应的反应物得以循环利用。此外，分离操作在环境保护和充分利用资源方面起着特别重要的作用。因此，分离操作在化工生产中占有十分重要的地位，在提高生产过程的经济效益和产品质量中起举足轻重的作用。对大型的石油工业和以化学反应为中心的石油化工生产过程，分离装置的费用占总投资的 $50\%\sim90\%$。

图 1-1 所示为乙烯连续水合生产乙醇的工艺流程简图，其核心设备是一台固定床催化反应器，操作温度约为 $300℃$，压力为 $6.5MPa$，反应器中进行的主反应为 $C_2H_4+H_2O \longrightarrow C_2H_5OH$。此外，乙烯原料中的一些杂质还进行若干副反应，生成乙醚、异丙醇、乙醛等副产物。由于热力学平衡的限制，乙烯的单程转化率一般仅为 5%。因此必须有较大的循环比。通常，反应产物先经分凝器及水吸收塔与未反应的乙烯分离。后者返回反应系统。由分凝器及水吸收塔所是到的反应产物需进一步处理以获得所需产品。先送入闪蒸塔，由该塔出

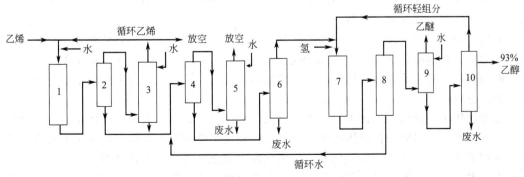

图 1-1　乙烯连续水合生产乙醇的工艺流程

1—固定床催化反应器；2—分凝器；3,5,9—吸收塔；4—闪蒸塔；

6—粗馏塔；7—催化加氢反应器；8—脱轻组分塔；10—产品塔

来的气体用水洗涤，以防止乙醇损失。由粗馏塔顶蒸出含有乙醚及乙醛的浓缩乙醇，再经气相催化加氢将乙醛转化成乙醇。乙醚在脱轻组分塔蒸出，并送入水吸收塔回收其中夹带的乙醇。最终产品是在产品塔得到的；在距产品塔顶数块板处引出浓度为93%的含水乙醇产品，塔顶引出的轻组分送至催化加氢反应器，废水由塔釜排出。此外尚有一些设备，以浓缩原料乙烯，除去对催化剂有害的杂质以及回收废水中有价值的组分等。由上述流程可以看出，这一生产中所涉及的分离操作很多，有吸收、闪蒸和精馏等。

在某些化工生产装置中，分离操作就是整个过程的主体部分。例如，石油裂解气的深冷分离、碳四馏分分离生产丁二烯、芳烃分离等过程。图 1-2 所示为对二甲苯生产流程简图。对二甲苯是一种重要的石油化工产品，主要用于制造对苯二甲酸。将沸程在 120～230K 之间的石脑油送入重整反应器，使烷烃转化为苯、甲苯、二甲苯和高级芳烃的混合物，便是本装置的原料。该混合烃首先经脱丁烷塔以除去丁烷和轻组分。塔底的物料进入液-液萃取塔。在此，烃类与一不互溶的溶剂（如乙二醇）相接触。芳烃选择性地溶解于溶剂中，而烷烃和环烷烃则不溶。

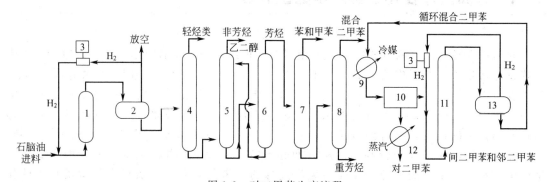

图 1-2　对二甲苯生产流程

1—重整反应器；2,13—汽液分离器；3—压缩机；4—脱丁烷塔；5—萃取塔；6—再生塔；
7—甲苯塔；8—二甲苯回收塔；9—冷却器；10—结晶器；11—异构化反应器；12—融熔器

含芳烃的溶剂被送入再生塔中，在此将芳烃从溶剂中分出，溶剂则循环回萃取器。在流程中，继萃取之后还有两个精馏塔。第一塔用以从二甲苯和重芳烃中脱除苯和甲苯，第二塔是将混合二甲苯中的重芳烃除去。

从二甲苯回收塔塔顶馏出的混合二甲苯经冷却后在结晶器中生成对二甲苯的晶体。通过离心分离或过滤分出晶体，所得的对二甲苯晶体经融化后便是产品，滤液则被送至异构化反应器，在此得到三种二甲苯异构体的平衡混合物，可再循环送去结晶。用这种方法几乎可将二甲苯馏分全部转化为对二甲苯。

上述两例说明了分离过程在石油和化学工业中的重要性。事实上，在冶金、食品、生化和原子能等工业也都广泛地应用到分离过程。例如，从矿产中提取和精选金属；食品的脱水、除去有毒或有害组分；抗生素的净制和病毒的分离；同位素的分离和重水的制备等都离不开分离过程。

随着现代工业趋向大型化生产，所产生的大量废气、废水、废渣更加集中排放。对它们的处理不但涉及物料的综合利用，而且还关系到环境污染和生态平衡。如原子能废水中微量同位素物质很多工业废气中的硫化氢、二氧化硫、氧化氮等都需妥善处理。

近年来，由于能源紧张，石油提价，对分离过程的能耗要求就越来越苛刻。随之对设备性能要求也越来越高。

上述种种原因都促使对常规分离过程如蒸发、精馏、吸收、吸附、萃取、结晶等不断进行改进和发展；同时新的分离方法，如固膜与液膜分离、热扩散、色层分离等也不断出现和得到工业化。

1.2 传质分离过程的分类和特征

分离过程可分为机械分离和传质分离两大类。机械分离过程的分离对象是由两相以上所组成的混合物。其目的只是简单地将各相加以分离。例如，过滤、沉降、离心分离、旋风分离和静电除尘等。这类过程在工业上是重要的，但不是本课程要讨论的内容。传质分离过程用于各种均相混合物的分离，其特点是有质量传递现象发生。按所依据的物理化学原理不同，工业上常用的传质分离过程又可分为两大类，即平衡分离过程和速率分离过程。

1.2.1 平衡分离过程

该过程是借助分离媒介（如热能、溶剂和吸附剂），使均相混合物系统变成两相系统，再以混合物中各组分在处于相平衡的两相中不等同的分配为依据而实现分离。

分离媒介可以是能量媒介（ESA）或物质媒介（MSA），有时也可两种同时应用。ESA 是指传入系统或传出系统的热；还有输入或输出的功。MSA 可以只与混合物中的一个或几个组成部分互溶。此时，MSA 常是某一相中浓度最高的组分。例如，吸收过程中的吸收剂、萃取过程中的萃取剂等。MSA 也可以和混合物完全互溶。当 MSA 与 ESA 共同使用时，还可有选择性地改变组分的相对挥发度，使某些组分彼此达到完全分离，例如萃取精馏。

表 1-1 列出了工业上常用的基于平衡分离过程的分离单元操作。简图中符号 V、L 和 S 分别表示进入或流出单元设备的气相、液相和固相。

表 1-1 平衡分离过程的分离单元操作

名称	简　图	原料相态	分离媒介	产生相态或 MSA 的相态	分离原理	工业应用实例
（1）闪蒸	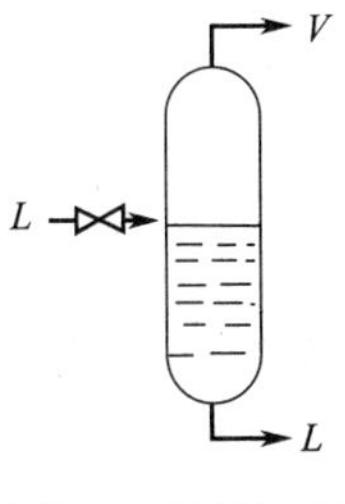	液体	减压	气体	挥发度（蒸气压）有较大差别	由海水淡化生产纯水
（2）部分冷凝	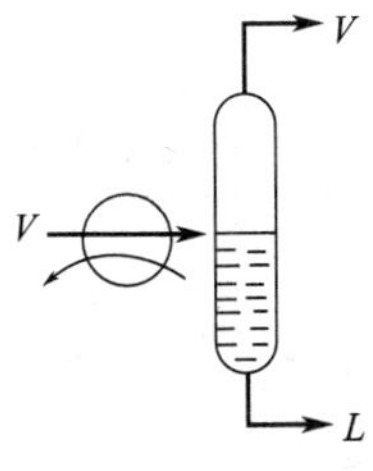	气体	热量(ESA)	液体	挥发度（蒸气压）有较大差别	由氢中回收氢气和氮气

名称	简图	原料相态	分离媒介	产生相态或 MSA 的相态	分离原理	工业应用实例
（3）精馏		汽、液或汽液混合物	热量（ESA）；有时用机械功	气体和液体	挥发度（蒸气压）有差别	石油裂解气的深冷分离
（4）萃取精馏		汽、液或汽液混合物	液体溶剂（MSA）和塔釜加热（ESA）	气体和液体	溶剂改变原溶液组分的相对挥发度	以苯酚作溶剂由沸点相近的非芳烃中分离甲苯
（5）吸收蒸出		气体或液体	液体吸收剂（MSA）；加入热量（ESA）	气体和液体	溶解度不同	由催化裂化装置主蒸馏塔顶产物中回收乙烷及较轻的烃
（6）吸收		气体	液体吸收剂（MSA）	液体	溶解度不同	用乙醇胺类吸收以除去天然气中的 CO_2 和 H_2S

化工分离过程

名称	简　图	原料相态	分离媒介	产生相态或MSA的相态	分离原理	工业应用实例
（7）蒸出		液体	气 提 气（MSA）	气体	溶解度不同	原油蒸馏塔的侧线抽出的石脑油、煤油和柴油馏分的气提
（8）带有回流的蒸出（水蒸气蒸馏）		气、液或气液混合物	气提蒸汽（MSA）和热量（ESA）	气体和液体	溶解度不同	原油的减压蒸馏（水蒸气为气提剂）
（9）再沸蒸出		液体	热量（ESA）	气体	溶解度不同	从石脑油馏分中脱除轻组分
（10）共沸精馏		汽、液或汽液混合物	液体共沸剂（MSA）和热量（ESA）	气体和液体	共沸剂改变原溶液组分的相对挥发度	以醋酸丁酯作共沸剂从稀溶液中分离醋酸

名称	简图	原料相态	分离媒介	产生相态或 MSA 的相态	分离原理	工业应用实例
（11）液-液萃取		液体	液体萃取剂（MSA）	液体	不同组分在两液相中的溶解度不同	以丙烷作萃取剂从重渣油中脱除沥青
（12）液-液萃取（双溶剂）		液体	两个萃取剂（MSA$_1$ 和 MSA$_2$）	液体	不同组分在不同萃取剂中的溶解度不同	以丙烷、甲酚为双溶剂，从芳烃和环烷烃原料中分离链烷烃
（13）干燥		液体，更常见是固体	气体（MSA）；热量（ESA）	气体	水分蒸发	用热空气脱除聚氯乙烯中的水分
（14）蒸发		液体	热量	气体	蒸气压不同	由氢氧化钠的水溶液中蒸出水分
（15）结晶		液体	冷量或热量	固体	利用过饱和度	由二甲苯混合物中结晶分离对二甲苯

名称	简　图	原料相态	分离媒介	产生相态或 MSA 的相态	分离原理	工业应用实例
（16）凝聚		蒸汽	冷量	固体	选择性地凝华	邻苯二甲酸酐的精制
（17）浸取		固体	液体溶剂	液体	固体的溶解度	用水浸取矿渣中的硫酸铜
（18）吸附		气体或液体	固体吸附剂	固体	吸附作用的差别	通过分子筛吸附空气中的水分
（19）离子交换		液体	固体树脂	固体	质量作用定律	水的软化
（20）泡沫分离		液体	表面活性剂与鼓泡	液体（两种）	气泡的气液界面吸附	清除废水中的洗涤剂；矿石浮选
（21）区域熔炼		固体	热量	液体	凝固趋势的差别	金属的超提纯

当被分离混合物中各组分的相对挥发度相差较大时，闪蒸或部分冷凝即可充分满足所要求的分离程度。见表 1-1 中（1）和（2）。

如果组分之间的相对挥发度差别不够大，则通过闪蒸及部分冷凝就不能达到所要求的分离程度，而应采用精馏（3）才可能达到所要求的分离程度。

当被分离组分间相对挥发度很小，必须采用具有大量塔板数的精馏塔才能分离时，就要考虑采用萃取精馏（4）。在萃取精馏中采用 MSA 有选择地增加原料中一些组分的相对挥发度，从而将所需要的塔板数降低到比较合理的程度。一般说来，MSA 应比原料中任一组分的挥发度都要低。MSA 在接近塔顶的塔板引入，塔顶需要有回流，以限制 MSA 在塔顶产品中的含量。

如果由精馏塔顶引出的气体不能完全冷凝，可从塔顶加入吸收剂作为回流，这种单元操作叫做吸收蒸出（或精馏吸收）（5）。如果原料是气体，又不需要设蒸出段，便是吸收（6）。通常，吸收是在室温和加压下进行的，无需往塔内加入 ESA。气体原料中的各组分按其不同溶解度溶于吸收剂中。

蒸出（7）是吸收的逆过程，它通常是在高于室温及常压下，通过蒸出气体（MSA）与液体原料接触，来达到分离的目的。由于塔釜不必加热至沸腾，因此当原料液的热稳定性较差时，这一特点显得很重要。如果在加料板以上仍需要有气液接触才能满足所要求的分离程度，则可采用带有回流的蒸出（8）过程。如果蒸出塔的塔釜液体是热稳定的，可不用 MSA 而仅靠加热沸腾，则称为再沸蒸出（9）。

能形成最低共沸物的系统，采用一般精馏是不合适的，常常采用共沸精馏（10）。例如，为使醋酸和水分离，选择共沸剂醋酸丁酯（MSA），它与水所形成的最低共沸物由塔顶蒸出，经分层后，酯再返回塔内，塔釜则得到纯醋酸。

液-液萃取（11）和（12）是工业上广泛采用的分离技术，有单溶剂和双溶剂之分，在工业实际应用中有多种不同形式。

干燥（13）则是通过液体的蒸发，将固体中的液体除去。干燥的设计和操作是一复杂的课题，因为将平衡热力学原理用于典型的干燥过程是比较困难的。干燥过程中，气体中蒸汽的浓度远未达到饱和状态，固体上的浓度梯度是导致质量传递的动力，但过程还并不清楚。因此，与其说是传质，还不如说是传热限制了干燥的速度。

蒸发（14）一般是指通过热量传递，引起汽化使液体转变为气体的过程。增湿和蒸发在概念上是同义的，但采用增湿或减湿一词往往是指有意往气体中加入或除去蒸汽。

结晶（15）是多种有机产品以及几乎全部无机产品的生产装置中常用的一种单元操作，用于生产小颗粒状固体产品。结晶实质上也是提纯过程。因此，结晶的条件是要使杂质留在溶液里，而所希望的产品则由溶液中分离出来。

升华就是物质由固体不经液体状态直接转变成气体的过程，一般是在高真空下进行。主要应用于由难挥发的物质中除去易挥发的组分。例如硫的提纯、苯甲酸的提纯、食品的熔融干燥。其逆过程就是凝聚（16），在实际中也被广泛采用，例如由反应的产品中回收邻苯二甲酸酐。

浸取（17）广泛用于冶金及食品工业。操作方式分间歇、半间歇和连续。浸取的主要问题是促进溶质由固相扩散到液相，对此最为有效的方法是把固体减小到可能的最小颗粒。固液和液液系统间的主要差别在于前者存在级与级间输送固体或固体泥浆的困难。

吸附（18）的应用一般仍限于除去低浓度的组分。近年来由于吸附剂及工程技术的进展，使吸附的应用扩大了，已工业化的过程有多种气体和有机液体的脱水和净化分离过程。

离子交换（19）也是一种重要的单元操作。它采用离子交换树脂有选择性地除去某组分，而树脂本身能够再生。一种典型的应用是水的软化。采用的树脂是钠盐形式的有机或无机聚合物，通过钙离子和钠离子的交换，可除去水中的钙离子。当聚合物的钙离子达饱和时，可与浓盐水接触而再生。

泡沫分离（20）是基于物质有不同的表面性质，当惰性气体在溶液中鼓泡时，某组分可被选择性地吸附在从溶液底部上升的气泡表面上，直至带到溶液上方泡沫层内浓缩并加以分离。为了使溶液产生稳定的泡沫，往往加入表面活性剂。表面化学和鼓泡特征是泡沫分离的基础。该单元操作可用于吸附分离溶液中的痕量物质。

区域熔炼（21）是根据液体混合物在冷凝结晶过程中组分重新分布的原理，通过多次熔融和凝固，制备高纯度的金属、半导体材料和有机化合物的一种提纯方法。目前已经用于制备铝、镓、锑、铜、铁、银等高纯金属材料。

在新技术方面，络合吸收、盐析蒸馏、变压吸附、超临界流体萃取等都是原来某些分离单元操作的改进和发展。

1.2.2 速率分离过程

在某种推动力（浓度差、压力差、温度差、电位差等）的作用下，有时在选择性透过膜的配合下，利用各组分扩散速率的差异实现组分的分离。这类过程所处理的原料和产品通常属于同一相态，仅有组成上的差别。

膜分离是利用流体中各组分对膜的渗透速率的差别而实现组分分离的单元操作。膜可以是固态或液态，所处理的流体可以是液体或气体，过程的推动力可以是压力差、浓度差或电位差。

超滤是一种以压力差为推动力，按粒径选择分离溶液中所含的微粒和大分子的膜分离操作。超滤将液体混合物分成滤液和浓缩液两部分：滤液为溶液或在其中含有粒径较小的微粒的悬浮液；浓缩液保留原料液中所有较大的微粒。超滤的用途主要是溶液过滤和澄清，以及大分子溶质的分级。

反渗透又称逆渗透，也是以压力差为推动力，从溶液中分离出溶剂的一种膜分离操作。对膜一侧的料液施加压力，当压力超过它的渗透压时，溶剂会逆着自然渗透的方向作反向渗透。从而在膜的低压侧得到透过的溶剂，即渗透液；高压侧得到浓缩的溶液，即浓缩液。该操作已大规模应用于海水和苦咸水淡化及废水处理，并开始用于乳品、果汁的浓缩以及生化和生物制剂的分离和浓缩等。

渗析是一种以浓度差为推动力的膜分离操作，利用膜对溶质的选择透过性，实现不同性质溶质的分离。操作时，膜的一侧流过料液，另一侧流过接受液，料液中的渗析组分透过膜而进入接受液中。渗析现在主要用于人工肾；还应用于废酸回收、溶液脱酸和碱液精制等方面。

电渗析是一种以电位差为推动力，利用离子交换膜的选择透过性，从溶液中脱除或富集电解质的膜分离操作。电渗析是电解质离子在两股液流间的传递，其中一股液流失去电解质，成为淡化液，另一股液流接受电解质，成为浓缩液。海水经过电渗析，所得到的淡化液是脱盐水，浓缩液是卤水。

气体渗透分离是一种以分压差作为推动力，利用各组分渗透速率的差别，分离气体混合物的膜分离操作。工业用的气体渗透膜，具有较高的分离因子和较高的渗透速率。气体渗透可用于从合成氨弛放气或其他气体中回收氢。当前正在研制各种高选择性的膜，开拓气体渗透分离的应用领域。

液膜分离是以液膜为分离介质，以浓度差为推动力的膜分离操作。液膜分离涉及三相液

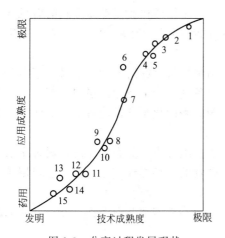

图 1-3 分离过程发展现状

1—精馏；2—吸收；3—结晶；4—萃取；5—共沸
（或萃取）精馏；6—离子交换；7—吸附（气体进料）；
8—吸附（液体进料）；9—膜（液体进料）；10—膜
（气体进料）；11—色层分离；12—超临界萃取；
13—液膜；14—场感应分离；15—亲合分离

体；含有被分离组分的原料相；接受被分离组分的产品相；处于上述两相之间的膜相。液膜一般又分两种类型：乳化液膜和支撑液膜。液膜分离应用于烃类分离、废水处理和金属离子的提取和回收等。

此外，属于新的膜分离技术的尚有渗透蒸发、膜蒸馏等，不再一一介绍。

热扩散属场分离的一种，以温度梯度为推动力，在均匀的气体或液体混合物中出现分子量较小的分子（或离子）向热端漂移的现象，建立起浓度梯度，以达到组分分离的目的。该技术用于分离同位素、高黏度润滑油，并预计在精细化工和药物生产中可得到应用。

综上所述，传质分离过程中的精馏、吸收、萃取等一些具有较长历史的单元操作已经应用很广，膜分离和场分离等新型分离操作在产品分离、节约能耗和环保等方面已显示出它们的优越性。不同分离过程的技术成熟程度和应用成熟程度是有差异的。对此，F. J. Zuiderweg 用图 1-3 概括了各分离过程的现状：精馏已有 150 年历史，它的位置在图的右上角附近，正在起步的过程在左下方。这一 S 形曲线说明了为什么目前研究对象集中于曲线的中下段，因为曲线在该段的斜率是最大的。

1.3 分离技术开发展望

分离技术在其他科学技术的带动下以及在其他学科发展的需求刺激下，近年来获得了很大的进步，也为其他学科的发展提供了有力的支持。分离技术已经发展成为一门独立的新学科，呈现出快速发展的趋势。

（1）高效精馏塔器的大型化 高效精馏塔器的大型化是精馏过程发展的必然趋势。国内外进行了大量关于新型填料、高性能气液分布器、低液面梯度塔盘、通透支撑装置等内件的开发和应用，以解决大型化的基本要求：①气体和液体均匀分布；②液面梯度尽可能小；③支撑装置结构合理、可靠；④适于长周期运行等。

实现塔器大型化的关键技术有：①工艺和设备条件的优化；②大型化装置的高性能气液分布，高效率、低阻力的传质传热技术和设备；③为装置提供长周期运转保障的防结焦堵塞技术和设备；④围绕大型和超大型塔器中微变形控制技术和支撑结构梁等。

针对上述关键技术，我国学者进行了大量基础与设备工艺结构的研究和开发工作，其中包括：采用流程模拟与工艺优化获得的工艺和设备设计基础数据；基于结构可视化、流形流态可视化和力学性能可视化的数字化塔器技术，进行塔内件结构的优化设计和塔器装配；采用自动排污式的分布器设计和通透式的桁架支撑技术对大型装置的内构件进行优化设计，解决微变形、热变形及堵塞等工程技术难题，提高塔器的可靠性，满足长周期生产要求。

（2）分离过程的集成化技术 对两种或两种以上不同类型的分离过程组合而成的集成系统进行大量的技术开发并且在工业上得到了广泛应用。主要特点：大幅度降低了物料和能量的消耗；显著提高目的产物的纯度和收率；达到减少环境污染、实现清洁生产等。集成化技术多种多样，有不同传统分离方法的集成；传统分离过程与新型分离技术的集成；不同新型分离技术的集成以及反应单元和分离的集成等。例如，常规精馏与渗透汽化集成生产无水乙醇，不使用共沸剂，乙醇几乎无损失，没有环境污染，投资比共沸精馏方法降至40%～80%。萃取色谱法就是溶剂萃取技术与色谱技术相结合的产物。它将溶剂萃取中常用的液体有机萃取剂涂渍或键合到惰性固体载体上用作液相色谱的固定相，使固定相表面的萃取剂具有配位或螯合能力，流动相为水溶液，被测金属离子因与固定相中的萃取剂形成配合物或螯合物而由水相（流动相）转移到固定相，从而使被测金属离子得到分离。萃取色谱法已被成功地用于阳离子的高效和高选择性分离。

（3）超临界分离技术　天然活性物质的相对分子质量一般为200～1000，结构富于变化、种类繁多，根据基本化学结构的不同，天然活性物质大体可分为糖类、黄酮、甾类、多酚、生物碱、萜类等多个类型。天然活性物质是功能食品和药品的重要物质基础。近年来，随着人类生活水平的日益提高，对食品和药品中有效成分来源的绿色性、天然性要求显著增加，市场需求逐年扩大。

超临界流体分离技术由于其温和的操作条件、良好的传质性能及绿色特性，在近年来成为分离领域中的研究热点，主要包括超临界 CO_2 萃取技术和超临界流体色谱技术。超临界 CO_2 萃取技术在天然活性物质的提取方面显示出较好的应用前景。而超临界流体色谱技术在天然活性结构相似物的分离方面展现了一定的应用前景。超临界 CO_2 的高扩散特性致使超临界色谱的分离效率是液相色谱的3～5倍，而有机溶剂的消耗则只有液相色谱的5%～20%。此外，天然活性物质往往具有热敏性，超临界色谱温和的操作条件有利于热敏性物质的"保鲜"。与模拟移动床技术结合后，超临界流体模拟移动床技术则可进一步降低溶剂的消耗，提高分离效率。然而设备投资大仍然是超临界流体技术发展的瓶颈，这使得该技术的应用受限于高附加值产品的制备。

（4）膜分离技术的进展　膜分离技术是当代新型高效分离技术，是多学科交叉的产物。与传统的分离技术比较，它具有高效率、低能耗、过程简单、操作方便、不污染环境、容易放大、便于与其他技术集成等突出优点，最适合于现代工业对节能、低品位原材料再利用和消除环境污染的需要。作为一种普适技术，在近30年来获得了极其迅速的发展，已广泛而有效地应用于电子、信息、石油化工、制药、生化、环境、能源、电子、冶金、轻工、食品、航天、海运、人民生活等领域，形成了独立新兴的技术产业。国际专家一致认为膜分离技术是21世纪最有发展前途的高技术之一。就我国而言，膜技术的发展所面向的国家重大需求是多目标的，对于解决我国所面临的资源、能源和环境问题具有重要的战略意义。

纵观世界膜技术的发展，半个世纪以来完成了从实验室到大规模应用的转变。差不多每10年就有一项新膜技术在工业上获得应用，如20世纪30年代的微滤，40年代的透析，50年代的离子交换膜和电渗析，60年代的反渗透，70年代的超滤，80年代的气体分离膜和无机膜，90年代的纳滤和渗透汽化。这些膜和过程都已产业化或初成产业，发挥着独特的作用。

目前，膜分离技术在资源、能源、环境等领域的应用仍然是全世界关注的热点。膜技术的研究主要集中在膜材料、成膜理论、膜分离机理、膜过程集成及膜污染五个方面。膜技术的应用领域随着膜技术的发展不断拓展。例如，采用纳滤、反渗透技术进行苦咸水、海水淡化，采用膜分离及其集成技术处理工业废水；利用膜生物反应技术和膜渗透汽化技术用于纤维素水解制备燃料乙醇。

（5）生物分离技术的进展　生物技术是带动21世纪经济发展的关键技术之一，它在化工、医药卫生、农林牧渔、轻工产品、能源、食品工业和环境等领域发挥着越来越重要的作用，并为这些产业的发展提供了前所未有的动力。生物物质要在保持其生物活性和功能的前提下进行分离纯化操作。由于原料液是多组分的混合物，目标产物的浓度往往很低，常存在与目标分子在结构、构成等理化性质上极其相似的分子及异构体，生化产物的稳定性差，而对最终产品的质量要求很高，使得生物产品的分离纯化存在较大的难度，既要考虑使用高选择性的分离纯化手段，又要考虑不影响产品的生物活性。因此生化分离技术需将物理和传统或新型化工分离方法与生物技术产品特性相结合。20 世纪 80 年代以来，开发了许多生物分离的新技术，新材料和新设备，尤其是色谱理论、色谱新材料和技术的发展，极大地推动了现代生物技术产业的发展，已成为现代生物分离过程的核心技术。

（6）色谱分离技术的进展　色谱分离技术已成为最有效和应用最广泛的分离技术。随着色谱固定相制备技术的进步、色谱分离模式的不断增加和优化、固定相修饰技术的不断创新，使色谱技术几乎可以分离所有无机的和有机的、天然的和合成的化合物；色谱固定相高效的分离性能使许多原本难以实现分离的复杂样品得以分离；在几乎所有学科和工业应用领域，色谱技术都成为一类非常重要的分离手段。色谱分析方法是将分离技术在线化的典范，高效的色谱分离与各种灵敏的或高选择性的检测技术结合，使分析效率大大提高，使分析过程更易于自动化；多维色谱的出现，使色谱的分离能力有了进一步的提高；色谱分离与其他分析技术的联用提高了色谱方法的灵敏度和定性分析能力，如气质联用和液质联用技术就是这种联用技术的成功实例；色谱仪器的小型化和微型化，使色谱技术与其他分析技术联用时具有更好的兼容性。基于各种液相色谱分离模式的制备液相色谱已经成为天然产物、生物医药产品制备与纯化的最有力的工具。

参 考 文 献

[1]　《化学工程手册》编辑委员会. 化学工程手册：第 18 篇　薄膜过程. 北京：化学工业出版社，1987.

[2]　施亚钧，邓修. 石油化工，1984，13（3）：218.

[3]　King C J. Separation Processes. 2nd. New York：McGraw-Hill，1980.

[4]　Henley E J，Seader J D. Equilibrium Stage Separation Calculation in Chemical Engineering. New York：Wiley，1981.

[5]　《中国大百科全书》总编辑委员会《化工》编辑委员会. 中国大百科全书：化工. 北京：中国大百科全书出版社，1987.

[6]　[日] 大矢晴彦著. 分离的科学与技术. 张瑾译. 北京：中国轻工业出版社，1999.

[7]　耿信笃著. 现代分离科学理论导引. 北京：高等教育出版社，2001.

[8]　孙宏伟，段雪主编. 化学工程学科前沿与展望. 北京：科学出版社，2012.

[9]　李军，卢英华主编. 化工分离前沿. 厦门：厦门大学出版社，2011.

第2章
单级平衡过程

精馏、吸收和萃取等传质单元操作在化工生产中占有重要的地位。研究和设计这些过程的基础是相平衡、物料平衡和传递速率。其中相平衡用于阐述混合物分离原理、传质推动力和进行设计计算，是设计上述分离过程和开发新平衡分离过程的关键。

本章在"化工热力学"课程中有关相平衡理论的基础上，较全面地讲述化工过程中经常遇到的多组分物系的汽液平衡，即各种单级平衡过程的计算问题。其基本原理也适用于液液平衡。

2.1 相平衡

2.1.1 相平衡关系

2.1.1.1 相平衡条件

所谓相平衡指的是混合物或溶液形成若干相，这些相保持着物理平衡而共存的状态。从热力学上看，整个物系的自由焓处于最小的状态。从动力学来看，相间表观传递速率为零。

相平衡热力学是建立在化学位概念基础上的。一个多组分系统达到相平衡的条件是所有相中的温度 T、压力 P 和每一组分 i 的化学位 μ_i 相等。从工程角度上，化学位没有直接的物理真实性，难以使用。Lewis 提出了等价于化学位的物理量——逸度。它由化学位简单变化而来，具有压力的单位。由于在理想气体混合物中，每一组分的逸度等于它的分压，故从物理意义讲，把逸度视为热力学压力是方便的。在真实混合物中，逸度可视为修正非理想性的分压。引入逸度概念后，相平衡条件演变为"各相的温度、压力相同，各相组分的逸度也相等"。即

$$T' = T'' = T''' = \cdots\cdots \tag{2-1}$$

$$P' = P'' = P''' = \cdots\cdots \tag{2-2}$$

$$\hat{f}_i' = \hat{f}_i'' = \hat{f}_i''' = \cdots\cdots \tag{2-3}$$

逸度 f 若不与通过实验直接测得的物理量 T、P 和组成相关联，那么，式(2-3)也没有任何实际用途。

(1) 汽液平衡 根据式(2-3)，得出汽液平衡关系

$$\hat{f}_i^V = \hat{f}_i^L \tag{2-4}$$

式中，下标 i 表示组分；上标 V 和 L 分别表示汽相和液相。为简化逸度和实验上直接测得的压力、温度和组成等物理量之间的关系，引入两个辅助函数，即逸度系数和活度系数。汽相中组分 i 的逸度系数 $\hat{\Phi}_i^V$ 定义为：

$$\hat{\Phi}_i^V = \hat{f}_i^V / y_i P \tag{2-5}$$

式中，P 为总压；y_i 为汽相中组分 i 的摩尔分数。同理，可写出液相中组分 i 的逸度系数：

$$\hat{\Phi}_i^L = \hat{f}_i^L / x_i P \tag{2-6}$$

液相中组分 i 的活度系数 γ_i 定义为：

$$\gamma_i = \hat{f}_i^L / x_i f_i^{OL} \tag{2-7}$$

式中，x_i 为液相中组分 i 的摩尔分数；f_i^{OL} 为基准状态下组分 i 的逸度。

当然，对汽相中组分 i 的活度系数，可写出类似的公式。

由上述定义，汽液平衡关系常用两种形式表示。将式(2-5) 和式(2-6) 代入式(2-4)，得：

$$\hat{\Phi}_i^V y_i P = \hat{\Phi}_i^L x_i P \tag{2-8}$$

将式(2-5) 和式(2-7) 代入式(2-4)，得：

$$\hat{\Phi}_i^V y_i P = \gamma_i x_i f_i^{OL} \tag{2-9}$$

(2) 液液平衡　由式(2-3) 可写出液液平衡关系式：

$$\hat{f}_i^{I} = \hat{f}_i^{II} \tag{2-10}$$

式中，Ⅰ和Ⅱ分别表示液相Ⅰ和液相Ⅱ。用式(2-7) 表示两液相中组分 i 的逸度，当两相中使用相同的基准态逸度时，液液平衡可表示为：

$$\gamma_i^{I} x_i^{I} = \gamma_i^{II} x_i^{II} \tag{2-11}$$

式中，γ_i^{I}、γ_i^{II} 分别为液相Ⅰ和液相Ⅱ中组分 i 的活度系数；x_i^{I}、x_i^{II} 分别为液相Ⅰ和液相Ⅱ中组分 i 的摩尔分数。

2.1.1.2　相平衡常数和分离因子

工程计算中常用相平衡常数来表示相平衡关系，相平衡常数 K_i 定义为：

$$K_i = y_i / x_i \tag{2-12}$$

对精馏和吸收过程，K_i 称为汽液平衡常数。对萃取过程，x_i^{I}（$=y_i$）和 x_i^{II}（$=x_i$）分别表示萃取相和萃余相的浓度，K_i 为分配系数或液液平衡常数。

对于平衡分离过程，还采用分离因子来表示平衡关系，定义为：

$$\alpha_{ij} = \frac{y_i / y_j}{x_i / x_j} = \frac{K_i}{K_j} \tag{2-13}$$

分离因子在精馏过程又称为相对挥发度，它相对于汽液平衡常数而言，随温度和压力的变化不敏感，若近似当作常数，能使计算简化。对于液液平衡情况，常用 β_{ij} 代替 α_{ij}，称为相对选择性。分离因子与1的偏离程度表示组分 i 和 j 之间分离的难易程度。

2.1.2　相平衡常数的计算

2.1.2.1　状态方程法

对于汽液平衡，由式(2-8) 和式(2-12) 得：

$$K_i = \frac{y_i}{x_i} = \frac{\hat{\Phi}_i^L}{\hat{\Phi}_i^V} \tag{2-14}$$

若计算组分 i 的汽液平衡常数，必须求相应的 $\hat{\Phi}_i^L$ 和 $\hat{\Phi}_i^V$，它们均可通过状态方程来计算。众所周知，$P\text{-}V\text{-}T$ 关系既可用以 V、T 为独立变数的状态方程表达，也可用以 P、T 为独立变数的状态方程表达，但所得的计算 $\hat{\Phi}_i$ 的方程形式不同。从热力学原理可推导出

$$\ln\hat{\Phi}_i = \frac{1}{RT}\int_V^\infty \left[\left(\frac{\partial P}{\partial n_i}\right)_{T,V,n_j} - \left(\frac{RT}{V_t}\right) \right] dV_t - \ln Z_m \tag{2-15}$$

$$\ln\hat{\Phi}_i = \frac{1}{RT}\int_0^P \left[\left(\frac{\partial V_t}{\partial n_i}\right)_{T,P,n_j} - \left(\frac{RT}{P}\right) \right] dP \tag{2-16}$$

式中，V_t 为汽（液）相混合物的总体积；Z_m 为汽（液）相混合物的压缩因子；n_i 为组分 i 的摩尔数。

式（2-15）适用于以 V、T 为独立变量的状态方程，而式（2-16）适用于以 P、T 为独立变量的状态方程。由于所开发的状态方程以前者为多，故式（2-15）应用更为普遍。还应指出，在推导式（2-15）和式（2-16）时，未作任何假设，因此该式适用于气相、液相和固相溶液，是计算逸度系数的普遍化方法。

应用状态方程法计算汽液平衡常数时，首先要选择一个既适用于汽相、又适用于液相的状态方程。当计算 $\hat{\Phi}_i^V$ 时，V_t 和 Z_m 相应为汽相混合物的总体积和压缩因子，在混合规则中用汽相组成 y_i。当计算 $\hat{\Phi}_i^L$ 时，V_t 和 Z_m 则为液相混合物的总体积和压缩因子，而在混合规则中用液相组成 x_i。其次，逸度系数表达式不仅随状态方程形式不同而变化，而且同一状态方程由于采用不同的混合规则，其表达形式也有所不同，因此造成逸度系数表达式的复杂多样。

目前虽已有数百个状态方程，但在广阔的气体密度范围内，既能用于非极性和极性化合物，又有较高的计算精度，且形式简单、计算方便的状态方程，尚不多见。广泛应用于烃类物系的有 RK 方程、SRK 方程、PR 方程和 BWRS 方程。SRK 和 PR 方程是对两个参数的 RK 方程的修正，引入第三参数偏心因子，使预测液相密度、饱和蒸气压和相平衡常数等的精度显著改善，而计算仍较简单，在工程计算中得到广泛采用。不过，此两方程对含 H_2 和 H_2S 的物系，预测 K 值的精度差，当它们含量稍高时更甚。BWRS 方程计算复杂，交互作用参数 k_{ij} 较难得到。在大多数情况下，K 值的计算精度与 PR 和 SRK 方程相当，特点是适用于含 H_2、H_2S 的气体混合物。

以较简单的范德华方程为例，计算汽液平衡常数的步骤如下：

① 已知系统压力 P、温度 T 和平衡汽相和液相组成 x_i、y_i（$i=1,2,\cdots,c$）；基础数据：临界温度 T_c 和临界压力 P_c。

② 用下列公式计算纯物质的参数 a_i 和 b_i；计算汽相混合物的参数 a、b：

$$a_i = 27R^2 T_{c,i}^2/64 P_{c,i}$$
$$b_i = RT_{c,i}/8P_{c,i}$$
$$a = \left(\sum y_i \sqrt{a_i}\right)^2$$
$$b = \sum y_i b_i$$

③ 由下列形式的范德华方程分别计算混合物的摩尔体积 V_t 和压缩因子 Z_m：

$$V_t^3 - \left(b + \frac{RT}{P}\right)V_t^2 + \frac{a}{P}V_t - \frac{ab}{P} = 0$$

该方程有三个根。计算汽相摩尔体积时，取数值最大的根；计算液相摩尔体积时，取数值最小的根。

$$Z_m = PV_t/RT = V_t/(V_t-b) - a/RTV_t$$

④ 将上述计算结果代入逸度系数表达式

$$\ln \hat{\Phi}_i = \frac{b_i}{V_t-b} - \ln\left[Z_m\left(1-\frac{b}{V_t}\right)\right] - \frac{2\sqrt{aa_i}}{RTV_t}$$

即可求出各组分的汽相逸度系数。

⑤ 用 x_i 代替 y_i，按②～④步骤求出各组分的液相逸度系数。

⑥ 由式(2-14) 求 K_i。

2.1.2.2 活度系数法

由式(2-9) 式(2-12) 得：

$$K_i = \frac{y_i}{x_i} = \frac{\gamma_i f_i^{OL}}{\hat{\Phi}_i^V P} \tag{2-17}$$

为求 K_i，必须解决 f_i^{OL}、γ_i 和 $\hat{\Phi}_i^V$ 的计算方法。

(1) 基准态逸度 f_i^{OL}　由式(2-7) 可见，只有当基准态逸度 f_i^{OL} 被具体规定后，活度系数才有确定数值，然而 f_i^{OL} 的规定不是唯一的。

① 可凝性组分的基准态逸度

所谓活度系数的基准态是指活度系数等于 1 的状态，对于可凝性组分，通常以下式作为活度系数的基准态

$$当 \quad x_i \rightarrow 1 \quad 时 \quad \gamma_i \rightarrow 1 \tag{2-18}$$

将该条件代入式(2-7) 得出，f_i^{OL} 为在系统 T、P 下液相中纯组分 i 的逸度，即所取的基准态是与系统具有相同 T、相同 P 和同一相态的纯 i 组分，故式(2-7) 可写为

$$\gamma_i = \hat{f}_i^L/x_i/f_i^L \tag{2-19}$$

式中，f_i^L 为纯液体组分 i 在混合物 T、P 下的逸度。

将式(2-16) 用于计算纯组分 i 的逸度时可写成

$$\ln \frac{f_i}{P} = \frac{1}{RT}\int_0^P \left(v_i - \frac{RT}{P}\right)dP \tag{2-20}$$

式中，f_i 为纯组分 i 在 T、P 下的逸度；v_i 为该组分在 T、P 下的摩尔体积；$\frac{f_i}{P} \equiv \Phi_i$ 为纯组分在 T、P 下的逸度系数。若能提供纯组分 i 的 P-V-T 数据或状态方程式，则式(2-20) 将不拘泥气体、液体或固体，均能使用。

若以 Φ_i^s 表示纯组分 i 在一定温度的饱和蒸气压下的逸度系数，则纯液体组分 i 在该温度和任意压力下的逸度可表示为

$$\ln \frac{f_i^L}{P} = \frac{1}{RT}\left[\int_0^{P_i^s}\left(v_i - \frac{RT}{P}\right)dP + \int_{P_i^s}^P\left(v_i - \frac{RT}{P}\right)dP\right] = \ln\Phi_i^s + \frac{v_1^L(P-P_i^s)}{RT} - \ln\frac{P}{P_i^s}$$

因此

$$f_i^L = P_i^s\Phi_i^s\exp[v_i^L(P-P_i^s)/RT] \tag{2-21}$$

式中，v_i^L 为纯液体 i 在系统温度下的摩尔体积，与压力无关；P_i^s 为相应的纯组分 i 的饱和蒸气压。

由式(2-21) 可见，纯液体 i 在 T、P 下的逸度等于饱和蒸气压乘以两个校正系数。Φ_i^s

为校正处于饱和蒸气压下的蒸气对理想气体的偏离，指数校正项也称普瓦廷（Poynting）因子，是校正压力偏离饱和蒸气压的影响。

② 不凝性组分的基准态逸度

对于不凝性组分，采用不同于式(2-18)的基准态

$$当 \quad x_i \rightarrow 0 \quad 时 \quad \gamma_i^* \rightarrow 1 \tag{2-22}$$

上角"*"是提醒注意采用了另一种基准态。

将式(2-22)代入式(2-7)得到，当组分 i 的摩尔分数变为无限小时，活度系数 $\gamma_i^* \approx 1$，组分 i 的逸度等于基准态逸度乘以摩尔分数。因此，该基准态下组分 i 的逸度 f_i^{OL} 即为在系统温度和压力下估算出来的亨利常数：

$$f_i^{OL} = H \equiv \lim_{x_i \rightarrow 0} \frac{\hat{f}_i^L}{x_i} \tag{2-23}$$

或

$$\hat{f}_i^L = Hx_i \qquad (T, P 一定, x_i \rightarrow 0) \tag{2-24}$$

上式也称为亨利定律，一般来说，亨利常数 H 不仅决定于溶剂、溶质的性质和系统的温度，而且也和系统的总压有关。然而在低压下，溶质组分的逸度等于它在气相中的分压，亨利常数不随压力而改变。

对于由一个溶质（不凝性组分）和一个溶剂（可凝性组分）构成的二组分溶液，通常溶剂的活度系数按式(2-18)定义基准态，而溶质的活度系数按式(2-22)定义基准态，由于两组分的基准态不同，称为不对称型标准化方法。

不凝组分 i 的逸度表示为

$$\hat{f}_i^L = \gamma_i^* x_i H \tag{2-25}$$

由于有关不凝组分的溶解度实验数据很少，并且对浓溶液分子热力学的探讨也很不够，故有关 γ_i^* 的问题还知之不多。对稀溶液，可用式(2-23)计算。

(2) 液相活度系数 "化工热力学"中推导出过剩自由焓 G^E 与活度系数 γ_i 的关系：

$$G^E = \sum_{i=1}^{c} (n_i RT \ln \gamma_i) \tag{2-26}$$

和

$$\left(\frac{\partial G^E}{\partial n_i}\right)_{T, P, n_j} = RT \ln \gamma_i \tag{2-27}$$

如有适当的过剩自由焓的数学模型，就可通过对组分 i 的摩尔数 n_i 求偏导数得到 γ_i 的表达式。

常用活度系数方程有：对称型 Margules-Van Laar 方程、Margules 方程、Van Laar 方程、Wilson 方程、NRTL 方程、UNIQUAC 方程和 Scatchard-Hildebrand 方程。前三个方程有悠久的历史，且现在仍有实用价值，特别是用于定性分析方面。Wilson、NRTL 和 UNIQUAC 方程都是根据局部组成概念建立起来的模型。不同模型中局部组成的具体含义不同：Wilson 方程用局部体积分价的概念；而 NRTL 和 UNIQUAC 方程则用局部摩尔分价的概念。Scatchard-Hildebrand 方程属于从纯物质估算活度系数的方程。

这些方程在应用上各有特点。Margules 和 Van Laar 方程的优点是：数学表达式简单；容易从活度系数数据估计参数；即使是非理想性强的二元混合物，包括部分互溶物系，也经常能得到满意的结果，缺点是若没有三元或比较高级的相互作用参数，这些方程不能用于多元系。

Wilson 方程仅用二元参数时能很好地表示二元和多元混合物的汽液平衡。由于方程式比较简单，与 NRTL 方程和 UNIQUAC 方程相比更为优越。虽然 Wilson 方程不能直接应用于液液平衡，但稍加修正的 Wilson 方程（例如 T-K-Wilson 方程）即可弥补这一缺欠。

Wilson 方程是 ASOG 基团贡献法估算活度系数的基础。

NRTL 方程能很好地表示二元和多元系的汽液平衡和液液平衡。对于含水系统，NRTL 方程通常比其他方程更好。其缺点是对每个二元物系都有三个参数。第三参数 α_{12} 可以从组分的化学性质估计，一般取值范围为 $0.2\sim0.47$。

UNIQUAC 方程对每个二元物系虽然仅含有两个参数，但其代数表达式是所有活度系数方程中最复杂的，它要用到纯组分的分子表面积和体积数据，这些数据可以从结构贡献法估算。正因为如此，该模型特别适用于分子大小相差悬殊的混合物。它仅需二元参数和纯组分数据就能计算多元混合物的汽液平衡和液液平衡。UNIQUAC 是 UNIFAC 基团贡献法的基础。

德国 DECHEMA 数据库考查了各种方程对汽液平衡数据获得最佳拟合的频率，如表 2-1 所示。从表中数据可见，Wilson 方程显示出最佳拟合的最高频率。

表 2-1 活度系数方程的最佳拟合频率

物系	数据组数	Margules	Van Laar	Wilson	NRTL	UNIQUAC
含水有机物	504	0.143	0.071	0.240	0.403 [*]	0.143
醇	574	0.166	0.085	0.395 [*]	0.223	0.131
醇和酚	480	0.213	0.119	0.342 [*]	0.225	0.102
醇,酮,醚	490	0.280 [*]	0.167	0.243	0.155	0.155
$C_4\sim C_6$ 烃	587	0.172	0.133	0.365 [*]	0.232	0.099
$C_7\sim C_{13}$ 烃	435	0.225	0.170	0.260 [*]	0.209	0.136
芳烃	493	0.260 [*]	0.187	0.225	0.160	0.172
总计	3563	0.206	0.131	0.300 [*]	0.230	0.133

注： * 表示每类物系最佳拟合的频率最大者。

上述各活度系数方程的相同之处是需用实测的气液平衡数据回归参数，当汽液平衡数据很少或根本没有时难以使用。1975 年 Fredlenslund 提出了预测非电解质活度系数的基团贡献法——UNIFAC 模型，在解决这一问题上取得了突破性进展。对于大量的系统，UNIFAC 模型的预测值是令人满意的，目前该模型参数已经多次修订和扩充，广泛应用于工程设计。类似的模型还有 ASOG 法。

(3) 汽相逸度系数 用活度系数法计算汽液平衡常数时同样需要求组分 i 在汽相中的逸度系数。一般来说，只要具有合用的参数，并能准确估算组分的汽相逸度系数的状态方程均可采用。其中最简便的是维里方程。该方程可从统计力学推出，具有坚实的理论基础，能够赋予维里系数以明确的物理意义。截取到第二维里系数的维里方程形式简单，适用于中、低压物系，准确度高。

维里方程可表示成如下两种形式：

$$Z=\frac{Pv}{RT}=1+\frac{B}{v}+\frac{C}{v^2}+\cdots\cdots \tag{2-28}$$

$$Z=\frac{Pv}{RT}=1+B'P+C'P^2+\cdots\cdots \tag{2-29}$$

将略去第二维里系数以后各项的维里方程分别代入式(2-15) 和式(2-16)，得到逸度系数表达式。

$$\ln\hat{\Phi}_i=\left(2\sum_{j=1}^{c}y_iB_{ij}-B\right)\frac{P}{RT} \tag{2-30}$$

$$\ln\hat{\Phi}_i = \frac{2}{v}\sum_{j=1}^{c}y_i B_{ij} - \ln Z \tag{2-31}$$

式中
$$B = \sum_{i=1}^{c}\sum_{j=1}^{c}y_i y_j B_{ij} \tag{2-32}$$

$$Z = \frac{Pv}{RT} = 1 + \frac{B}{v} \tag{2-33}$$

由于式(2-30) 和式(2-31)为舍去第二维里系数以后各项的维里方程推导的结果，公式能适用于密度大约为临界密度一半的物系。Prausnitz提出了粗略的定量规则：

$$P \leqslant \frac{T}{2}\frac{\sum_{i=1}^{c}y_i P_{ci}}{\sum_{i=1}^{c}y_i T_{ci}} \tag{2-34}$$

式中，P_{ci} 和 T_{ci} 分别为各组分的临界压力和临界温度。对直到中等压力下的精馏、吸收或闪蒸过程，采用式(2-30) 和式(2-31)计算逸度系数都能得到满意的结果。

第二维里系数的推算方法有专著介绍。

2.1.2.3 活度系数法计算汽液平衡常数的简化形式：

将式(2-21)代入式(2-17)得
$$K_i = \frac{y_i}{x_i} = \frac{\gamma_i P_i^s \Phi_i^s}{\hat{\Phi}_i^V P}\exp\left[\frac{v_i^L(P - P_i^s)}{RT}\right] \tag{2-35}$$

式中，γ_i 为组分 i 在液相中的活度系数；P_i^s 为纯组分 i 在温度为 T 时的饱和蒸气压；Φ_i^s 为组分 i 在温度为 T、压力为 P_i^s 时的逸度系数；$\hat{\Phi}_i^V$ 为组分 i 在温度为 T、压力为 P 时的汽相逸度系数；v_i^L 为纯组分 i 的液态摩尔体积；P、T 为系统的压力和温度。

该式为活度系数法计算汽液平衡常数的通式。它适用于汽、液两相均为非理想溶液的情况。然而对于一个具体的分离过程，由于系统 P 和 T 的应用范围以及系统的性质不同，可采用各种简化形式。

(1) 汽相为理想气体，液相为理想溶液

在该情况下，$\hat{\Phi}_i^V = 1$；$\hat{\Phi}_i^s = 1$；$\gamma_i = 1$。因蒸气压与系统的压力之间的差别很小，$RT \gg v_i^L(P - P_i^s)$，故 $\exp\left[\dfrac{v_i^L(P - P_i^s)}{RT}\right] \approx 1$。式(2-35) 简化为

$$K_i = P_i^s / P \tag{2-36}$$

汽液平衡关系为：
$$y_i = \frac{P_i^s}{P}x_i \tag{2-37}$$

式(2-36)表明，汽液平衡常数仅与系统的温度和压力有关，与溶液组成无关。这类物系的特点是汽相服从道尔顿定律，液相服从拉乌尔定律。对于压力低于 200kPa 和分子结构十分相似的组分所构成的溶液可按该类物系处理。例如苯、甲苯二元混合物。

(2) 汽相为理想气体，液相为非理想溶液

在该情况下，$\hat{\Phi}_i^V = 1$；$\hat{\Phi}_i^s = 1$；$\exp\left[\dfrac{v_i^L(P - P_i^s)}{RT}\right] \approx 1$。故式(2-35) 简化为

$$K_i = \frac{\gamma_i P_i^s}{P} \tag{2-38}$$

汽液平衡关系为：

$$y_i = \frac{\gamma_i P_i^s x_i}{P} \tag{2-39}$$

低压下的大部分物系，如醇，醛、酮与水形成的溶液属于这类物系。K_i 值不仅与 T、P 有关，还与 x 有关（影响 γ_i）。$\gamma_i > 1$ 为正偏差溶液；$\gamma_i < 1$ 为负偏差溶液。

（3）汽相为理想溶液，液相为理想溶液

该物系的特点是，汽相中组分 i 的逸度系数等于纯组分 i 在相同 T、P 下的逸度，即 $\hat{\Phi}_i^V = \Phi_i^V$；液相中 $\gamma_i = 1$。式(2-35) 简化为

$$K_i = \frac{P_i^s \Phi_i^s}{\Phi_i^V P} \exp\left[\frac{v_i^L(P - P_i^s)}{RT}\right] \tag{2-40}$$

即

$$K_i = f_i^L / f_i^V \tag{2-41}$$

K_i 等于纯组分 i 在 T、P 下液相逸度和汽相逸度之比。可见 K_i 仅与 T、P 有关，而与组成无关。

将 $\gamma_i = 1$ 代入式(2-19) 得：

$$\hat{f}_i^L = x_i f_i^L \tag{2-42}$$

该式常称为路易士-兰德规则或逸度规则。在中压下的烃类混合物属于该类物系。

（4）汽相为理想溶液，液相为非理想溶液

此时，$\hat{\Phi}_i^L = \Phi_i^L$，但 $\gamma_i \neq 1$，故

$$K_i = \frac{\gamma_i P_i^s \Phi_i^s}{\Phi_i^V P} \exp\left[\frac{v_i^L(P - P_i^s)}{RT}\right] \tag{2-43}$$

K_i 不仅与 T、P 有关，也是液相组成的函数，但与汽相组成无关。

【例 2-1】 计算乙烯在 311K 和 3444.2kPa 下的汽液平衡常数（实测值 $K_{C_2^=} = 1.726$）

解 由手册查得乙烯的临界参数：$T_c = 282.4K$，$P_c = 5034.6kPa$，乙烯在 311K 时的饱和蒸气压 $P_{C_2^=}^s = 9117.0kPa$。

（1）汽相按理想气体，液相按理想溶液

$$K_{C_2^=}^s = \frac{P_{C_2^=}^s}{P} = \frac{9117.0}{3444.2} = 2.647$$

（2）汽液均按理想溶液

① 逸度系数法

$$T_r = \frac{T}{T_c} = \frac{311}{282.4} = 1.1 \qquad P_r = \frac{P}{P_c} = \frac{3444.2}{5034.6} = 0.684$$

查逸度系数图得

$$\Phi_{C_2^=}^V = 0.948$$

乙烯的汽相逸度为 $f_{C_2^=}^V = \Phi_{C_2^=}^V P = 0.948 \times 3444.2 = 3265.1kPa$

乙烯在给定温度和压力下的液相逸度 $f_{C_2^=}^L$ 可近似按乙烯在同温度和其饱和蒸气压下的汽相逸度计算：

$$P_r = \frac{9117.0}{5034.6} = 1.81 \qquad \text{查得逸度系数 } \Phi^s_{C_2^=} = 0.624$$

则
$$f^L_{C_2^=} \approx \Phi^s_{C_2^=} P^s_{C_2^=} = 0.624 \times 9117.0 = 5689.0\text{kPa}$$

所以
$$K_{C_2^=} = \frac{f^L_{C_2^=}}{f^V_{C_2^=}} = \frac{5689.0}{3265.1} = 1.742$$

可见，（2）的计算结果接近实测值。

② 列线图法

对于石油化工和炼油中重要的轻烃类组分，经过广泛的实验研究，得出了求平衡常数的一些近似图，称为 P-T-K 图，如图 2-1 所示。当已知压力和温度时，从列线图能迅速查得平衡常数。由于该图仅考虑了 P、T 对 K 的影响，而忽略了组成的影响，查得的 K 表示了不同组成的平均值。

由 $T = 311\text{K}$；$P = 3444.2\text{kPa}$，从图 2-1 查得乙烯的 $K_{C_2^=} = 1.95$

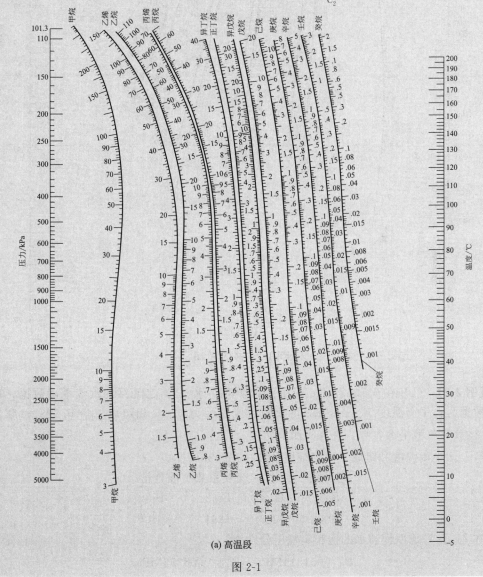

(a) 高温段

图 2-1

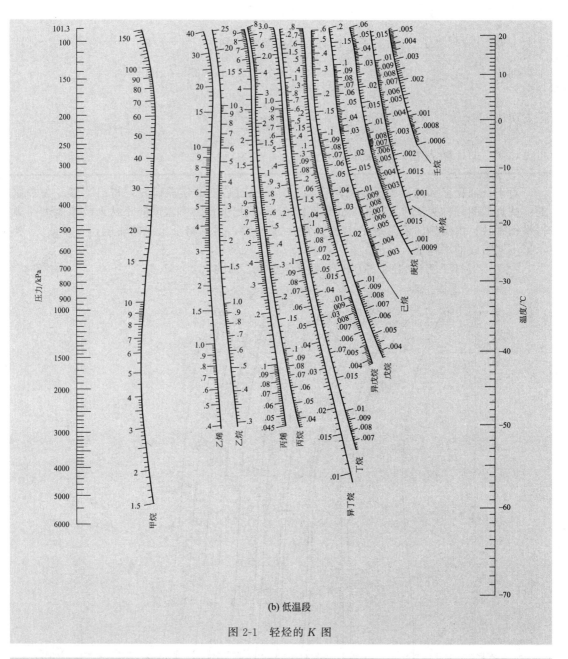

(b) 低温段

图 2-1 轻烃的 K 图

【例 2-2】 已知在 0.1013MPa 压力下甲醇（1）-水（2）二元系的汽液平衡数据，其中一组数据为：平衡温度 $T=71.29℃$，液相组成 $x_1=0.6$，气相组成 $y_1=0.8287$（摩尔分数）。试计算汽液平衡常数，并与实测值比较。

解 该平衡温度和组成下第二维里系数 $[cm^3/mol]$

纯甲醇	纯水	交互系数	混合物
B_{11}	B_{22}	B_{12}	B
-1098	-595	-861	-1014

在 71.29℃纯甲醇和水的饱和蒸气压分别为：

$$P_1^s=0.1314MPa;\quad P_2^s=0.03292MPa$$

液体摩尔体积 $v_i^L[cm^3/mol]$ 的计算公式为：

甲醇：$v_1^L = 64.509 - 19.716 \times 10^{-2} T + 3.8735 \times 10^{-4} T^2$

水：$v_2^L = 22.888 - 3.6425 \times 10^{-2} T + 0.68571 \times 10^{-4} T^2$

计算液相活度系数的 NRTL 方程参数

$$g_{12} - g_{22} = -1228.7534 J/mol; \quad g_{21} - g_{11} = 4039.5393 J/mol; \quad \alpha_{12} = 0.2989$$

（1）汽、液相均为非理想溶液

① 计算汽相逸度系数 $\hat{\Phi}_1^V$、$\hat{\Phi}_2^V$。由于本例已知平衡条件下的第二维里系数，故采用维里方程计算逸度系数。

将式（2-31）用于二元物系

$$\ln\hat{\Phi}_1^V = \frac{2}{v}(y_1 B_{11} + y_2 B_{12}) - \ln Z \tag{A}$$

$$\ln\hat{\Phi}_2^V = \frac{2}{v}(y_2 B_{22} + y_1 B_{12}) - \ln Z \tag{B}$$

将式（2-33）变换成

$$v^2 - (RT/P)v - BRT/P = 0$$

用该式求露点温度下混合蒸汽的摩尔体积

$$v^2 - [8.314 \times 344.44/0.1013]v - (-1014) \times 8.314 \times 344.44/0.1013 = 0$$

解得 $\qquad\qquad v = 27212 cm^3/mol$

压缩因子 $\qquad\qquad Z = Pv/RT = 0.963$

将 v、Z、B_{11}、B_{12} 值代入式（A）和式（B）

$$\ln\hat{\Phi}_1^V = \left(\frac{2}{27212}\right)[(0.8287)(-1098) + (0.1713)(-861)] - \ln(0.963) = -0.04$$

$$\hat{\Phi}_1^V = 0.961$$

$$\ln\hat{\Phi}_2^V = \left(\frac{2}{27212}\right)[(0.1713)(-595) + (0.8287)(-861)] - \ln(0.963) = -0.0222$$

$$\hat{\Phi}_2^V = 0.978$$

② 计算饱和蒸汽的逸度系数 Φ_1^s、Φ_2^s。使用维里方程计算纯气体 i 的逸度系数 Φ_i^s 的公式如下：

$$\ln\Phi_i^s \equiv \ln(f_i^s/P) = 2B_{ii}/v_i - \ln Z_i \tag{C}$$

$$Z_i \equiv Pv_i/RT = 1 + B_{ii}/v_i$$

式中，B_{ii} 为纯气体 i 在温度 T 的第二维里系数；v_i 为纯气体 i 在温度 T、压力 P 下的摩尔体积。对本计算特定情况，P 即为 P_i^s；Z_i 为相应的压缩因子。

对甲醇，将 T、P_1^s、B_{11} 等数据代入下式

$$v_1^2 - (RT/P_1^s)v_1 - B_{11}RT/P_1^s = 0$$

得 $\qquad\qquad v_1 = 20624 cm^3/mol, \ Z_1 = 0.947$

由式（C） $\qquad \ln\Phi_1^s = 2(-1098)/20624 - \ln 0.947 = -0.0520$

$$\Phi_1^s = 0.949$$

同理 $\qquad\qquad\qquad\qquad\Phi_2^s = 0.993$

③ 计算普瓦廷因子和基准态下的逸度 f_i^L。由已知条件求甲醇的液相摩尔体积：

$$v_1^L = 64.509 - 19.716 \times 10^{-2} \times 344.44 + 3.8735 \times 10^{-4} \times (344.44)^2$$
$$= 42.554 \ (cm^3/mol)$$

$$\exp[v_1^L(P-P_1^s)/RT] = \exp\left[\frac{42.554 \times (0.1013 - 0.1314)}{8.314 \times 344.44}\right] = 0.9996$$

$$f_1^L = P_1^s \Phi_1^s \exp[v_1^L(P-P_1^s)/RT] = 0.1314 \times 0.949 \times 0.9996 = 0.1246 \ (MPa)$$

同理可求出

$$\exp[v_2^L(P-P_2^s)/RT] = 1.0004, \ f_2^L = 0.0327$$

④ 计算液相活度系数。应用 NRTL 方程计算 γ_1、γ_2

$$\tau_{12} = \frac{g_{12} - g_{22}}{RT} = \frac{-1228.7534}{8.314 \times 344.44} = -0.4290$$

$$G_{12} = \exp(-\alpha_{12}\tau_{12}) = \exp[-0.2989 \times (-0.4290)] = 1.1368$$

同理 $\qquad\qquad\qquad\qquad \tau_{21} = 1.4104; \ G_{21} = 0.6560$

已知液相组成 $x_1 = 0.6$，$x_2 = 0.4$

$$\ln\gamma_1 = x_2^2\left[\tau_{21}\left(\frac{G_{21}}{x_1 + x_2 G_{21}}\right) + \frac{\tau_{12}G_{12}}{(x_2 + x_1 G_{12})^2}\right]$$

$$= (0.4)^2\left[1.4104 \times \left(\frac{0.6560}{0.6 + 0.4 \times 0.6560}\right)^2 + \frac{-0.4290 \times 1.1368}{(0.4 + 0.6 \times 1.1368)^2}\right]$$

$$= 0.06393$$

$$\gamma_1 = 1.066$$

同理 $\qquad\qquad\qquad\qquad \gamma_2 = 1.320$

⑤ 计算 K_i。按式(2-35)计算各组分的汽液平衡常数

$$K_1 = \frac{1.066 \times 0.1314 \times 0.949 \times 0.9996}{0.961 \times 0.1013} = 1.365$$

$$K_2 = \frac{1.320 \times 0.03292 \times 0.993 \times 1.0004}{0.978 \times 0.1013} = 0.436$$

(2) 汽相为理想气体，液相为非理想溶液

按式(2-38)

$$K_1 = \frac{\gamma_1 P_1^s}{P} = \frac{1.066 \times 0.1314}{0.1013} = 1.383$$

$$K_2 = \frac{1.320 \times 0.03292}{0.1013} = 0.429$$

(3) 汽、液均为理想溶液

应用 $\ln\Phi_i = B_{ii}P/RT$ 公式计算纯甲醇和水在 0.1013MPa 和 344.44K 时的汽相逸度系数

$$\ln\Phi_1^V = \frac{-1098 \times 0.1013}{8.314 \times 344.44} = -0.0388, \ \Phi_1^V = 0.962$$

同理 $\qquad\qquad\qquad\qquad \Phi_2^V = 0.979$

$$f_1^V = \Phi_1^V P = 0.09745 \text{MPa}, \quad f_2^V = \Phi_2^V P = 0.09917 \text{MPa}$$

按式(2-41)

$$K_1 = f_1^L / f_1^V = 0.1246 / 0.09745 = 1.279$$

同理

$$K_2 = 0.3297$$

将各种方法计算的 K 值列表如下：

组分	实验值	按式(2-35)	按式(2-36)	按式(2-38)	按式(2-41)
甲醇	1.381	1.365	1.2975	1.383	1.279
水	0.428	0.436	0.3250	0.4290	0.3297

比较实验值和不同方法的计算值可以看出，对于常压下非理想性较强的物系，汽相按理想气体处理、液相按非理想溶液处理是合理的。由于在关联活度系数方程参数时也作了同样简化处理，故按式(2-38)的计算值更接近于实验值。

一个更具有普遍性的例子是采用活度系数法及其简化形式关联乙醇-水物系加压下的汽液平衡数据，旨在正确计算规定压力下的恒沸组成，并和 Otsuki 的实测数据比较。结果示于表 2-2。所列出的 6 种情况代表了不同的近似程度，所反映出的计算平均误差也各不相同，产明汽液平衡方程的选用对预测精度颇具影响。在实践中宜慎选用，既要能满足设计精度的总体要求，又要使计算不太复杂，节省计算机的机时。

表 2-2 乙醇-水物系的汽液平衡数据关联结果汇总

序号	计算 K 的方程	$(\overline{\Delta P/P})/\%$	$\overline{\Delta y}$	序号	计算 K 的方程	$(\overline{\Delta P/P})/\%$	$\overline{\Delta y}$
1	式(2-36)	22.24	0.1353	4	$\gamma_i P_i^s \Phi_i^s / \hat{\Phi}_i^V P$	1.50	0.0081
2	式(2-38)	1.62	0.0148	5	式(2-35)，$v_i^L=$定值	1.50	0.0077
3	$\gamma_i P_i^s / \hat{\Phi}_i^V P$	10.23	0.0344	6	式(2-35)，$v_i^L=F(T)$	1.48	0.0076

表 2-2 列出的结果表明：拉乌尔定律不适于该类非理想性强的物系的汽液平衡计算（序号 1）。引入液相活度系数（用 UNIQUAC 方程计算，以下同），关联精度大幅度提高（序号 2）。当方程中又加了一个 $\hat{\Phi}_i^V$ 后（用 Chueh 等修改的 RK 方程计算），关联精度不仅没有提高，反而下降（序号 3）。究其原因，乃是在液相中未用基准态逸度而用饱和蒸气压之故。由式(2-21)可知，f_i^L 不仅是温度而且是压力的函数，当汽相计入非理想性即压力的影响后，对液相也需作相应的考虑，否则 $\overline{\Delta P/P}$ 和 $\overline{y}$ 的误差增加。若 P_i^s 又乘以 Φ_i^s，则结果会大大改进（序号 4）。引入普瓦廷因子后，关联精度又略有提高（序号 5），但由于系统压力不高，效果不十分显著，后三种方程所得的关联精度大致相等，比前面三种有明显的优点。

2.1.2.4 两种计算方法的比较

状态方程法和活度系数法各有优缺点，可根据不同的实际情况加以选用。Prausnitz 对这两类方法作出比较，武内等人又作了某些补充，见表 2-3。

表 2-3 状态方程和活度系数法的比较

方法	优　　　点	缺　　　点
状态方程法	1. 不需要基准态 2. 只需要 P-V-T 数据，原则上不需要相平衡数据 3. 容易应用对比状态理论 4. 可以应用在临界区	1. 没有一个状态方程能完全适用于所有的密度范围 2. 受混合规则的影响很大 3. 对于极性物质、大分子化合物和电解质系统很难应用

方　法	优　　点	缺　　点
活度系数法	1.简单的液体混合物的模型已能满足要求 2.温度的影响主要表现在 f_i^L 上,而不在 γ_i 上 3.对许多类型的混合物,包括聚合物、电解质的系统都能应用	1.需用其他的方法获得液体的偏摩尔体积(在计算高压汽液平衡时需要此数据) 2.在含有超临界组分的系统应用不够方便,必须引入亨利定律 3.难以在临界区内应用

2.2 多组分物系的泡点和露点计算

泡露点计算是分离过程设计中最基本的汽液平衡计算。例如在精馏过程的严格法计算中,为确定各塔板的温度,要多次反复进行泡点温度的运算。为了确定适宜的精馏塔操作压力,就要进行泡露点压力的计算。在给定温度下作闪蒸计算时,也是从泡露点温度计算开始,以估计闪蒸过程是否可行。

一个单级汽液平衡系统,汽液相具有相同的 T 和 P , c 个组分的液相组成 x_i 与汽相组成 y_i 处于平衡状态。根据相律,描述该系统的自由度数 $f=c-\pi+2=c-2+2=c$,式中 c 为组分数, π 为相数。

泡露点计算,按规定哪些变量和计算哪些变量而分成四种类型:

类　型	规　定	求　解
泡点温度	P , x_1 , x_2 , $\cdots$, x_c	T , y_1 , y_2 , $\cdots$, y_c
泡点压力	T , x_1 , x_2 , $\cdots$, x_c	P , y_1 , y_2 , $\cdots$, y_c
露点温度	P , y_1 , y_2 , $\cdots$, y_c	T , x_1 , x_2 , $\cdots$, x_c
露点压力	T , y_1 , y_2 , $\cdots$, y_c	P , x_1 , x_2 , $\cdots$, x_c

在每一类型的计算中,规定了 c 个参数,并有 c 个未知数。温度或压力为一个未知数, $(c-1)$ 个组成为其余的未知数。

2.2.1 泡点温度和压力的计算

泡点温度和压力的计算指规定液相组成 **x** (用向量表示)和 P 或 T ,分别计算汽相组成 **y** (用向量表示)和 T 或 P 。计算方程有:

① 相平衡关系

$$y_i = K_i x_i \quad (i=1,2,\cdots,c) \tag{2-44}$$

② 浓度总和式

$$\sum_{i=1}^{c} y_i = 1 \tag{2-45}$$

$$\sum_{i=1}^{c} x_i = 1 \tag{2-46}$$

③ 汽液平衡常数关联式

$$K_i = f(P,T,\boldsymbol{x},\boldsymbol{y}) \tag{2-47}$$

共有 $2c+2$ 个方程,包括变量 $3c+2$ 个。已规定 c 个变量,未知数尚有 $2c+2$ 个,故上述方程组有唯一解。由于变量之间的关系复杂,一般需试差求解。

2.2.1.1 泡点温度的计算

(1) 平衡常数与组成无关的泡点温度计算 若汽液平衡常数关联式简化为 $K_i = f(P, T)$ 即与组成无关时，解法就变得简单。计算结果除直接应用外，还可作为进一步精确计算的初值。

$P\text{-}T\text{-}K$ 图常用于查找烃类的 K_i 值。对特定情况，可采用两个或三个系数的方程表示 K_i。

$$\ln K_i = A_i - B_i/(T + C_i) \tag{2-48}$$

$$\ln K_i = A_i - B_i/(T + 18 - 0.19T_b) \tag{2-49}$$

式中，T_b 为正常沸点，K；系数 A_i、B_i、C_i 可由已知数据回归得到。当汽相为理想气体，液相为理想溶液时，K_i 由式(2-37)计算。

将式(2-44)代入式(2-45)得泡点方程

$$\sum_{i=1}^{c} K_i x_i = 1 \tag{2-50}$$

或

$$f(T) = \sum_{i=1}^{c} K_i x_i - 1 = 0 \tag{2-51}$$

求解该式须用试差法，按以下步骤进行：

$$\text{设 } T \xrightarrow{\text{给定} P} \text{由 } P\text{-}T\text{-}K \text{ 图查 } K_i \longrightarrow \sum_{i=1}^{c} K_i x_i \longrightarrow |f(T)| \leqslant \varepsilon \xrightarrow{Y} \begin{cases} T \\ y_i \end{cases} \longrightarrow \text{结束}$$

调整 T ⟵ N

若按所设温度 T 求得 $\sum K_i x_i > 1$，表明 K_i 值偏大，所设温度偏高。根据差值大小降低温度重算；若 $\sum K_i x_i < 1$，则重设较高温度。

假如 K_i 用式(2-48)表示，它只是温度的函数，应用牛顿法很容易解泡点温度方程。为提高求根效率，可采用 Richmond 算法。

【例 2-3】 某厂氯化法合成甘油车间，氯丙烯精馏二塔的釜液组成为：3-氯丙烯 0.0145，1,2-二氯丙烷 0.3090，1,3-二氯丙烯 0.6765（摩尔分数）。塔釜压力为常压，试求塔釜温度。各组分的饱和蒸气压数据为：$(P^s, \text{kPa}; t, ℃)$：

$$\text{3-氯丙烯} \qquad \lg P_1^s = 6.05543 - \frac{1115.5}{t + 231}$$

$$\text{1,2-二氯丙烷} \qquad \lg P_2^s = 6.09036 - \frac{1296.4}{t + 221}$$

$$\text{1,3-二氯丙烯} \qquad \lg P_3^s = 6.98530 - \frac{1879.8}{t + 273.2}$$

解 釜液中三个组分结构非常近似，可看成理想溶液。系统压力为常压，可将汽相看成是理想气体。因此，$K_i = P_i^s/P$。

试差过程如下：

组　分	x_i	70℃		110℃		98℃		100℃	
		P_i^s	$K_i x_i$	P_i^s	$K_i x_i$	P_i^s	$K_i x_i$	P_i^s	$K_i x_i$
3-氯丙烯	0.0145	223.58	0.032	608.37	0.087	462.23	0.0661	484.49	0.0680
1,2-二氯丙烷	0.3090	43.190	0.132	149.19	0.455	106.26	0.3242	112.66	0.3410
1,3-二氯丙烯	0.6765	32.213	0.215	120.12	0.802	83.993	0.5610	88.792	0.5910
Σ	1.00		0.379		1.344		0.9513		1.00

结果：在 100℃时 $\sum K_i x_i = 1$，因此，塔釜温度应为 100℃。

本题也可利用相对挥发度来计算。

根据相对挥发度的定义：$\alpha_i = \dfrac{K_i}{K_k}$，$K_i = \alpha_i K_k$

$$y_i = K_k \alpha_i x_i \tag{2-52}$$

因为

$$\sum y_i = \sum K_k \alpha_i x_i = 1$$

故在式（2-52）两边分别除以 $\sum y_i$ 后可得出 $y_i = \dfrac{\alpha_i x_i}{\sum \alpha_i x_i}$

又因

$$\sum K_i x_i = 1, \qquad 故 \sum\left(\dfrac{K_i}{K_k}\right)x_i = \sum \alpha_i x_i = \dfrac{1}{K_k}$$

$$K_k = \dfrac{1}{\sum \alpha_i x_i} \tag{2-53}$$

由于 α_i 随温度变化比 K_i 小得多，所以在一定温度范围内可将 α_i 看成常数。这样，由 $\sum \alpha_i x_i$ 之值便可定出平衡汽相组成，并可定出 K_k，由 K_k 便可定出沸腾温度（泡点温度）。

以 1,2-二氯丙烷为相对挥发度之基准组分 k，则根据 98℃时各组分之蒸气压值可得出 α_i：

组　分	x_i	$P_i^{s}(98℃)$	α_i	$\alpha_i x_i$	$y_i = \dfrac{\alpha_i x_i}{\sum \alpha_i x_i}$
3-氯丙烯	0.0145	462.23	4.35	0.0631	0.0690
1,2-二氯丙烷	0.3090	106.26	1.00	0.3090	0.3405
1,3-二氯丙烯	0.6765	83.993	0.791	0.5360	0.5905
$\sum$	1.00			0.9081	1.00

故

$$K_k = \dfrac{1}{\sum \alpha_i x_i} = \dfrac{1}{0.9081} = 1.1012$$

所以

$$P_k^{s} = P K_k = 101.3 \times 1.1012 = 111.55 \ (kPa)$$

由 1,2-二氯丙烷的蒸气压方程即可求得 $t = 99.7℃$。虽然采用了 98℃的相对挥发度数据，但计算结果与前法十分接近，完全满足工程计算的要求，而不需要试差。

相对挥发度也可用于修定平衡常数法泡点计算的迭代温度。由式（2-53）可导出：

$$K_k^{(k+1)} = \dfrac{K_k^{(k)}}{\left(\sum\limits_{i=1}^{c} K_i x_i\right)^{(k)}} \tag{2-54}$$

由 $K_k^{(k)}$ 可求出第 $k+1$ 次迭代时应设的温度 $T^{(k+1)}$ 值。

若用电子计算机解本题，则可按单参数牛顿法迭代求解。

因

$$K_i = \dfrac{P_i^{s}}{P} = \dfrac{1}{P}\exp\left[2.303\left(A_i - \dfrac{B_i}{t+C_i}\right)\right]$$

故

$$f(t) = \sum \dfrac{x_i}{P}\exp\left[2.303\left(A_i - \dfrac{B_i}{t+C_i}\right)\right] - 1$$

$$f'(t) = \sum \dfrac{x_i}{P}\exp\left[2.303\left(A_i - \dfrac{B_i}{t+C_i}\right)\right]\left[\dfrac{2.303 B_i}{(t+C_i)^2}\right] = \sum K_i x_i\left[\dfrac{2.303 B_i}{(t+C_i)^2}\right]$$

因此，每次迭代温度为：

$$t^{(k+1)} = t^{(k)} - \frac{f(t^{(k)})}{f'(t^{(k)})} = t^{(k)} - \frac{\sum K_i x_i - 1}{\sum K_i x_i \left[\dfrac{2.303 B_i}{(t^{(k)} + C_i)^2} \right]}$$

上述各式中，A_i，B_i，C_i 为组分 i 的安托尼常数；$t^{(k)}$，$t^{(k+1)}$ 分别为第 k 次和第 $k+1$ 次迭代温度。若 $|t^{(k+1)} - t^{(k)}| \leqslant 0.001$，则认为已达到契合。

可选组分 1 或组分 3 的沸点为初值开始计算。在此，为与上述计算进行比较，也以 $t_1 = 70°C$ 作为初值。

组　　分	x_i	$K_i x_i$	$\dfrac{2.303 B_i}{(t + C_i)^2}$	$K_i x_i \left[\dfrac{2.303 B_i}{(t + C_i)^2} \right]$	t_1
3-氯丙烯	0.0145	0.032	0.0284	0.0009074	
1,2-二氯丙烷	0.3090	0.132	0.0353	0.0046539	70°C
1,3-二氯丙烯	0.6765	0.215	0.0368	0.0079022	
Σ		0.3790		$0.0134635 = f'(t_1)$	

故　　　　　$$t_2 = t_1 - \frac{f(t_1)}{f'(t_1)} = 70 - \frac{0.3790 - 1}{0.0134635} = 116.12°C$$

如此进行下去，结果为：

$t_1 = 70°C$ 　　　$f(t_1) = -0.6210$ 　　　$f'(t_1) = 0.0134635$

$t_2 = 116.12°C$ 　　　$f(t_2) = 0.5934875$ 　　　$f'(t_2) = 0.0435653$

$t_3 = 102.5°C$ 　　　$f(t_3) = 0.082946$ 　　　$f'(t_3) = 0.0318675$

$t_4 = 99.897°C$ 　　　$f(t_4) = 0.002556$ 　　　$f'(t_4) = 0.0299297$

$t_5 = 99.812°C$ 　　　$f(t_5) = 0.0000031$ 　　　$f'(t_5) = 0.0298677$

$t_6 = 99.812°C$

达到迭代精度要求，故泡点温度为 99.812°C。

若用 Richmond 算法，还需求二阶导数 $f''(t)$

$$f''(t) = \sum K_i x_i \left\{ \frac{2.303 B_i [2.303 B_i - 2(t + C_i)]}{(t + C_i)^4} \right\}$$

每次迭代温度为

$$t^{(k+1)} = t^{(k)} - \frac{2}{2 f'(t^{(k)}) - \dfrac{f''(t^{(k)})}{f'(t^{(k)})} \cdot f(t^{(k)})}$$

计算结果为：

$t_1 = 70°C$ 　　$f(t_1) = -0.6210$ 　　$f'(t_1) = 0.0134635$ 　　$f''(t_1) = 0.0003962$

$t_2 = 97.477°C$ 　　$f(t_2) = -0.06777$ 　　$f'(t_2) = 0.0282082$ 　　$f''(t_2) = 0.0006957$

$t_3 = 99.81°C$ 　　$f(t_3) = 0.000049$

已达到牛顿法 t_5 的精度，故 t_3 即为所求。

【例 2-4】 确定含正丁烷（1）0.15、正戊烷（2）0.4 和正己烷（3）0.45（均为摩尔分数）之烃类混合物在 0.2MPa 压力下的泡点温度。

解 因各组分都是烷烃，所以汽、液相均可看成理想溶液，K_i 只取决于温度和压力。如计算要求不甚高，可使用烃类的 P-T-K 图（见图 2-1）。

假设 $T=50℃$，因 $P=0.2$MPa，查图求 K_i

组分	x_i	K_i	$y_i=K_ix_i$
正丁烷	0.15	2.5	0.375
正戊烷	0.40	0.76	0.304
正己烷	0.45	0.28	0.126

$\sum K_ix_i=0.805\neq1.00$，$\sum K_ix_i<1$，说明所设温度偏低。重设 $T=58.7℃$

组分	x_i	K_i	$y_i=K_ix_i$
正丁烷	0.15	3.0	0.45
正戊烷	0.40	0.96	0.384
正己烷	0.45	0.37	0.1665

$\sum K_ix_i=1.0005\approx1$，故泡点温度为 58.7℃。

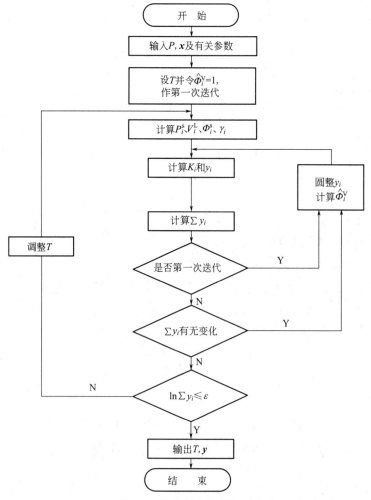

图 2-2　泡点温度计算框图

（**2**）平衡常数与组成有关的泡点温度计算   当系统的非理想性较强时，K_i 必须按式(2-14)或式(2-35) 计算，然后联立求解式(2-44) 和式(2-45)。因已知值仅有 P 和 $\boldsymbol{x}$，计算 K_i 值的其他各项：$\hat{\Phi}_i^{\mathrm{V}}$、$\hat{\Phi}_i^{\mathrm{L}}$、$\gamma_i$、$P_i^{\mathrm{s}}$、$\Phi_i^{\mathrm{s}}$ 及 v_i^{L} 均是温度的函数，而温度恰恰是未知数。此外，$\hat{\Phi}_i^{\mathrm{V}}$ 还是汽相组成的函数。因此，手算难以完成，需要计算机计算。应用活度系数法作泡点温度计算的一般步骤如图 2-2 所示。

当系统压力不大时（2MPa 以下），从式(2-35) 可看出，K_i 主要受温度影响，其中关键项是饱和蒸气压随温度变化显著，从安托尼方程可分析出，在这种情况下 $\ln K_i$ 与 $1/T$ 近似线性关系，故判别收敛的准则变换为：

$$G(1/T) = \ln \sum_{i=1}^{c} K_i x_i = 0 \tag{2-55}$$

用牛顿法能较快地求得泡点温度。

对于汽相非理想性较强的系统，例如高压下的烃类，K_i 值用状态方程法计算，用上述准则收敛速度较慢，甚至不收敛，此时仍以式(2-51) 为准则，改用 Muller 法迭代为宜。

【**例 2-5**】 丙酮（1）-丁酮-(2)-乙酸乙酯（3）三元混合物所处压力为 2026.5kPa，液相组成为 $x_1 = x_2 = 0.3$，$x_3 = 0.4$（摩尔分数）。试用活度系数法计算泡点温度（逸度系数用维里方程计算；活度系数用 Wilson 方程计算）。

各组分的液相摩尔体积（cm^3/mol）：$v_1^{\mathrm{L}} = 73.52$；$v_2^{\mathrm{L}} = 89.57$；$v_3^{\mathrm{L}} = 97.79$

Wilson 参数为（J/mol）：

$\lambda_{12} - \lambda_{11} = 5741.401$；$\lambda_{21} - \lambda_{22} = -2722.056$；$\lambda_{13} - \lambda_{11} = -1226.628$；$\lambda_{31} - \lambda_{33} = 2698.313$；$\lambda_{23} - \lambda_{22} = -1696.533$；$\lambda_{32} - \lambda_{33} = 11322.895$

安托尼方程常数

	A	B	C
丙酮（1）	14.6363	2940.46	-35.93
丁酮（2）	14.5836	3150.42	-36.55
乙酸乙酯（3）	14.1366	2790.5	-57.15

$$\ln P_i^{\mathrm{s}} = A - \frac{B}{t + C} \quad (P^{\mathrm{s}}, \ \mathrm{kPa}; \ t, \ \mathrm{K})$$

组分的临界参数和偏心因子为

	T_c/K	P_c/kPa	ω
丙酮（1）	508.1	4701.50	0.309
丁酮（2）	535.6	4154.33	0.329
乙酸乙酯（3）	523.25	3830.09	0.363

解   用 Abbott 公式计算第二维里系数，交叉临界性质用 Lorentz-Berthelot 规则求出。逸度系数计算用式(2-30)。

由于系统压力接近于各组分的饱和蒸气压，普瓦廷因子近似等于 1，故平衡常数公式简化为

$$K_i = \frac{\gamma_i \Phi_i^{\mathrm{s}} P_i^{\mathrm{s}}}{\hat{\Phi}_i^{\mathrm{V}} P}$$

计算步骤见图 2-2。

设泡点温度初值为 500K，计算机计算中间结果如下：

泡点温度迭代值/K	汽相组成(摩尔分数)			Σy
	y_1	y_2	y_3	
500.0	0.3317	0.2955	0.3728	1.8044
500.0	0.3351	0.2993	0.3657	1.7844
500.0	0.3356	0.2993	0.3651	1.7815
470.0	0.3724	0.2973	0.3304	1.0362
470.0	0.3760	0.2957	0.3284	1.0260
470.0	0.3762	0.2954	0.3283	1.0253
468.7	0.3777	0.2952	0.3270	1.0007
468.7	0.3779	0.2951	0.3270	1.0000

最终迭代泡点温度 468.7K 下各变量数值如下：

变量	丙酮	丁酮	乙酸乙酯	变量	丙酮	丁酮	乙酸乙酯
P_i^s	2544.756	1468.218	1565.774	γ_i	1.00319	1.35567	1.04995
$\hat{\Phi}_i^V$	0.84353	0.79071	0.78536	K_i	1.25992	0.98404	0.81762
$\hat{\Phi}_i^s$	0.84363	0.79219	0.79152				

2.2.1.2　泡点压力的计算

计算泡点压力所用的方程与计算泡点温度的方程相同，即式(2-44)、式(2-45) 和式(2-47)。当 K_i 仅与 P 和 T 有关时，计算很简单，有时尚不需试差。泡点压力计算公式为：

$$f(P) = \sum_{i=1}^{c} K_i x_i - 1 = 0 \tag{2-56}$$

对于可用式(2-36) 表示 K_i 的理想情况，由式(2-56) 得到直接计算泡点压力的公式：

$$P_{泡} = \sum_{i=1}^{c} P_i^s x_i \tag{2-57}$$

对汽相为理想气体，液相为非理想溶液的情况，用类似的方法得到：

$$P_{泡} = \sum_{i=1}^{c} \gamma_i P_i^s x_i \tag{2-58}$$

若用 P-T-K 图求 K_i 值，则需假设泡点压力，通过试差求解。

一般说来，式(2-51) 对于温度是高度非线性的，但式(2-56) 对于压力仅有一定程度的非线性，所以，泡点压力的试差要容易些。

当平衡常数是压力、温度和组成的函数时，由式(2-35) 可分析出，P_i^s、v_i^L 和 Φ_i^s 因只是温度的函数，均为定值。γ_i 一般认为与压力无关，当 T 和 x 已规定时也为定值。但式中 P 及作为 P 和 y 函数的 $\hat{\Phi}_i^V$ 是未知的（T 除外），因此必须用试差法求解。对于压力不太高的情况，由于压力对 $\hat{\Phi}_i^V$ 的影响不太大，故收敛较快。

用活度系数法计算泡点压力的框图见图 2-3。

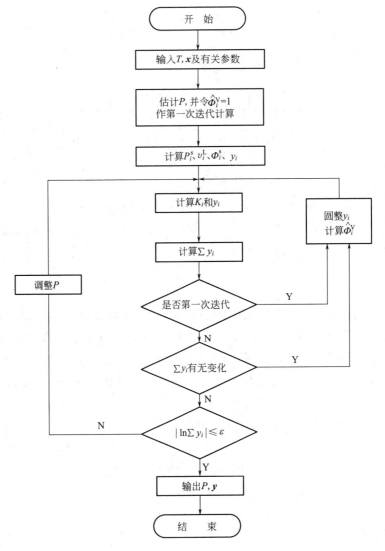

图 2-3 活度系数法泡点压力计算框图

【例 2-6】 已知氯仿(1)-乙醇(2)溶液的浓度为 $x_1=0.3445$(摩尔分数),温度为 55℃。试求泡点压力及气相组成。该系统的 Margules 方程式常数为:$A_{12}=0.59$,$A_{21}=1.42$。55℃时,纯组分的饱和蒸气压 $P_1^s=82.37$kPa,$P_2^s=37.31$kPa,第二维里系数:$B_{11}=-963$cm³/mol,$B_{22}=-1523$,$B_{12}=-1217$。指数校正项可以忽略。

解 将式(2-35)代入式(2-50)中,并忽略指数项,得:

$$P=\sum \frac{\gamma_i \Phi_i^s P_i^s x_i}{\Phi_i^V} \tag{A}$$

令

$$\Phi_i = \hat{\Phi}_i^V / \Phi_i^s$$

对二元系,将其代入式(A)

$$P=\frac{\gamma_1 x_1 P_1^s}{\Phi_1}+\frac{\gamma_2 x_2 P_2^s}{\Phi_2} \tag{B}$$

因
$$\ln\Phi_1^s=\frac{B_{11}P_1^s}{RT}$$

$$\ln\hat{\Phi}_1^V=[B_{11}+(2B_{12}-B_{11}-B_{22})y_2^2]\frac{P}{RT}$$

故
$$\Phi_1=\exp\left[\frac{B_{11}(P-P_1^s)+Py_2^2(2B_{12}-B_{11}-B_{22})}{RT}\right]\quad\text{(C)}$$

同理
$$\Phi_2=\exp\left[\frac{B_{22}(P-P_2^s)+Py_1^2(2B_{12}-B_{11}-B_{22})}{RT}\right]\quad\text{(D)}$$

在 $x_1=0.3445$ 时，由 Margules 方程式求得：

$$\ln\gamma_1=x_2^2[A_{12}+2(A_{21}-A_{12})x_1]$$
$$=(0.6555)^2\times[0.59+2\times(1.42-0.59)\times(0.3445)]$$
$$=0.4992$$

解得： $\gamma_1=1.6475$

同理： $\gamma_2=1.0402$

因为 Φ_1 及 Φ_2 是 P 及 y 的函数，而 P 及 y 又未知，故需用数值方法求解。为了确定 P 及 y 之初值，可先假设 $\Phi_1=\Phi_2=1$，由式(B)求出 P 及 Py_1 和 Py_2。因 $Py_i/P=y_i$，故得 y_1 及 y_2。以这个 P 及 y_1、y_2 为初值，就可由式(C)和式(D)算出 Φ_1 及 Φ_2。再由此 Φ_1 及 Φ_2 算出新的 P 及 y_1、y_2。这样反复进行，直至算得的 P 与 y 和假设值相等（或差数小于规定值）时为止。

以 $\Phi_1=\Phi_2=1$ 和 P_1^s、P_2^s 代入式(B)，得

$$P=1.6475\times0.3445\times82.37+1.0402\times0.6555\times37.31=46.75+25.44=72.19$$
$$y_1=46.75/72.19=0.6476;\quad y_2=0.3524$$

将 P、y_1 和 y_2 值代入式(C)和式(D)求出：

$$\Phi_1=1.0038;\quad \Phi_2=0.9813$$

以上述 Φ_1 和 Φ_2 值代入式(B)，得：

$$P=\frac{1.6475\times0.3445\times82.37}{1.0038}+\frac{1.0402\times0.6555\times37.31}{0.9813}=72.50\text{kPa}$$
$$y_1P=46.57$$

故
$$y_1=0.6424\qquad y_2=0.3576$$

由于此次计算结果与第一次试算结果已相差甚小，故不再继续算下去。因此 $P=72.50\text{kPa}$，$y_1=0.6424$，$y_2=0.3576$。

对于压力较高的情况，可使用状态方程法计算泡点压力，如图 2-4 所示。

2.2.2 露点温度和压力的计算

该类计算规定汽相组成 y 和 P 或 T，分别计算液相组成 x 和 T 或 P。

2.2.2.1 平衡常数与组成无关的露点温度和压力的计算

露点方程为

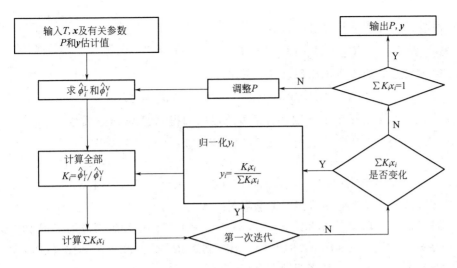

图 2-4 状态方程法泡点压力计算框图

$$\sum_{i=1}^{c} (y_i/K_i) = 1.0 \tag{2-59}$$

或

$$f(T) = \sum_{i=1}^{c} (y_i/K_i) - 1.0 = 0 \tag{2-60}$$

$$f(P) = \sum_{i=1}^{c} (y_i/K_i) - 1.0 = 0 \tag{2-61}$$

露点的求解与泡点类似。以露点温度为例：

设 T $\xrightarrow{\text{给定}P}$ 由 $P\text{-}T\text{-}K$ 图查 K_i $\longrightarrow$ $\sum_{i=1}^{c}(y_i/K_i)$ $\longrightarrow$ $|f(T)| \leqslant \varepsilon$ $\xrightarrow{Y}$ $\begin{cases} T \\ x_i \end{cases}$ $\longrightarrow$ 结束

调整 T ⟵——————————— N

如果以式(2-48) 表示 K_i，则牛顿法迭代公式为：

$$T^{(k+1)} = T^{(k)} + \frac{-1+\sum(y_i/K_i)}{\sum\left(\dfrac{y_i}{K_i^2}\dfrac{\partial K_i}{\partial T}\right)} = T^{(k)} + \frac{-1+\sum(y_i/K_i)}{\sum\left[\dfrac{B_i y_i}{K_i(T^{(k)}+C_i)^2}\right]} \tag{2-62}$$

2.2.2.2 平衡常数与组成有关的露点温度和压力的计算

对于露点温度计算，T 为未知数，因此 K_i 中作为 T 函数的诸项：P_i^s、v_i^L、Φ_i^s、$\hat{\Phi}_i^V$ 以及作为 T 和 x 函数的 γ_i 均需迭代计算。露点温度与泡点温度的计算步骤相近，只要将图 2-2 的框图略加改动即可。

对于露点压力计算，已知 T 和 y，因此 K_i 中作为 T 函数的 P_i^s、v_i^L、Φ_i^s 为定值，与压力有关的 $\hat{\Phi}_i^V$ 和与 x 有关的 γ_i 则需反复迭代。露点压力的计算步骤与泡点压力的计算相近。

【例 2-7】 乙酸甲酯（1）-丙酮（2）-甲醇（3）三组分蒸气混合物的组成为 $y_1 = 0.33$，$y_2 = 0.34$，$y_3 = 0.33$（摩尔分数）。试求 50℃时该蒸气混合物之露点压力。

解 汽相假定为理想气体，液相活度系数用 Wilson 方程表示。由有关文献查得或回归的所需数据为：

50℃时各纯组分的饱和蒸气压，kPa

$P_1^s = 78.049$　　　　$P_2^s = 81.818$　　　　$P_3^s = 55.581$

50℃时各组分的液体摩尔体积，cm^3/mol

$$v_1^L = 83.77 \qquad v_2^L = 76.81 \qquad v_3^L = 42.05$$

由50℃时各两组分溶液的无限稀释活度系数回归得到的 Wilson 常数：

$\Lambda_{11} = 1.0$　　　　　$\Lambda_{21} = 0.71891$　　　　$\Lambda_{31} = 0.57939$

$\Lambda_{12} = 1.18160$　　　$\Lambda_{22} = 1.0$　　　　　$\Lambda_{32} = 0.97513$

$\Lambda_{13} = 0.52297$　　　$\Lambda_{23} = 0.50878$　　　$\Lambda_{33} = 1.0$

根据具体情况，计算框图简化为本题附图。

(1) 假定 x 值，取 $x_1 = 0.33$，$x_2 = 0.34$，$x_3 = 0.33$。按理想溶液确定 P 初值

　　　$P = 78.049 \times 0.33 + 81.818 \times 0.34 + 55.581 \times 0.33 = 71.916$（kPa）

(2) 由 x 和 Λ_{ij} 求 γ_i　从多组分 Wilson 方程

$$\ln \gamma_i = 1 - \ln \sum_{j=1}^{c} (x_j \Lambda_{ij}) - \sum_{k=1}^{c} \frac{x_k \Lambda_{kj}}{\sum_{j=1}^{c} x_j \Lambda_{kj}}$$

得

$$\ln \gamma_1 = 1 - \ln (x_1 + \Lambda_{12} x_2 + \Lambda_{13} x_3) - \left[\frac{x_1}{x_1 + \Lambda_{12} x_2 + \Lambda_{13} x_3} + \frac{\Lambda_{21} x_2}{\Lambda_{21} x_1 + x_2 + \Lambda_{23} x_3} + \frac{\Lambda_{31} x_3}{\Lambda_{31} x_1 + \Lambda_{32} x_2 + x_3} \right]$$

$$= 0.1834$$

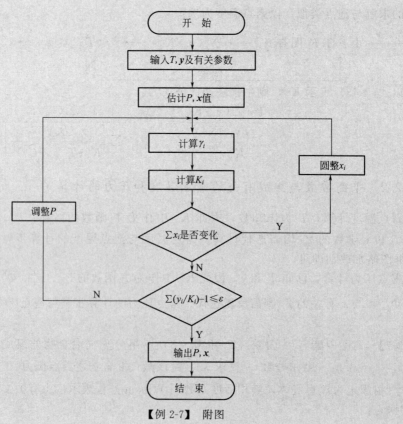

【例 2-7】 附图

解得 $\qquad\qquad\qquad\qquad\gamma_1=1.2013$

同理 $\qquad\qquad\qquad\qquad\gamma_2=1.0298,\ \gamma_3=1.4181$

（3）求 K_i $\qquad K_i=\dfrac{\gamma_i P_i^s}{P}\exp\left[\dfrac{v_i^L(P-P_i^s)}{RT}\right]$

$$K_1=\dfrac{1.2013\times78.049}{71.916}\exp\left[\dfrac{83.77\times(71.916-78.049)\times10^{-3}}{8.314\times323.16}\right]=1.3035$$

同理 $\qquad\qquad\qquad K_2=1.1713,\ K_3=1.0963$

（4）求 $\sum x_i$ $\qquad\sum x_i=\dfrac{0.33}{1.3035}+\dfrac{0.34}{1.1713}+\dfrac{0.33}{1.0963}=0.8445$

圆整得 $\qquad x_1=0.2998 \qquad x_2=0.3437 \qquad x_3=0.3565$

在 $P=71.916\text{kPa}$ 内层迭代汇总如下：

迭代次数	液相组成			平衡常数			$\sum x_i$
	x_1	x_2	x_3	K_1	K_2	K_3	
1	0.33	0.34	0.33	1.3035	1.1713	1.0963	0.8445
2	0.2998	0.3437	0.3565	1.3328	1.1808	1.0655	0.8452
3	0.2929	0.3406	0.3664	1.3430	1.1848	1.0557	0.84528
4	0.2907	0.3395	0.3698	1.3463	1.1861	1.0524	0.8453
5	0.28997	0.33909	0.37094	1.3475	1.18656	1.0513	0.84534
6	0.28971	0.33896	0.37133	1.34779	1.18675	1.05092	0.84535
7	0.28964	0.33891	0.37145	1.3479	1.18675	1.05082	0.84536

（5）调整 P

$$P=\sum\gamma_i P_i^s x_i\exp\left[\dfrac{v_i^L(P-P_i^s)}{RT}\right]=P\sum K_i x_i$$

$=71.916\times(1.3479\times0.28964+1.18675\times0.33891+1.05082\times0.37145)=85.072\ (\text{kPa})$

在新的 P 下重复上述计算，迭代至 P 达到所需精度。

最终结果：露点压力 85.101kPa

平衡液相组成：$x_1=0.28958 \qquad x_2=0.33889 \qquad x_3=0.37153$

上述计算一般不能依靠手算，而必须利用计算机。若省略普瓦廷因子，则可节省机时。

比较第一次假定 P 下迭代至 $\sum x_i$ 不变并经圆整后的液相组成与最终结果的液相组成，可得出结论：K_i 对 x_i 的变化敏感，对压力的变化不敏感，因此，内层迭代 x，外层迭代 P 的计算方法是合理的。

2.3 闪蒸过程的计算

闪蒸是连续单级蒸馏过程。该过程使进料混合物部分汽化或冷凝得到含易挥发组分较多的蒸汽和含难挥发组分较多的液体。在图 2-5（a）中，液体进料在一定压力下被加热，通过阀门绝热闪蒸到较低压力，在闪蒸罐内分离出气体。如果省略阀门，低压液体在加热器中被加热部分汽化后，在闪蒸罐内分成两相。与之相反，如图 2-5（b）所示，气体进料在分凝器中部分汽凝，进闪蒸罐进行相分离，得到难挥发组分较多的液体。在两种情况下，如果设备设计合理，则离开闪蒸罐的汽、液两相处于平衡状态。

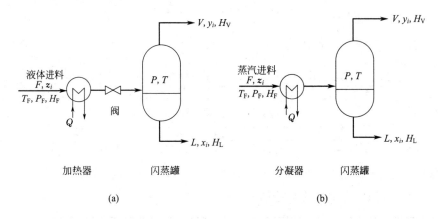

图 2-5 连续单级平衡分离

除非组分的相对挥发度相差很大，单级平衡分离所能达到的分离程度是很低的，所以，闪蒸和部分冷凝通常是作为进一步分离的辅助操作。但是，用于闪蒸过程的计算方法极为重要，普通精馏塔中的平衡级就是一简单绝热闪蒸级。可以把从单级闪蒸和部分冷凝导出的计算方法推广用于塔的设计。

在单级平衡分离中，由 c 个组分构成的原料，在给定流率 F、组成 z_i、压力 P_F 和温度 T_F（或焓 H_F）的条件下，通过闪蒸过程分离成相互平衡的汽相和液相物流。对每一组分列出物料衡算式：

$$Fz_i = Lx_i + Vy_i \quad (i=1,2,\cdots,c) \tag{2-63}$$

式中，F、V、L 分别表示进料、气相出料和液相出料的流率，z_i、y_i 和 x_i 为相应的组成。

总物料衡算式为：

$$F = L + V \tag{2-64}$$

焓平衡关系为：

$$FH_F + Q = VH_V + LH_L \tag{2-65}$$

式中，H_F、H_V 和 H_L 分别为进料、汽相出料和液相出料的平均摩尔热焓，它们是温度、压力和组成的函数；Q 为加入平衡级的热量，对于绝热闪蒸，$Q=0$，而对于等温闪蒸，Q 应取达到规定分离或闪蒸温度所需要的热量。

汽液平衡关系为：

$$y_i = K_i x_i \quad (i=1,2,\cdots,c) \tag{2-44}$$
$$K_i = K_i(T, P, x, y)$$

如果认为式(2-63)所表示的 c 个方程是独立的，还必须增加两个总和方程

$$\sum_{i=1}^{c} y_i = 1 \tag{2-45}$$

$$\sum_{i=1}^{c} x_i = 1 \tag{2-46}$$

对于规定闪蒸压力的系统，式(2-63)、式(2-65)、式(2-44)、式(2-45) 和式(2-46) 共 $2c+3$ 个方程，对应唯一解的未知数也应是 $2c+3$ 个（x_i，y_i，V，L 和 T 或 Q）。

闪蒸计算有多种规定方法，表 2-4 列出了一些常用的类型。

表 2-4 闪蒸计算类型

序号	规定变量	闪蒸形式	输出变量
1	P,T	等温	Q,V,y_i,L,x_i
2	$P,Q=0$	绝热	T,V,y_i,L,x_i
3	$P,Q\neq0$	非绝热	T,V,y_i,L,x_i
4	P,L（或 Ψ）	部分冷凝	Q,T,V,y_i,x_i
5	P（或 T）,V（或 Ψ）	部分汽化	Q,T（或 P）,y_i,L,x_i

2.3.1 等温闪蒸和部分冷凝过程

2.3.1.1 汽液平衡常数与组成无关

对于理想溶液，$K_i=K_i(T,P)$，由于已知闪蒸温度和压力，K_i 值容易确定，故联立求解上述 $2c+3$ 个方程比较简单。

为简化求解步骤，首先用式(2-44)消去式(2-63)中的 y_i：

$$Fz_i=Lx_i+VK_ix_i \qquad (i=1,2,\cdots,c)$$

解得：

$$x_i=\frac{Fz_i}{L+VK_i} \qquad (i=1,2,\cdots,c)$$

将 $L=F-V$ 代入该方程，得

$$x_i=\frac{Fz_i}{F-V+VK_i} \qquad (i=1,2,\cdots,c) \tag{2-66}$$

通常，用 F 除式(2-66)的分子和分母，并以 $\Psi=V/F$ 表示汽相分率，则：

$$x_i=\frac{z_i}{1+\Psi(K_i-1)} \qquad (i=1,2,\cdots,c) \tag{2-67}$$

Ψ 的取值范围在 $0\sim1.0$ 之间。将式(2-67)代入式(2-44)，得到

$$y_i=\frac{K_iZ_i}{1+\Psi(K_i-1)} \qquad (i=1,2,\cdots,c) \tag{2-68}$$

Ψ 一旦确定，即可从式(2-67)和式(2-68)求出 x_i 和 y_i。

推导至此，两个总和方程尚未应用。若将式(2-67)和式(2-68)分别代入式(2-46)和式(2-45)，得：

$$\sum_{i=1}^{c}\frac{z_i}{1+\Psi(K_i-1)}=1.0 \tag{2-69}$$

$$\sum_{i=1}^{c}\frac{K_iz_i}{1+\Psi(K_i-1)}=1.0 \tag{2-70}$$

该两方程均能用于求解汽相分率，它们是 c 级多项式，当 $c>3$ 时可用试差法和数值法求根，但收敛性不佳。因此，用式(2-70)减去式(2-69)得更通用的闪蒸方程式：

$$f(\Psi)=\sum_{i=1}^{c}\frac{(K_i-1)z_i}{1+\Psi(K_i-1)}=0 \tag{2-71}$$

该式被称为 Rachford-Rice 方程，有很好的收敛特性，可选择多种算法，如弦位法和牛顿法求解，后者收敛较快，迭代方程为：

$$\Psi^{(k+1)}=\Psi^{(k)}-\frac{f(\Psi^{(k)})}{\mathrm{d}f\Psi^{(k)}/\mathrm{d}\Psi} \tag{2-72}$$

导数方程为
$$\frac{\mathrm{d}f(\Psi^{(k)})}{\mathrm{d}\Psi} = -\sum_{i=1}^{c} \frac{(K_i - 1)^2 z_i}{[1 + \Psi^{(k)}(K_i - 1)]^2}$$
(2-73)

当 Ψ 值确定后，由式(2-67)和式(2-68)分别计算 x_i 和 y_i，并用式(2-64)求 L 和 V，然后计算焓值 H_L 和 H_V。对于理想溶液，H_L 和 H_V 由纯物质的焓加和求得。

$$H_V = \sum_{i=1}^{c} y_i H_{Vi}(T, P)$$
(2-74)

$$H_L = \sum_{i=1}^{c} x_i H_{Li}(T, P)$$
(2-75)

式中，H_{Vi} 和 H_{Li} 是纯物质的摩尔热焓。如果溶液为非理想溶液，则还需要混合热数据。当确定各股物料的焓值后，用式(2-65)求过程所需热量。

此外，在给定温度下进行闪蒸计算时，还需核实闪蒸问题是否成立。可采用下面两种方法：

① 分别用泡点方程和露点方程计算在闪蒸压力下进料混合物的泡点温度和露点温度，然后核实闪蒸温度是否处于泡露点温度之间。若该条件成立，则闪蒸问题成立。

$$f(T_B) = \sum_{i=1}^{c} K_i z_i - 1 = 0$$

$$f(T_D) = \sum_{i=1}^{c} (z_i / K_i) - 1 = 0$$

式中，T_B 和 T_D 分别为泡、露点温度。还可用计算结果来确定汽相分率的初值

$$\Psi = \frac{T - T_B}{T_D - T_B}$$
(2-76)

② 假设闪蒸温度为进料组成的泡点温度，则 $\sum K_i z_i$ 应等于 1。若 $\sum K_i z_i > 1$，说明 $T_B < T$；再假设闪蒸温度为进料组成的露点温度，则 $\sum (z_i / K_i)$ 应等于 1。若 $\sum (z_i / K_i) > 1$，说明 $T_D > T$。综合两种试算结果，只有 $T_B < T < T_D$ 成立，才构成闪蒸问题。反之，若 $\sum K_i z_i < 1$ 或 $\sum (z_i / K_i) < 1$，说明进料在闪蒸条件下分别为过冷液体或过热蒸汽。

对于表 2-4 中第 4、5 两种情况（规定 Ψ 和 P，求 T）计算步骤为：假定 T 值，计算 K_i，再用 Rachford-Rice 方程（简称 R-R 方程）核实假定值是否正确。$f(\Psi) \sim T$ 作图有助于确定下一次迭代的温度值。此外，也可用下式估计 T：

$$K_{\mathrm{ref}}(T^{(k+1)}) = \frac{K_{\mathrm{ref}}(T^{(k)})}{1 + \mathrm{d}f(T^{(k)})}$$

式中，K_{ref} 为基准组分的平衡常数；d 为阻尼因子（$\leqslant 1.0$）。

【例 2-8】 进料流率为 1000kmol/h 的轻烃混合物，其组成为：丙烷(1) 30%；正丁烷(2) 10%；正戊烷(3) 15%；正己烷(4) 45%（摩尔分数）（见附图）。求在 50℃ 和 200kPa 条件下闪蒸的汽、液相组成及流率。

解 该物系为轻烃混合物，可按理想溶液处理。由给定的 T 和 P，从 P-T-K 图查 K_i，再采用上述顺序解法求解。

（1）核实闪蒸温度 假设 50℃ 为进料的泡点温度，则

$$\sum_{i=1}^{4} K_i z_i = 7.0 \times 0.3 + 2.4 \times 0.1 + 0.8 \times 0.15 + 0.3 \times 0.45$$

$$= 2.595 (> 1)$$

假设 50℃ 为进料的露点温度，则

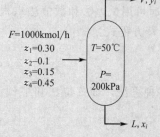

【例 2-8】附图

$$\sum_{i=1}^{4}(z_i/K_i)=\frac{0.3}{7.0}+\frac{0.1}{2.4}+\frac{0.15}{0.8}+\frac{0.45}{0.3}=1.772>1$$

说明进料的实际泡点温度和露点温度分别低于和高于规定的闪蒸温度，闪蒸问题成立。

（2）求 Ψ，令 $\Psi_1=0.1$（最不利的初值）

$$f(0.1)=\frac{(7.0-1)(0.3)}{1+(0.10)(7.0-1)}+\frac{(2.4-1)(0.1)}{1+(0.1)(2.4-1)}+\frac{(0.8-1)(0.15)}{1+(0.1)(0.8-1)}+\frac{(0.3-1)(0.45)}{1+(0.1)(0.3-1)}$$
$$=0.8785$$

因 $f(0.1)<0$，应增大 Ψ 值。因为每一项的分母中仅有一项变化，所以可以写出仅含未知数 Ψ 的一个方程

$$f(\Psi)=\frac{1.8}{1+6\Psi}+\frac{0.14}{1+1.4\Psi}+\frac{-0.03}{1-0.2\Psi}+\frac{-0.315}{1-0.7\Psi}$$

计算 R-R 方程导数的公式为

$$\frac{\mathrm{d}f(\Psi)}{\mathrm{d}\Psi}=-\left\{\frac{(K_1-1)^2z_1}{[1+\Psi(K_1-1)]^2}+\frac{(K_2-1)^2z_2}{[1+\Psi(K_2-1)]^2}+\frac{(K_3-1)^2z_3}{[1+\Psi(K_3-1)]^2}+\frac{(K_4-1)^2z_4}{[1+\Psi(K_4-1)]^2}\right\}$$
$$=-\left\{\frac{10.8}{[1+6.0\Psi]^2}+\frac{0.196}{[1+1.4\Psi]^2}+\frac{0.006}{[1+0.2\Psi]^2}+\frac{0.2205}{[1+0.7\Psi]^2}\right\}$$

当 $\Psi_1=0.1$ 时 $\left(\dfrac{\mathrm{d}f(\Psi)}{\mathrm{d}\Psi}\right)_1=4.631$

由式（2-72）$\qquad\Psi_2=0.1+\dfrac{0.8758}{4.631}=0.29$

以下计算依此类推，迭代的中间结果列表如下：

迭代次数	Ψ	$f(\Psi)$	$\mathrm{d}f(\Psi)/\mathrm{d}(\Psi)$
1	0.1	0.8785	4.631
2	0.29	0.329	1.891
3	0.46	0.066	1.32
4	0.51	0.00173	—

$f(\Psi_4)$ 数值已达到 $P\text{-}T\text{-}K$ 图的精确度。

（3）用式（2-67）计算 x_i，用式（2-68）计算 y_i

$$x_1=\frac{z_1}{1+\Psi(K_1-1)}=\frac{0.3}{1+0.51(7.0-1)}=0.0739$$
$$y_1=\frac{K_1z_1}{1+\Psi(K_1-1)}=\frac{7.0\times0.3}{1+0.51(7.0-1)}=0.5173$$

由类似计算得

$$x_2=0.0583,\quad y_2=0.1400$$
$$x_3=0.1670,\quad y_3=0.1336$$
$$x_4=0.6998,\quad y_4=0.2099$$

（4）求 V，L

$$V=\Psi F=0.51\times1000=510\ (\mathrm{kmol/h}),\quad L=F-V=490\ (\mathrm{kmol/h})$$

（5）核实 $\sum y_i$ 和 $\sum x_i$

$$\sum_{i=1}^{4}x_i=0.999,\quad\sum_{i=1}^{4}y_i=1.0008$$

因 Ψ 值不能再精确，故结果已满意。

由于 Rachford-Rice 方程几乎是线性的，故用牛顿法计算时收敛迅速，而且是单调的，不产生振荡。若初值选择适当，则收敛更快。一般说来，迭代由 $\Psi_1 = 0.5$ 开始，当 $|\Psi^{(k+1)} - \Psi^{(k)}|/\Psi^{(k)} < 0.0001$ 时终止迭代可达到足够的精度。

2.3.1.2 汽液平衡常数与组成有关的闪蒸计算

当 K_i 不仅是温度和压力的函数而且还是组成的函数时，解式(2-71) 所包括的步骤就更多。图 2-6 提出两种普遍化算法。在图 2-6(a) 的框图中，对每组 x 和 y 的估算值，迭代式(2-71) 求 Ψ 至收敛。用收敛的 Ψ 值估算新的一组 x 和 y，并计算 K，重新迭代 Ψ，直至两次迭代的 x 和 y 没有明显变化为止。这种迭代方法需要机时较长，但一般是稳定的。在图 2-6(b)，Ψ 和 x、y 同时迭代，在计算新的 K 值前，x 和 y 要归一化（$x_i = x_i/\sum x_i$，$y_i = y_i/\sum y_i$）。该法运算速度快，但有时会不收敛。

在两种算法中，x 和 y 采用直接迭代方式一般是满意的。有时也使用 Newton-Raphson 法加速收敛。

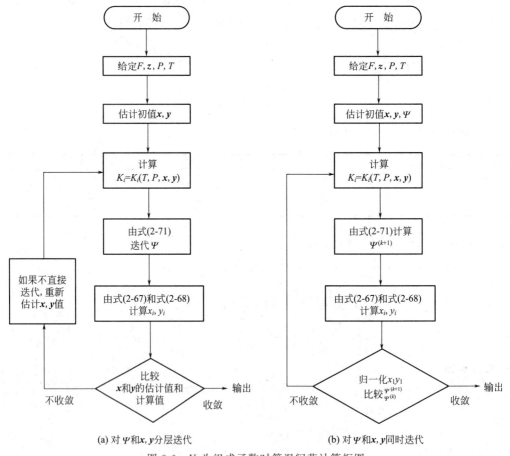

(a) 对 Ψ 和 x, y 分层迭代　　(b) 对 Ψ 和 x, y 同时迭代

图 2-6　K 为组成函数时等温闪蒸计算框图

【例 2-9】 闪蒸罐压力为 85.46kPa，温度为 50℃，进入闪蒸罐物料组成为乙酸甲酯 (1) 0.33，丙酮 (2) 0.34，甲醇 (3) 0.33 （摩尔分数）。试求汽相分率及汽液相平衡组成。参数同 [例 2-7]。

解 假定汽相为理想气体

$$K_i = \gamma_i P_i^s / P$$

按图 2-6(b) 框图编制计算机程序计算

(1) 设 $x_1 = 0.33$，$x_2 = 0.34$，$x_3 = 0.33$。由 [例 2-7] 的 Wilson 参数计算活度系数为：

$\gamma_1 = 1.201301$，$\gamma_2 = 1.029786$，$\gamma_3 = 1.418103$

(2) 计算 K_i

$$K_1 = \frac{1.201301 \times 78.049}{85.46} = 1.09712, \quad K_2 = \frac{1.029786 \times 81.818}{85.46} = 0.98590$$

$$K_3 = \frac{1.418103 \times 55.581}{85.46} = 0.922298$$

(3) 假设 $\Psi_1 = 0.5$，代入式(2-71)

$$f(\Psi_1) = \frac{(1.09712 - 1) \times 0.33}{1 + 0.5(1.09712 - 1)} + \frac{(0.98590 - 1) \times 0.34}{1 + 0.5(0.98590 - 1)} + \frac{(0.922298 - 1) \times 0.33}{1 + 0.5(0.922298 - 1)}$$

$$\approx -0.00093698$$

(4) 用牛顿法确定 Ψ_2　由式(2-73) 求得

$$\mathrm{d}f(\Psi_1) / \mathrm{d}\Psi_1 = -\sum_{i=1}^{3} \frac{(K_i - 1)^2 z_i}{[1 + \Psi(K_i - 1)]^2} = -0.00505622$$

由式(2-72)　　　$\Psi_2 = 0.5 - \dfrac{-0.0009369}{-0.00505622} = 0.314687$

由式(2-67)　　　$x_1 = 0.320213$，$x_2 = 0.341514$，$x_3 = 0.338271$

迭代中间结果和最终结果见本例附表。

[例 2-9]　附表

迭代次数	平衡常数			$f(\Psi)$	$f'(\Psi)$	Ψ	液相组成		
	K_1	K_2	K_3				x_1	x_2	x_3
1	1.097120	0.985900	0.922298	−0.00093698	−0.00505622	0.314687	0.320213	0.341514	0.338271
2	1.104692	0.988267	0.913921	0.00024582	−0.00602022	0.355520	0.3181581	0.3414242	0.3404177
3	1.106556	0.988891	0.911892	0.00007209	−0.00625078	0.367054	0.3175789	0.3413921	0.3410290
4	1.107088	0.989070	0.911318	0.00002147	−0.00631734	0.370453	0.3174081	0.3413823	0.3412096
5	1.107245	0.989123	0.911148	0.00000642	−0.00633708	0.371466	0.3173572	0.3413793	0.3412635
6	1.107292	0.989139	0.911098	0.00000193	−0.00634298	0.371771	0.3173419	0.3413784	0.3412797
7	1.107306	0.989144	0.911083	0.00000059	−0.00634475	0.371863	0.3173373	0.3413782	0.3412846

最终结果

$x_1 = 0.3173373$　　　　$x_2 = 0.3413782$　　　　$x_3 = 0.3412846$

$y_1 = 0.3513894$　　　　$y_2 = 0.3376721$　　　　$y_3 = 0.311$

$\Psi = 0.371863$

前后两次迭代各组分液相组成的最大偏差 $< 5 \times 10^{-6}$。

2.3.2 绝热闪蒸过程

如图 2-5(a) 所示，一般已知流率、组成、压力和温度（或焓）的液体进料节流膨胀到较低压力便产生部分汽化。绝热闪蒸计算的目的是确定闪蒸温度和汽液相组成和流率。原则上仍通过物料衡算、相平衡关系、热量衡算和总和方程联立求解。目前工程计算中广泛采用的算法均选择 T 和 Ψ 为迭代变量，根据物系性质不同又分三种具体算法。

2.3.2.1 宽沸程混合物闪蒸的序贯迭代法

所谓宽沸程混合物，是指构成混合物的各组分的挥发度相差悬殊，其中一些很易挥发，而另一些则很难挥发。该物系的特点是，离开闪蒸罐时各相的量几乎完全决定 K_i。

在很宽的温度范围内，易挥发组分主要在蒸汽相中，而难挥发组分主要留在液相中。进料热焓的增加将使平衡温度升高，但对汽液流率 V 和 L 几乎无影响。因此，宽沸程闪蒸的热衡算更主要地取决于温度，而不是 Ψ。根据序贯算法迭代变量的排列原则，最好是使内层循环中迭代变量的收敛值对于外层循环迭代变量的取值是不敏感的。这就是说，本次内层循环迭代变量的收敛值将是下次内层循环运算的最佳初值。对宽沸程闪蒸，因为 Ψ 对 T 的取值不敏感，所以 Ψ 作为内层迭代变量是合理的。

其次，将热衡算放在外层循环中，用归一化的 x 和 y 计算各股物料的热焓值，物理意义是严谨的。

采用 Rachford-Rice 方程，用弦位法和牛顿法均可估计新的闪蒸温度，但后者既简单，收敛又快。

由式（2-65）重排，并令 $Q=0$，得温度迭代公式。

$$G(T)=VH_V+LH_L-FH_F$$

或

$$G(T)=\Psi H_V+(1-\Psi)H_L-H_F \tag{2-77}$$

$$T^{(k+1)}=T^{(k)}-\frac{G(T^{(k)})}{\mathrm{d}G(T^{(k)})/\mathrm{d}T^{(k)}} \tag{2-78}$$

$$\frac{\mathrm{d}G(T^{(k)})}{\mathrm{d}T^{(k)}}=V\frac{\mathrm{d}H_V}{\mathrm{d}T}+L\frac{\mathrm{d}H_L}{\mathrm{d}T}=VC_{pV}+LC_{pL} \tag{2-79}$$

由 $|T^{(k+1)}-T^{(k)}|\leqslant\varepsilon$ 判断 $G(T)$ 函数收敛。一般选择 $\varepsilon=0.01℃$，函数难于收敛或计算要求不严格时取 $\varepsilon=0.2℃$。

如果 ΔT 值即 $(T^{(k+1)}-T^{(k)})$ 太大，迭代的温度可能出现振荡而不收敛。在该情况下引入阻尼因子 d，使 $\Delta T=d\Delta T_{计算}$。

一般 d 取为 0.5。

宽沸程绝热闪蒸的收敛方案见图 2-7。

2.3.2.2 窄沸程混合物闪蒸的序贯迭代法

对于窄沸程闪蒸问题，由于各组分的沸点相近，因而热量衡算主要受汽化潜热的影响，反映在受汽相分率的影响。改变进料热焓会使汽液相流率发生变化，而平衡温度没有太明显的变化。显然，应该通过热量衡算计算 Ψ（即 V 和 L），解闪蒸方程式确定闪蒸温度。并且，由于收敛的 T 值对 Ψ 的取值不敏感，故应在内层循环迭代 T，外层循环迭代 Ψ。

当采用 Rachford-Rice 方程计算时，迭代 T 的方程为：

$$f(T)=\sum_{i=1}^{c}\frac{(K_i-1)z_i}{1+\Psi(K_i-1)} \tag{2-80}$$

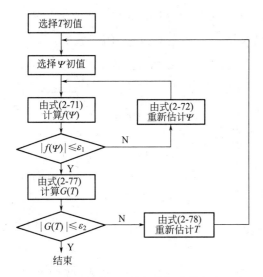

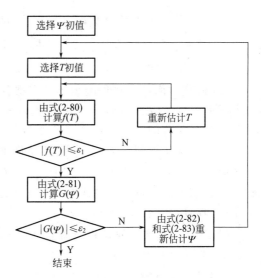

图 2-7 宽沸程绝热闪蒸的收敛方案　　　　　图 2-8 窄沸程绝热闪蒸的收敛方案

热量衡算式由式(2-77)变换为：

$$G(\Psi)=\Psi H_V+(1-\Psi)H_L-H_F \tag{2-81}$$

在 Ψ 的直接迭代法中，解式(2-81)得

$$\Psi^{(k+1)}=\left(\frac{H_F-H_L}{H_V-H_L}\right)^{(k)} \tag{2-82}$$

若 $\Psi^{(k+1)}$ 与 $\Psi^{(k)}$ 有差别，则以 $\Psi^{(k+1)}$ 代替 $\Psi^{(k)}$ 作下一次迭代。若偏差小于允许值，则说明收敛。

直接迭代法可能产生振荡，这时需引进阻尼因子加以控制。

$$\Psi^{(k+1)}=\Psi^{(k)}+d(\Psi_计-\Psi^{(k)}) \tag{2-83}$$

通常 d 取值约为 0.5。

窄沸程绝热闪蒸的收敛方案见图 2-8。

在上述两种迭代方案中，液相组成和汽相组成的迭代是采用在内层循环中与 Ψ（对宽沸程闪蒸）或与 T（对窄沸程闪蒸）同时收敛的方案。

【例 2-10】　闪蒸进料组成为：甲烷(1) 20%，正戊烷(2) 45%，正己烷(3) 35%（摩尔分数）；进料流率 1500kmol/h，进料温度 42℃。已知闪蒸罐操作压力是 206.84kPa，求闪蒸温度、汽相分率、汽液相组成和流率。

解　已知条件表示成示意图（见附图）。

该物系为理想溶液，K 值由查 P-T-K 图或用公式计算得到。作热量衡算需要的比热容数据和潜热数据如下：

组　　分	潜热 ΔH/(J/mol)	正常沸点/℃	液体比热容 C_{pL}/[J/(mol·℃)]
甲烷(1)	8185.2	−161.48	46.05
正戊烷(2)	25790	36.08	166.05
正己烷(3)	28872	68.75	190.83

气体比热容，J/(mol·℃)（式中 T：℃）

$$C_{pV1} = 34.33 + 0.05472T + 3.66345 \times 10^{-6}T^2 - 1.10113 \times 10^{-8}T^3$$

$$C_{pV2} = 114.93 + 0.34114T - 1.89997 \times 10^{-4}T^2 + 4.22867 \times 10^{-8}T^3$$

$$C_{pV3} = 137.54 + 0.40875T - 2.39317 \times 10^{-4}T^2 + 5.76941 \times 10^{-8}T^3$$

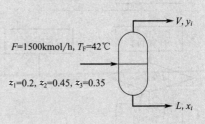

[例 2-10] 附图

首先确定本例是宽沸程闪蒸还是窄沸程闪蒸问题? 由上表正常沸点数据可看出, 沸点差远远大于 $80 \sim 100℃$, 属宽沸程闪蒸。若按本章 2.2 节所介绍的方法进行泡露点温度计算, 则得进料混合物的露点温度 $T_D = 68.1℃$, 泡点温度 $T_B < -70℃$ (因 $P\text{-}T\text{-}K$ 图温度下限为 $-70℃$), 进一步证实本例为宽沸程闪蒸问题。按图 2-7 收敛方案求解。

采用牛顿法迭代, 规定收敛精度 $|\Psi^{(k+1)} - \Psi^{(k)}| \leqslant \varepsilon_1 (\varepsilon_1 = 0.0005)$; $|\Delta T| \leqslant \varepsilon_2 (\varepsilon_2 = 0.02)$。

假设迭代变量的初值 $T = 15℃$ 和 $\Psi = 0.25$, 用式(2-71)、式(2-72)和式(2-73)迭代 Ψ。第一个完整的内层循环中间结果为:

$\Psi = 0.25$, 0.2485, 0.2470, 0.2457, 0.2445, 0.2434, 0.2424, 0.2414, 0.2405, 0.2397, 0.2390, 0.2383, 0.2377, 0.2371, 0.2366, 0.2361

可见, Ψ 的收敛是单调的。由收敛的 Ψ 值和式(2-67)、式(2-68)分别计算 x_i 和 y_i。第一次计算结果为:

$x_1 = 0.0124$	$x_2 = 0.5459$	$x_3 = 0.4470$
$y_1 = 0.8072$	$y_2 = 0.1398$	$y_3 = 0.0362$

当确定各股物料的焓值后, 通过式(2-78)和式(2-79)计算闪蒸温度 $T_2 = 27.9℃$。并重新开始内层迭代。整个迭代过程汇总于附表中。值得注意的是: ①由于内层 Ψ 的收敛值振荡, 造成外层温度值的振荡; ②随外层迭代次数的增加, 内层收敛 Ψ 的迭代次数减少。

[例 2-10] 附表

迭代次数	估计温度/℃	Ψ 的迭代次数	Ψ	计算温度/℃	迭代次数	估计温度/℃	Ψ 的迭代次数	Ψ	计算温度/℃
1	15.00	16	0.2361	27.903	6	24.128	2	0.2551	23.786
2	27.903	13	0.2677	21.385	7	23.786	2	0.2550	23.930
3	21.385	14	0.2496	25.149	8	23.930	2	0.2550	23.875
4	25.149	7	0.2567	23.277	9	23.875	2	0.2540	23.900
5	23.277	3	0.2551	24.128	10	23.900	2	0.2549	23.892

最终组成和流率

$x_1 = 0.0108$	$x_2 = 0.5381$	$x_3 = 0.4513$
$y_1 = 0.7531$	$y_2 = 0.1925$	$y_3 = 0.0539$

$$V = 382.3 \text{kmol/h}; \quad L = 1117.7 \text{kmol/h}$$

本例若按窄沸程闪蒸问题计算, 则不会收敛, 说明首先确定物系性质的重要性。

2.3.2.3 同时收敛法

对于固定闪蒸压力的绝热闪蒸过程, 闪蒸方程和热衡算式可分别写成下面的函数关系:

$$G_1(T, \boldsymbol{x}, \boldsymbol{y}, \Psi) = \sum_{i=1}^{c} \frac{(K_i - 1)z_i}{1 + \Psi(K_i - 1)} = 0 \tag{2-84}$$

$$G_2(T, \boldsymbol{x}, \boldsymbol{y}, \Psi) = \Psi H_V + (1 - \Psi)H_L - H_F = 0 \tag{2-85}$$

$\boldsymbol{x}$ 和 $\boldsymbol{y}$ 分别由式(2-67) 和式(2-68) 关联；平衡常数 K_i 和焓是温度和组成的函数（压力已定）。

描述该闪蒸过程的方程组能表示成多变量非线性函数

$$\boldsymbol{g}(\boldsymbol{X}) = 0 \tag{2-86}$$

向量函数 $\boldsymbol{g}$ 由式(2-84)、式(2-85) 以及对每个组分的组成表达式(2-67) 和式(2-68) 构成，$\boldsymbol{x}$ 向量包括 T、Ψ、$\boldsymbol{x}$ 和 $\boldsymbol{y}$。

式(2-86) 用限步长的 Newton-Raphson 迭代法求解。由于它有二阶收敛特性，计算速度快。

$$\boldsymbol{X}^{(k+1)} = \boldsymbol{X}^{(k)} - d\boldsymbol{J}^{-1} \cdot \boldsymbol{g}(\boldsymbol{X}^{(k)}) \tag{2-87}$$

式中，上标 k 表示迭代次数；$\boldsymbol{J}$ 是 Jacobian 偏导数矩阵，其元素为

$$J_{ij} = \left[\frac{\partial G_i}{\partial X_j} \right]_{\boldsymbol{X}_{i \neq j}} \tag{2-88}$$

标量 d 在 $0 \sim 1$ 的区间内取值，提供对步长的限制和阻尼，以便使迭代过程收敛。由于用 Newton-Raphson 法提供的修正方向，即 $\boldsymbol{J}^{-1}\boldsymbol{g}$ 向量元素的相对大小经常比修正值本身更有价值，故限制步长的方法是很有用的。具体应用时，d 的初值取 1，只要 Newton-Raphson 修正仍使 $\boldsymbol{g}$ 的模数减小，即 $\| \boldsymbol{g}(\boldsymbol{X}^{(k+1)}) \| < \| \boldsymbol{g}(\boldsymbol{X}^{(k)}) \|$，则 d 值就保持不变。如果某次迭代得到的 $\boldsymbol{X}^{(k+1)}$ 使 $\| \boldsymbol{g}(\boldsymbol{X}^{(k+1)}) \| > \| \boldsymbol{g}(\boldsymbol{X}^{(k)}) \|$，则应减小 d 值并重算 $\boldsymbol{X}^{(k+1)}$（注意：$\boldsymbol{J}$ 不需重新估计）。压缩方法之一是用 0.7 乘以 d，重复压缩 d 值到 $\| \boldsymbol{g} \|$ 降低，然后继续进行迭代。如果 d 变得太小（< 0.2），放弃迭代。只要是 $\| \boldsymbol{g} \|$ 降低，d 值重新赋给 1。

Newton-Raphson 法的严格应用涉及全向量 $\boldsymbol{X}$。它包括 $\boldsymbol{x}$ 和 $\boldsymbol{y}$，由式(2-67) 式(2-68) 来扩充 $\boldsymbol{g}$ 为下列形式：

$$G_{2+i}(T, \boldsymbol{x}, \boldsymbol{y}, \Psi) \equiv x_i - \frac{z_i}{1 + \Psi(K_i - 1)} = 0$$

$$G_{2+C+i}(T, \boldsymbol{x}, \boldsymbol{y}, \Psi) \equiv y_i - \frac{K_i z_i}{1 + \Psi(K_i - 1)} = 0$$

每次迭代需要计算 $(2C+2)^2$ 个偏导数和估计 $(2C+2)$ 个平衡常数 K_i。G_i 对温度和组成的偏导数的近似值由差分得到：

$$\left[\frac{\partial G_i}{\partial X_j} \right] = \frac{G_i(X_j + \Delta X_j, \boldsymbol{X}_{i \neq j}) - G_i(X_j, \boldsymbol{X}_{i \neq j})}{\Delta X_j} \tag{2-89}$$

计算差分值的基点是 $\boldsymbol{X}^{(k)}$。G_i 对 Ψ 的导数用解析法求得。由于计算量基本上正比于估计 K_i 的数量，这种迭代方法即使在收敛快的情况下也是很费机时的，故有简化计算过程的必要。

如果目标函数考虑成二维的，由式(2-84) 和式(2-85) 组成，$\boldsymbol{X}$ 向量仅包括 T 和 Ψ，在通过 Newton-Raphson 法估计 T 和 Ψ 的修正值时，不考虑组成对 K_i 的偏导数。新的组成由式(2-67) 和式(2-68) 确定。这种简化的程序对汽液系统的收敛速度影响很小，因为组成导数对 T 和 Ψ 变化上的贡献是很小的。该法在每次迭代中仅需两次估计 K_i，而且由于收敛特性是二级的，避免了缓慢迭代的情况。

初值的确定方法除从外部提供，尚可通过以下计算得到：

$$x_i = y_i = z_i \tag{2-90}$$

$$\Psi = \frac{H_F - H_L(z, T_B)}{H_V(z, T_D) - H_L(z, T_B)} \tag{2-91}$$

$$T = T_B + \Psi(T_D - T_B) \tag{2-92}$$

式（2-91）中全部焓值都用进料组成估计。

迭代的收敛指标是 $|g| \leqslant \varepsilon$，$\varepsilon$ 取 10^{-3} 较合适，进一步降低 ε 值对计算结果没有很大影响。收敛速度决定于问题的性质和所使用的初值。对于窄沸程混合物，经 3～4 次迭代即可收敛，即使对于液相非理想性相当强的物系也是如此。对宽沸程混合物的闪蒸计算，其收敛稍微困难一些，特别是对于缺乏中等挥发度组分，只有很轻组分（或不冷凝组分）与不易挥发组分构成的混合物。迭代需要 4～8 次，一般未出现过迭代 12 次以上的情况。

2.4 液液平衡计算

液液平衡计算需要活度系数模型。NRTL 和 UNIQUAC 方程能应用于液液平衡的预测。注意，Wilson 方程不适用于液液平衡，也不适用于汽-液-液平衡。NRTL 和 UNIQUAC 方程参数可从关联汽-液平衡数据或液-液平衡数据获得。UNIFAC 模型也可用于液液平衡的预测。

为了计算二元系共存液相组成，即 x_1^{I}、x_2^{I}、x_1^{II} 和 x_2^{II}，需求解两个液液平衡方程：

$$\gamma_1^{I} x_1^{I} = \gamma_1^{II} x_1^{II} \tag{2-93}$$

$$\gamma_2^{I} x_2^{I} = \gamma_2^{II} x_2^{II} \tag{2-94}$$

式中

$$x_1^{I} + x_2^{I} = 1 \tag{2-95}$$

$$x_1^{II} + x_2^{II} = 1 \tag{2-96}$$

从 NRTL、UNIQUAC 和 UNIFAC 方程得到活度系数的预测值，然后联立求解式(2-93)～式(2-96)，得到 x_1^{I} 和 x_2^{I}。该方程组有多解，其中包括 $x_1^{I} = x_2^{I}$。有意义的解为：

$$0 < x_1^{I} < 1, \quad 0 < x_1^{II} < 1, \quad x_1^{I} \neq x_2^{I} \tag{2-97}$$

该方程组有多种解法，一般用数值方法求解，为此将式(2-93)～式(2-96) 合并和重排，得出以下两联立方程：

$$p = \ln\gamma_1^{I} - \ln\gamma_1^{II} - \ln(x_1^{II}/x_1^{I}) \rightarrow 0 \tag{2-98}$$

$$q = \ln\gamma_2^{I} - \ln\gamma_2^{II} - \ln[(1 - x_1^{II})/x_1^{I}] \rightarrow 0 \tag{2-99}$$

采用 Newton-Raphson 数值解法求解时，首先确定组成初值，然后求出函数 p 和 q 及其对组成的四个一阶偏导数的数值，通过解线性方程组求出 x_1^{I} 和 x_1^{II} 的修正值，经若干次迭代最终求得二平衡液相的组成。

对于多组分液-液平衡系统，物料衡算基本上与汽液平衡情况相同，只是以液-液平衡的液相 I 取代汽液平衡的汽相，液相 II 取代汽液平衡的液相，最后得到等价于式(2-71) 的液-液平衡方程式

$$\sum_i^c \frac{(K_i - 1)z_i}{1 + \frac{L^{I}}{F}(K_i - 1)} = 0 = f(L^{I}/F) \tag{2-100}$$

式中，L^{I} 为从分离器流出的液相 I 的流率；L^{II} 为从分离器流出的液相 II 的流率；x_i^{I} 和 x_i^{II} 分别为组分 i 在液相 I 和液相 II 的摩尔分数；K_i 为组分 i 在两液相的分配系数，定义为

$$K_i = x_i^{I}/x_i^{II} = \gamma_i^{II}/\gamma_i^{I} \tag{2-101}$$

组分 i 在液相 I 和液相 II 的摩尔分数以及 L^I/F 需联立求解式(2-100) 和式(2-101)，反复迭代方可得到。

【例2-11】 已知水(1)-正丁醇(2)形成两液相，水-正丁醇物系的汽液平衡和液-液平衡可以用NRTL方程预测。NRTL方程参数值：$g_{12}-g_{22}=11184.9721kJ/mol$，$g_{21}-g_{11}=1649.2622kJ/mol$，第三参数 $\alpha_{12}=0.4362$，计算蒸气压的安托尼方程常数见附表，蒸气压单位 bar（$1bar=10^5Pa$）；温度 K。气体常数 $R=8.3145kJ/(kmol \cdot K)$。操作压力为 1.01325bar。

求：（1）绘制操作压力下的 y-x 图；（2）确定在操作压力下，饱和的汽-汽-液平衡的两液相组成。

[例2-11] 附表　水(1)-正丁醇(2)的安托尼方程常数

组　成	A_i	B_i	C_i
水	11.9647	3984.93	-39.734
正丁醇	10.3353	3005.33	-99.733

解

（1）该例题的求解可应用多种化工模拟软件完成。y-x 图的计算方法为：在全浓度范围内规定一系列液相组成，通过泡点计算确定相应的汽相组成；或在全浓度范围内规定一系列汽相组成，通过露点计算确定相应的液相组成。计算结果绘于 [例2-11] 附图。该 y-x 图有极大值存在，是两液相共存行为的表现。

（2）确定两液相区的组成。两液相均使用 NRTL 方程计算液相活度系数，如果规定 x_1^I 和 x_1^{II}，则

$$x_2^I=1-x_1^I \quad 和 \quad x_2^{II}=1-x_1^{II}$$

以下列方程为目标函数，试差求解 x_1^I 和 x_1^{II}：

$$(x_1^I\gamma_1^I-x_1^{II}\gamma_1^{II})^2+(x_2^I\gamma_2^I-x_2^{II}\gamma_2^{II})^2=0$$

该目标函数能确保液-液平衡，试差求解过程中要避免出现 $x_1^I=x_1^{II}$ 的情况。计算结果标注在 [例2-11] 附图上：$x_1^I=0.59$，$x_1^{II}=0.98$，该物系形成非均相共沸物。

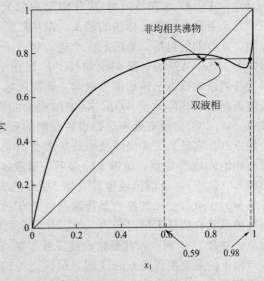

[例2-11] 附图　水(1)-正丁醇(2)的 x-y 图

虽然这里介绍的方法能够用于液-液平衡的预测，但预测的好坏决定于活度系数方程的参数。当预测液-液平衡时，最好是使用从液-液平衡数据关联得到的活度系数方程参数，而不是使用从汽-液平衡数据关联得到的参数。同样的道理，当计算多组分系统的液-液平衡时，最好是使用多组分液-液平衡实验数据而不是二组分数据关联得到的活度系数方程参数。

2.5 剩余曲线概念

分析一个由蒸馏釜和冷凝器构成的简单间歇蒸馏过程。液体混合物在蒸馏釜中慢慢沸腾，气体在逸出瞬间立即移出，由于一般情况下气相组成与液相组成不同，故随蒸馏过程的进行，釜中剩余液体的组成连续变化。与此同时，蒸馏釜的温度，即釜中剩余液体的泡点温度也连续变化。用于描述间歇蒸馏釜中剩余液体组成随时间变化的曲线称为剩余曲线。曲线指向时间增长的方向，从较低沸点状态到较高沸点状态。对于三元混合物的蒸馏，可以很直观地在三角相图上表示剩余曲线。以正丙醇-异丙醇-苯三元物系为例，在 101.3kPa 操作压力下所做完整的剩余曲线图如图 2-9 所示。

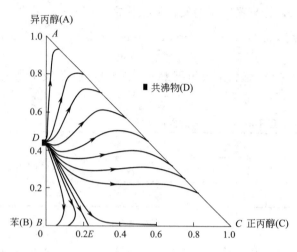

图 2-9 正丙醇-异丙醇-苯三元物系剩余曲线

图 2-9 中正丙醇、异丙醇和苯的正常沸点分别为 97.3℃、82.3℃ 和 80.1℃。正丙醇-苯和异丙醇-苯分别形成二元最低共沸物，共沸温度为 77.1℃ 和 71.7℃。图中若干条剩余曲线上标注的箭头，都从较低沸点的组分或共沸物指向较高沸点的组分或共沸物。这些曲线包括三角形的三个边。该三元物系的所有剩余曲线都起始于异丙醇-苯的共沸物 D。其中特殊的一条剩余曲线 DE 终止于另一个共沸物 E，即正丙醇-苯二元共沸物。因为该剩余曲线将三角相图分成两个蒸馏区域，故称它为简单蒸馏边界。所有处于蒸馏边界右侧的剩余曲线即处于 ADEC 区域的剩余曲线终止于正丙醇顶点 C，它是该区域内的最高沸点（97.3℃）。所有处于蒸馏边界左侧的剩余曲线即 DBE 区域的剩余曲线都终止在纯苯的顶点 B，它是第二蒸馏区域的最高沸点 80.1℃。若原料组成落在 ADEC 区域内，蒸馏过程液相组成趋于 C 点，蒸馏釜中最后一滴液体是纯正丙醇。位于 DBE 区域的原料蒸馏结果为纯苯（B 点）。蒸馏区域边界（如 DE）均开始和终结于纯组分顶点或共沸物。图 2-9 中纯组分的顶点、二元共沸物是特殊点（若有三元共沸物存在，也是特殊点），按其附近剩余曲线的形状和特征不同可分为三类；凡剩余曲线汇聚于某特殊点，则称该点为稳定节点，如图 2-9 中 B、C 两点；凡剩余曲线发散于某点，则称该点为不稳定节点，如 D 点；凡某特殊点附近的剩余曲线是双曲线的，则该点为鞍形点，如 A、E。在同一蒸馏区域中，剩余曲线簇仅有一个稳定节点和一个不稳定节点。

剩余曲线图近似描述连续精馏塔内在全回流条件下的液体含量分布，由于剩余曲线不能穿过蒸馏边界，而蒸馏边界与精馏曲线的边界通常是十分接近的，故全回流条件下的液体含量分布也不能穿越蒸馏边界。一些学者建议，作为近似处理，在一定回流比下操作的精馏塔的组成分布也不能穿越蒸馏边界。实际上虽有例外，但绝大多数情况，其操作线被限制在同一精馏区域内，连接馏出液、进料和釜液组成之间的总物料平衡线不能穿越蒸馏边界。共沸精馏的产物组成除与工艺条件有关外，主要依赖于进料组成所处的精馏区域和它相对于蒸馏边界的位置。

剩余曲线图可用于开发可行的精馏流程，评比各种分离方案和确定最适宜的分离流程，为共沸精馏流程的设计以及萃取精馏、共沸精馏和多组分精馏的集成提供理论依据。

本章符号说明

英文符号

A、B、C——相平衡常数经验式常数；安托尼方程常数；

B——第二维里系数，m^3/mol；

C——第三维里系数，m^6/mol^2；

C_p——比热容，$J/(mol \cdot K)$；

d——阻尼因子；

F——进料流率，$kmol/h$；

f——逸度，Pa；

G——自由焓，J；函数；

g——目标函数；

H——亨利常数，Pa；摩尔焓，J/mol；

J——Jacobian（偏导数）矩阵；

K——相平衡常数；

L——液相流率，$kmol/h$；

n——摩尔数，mol；

P——压力（总压），Pa；

Q——向系统加入的热量，kJ/h；

R——气体常数，其值为 $8.315J/(mol \cdot K)$；

T——温度，K；

V——体积，m^3；气相流率，$kmol/h$；

v——摩尔体积，m^3/mol；

x——液相摩尔分数；

y——气相摩尔分数；

Z——压缩因子；

z——进料摩尔分数。

希文符号

α——分离因子；相对挥发度；

β——相对选择性；

γ——液相活度系数；

ε——收敛标准；

μ——化学位；

Φ——逸度系数；

Ψ——汽相分率；

ω——偏心因子。

上标

E——过剩性质；

id——理想溶液；

(k)——迭代次数；

L——液相；

OL——基准状态；

s——饱和状态；

T——真实溶液；

V——气相；

$'$、$''$、$'''$——表示不同相；

$\hat{}$——表示在混合物中；

I、II——液相；

$*$——另一种基准态；

$\overline{}$——平均。

下标

B——泡点；

b——正常沸点；

c——临界状态；组分；

D——露点；

F——进料；

i、j、k——组分；

L——液相；

m——混合物；

ref——基准组分；

t——总量；

V——体积；气相。

参 考 文 献

[1] 朱自强，姚善泾，金彰礼. 流体相平衡原理及其应用. 杭州：浙江大学出版社，1990.

[2] 小岛和夫著，傅良译. 化工过程设计的相平衡. 北京：化学工业出版社，1985.

[3] 金克新，赵传钧，马沛生. 化工热力学. 天津：天津大学出版社，1990.

[4] Gmehling J，Onken U. Vapor-Liquid Equilibrium Data Collection. DECHEMA chemistry Data Series，1～8. Frankfurt，1977～1979.

[5] Henley E J，Seader J D. Equilibrium-Stage Separation Operations in chemical Engineering. New York：John Wiley & Sons，1981.

[6] King C J. Separation Processes. 2nd ed. New York：McGraw-Hill，1980.

[7] Wankat P C. Equilibrium-Stage Separations in Chemical Engineering. Amsterdam：Elsevier，1988.

[8] Walas S M. Phase Equilibria in Chemical Engineering. Boston. Butterworths，1985.

[9] Fredenslund A，Gmehling J，Rasmussen P. Vapor-Liquid Equilibria Using UNIFAC，A Group Contribution Method. Amsterdam：Elsevier，1977.

[10] Tochigi K Kojima K. J Chem Eng Japan，1976（9）：267.

[11] Prausnitz J M. Computer Calculations for Multicomponent Vapor-Liquid Equilibra. Englewood Cliffs, NJ：Prentice-Hall Inc，1980.

[12] Hayden J G，O'connell J P. Ind Eng Chem Proc Des Dev，1975，14：209.

[13] Dadyburjor D B. Chem Eng Progr，1978，74（4）：85.

[14] Smith R. Chemical Process Design and Integration. New York：John Wiley & Sons Ltd，2005.

习　题

2-1. 指出下列 K 值表达式中哪个是严格的，哪个是不严格的，并引证其假设。

(1) $K_i = \dfrac{\hat{\Phi}_i^L}{\hat{\Phi}_i^V}$
(2) $K_i = \dfrac{\Phi_i^L}{\Phi_i^V}$
(3) $K_i = \Phi_i^L$

(4) $K_i = \dfrac{\gamma_i^L \Phi_i^L}{\hat{\Phi}_i^V}$
(5) $K_i = P_i^s / P$
(6) $K_i = \left(\dfrac{\gamma_i^L}{\gamma_i^V}\right)\left(\dfrac{\Phi_i^L}{\Phi_i^V}\right)$

(7) $K_i = \dfrac{\gamma_i^L P_i^s}{P}$

2-2. 计算在 0.1013MPa 和 378.47K 下苯（1）-甲苯（2）-对二甲苯（3）三元系，当 $x_1 = 0.3125$，$x_2 = 0.2978$，$x_3 = 0.3897$ 时的 K 值。汽相为理想气体，液相为非理想溶液。并与完全理想系的 K 值比较。已知三个二元系的 Wilson 方程参数。

$$\lambda_{12} - \lambda_{11} = -1035.33；\lambda_{12} - \lambda_{22} = 977.83；\lambda_{23} - \lambda_{22} = 442.15$$
$$\lambda_{23} - \lambda_{33} = -460.05；\lambda_{13} - \lambda_{11} = 1510.14；\lambda_{13} - \lambda_{33} = -1642.81$$

（单位：J/mol）

在 $T = 378.47$K 时液相摩尔体积为：

$$v_1^L = 100.91 \times 10^{-3}\,\mathrm{m^3/kmol}；\ v_2^L = 117.55 \times 10^{-3}\,\mathrm{m^3/kmol}$$
$$v_3^L = 136.69 \times 10^{-3}\,\mathrm{m^3/kmol}$$

安托尼公式为（P^s，Pa；T，K）：

苯 $\ln P_1^s = 20.7936 - 2788.51/(T - 52.36)$；甲苯 $\ln P_2^s = 20.9065 - 3096.52/(T - 53.67)$；对二甲苯 $\ln P_3^s = 20.9891 - 3346.65/(T - 57.84)$。

2-3. 在 361K 和 4136.8kPa 下，甲烷和正丁烷二元系呈汽液平衡，汽相含甲烷 0.6037%（摩尔分数），与其平衡的液相含甲烷 0.1304%。用 R-K 方程计算 $\hat{\Phi}_i^V$、$\hat{\Phi}_i^L$ 和 K_i 值。并将计算结果与实验值进行比较。

2-4. 一液体混合物的组成为：苯 0.50；甲苯 0.25；对-二甲苯 0.25（摩尔分数）。分别用平衡常数法和上对挥发度法计算该物系在 100kPa 时的平衡温度和汽相组成。假设为完全理想系。

2-5. 含 30%（摩尔分数）甲苯，40%乙苯和 30%水的液体混合物，在总压为 50.66kPa 下进行连续闪蒸蒸馏。假设乙苯和甲苯混合物服从拉乌尔定律，烃和水完全不互溶。计算泡点温度和汽相组成。

2-6. 一烃类混合物含有甲烷 5%（摩尔分数），乙烷 10%，丙烷 30% 及异丁烷 55%，试求混合物在 25℃时的泡点压力和露点压力。

2-7. 含有 80%（摩尔分数）醋酸乙酯（A）和 20%乙醇（E）的二元物系。液相活度系数用 Van Laar 方程计算，$A_{AE} = 0.144$，$A_{EA} = 0.170$。试计算在 101.3kPa 压力下的泡点温度和露点温度。

安托尼方程为：

醋酸乙酯：$\ln P_A^s = 21.0444 - 2790.50/(T - 57.15)$；乙醇：$\ln P_E^s = 23.8047 - 3803.98/(T - 41.68)$

$$(P^s，\text{Pa}；T，\text{K})$$

2-8. Serghides T. K.〔Chem Eng，1982，89(18)：107-110(Sept.6)〕推导出确定 Ψ 的直接迭代方程：

$$\Psi = 1 - \sum_{i=1}^{c} \frac{z_i}{1 + \dfrac{K_i \Psi}{1 - \Psi}}$$

（1）从 $\sum_{i=1}^{c} x_i = 1$ 开始，推导这个方程；（2）从 $\sum_{i=1}^{c} y_i = 1$ 开始，推导类似的方程；（3）从 $\sum_{i=1}^{c} x_i = 1$ 和 $\sum_{i=1}^{c} y_i = 1$ 推导一个方程；（4）哪个方程收敛性能最好。

2-9. 设有 7 个组分的混合物在规定温度和压力下进行闪蒸。用本题附表给定的 K 值和进料组成画出 Rachford-Rice 闪蒸函数曲线图。

$$f\{\Psi\} = \sum_{i=1}^{c} \frac{z_i(1 - K_i)}{1 + \Psi(K_i - 1)}$$

Ψ 的间隔取 0.1，并由图中估计出 Ψ 的正确根值。

习题 2-9 附表

组分	1	2	3	4	5	6	7
z_i	0.0079	0.1321	0.0849	0.2690	0.0589	0.1321	0.3151
K_i	16.2	5.2	2.0	1.98	0.91	0.72	0.28

2-10. 试用液相分率（L/F）为迭代变量推导 Rachford-Rice 闪蒸方程。

2-11. 组成为 60%（摩尔分数）苯，25%甲苯和 15%对二甲苯的 100kmol 液体混合物，在 101.3kPa 和 100℃下闪蒸。试计算液体和汽体产物的量和组成。假设该物系为理想溶液。用安托尼方程计算蒸气压。

2-12. 用本题附图中所示系统冷却反应器出来的物料，并从较重烃中分离出轻质气体。计算离开闪蒸罐的蒸气组成和流率。从反应器出来的物料温度 811K，组成如本题附表。闪蒸罐操作条件下各组分的 K 值：氢－80；甲烷－10；苯－0.01；甲苯－0.004。

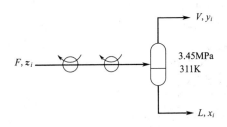

习题 2-12 附图

习题 2-12 附表

组 分	流率/(mol/h)
氢	200
甲烷	200
苯	50
甲苯	10

2-13. 本题附图所示是一个精馏塔的塔顶部分。图中已表示出总馏出物的组成，其中 10%（摩尔分数）作为汽相采出。若温度是 311K，求回流罐所用压力。给出该温度和 1379kPa 压力下的 K 值为：C_2－2.7；C_3－0.95；C_4－0.34，并假设 K 与压力成正比。

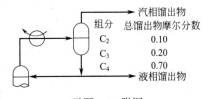

习题 2-13 附图

2-14. 在 101.3kPa 下，对组成为 45%（摩尔分数）正己烷，25%正庚烷及 30%正辛烷的混合物。

（1）求泡点和露点温度。（2）将此混合物在 101.3kPa 下进行闪蒸，使进料的 50%汽化。求闪蒸温度，两组的组成。

2-15. 一蒸气混合物在分凝器中部分冷凝，汽液混合物进闪蒸罐分离。进料组成为 60%（摩尔分数）甲醇；40%水。进料量 50kmol/h。闪蒸压力 101.3kPa。求：（1）80% 进料量液化的汽相和液相组成；（2）甲醇汽相组成为 0.64 摩尔分数的汽、液流率。甲醇-水的汽液平衡数据见本题附表。

$x_{甲醇}$（摩尔分数）/%	$y_{甲醇}$（摩尔分数）/%	温度/℃	$x_{甲醇}$（摩尔分数）/%	$y_{甲醇}$（摩尔分数）/%	温度/℃
0	0	100	40.0	72.9	75.3
2.0	13.4	96.4	50.0	77.9	73.1
4.0	23.0	93.5	60.0	82.5	71.2
6.0	30.4	91.2	70.0	87.0	69.3
8.0	36.5	89.3	80.0	91.5	67.6
10.0	41.8	87.7	90.0	95.8	66.0
20.0	57.9	81.7	95.0	97.9	65.0
30.0	66.5	78.0	100.0	100.0	64.5

2-16. 假设已知 K 值关系，对本题附表所列绝热闪蒸问题提出计算方法。

（1）K 仅为 T 和 P 的函数。（2）K 为 T，P 和液体（但不是汽相）组成的函数。组分焓的表达式采用 T 的函数，忽略过量焓影响。

习题 2-16 附表

给　定[①]	求	给　定[①]	求
H_F, P	Ψ, T	Ψ, T	H_F, P
H_F, T	Ψ, P	Ψ, P	H_F, T
H_F, Ψ	T, P	T, P	Ψ, H_F

① 进料组成已知。

2-17. 萃取原料为乙二醇水溶液，其中乙二醇质量分数为 45%。用相同质量的糠醛作为溶剂。操作条件：25℃、101kPa。在该条件下乙二醇(B)-糠醛(C)-水(A)的三元相图如本题附图所示，图中组成为质量分数。计算萃取相和萃余相的平衡组成。

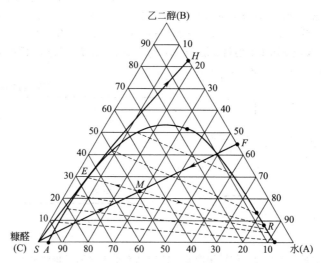

习题 2-17 附图　乙二醇-糠醛-水的三元相图（25℃，101kPa）

2-18. 已知 20℃正丁醇(1)-水(2)二元液液平衡 NRTL 方程参数值 $g_{12} - g_{22} = 2496.8\text{J/mol}$，$g_{12} - g_{11} = 12333.5\text{J/mol}$，第三参数 $a_{12} = 0.2$，计算该温度下的相互溶解度。

2-19. 计算正庚烷(1)-苯(2)-二甲基亚砜(3)的液液平衡组成。已知总组成（摩尔分数）$z_1 = 0.364$，$z_2 = 0.223$，$z_3 = 0.413$；系统温度 0℃，活度系数方程可选择 NRTL 模型（参数见本题附表）。$a_{12} = 0.2$，$a_{13} = 0.3$，$a_{23} = 0.2$。

习题 2-19 附表　NRTL 参数

ij	A_{ij}/(J/mol)	A_{ji}/(J/mol)
12	−1453.3	3
13	11690.0	238.0
23	4062.1	8727.0

第3章

多组分多级分离过程分析与简捷计算

在化工原理课程中，对双组分精馏和单组分吸收等简单传质过程进行过比较详尽的讨论。然而，在化工生产实际中，更多遇到的是含有较多组分或复杂物系的分离和提纯问题。

在设计多组分多级分离问题时，必须用联立或迭代法严格地解数目较多的方程，这意味着必须规定足够多的设计变量，使得未知变量的数目正好等于独立方程数。所以，在包括传质和传热装置的各种物理分离过程设计中，通常第一步就涉及过程条件或独立变量的规定问题。

多组分多级分离问题，由于组分数增多而增加了过程的复杂性。因此对多组分精馏、特殊精馏、吸收和萃取过程进行定性分析、讨论塔内流率浓度和温度分布特点，将有助于对各种分离过程的深入理解，是选择分离过程、设计和强化改进操作必不可少的基础知识。

解多组分多级分离问题，虽然可用精确的计算机算法，但是简捷计算常用于过程设计的初始阶段，是对操作进行粗略分析的常用算法。本章提出的简捷法有：用于多组分精馏设计的 Fenske-Underwood-Gilliland 法；二元非均相共沸精馏的图解法；萃取精馏的简化计算法；多组分吸收的吸收因子法和逆流萃取计算的集团法。

3.1 设计变量

设计分离装置就是要求确定各个物理量的数值，如进料流率，浓度、压力、温度、热负荷、机械功的输入（或输出）量、传热面大小以及理论塔板数等。这些物理量都是互相关联、互相制约的，因此，设计者只能规定其中若干个变量的数值，这些变量称设计变量。如果设计过程中给定数值的物理量数目少于设计变量的数目，设计就不会有结果；反之，给定数值的物理量数目过多，设计也无法进行。因此，设计的第一步还不是选择变量的具体数值，而是要知道设计者所需要给定数值的变量数目。对于简单的分离过程，一般容易按经验给出。例如，对于一个只有一处进料的二组分精馏塔，如果已给定了进料流率、进料浓度、进料状态和塔压后，那么就只需再给定釜液的浓度、馏出液浓度及回流比的数值后，便可计算出按适宜进料位置进料时所需的精馏段理论塔板数、提馏段理论塔板数以及冷凝器、再沸器的热负荷等。但若过程较复杂，例如，对多组分精馏塔，又有侧线出料或多处进料，就较难确定，容易出错。所以在讨论具体的多组分分离过程之前，最好先讨论确定设计变量数的方法。

从原则上来说，确定设计变量数并不困难。如果 N_V 是描述系统的独立变量数，N_c 是这些变量之间的约束关系数（即描述约束关系的独立方程式的数目），那么，设计变量数

N_i 应为：

$$N_i = N_V - N_c \tag{3-1}$$

系统的独立变量数可由出入系统的各物流的独立变量数以及系统与环境进行能量交换情况来决定。根据相律，对任一物流，描述它的自由度数 $f = c - \pi + 2$，式中 c 为组分数、π 为相数。但应注意，相律所指的自由度是指强度性质的变量，而完全地描述物流除强度性质外必须加上物流的数量。即对任一单相物流，其独立变量为

$$N_V = f + 1 = (c - 1 + 2) + 1 = c + 2$$

系统与环境有能量交换时，N_V 应相应增加描述能量交换的变量数。例如，有一股热量交换时，应增加一个变量数；既有一股热能交换又有一股功交换时，则增加两个变量数；等等。

约束关系式包括：①物料平衡式；②能量平衡式；③相平衡关系式；④化学平衡关系式；⑤内在关系式。根据物料平衡，对有 c 个组分的系统，一共可写出 c 个物料衡算式。但能量衡算式则不同，对每一系统只能写一个能量衡算式。相平衡关系是指处于平衡的各相温度相等、压力相等以及组分 i 在各相中的逸度相等。后者表达的是相平衡组成关系，可写出 $c(\pi - 1)$ 个方程式，其中 π 为平衡相的数目。由于在此仅讨论无化学反应的分离系统，故不考虑化学平衡约束数。内在关系通常是指约定的关系，例如物流间的温差、压力降的关系式等。

下面讨论确定分离装置的设计变量数的方法。

3.1.1 单元的设计变量

一个化工流程由很多装置组成，装置又可分解为多个进行简单过程的单元。因此，首先分析在分离过程中碰到的主要单元，确定其设计变量数，进而确定装置的设计变量数。

分配器是一个简单的单元，用于将一股物料分成两股或多股组成相同的物流，见表3-1。例如，将精馏塔顶全凝器的凝液分为回流和出料，即为分配器的应用实例。一个在绝热下操作的分配器，其独立变量数为：$N_V^e = 3(c + 2) = 3c + 6$

上式及以后各式中的上标 e 均指单元。分配器一共有三股物流，每股物流有 $c + 2$ 个变量。没有热量的引进或移出，表示能量的变量数为零。

单元的约束关系数为：

物料平衡式	c
能量平衡式	1
内在关系式	
L_1 和 L_2 的压力、温度相等	2
L_1 和 L_2 的浓度相等	$c - 1$
N_c^e	$2c + 2$

因此，分配器单元的设计变量数为：

$$N_i^e = N_V^e - N_c^e = (3c + 6) - (2c + 2) = c + 4$$

设计变量数 N_i^e 可进一步区分为固定设计变量数 N_x^e 和可调设计变量数 N_a^e。前者是指描述进料物流的那些变量（例如，进料的组成和流量等）以及系统的压力。这些变量常常是由单元在整个装置中的地位，或装置在整个流程中的地位所决定的；也就是说，是事实已被给定或最常被给定的变量。而可调设计变量则是可由设计者来决定的。例如，对分配器来说，固定设计变量数和可调设计变量数分别为：

$N_x^e:$

进料	$c+2$
压力	1
合计	$c+3$

$$N_a^e = N_i^e - N_x^e \qquad 1$$

这一可调设计变量可以定 L_1/F 或 L_2/F 的数值。

产物为两相的全凝器也是一个单元。一股汽相物流在全凝器中移出热量，全凝成两液相，其独立变量总数为：

$$N_V^e = 3(c+2)+1 = 3c+7$$

两液相处于液液平衡，故有 c 个相平衡组成关系式以及温度、压力相等两个等式，此外，有 c 个物料衡算式和一个热衡算式，故约束条件数为 $N_c^e = 2c+3$

$$N_i^e = N_V^e - N_c^e = (3c+7) - (2c+3) = c+4$$

固定设计变量为进料变量 $c+2$ 个和单元压力变量 1 个，故可调设计变量 $N_a^e = 1$，通常可以是单元温度，例如，规定为泡点温度或过冷的具体温度等。

绝热操作的简单平衡级（无进料和侧线采出）如表 3-1 所示。四股物流的独立变量总数为：$N_V^e = 4(c+2)+0 = 4c+8$。因为汽相物流 V_0 和液相物流 L_0 按定义互成平衡，因此该单元的约束总数为：c 个汽液平衡组成关系式，一个平衡压力等式，一个平衡温度等式，c 个物料衡算式，一个热量衡算式，故 $N_c^e = 2c+3$

$$N_i^e = N_V^e - N_c^e = (4c+8) - (2c+3) = 2c+5$$

其中

$$N_x^e = 2(c+2)+1 = 2c+5; \quad N_a^e = 0$$

在分离过程中经常遇到的各种单元的分析结果汇总于表 3-1。

表 3-1　各种单元的设计变量

简　图	单元名称	N_V^e	N_c^e	N_i^e	N_x^e	N_a^e
$F \to L_1, L_2$	分配器	$3c+6$	$2c+2$	$c+4$	$c+3$	1
$F_1, F_2 \to F_3$	混合器	$3c+6$	$c+1$	$2c+5$	$2c+5$	0
$F \to V, L$	分相器	$3c+6$	$2c+3$	$c+3$	$c+3$	0
$F \to F, W$	泵	$2c+5$	$c+1$	$c+4$	$c+3$	1[①]
$F \to F, Q$	加热器	$2c+5$	$c+1$	$c+4$	$c+3$	1
$F \to F, Q$	冷却器	$2c+5$	$c+1$	$c+4$	$c+3$	1
$V \to L, Q$	全凝器	$2c+5$	$c+1$	$c+4$	$c+3$	1[②]
$L \to V, Q$	全蒸发器	$2c+5$	$c+1$	$c+4$	$c+3$	1[②]
$V \to L_1, L_2, Q$	（全凝器）（凝液为两相）	$3c+7$	$2c+3$	$c+4$	$c+3$	1[②]

简　　图	单元名称	$N_{\mathrm{V}}^{\mathrm{e}}$	$N_{\mathrm{c}}^{\mathrm{e}}$	N_{i}^{e}	$N_{\mathrm{x}}^{\mathrm{e}}$	$N_{\mathrm{a}}^{\mathrm{e}}$
	分凝器	$3c+7$	$2c+3$	$c+4$	$c+3$	1
	再沸器	$3c+7$	$2c+3$	$c+4$	$c+3$	1
	简单平衡级	$4c+8$	$2c+3$	$2c+5$	$2c+5$	0
	带有传热的平衡级	$4c+9$	$2c+3$	$2c+6$	$2c+5$	1
	进料级	$5c+10$	$2c+3$	$3c+7$	$3c+7$	0
	有侧线出料的平衡级	$5c+10$	$3c+4$	$2c+6$	$2c+5$	1

① 若取泵出口压力等于后继单元的压力，则 $N_{\mathrm{a}}^{\mathrm{e}}$ 可视为零。

② 若规定全凝器和全蒸发器的单相流或两相物流的温度分别为泡点和露点，则 $N_{\mathrm{a}}^{\mathrm{e}}$ 可视为零。

3.1.2　装置的设计变量

一个装置可以由若干个单元所组成，是各个单元依靠单元间的物流而联结成整体的。因此，装置的设计为量总数 N_i^{u} 应是各个单元的独立变量数之和 $\sum\limits_i N_i^{\mathrm{e}}$，但若在装置中某一种单元以串联的形式被重复使用时（例如精馏塔），则还应增加一个变量数以区别于一个这种单元与其他种单元相联结的情况。当然，若有两种单元以串联形式被重复使用，则需增加两个变量数。这一表示单元重复使用的变量数称为重复变量数 N_{r}。此外，由于在装置中相互直接联结的单元之间必有一股或几股物流，是从这一单元流出而进入那一单元的，在联结的单元之间有了新的约束关系式，以 “$N_{\mathrm{c}}^{\mathrm{u}}$” 表示。显然，每一个联结两个单元之间的单相物流将产生 $(c+2)$ 个等式，即 $N_{\mathrm{c}}^{\mathrm{u}}=N(c+2)$，式中 N 为联结单元间的单相物流数，上标 u 表示装置。装置的设计变量为：

$$N_i^{\mathrm{u}}=\sum_i N_i^{\mathrm{e}}+N_{\mathrm{r}}-N_{\mathrm{c}}^{\mathrm{u}} \tag{3-2}$$

分析如图 3-1 所示的简单吸收塔的设计变量。该装置是由 N 个绝热操作的简单平衡级串联构成的，因此 $N_i^{\mathrm{e}}=2c+5$，$N_{\mathrm{r}}=1$。在串级内有中间物流 $2(N-1)$ 个，所以有 $2(N-1)(c+2)$ 个新的约束条件，故该装置的设计变量：

$$N_i^{\mathrm{u}}=\sum_i N_i^{\mathrm{e}}+N_{\mathrm{r}}-N_{\mathrm{c}}^{\mathrm{u}}=N(2c+5)+1-2(N-1)(c+2)=2c+N+5$$

这些设计变量可规定如下：

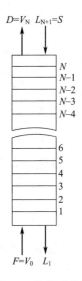

$$N_x^u:$$

两股进料	$2c+4$
每级压力	N
合计	$2c+N+4$

$N_a^u:$

理论级数	1

图 3-1　简单吸收塔

分析图 3-2 所示的精馏塔的设计变量。该塔有一个进料口，设全凝器和再沸器。图中虚线表示可将全塔划分为 6 个单元（包括两个串级单元），计算如下：

单　元	$\sum_i N_i^e$	单　元	$\sum_i N_i^e$
全凝器	$c+4$	$(M-1)$板的平衡串级	$2c+(M-1)+5$
回流分配器	$c+4$	再沸器	$c+4$
$N-(M+1)$板的平衡串级	$2c+(N-M-1)+5$		$10c+N+27$
进料级	$3c+7$		

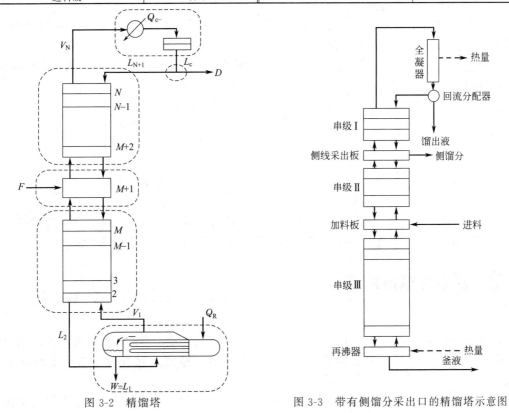

图 3-2　精馏塔

图 3-3　带有侧馏分采出口的精馏塔示意图

由于单元间的物流数共有 9 股，故

$$N_c^u = 9(c+2) = 9c + 18$$

装置的设计变量为：

$$N_i^u = (10c + N + 27) - (9c + 18) = c + N + 9$$

其中固定设计变量：

$$N_x^u = (c+2) + N + 2 = c + N + 4$$

可调设计变量 $N_a^u = N_i^u - N_x^u = 5$（若规定全凝器出口为泡点温度，尚剩 4 个可调设计变量）。对操作型精馏塔，设计变量常规定如下：

N_x^u:

进　料	$c+2$
每级压力（包括再沸器）	N
全凝器压力	1
回流分配器压力	1
合　计	$c+N+4$

N_a^u:

回流为泡点温度	1
总理论级数 N	1
进料位置 $M+1$	1
馏出液流率（D/F）	1
回流比（l_{N+1}/D）	1
合　计	5

通过上述举例可分析出，不同装置的设计变量数尽管不同，但其中固定设计变量的确定原则是共同的，即只与进料物流数目和系统内压力等级数有关。而可调设计变量数一般是不多的，它可由构成系统的单元的可调设计变量数简单加和而得到。这样，可归纳出一个简单，可靠的确定设计变量的方法：

① 按每一单相物流有 （$c+2$） 个变量，计算由进料物流所确定的固定设计变量数。

② 确定装置中具有不同压力的数目。

③ 上述两项之和即为固定设计变量数 N_x^u。

④ 将串级单元的数目、分配器的数目、侧线采出单元的数目以及传热单元的数目相加，便是整个装置的可调设计变量数 N_a^u。

用上述方法分析带有一个侧线采出口的精馏塔的设计变量数，见图 3-3。塔顶为全凝器，塔底有再沸器，塔内无压力降。

N_x^u:

压力等级数	1
进料变量数	$c+2$
合　计	$c+3$

N_a^u:

串级单元数	3
回流分配器	1
侧线采出单元数	1
传热单元数	2
合　计	7

与图 3-2 设计变量计算结果相比较可以看出，带有侧线采出口时，可调设计变量将比无侧线时增加 2，一般这两个可调设计变量常被用来指定侧线流率及侧线采出口的位置。

3.2 多组分精馏过程

在化工原理课程中对二组分精馏已进行过比较详尽的讨论，但在生产实践中所遇到的精馏过程，则大多是处理多组分溶液。因此，研究多组分精馏过程和设计方法更具有实际意义。

本节首先从多组分精馏与二组分精馏的对比上，分析多组分精馏的特点。并以典型例子讨论多组分精馏塔内温度、流率和浓度的分布，以深化对精馏过程实质的认识。

对二组分精馏来说，要使进料达到某一分离要求，存在着最小回流比和最少理论塔板数两个极限条件。若采用的条件小于最小回流比或最少理论塔板数，则不可能达到规定的分离要求。对多组分精馏的设计和操作来说，这两个极限条件同样也是很重要的。此外，这两个极限条件还常被用来关联操作回流比和所需理论塔板数，成为简捷法（FUG）计算的基础。

目前，多组分精馏过程的设计多采用电子计算机的严格解法，但近似算法仍很广泛应用。它常用于初步设计和经验估算；对多种操作参数进行评比以寻求适宜操作条件；在过程合成中寻找合理的分离顺序。近似算法还可用于控制系统的计算和更严格模拟计算的粗算，提供合适的设计变量数值和迭代变量初值。此外，当相平衡数据不够充分、可靠时，采用近似算法不比严格算法逊色。近似算法虽然适于手算，但为了快速、准确，采用电子计算机进行数值求解也已广为应用。

3.2.1 多组分精馏过程分析

在本小节中将定性地研究二组分和多组分精馏过程的异同，分析在平衡级中逐级发生的流量、温度和组成的变化和造成这些变化的影响因素。

3.2.1.1 关键组分

通过设计变量分析，对一般精馏塔，可调设计变量 $N_a = 5$。因此，除全凝器规定饱和液体回流、指定回流比和适宜进料位置以外，尚有两个可调设计变量可用来指定馏出液中某一个组分的浓度以及釜液中某一组分的浓度。对二组分精馏来说，指定馏出液中一个组分的浓度，就确定了馏出液的全部组成；指定釜液中一个组分的浓度，也就确定了釜液的全部组成。对多组分精馏来说，由于设计变量数仍是 2，而只能指定两个组分的浓度，其他组分的浓度不能再由设计者指定。由设计者指定浓度或提出要求（例如指定回收率）的那两个组分，实际上也就决定了其他组分的浓度。故通常把指定的这两个组分称为关键组分。并将这两个中相对易挥发的那一个称为轻关键组分，不易挥发的那一个称为重关键组分。

一般来说，一个精馏塔的任务就是要使轻关键组分尽量多地进入馏出液，重关键组分尽量多地进入釜液。但由于系统中除轻重关键组分外，尚有其他组分，通常难以得到纯组分的产品。一般，相对挥发度比轻关键组分大的组分（简称轻非关键组分或轻组分）将全部或接近全部进入馏出液，而相对挥发度比重关键组分小的组分（简称重非关键组分或重组分）将全部或接近全部进入釜液。只有当关键组分是溶液中最易挥发的两个组分时，馏出液才有可能是近于纯轻关键组分；反之，若关键组分是溶液中最难挥发的两个组分，釜液就可能是近于纯的重关键组分。但若轻、重关键组分的挥发度相差很小，则也较难得到近于纯的产品。

若馏出液中除了重关键组分外没有其他重组分，而釜液中除了轻关键组分外没有其他轻组分，这种情况称为清晰分割。两个关键组分的相对挥发度相邻且分离要求较苛刻，或非关键组分的相对挥发度与关键组分相差较大时，一般可达到清晰分割。

通常，分离要求的提出可有不同表达方式。例如，可要求某个或几个产品的纯度；某个或几个产物中不纯物的允许量；某个或几个产物的回收率；某个或几个产物易测定的物性等。

3.2.1.2 设计计算多组分精馏过程的复杂性

对二组分精馏，设计变量值被确定后，就很容易用物料衡算式、汽液平衡式和热衡算式从塔的任何一端出发作逐板计算，无需进行试差。但在多组分精馏中，由于不能指定馏出液

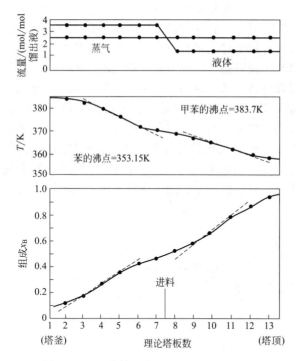

和釜液的全部组成，要进行逐板计算，必须先假设一端的组成，然后通过反复试差求解。

图 3-4 所示为苯-甲苯二元精馏塔内的流量、温度和组成与理论板的关系。除了在进料板处液体流量有突变外，各板的摩尔流率基本上为常数。液体组成的变化在塔顶部较为缓慢，随后较快，而在接近于进料板处又较缓慢。进料板以下，也是同样的情况。显然，蒸汽组成分布图与液体组成分布图应相类似。对二组分精馏过程，若产品纯度要求较高，或操作回流比离最小回流比较近时则常是这种情况。对于平衡线有异常现象的二组分精馏，由于最小回流比时的夹点区是在精馏段（或提馏段）中部，因此，在实际操作中，在塔顶部和接近进料处浓度变化较快。

温度分布图的形状很接近于液体组成分布图的形状，因为泡点和组成是密切相关的。

图 3-4 二组分精馏流量、温度、组成分布

为了与苯-甲苯二组分精馏对比，现选择了苯(1)-甲苯(2)-异丙苯(3) 三组分精馏的模拟结果。该塔的平均操作压力为 101.3kPa，进料量 $F = 1.0$mol/h，进料组成（摩尔分数）$z_1 = 0.233$；$z_2 = 0.333$；$z_3 = 0.434$，饱和液体进料。该塔设置一台再沸器和一台全凝器，塔的理论板数为 19 块，原料由第 10 块板引入。苯的回收率规定为 99%。相对挥发度数据：$\alpha_{12} = 2.25$，$\alpha_{22} = 1.0$，$\alpha_{32} = 0.21$。

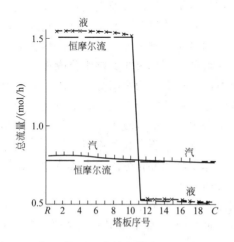

图 3-5 苯-甲苯-异丙苯精馏塔内汽、液流量分布

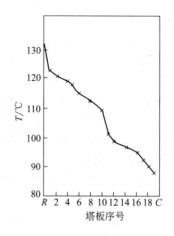

图 3-6 苯-甲苯-异丙苯精馏塔内温度分布

总流量和温度与理论板的关系如图 3-5 和图 3-6 所示。如果恒摩尔流的假设成立，那么汽液流量只在进料板处有变化。图 3-5 的虚线及实线分别表示按恒摩尔流假设和不按此假设时的模拟结果。值得注意的是，不按恒摩尔流假设进行模拟计算时，液、汽流量都有一定变

化，但液汽比 L/V 却接近于常数。

从图 3-6 可以看出，虽然温度分布的情况从再沸器到冷凝器仍呈单调下降，但精馏段和提馏段中段温度变化最明显的情况却不复存在。图 3-6 所显示的是，在接近塔顶和接近塔底处以及进料点附近，温度变化较快。在这些区域中组成变化也最快，而且在很大程度上是非关键组分在变化。在本例中由于塔底的重关键组分的浓度迅速下降，重非关键组分浓度的急剧增加，使得泡点温度明显增高。同时可以看出，由于非关键组分的存在加宽了全塔的温度跨度。

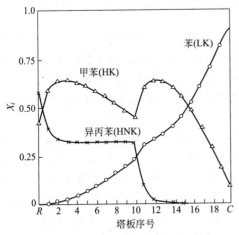

图 3-7 苯-甲苯-异丙苯精馏塔内液相浓度分布（条件同图 3-5 和图 3-6）

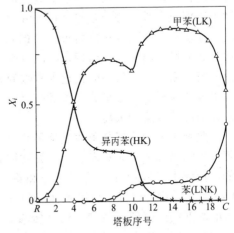

图 3-8 苯-甲苯-异丙苯精馏塔内液相浓度分布（甲苯在馏出液中回收率为 99%，其他条件同图 3-5）

浓度分布图则要复杂得多（见图 3-7）。由于本例规定苯在馏出液中的回收率相当高，苯自然是轻关键组分，该塔的主要任务是实现苯和甲苯之间的分离，故甲苯是重关键组分。异丙苯的挥发度最低，是重非关键组分。该物系中没有轻非关键组分。

为全面分析不同类型组分在多组分精馏中的液相浓度分布，补充两个计算实例。图 3-8 与图 3-7 的区别在于规定甲苯在馏出液中的回收率为 99%，即甲苯为轻关键组分，异丙苯为重关键组分，而苯为轻组分。图 3-9 表示了苯（1）-甲苯（2）-二甲苯（3）-异丙苯（4）四组分精馏的液相浓度分布。进料组成为：$z_1 = 0.125$，$z_2 = 0.225$，$z_3 = 0.375$，$z_4 = 0.275$（摩尔分数），甲苯在馏出液中的回收率为 99%。各组分相对挥发度为：$\alpha_{12} = 2.25$，$\alpha_{22} = 1.0$，$\alpha_{32} = 0.33$，$\alpha_{42} = 0.21$。根据给定的要求，甲苯为轻关键组分，二甲苯为重关键组分，苯为轻组分，异丙苯为重组分。

由图 3-7、图 3-8 和图 3-9 可看出，在进料板处各个组分都有显著的数量。这是因为在该板引入的原料中包含了全部组分。在进料板以上，重组分（图 3-7 和图 3-9 中的异丙苯）迅速消失，由于它们的相对挥发度比其他组分都低得多，不会有多少进入进料板以上各级的上升蒸汽中，因此，只需几块板就足以使它们的摩尔分数降到很

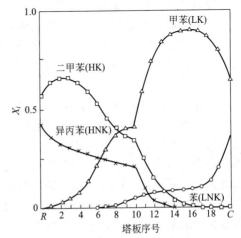

图 3-9 苯-甲苯-二甲苯-异丙苯四组分精馏塔内液相浓度分布

低值。完全类似的道理也适用于进料板以下的轻组分（图 3-8 和图 3-9 中的苯）。由于苯的相对挥发度大得多，因此它在进料板以下仅几级就降到很低的浓度。

重组分在再沸器液相中浓度最高，在向上为数不多的几块板中浓度有较大的下降，逐渐拉平并延续到进料板。在进料板以上浓度迅速下降（见图 3-7 和图 3-9 中的异丙苯）。这一行为是很容易理解的。塔的最下面几块板是专门用于分离重组分和两个关键组分的。由于两个关键组分比重组分有更大的挥发度，因此，从再沸器向上，重组分的浓度下降。但由于进料中有一定的重组分而且它必须从釜液中排出，从而限制了它们的浓度继续下降，造成了重组分在进料板以下相当长一塔段上基本恒浓的局面。根据物料衡算可知，该恒浓区中重组分的摩尔流率至少必须等于该组分在釜液中的流率。

同理适用于轻组分在进料板以上的行为（见图 3-8 和图 3-9 中的苯）。所有在进料中的轻组分必在塔顶馏出液中出现，因此也必在进料板以上离开每一板的上升蒸汽中出现。由于汽液平衡关系，一个较小的接近于常数的轻组分浓度必会出现在进料以上各板的液体中。在顶部很少几块板上，轻组分和关键组分之间的分离是有效的，使得轻组分的浓度急剧增加，以致在馏出液中达到最高。

重关键组分的浓度分布曲线是最复杂的（见图 3-7 中甲苯）。可以通过分析在每一塔段主要分离的是哪个二元对来解释重关键组分的行为。在再沸器以及第 1、2 块板，苯的浓度很低，精馏主要表现在重关键组分和重组分之间。在这一塔段上因为甲苯相对于异丙苯（HNK）是易挥发组分，故甲苯（HK）的浓度向上是增加的。在第 3 块板到第 10 块板，异丙苯的浓度已经恒定，精馏作用已转移到轻、重关键组分之间。此时甲苯已变为难挥发组分，它的浓度沿塔向上是降低的，于是在重关键组分的浓度分布曲线上产生了最高点（在第 3 块板）。在进料板以上的 3 块板，即第 11、第 12 和第 13 块板上重组分的浓度直线下跌。主要精馏作用再次体现到重关键组分和重组分之间。由于重关键组分暂时又表现为易挥发组分，它的浓度沿塔向上增加，并且在第 12 块塔板达到最大。在第 12 块板之后重组分已基本消失，精馏作用再次转移到轻重关键组分之间，甲苯浓度开始单调下降一直持续到冷凝器。重关键组分的浓度最高点通常是不大的（见图 3-9 的二甲苯），造成本例的情况是由于进料中有大量的重非关键组分异丙苯所致。

在图 3-7 中重组分（异丙苯）的存在造成了重关键组分（甲苯）浓度分布曲线上出现两个极大值。由于该物系中没有轻组分，故轻关键组分所表现的行为更像图 3-8 和图 3-9 中的轻组分。其区别在于前者没有恒浓区，并且在釜液中尚有较低浓度。与此相反图 3-8 中由于只有轻组分而没有重组分存在，轻关键组分（甲苯）的浓度分布受轻组分（苯）的影响也产生两个极大值。这一情况的分析与对图 3-7 重关键组分的分析雷同。从图 3-8 中还可以发现，由于该物系中没有重组分存在，重关键组分异丙苯的行为更像图 3-7 和图 3-9 中的重组分。

由图 3-9 可明显地看出，甲苯（LK）和二甲苯（HK）浓度分布曲线变化规律相同，方向相反。由于轻、重组分存在，两关键组分必须调整浓度以便同时适应同非关键组分以及彼此之间的分离。因而，在塔中甲苯的浓度有向上增大的趋势，而二甲苯则有向下增大的趋势，好像二组分精馏一样。但在塔底处两关键组分的浓度降低，这是由于关键组分对重非关键组分分离的结果。同理，由于塔顶处轻组分对关键组分的分离结果，两关键组分的浓度也降低。从图中还可看出由于非关键组分的影响，轻关键组分浓度分布在进料板以下的极大值和重关键组分浓度分布在进料板以上的极大值均被压低，甚至已无极大值的特征。

多组分精馏与二组分精馏在浓度分布上的区别可归纳为：①在多组分精馏中，关键组分的浓度分布有极大值；②非关键组分通常是非分配的，因此重组分仅出现在釜液中，轻组分仅出现在馏出液中；③重、轻非关键组分分别在进料板下、上形成几乎恒浓的区域；④全部组分均存在于进料板上，但进料板浓度不等于进料浓度。塔内各组分的浓度分布曲线在进料板处是不连续的。

精馏的基础是不同组分具有不同的挥发度，通过能量分离剂（热量）的引入使混合物多次部分汽化和部分冷凝，从而达到分离的目的。塔内流量的变化与热平衡紧密相关。在精馏过程中分子量通常是变化的，沿塔向上平均分子量一般是下降的，这是因为挥发度高的化合物通常是低分子量的。还因为低分子量物料一般具有较小的摩尔汽化潜热，所以上升蒸汽进入某级冷凝时将产生具有较多摩尔数的蒸汽而离开该级。由于这一因素，沿塔向上流量通常有增加的趋势。在有些情况中，若沸点较高的组分具有较低的汽化热，则潜热效应将使流量有向下增加的趋势。

其次，由于温度沿塔向上是逐渐降低的，所以蒸汽向上流动时必须冷却。这种冷却不是依靠液体的显热就是依靠液体的汽化，如果液体被汽化，则导致向上流量增加。再者，液体沿塔向下流动时，液体必被加热，加热不是消耗蒸汽的显热就是由于蒸汽的冷凝，如果是蒸汽冷凝，则导致下降流量的增加。如果进料中有大量的，相对于被分离的组分是非常轻的或非常重的组分，或者更一般地说，如果从塔顶到塔底的温度变化幅度大，则这两个因素可能起主要作用。

显然，上述这三个因素的总效应是复杂的，难以归纳出一个通用的规律。然而也很明显，这些因素在很大程度上常常互相抵消，这就说明了恒摩尔流这个假设的实用性。

级间流量通过总物料衡算联系在一起，如果通过塔段的蒸汽流量在某一方向上增大，则在该方向上液体流量也将增大。此外，由于分离作用主要取决于液汽比 L/V，流量相当大的变化对液气比的影响不大，因而对分离效果影响也小。级间的两流量越接近于相等，即操作越接近于全回流，则流量变化对分离的影响也越小。

通过上述分析得出重要结论：在精馏塔中，温度分布主要反映物流的组成，而总的级间流量分布则主要反映了热衡算的限制。这一结论反映了精馏过程的内在规律，用于建立多组分精馏的计算机严格解法。

3.2.1.3 精馏过程的操作参数

精馏过程的操作参数包括：操作压力、回流比、进料状态。

(1) 操作压力 随操作压力的升高：a.组分之间的相对挥发度降低，分离变得更加困难，因此需要更多的塔板数或更大的回流比；b.汽化潜热降低，即减小了再沸器和冷凝器的热负荷；c.汽相密度增高，相应减小了塔径；d.再沸器温度的升高有一个限度，超此限度，被汽化的物料就会热分解而引起过度结垢；e.冷凝器温度升高。

随操作压力的降低，影响正好相反，其底线一是尽可能避免真空操作，二是希望避免冷凝器使用冷冻操作。因为真空操作和冷冻都会招致投资和操作费用的增加，应尽量避免采用。

(2) 回流比 对于设计一个独立的精馏塔，回流比的选择必须要权衡投资和能耗的关系。通常，操作回流比对最小回流比的最佳比例接近或小于1.1。如果精馏塔与其他过程热偶联，那么热偶联塔适宜的回流比与独立精馏塔的情况很不相同，这取决于全流程模拟的结果。

(3) 进料状态 精馏塔适宜进料位置的确定原则是进料与进料处塔内流体的混合程度最小。从理论上讲，二组分精馏有可能满足这一原则，但实际上是达不到的。对于多组分精馏，通常进料与塔内流体达不到契合，如果进料是汽液两相状态，则汽化率提供了一个自由度，通过调整汽化率，进料的汽相和液相组成与塔内流体的汽相和液相组成能达到较好的契合，然而进料的这种最小混合未必使操作费用最小。

加热进料通常造成：a.增加了精馏段的塔板数，减少了提馏段的塔板数；b.降低了再沸器的热负荷，增高了冷凝器的冷负荷。

冷却进料的结果通常与上述情况正相反。

预热进料所加入的热量不可能取代或者说等同于加入再沸器的热量。预热进料所加入的热量除以再沸器节省的热量之比的趋势是小于1。尽管如此，由于预热进料改变了进料状态，使最小回流比发生变化。随进料状态由饱和液体（$q=1$）到饱和蒸汽（$q=0$），最小回流比趋于增加。这样，预热进料所加入的热量除以再沸器节省的热量之比取决于 q、关键组分之间的相对挥发度、进料浓度以及实际回流比与最小回流比之比。在某些情况，特别是在高实际回流比/最小回流比的情况，预热进料可能增加再沸器的热负荷。

3.2.1.4 精馏过程的优缺点

精馏过程是分离均相混合物最常用的方法。与有竞争能力的其他分离过程相比较，精馏具有如下三个优点：

① 精馏过程覆盖的生产规模变化范围很大，而替代精馏的很多其他方法的生产能力小；

② 分离原料的浓度变化范围很大，而替代精馏的很多其他方法仅能处理相对较纯的物料；

③ 精馏过程能够应用于高纯度产品的生产；而替代精馏的很多其他方法仅能达到部分分离，不能生产纯产品。

然而，精馏也有一些限制。不适于采用精馏的情况如下。

① 分离低分子量物质 精馏分离低分子量物质，一般采用高压操作，以便提高它们的冷凝温度，尽可能使用冷却水或空气作为塔顶冷凝器的冷却介质，而很低分子量物质的冷凝仍需制冷，这样就显著地增加了分离的成本。因此，对于低分子量物质的分离，采用吸收、吸附和气体膜分离替代精馏更好。

② 分离热敏性物质 高分子物质通常是热敏的，它们在高温精馏时会热分解。低分子量物质也有热敏的，特别是反应活性高的物质。分离这类物质一般用真空精馏，以便降低它们的沸点。替代精馏的分离方法是结晶和液-液萃取。

③ 分离低浓度组分 精馏不适用于从低浓度混合物中分离产品。吸收和吸附是有效的分离方法。

④ 按类别分离组分 如果希望按类分离组分，例如从链烃混合物中分离芳烃，而精馏只能按沸点分离，与组分的类别无关。对于这类分离，精馏无能为力，液-液萃取和吸附比较适用。

⑤ 相对挥发度很小或有共沸现象的组分间的分离 某些均相混合物显示出高度的非理想性，形成共沸物。采用常规精馏分离不能超越共沸组成。对于这类物系的分离，最常用的方法是向精馏塔内加入质量分离剂，增大关键组分之间的相对挥发度，有利于组分的分离。若关键组分之间的相对挥发度小，分离虽然可能但非常困难时，也可以采用加入质量分离剂的方法实现分离。除使用这些特殊精馏的方法外，结晶、液-液萃取和膜过程能够替代精馏应用于具有低相对挥发度或形成共沸物的混合物的分离。

⑥ 可凝性和不凝性组分混合物的分离 如果某气体混合物同时含有可凝性和不凝性组分，那么混合物先经部分冷凝，接着进行简单相分离，通常会得到满意的结果，这属于单级蒸馏操作。

3.2.2 最小回流比

在两组分混合物精馏中，当平衡线无异常情况时（即物系的非理想性大到操作线与平衡线相切的情况不予考虑），在最小回流比下，将在进料板上下出现恒浓区域或称夹点区，用图解法计算两组分精馏问题时，能准确地确定最小回流比。恒浓区的位置和特征在图中也表示得很清楚。在多组分精馏中，最小回流比下也应出现恒浓区，但由于有非关键组分存在，使塔中出现恒浓区的部位较两组分时来得复杂。

在多组分精馏中，只在塔顶或塔釜出现的组分为非分配组分；而在塔顶和塔釜均出现的组分则为分配组分。轻、重关键组分肯定同时在塔顶和塔釜出现，是当然的分配组分。若某组分的相对挥发度处于两关键组分之间，则该组分也必定是分配组分。相对挥发度稍大于轻关键组分的轻组分，以及稍小于重关键组分的重组分也可能是分配组分。其他轻组分一般将全部出现在塔顶，不出现在塔釜；相反，其他重组分则将全部进入釜液而不到塔顶，是非分配组分。按照这一定义，图 3-9 中的苯和异丙苯分别为轻、重非分配组分。它们分别在进料板下、上浓度迅速下降至零，而在进料板上、下逐渐趋于基本恒浓。可以预测，随着回流比的减小，达到相同分离要求所需的理论板数增加，塔内浓度分布也相应变化，即精馏段中苯的恒浓区域加宽，甲苯（LK）的浓度最高点趋于平坦，二甲苯（HK）的下降变缓；提馏段异丙苯的恒浓区域加宽，二甲苯的浓度最高点趋于平坦，甲苯的下降变缓。在分离要求不变的前提下继续减小回流比，上述趋势更加明显，在精馏段和提馏段分别出现接近恒浓的区域，即全部组分的浓度均接近不变的区域，在该区域内板数需要很多，分离效果很小。回流比减小的极限是最小回流比。

在最小回流比条件下，若轻、重组分都是非分配组分，则因原料中所有组分都有，进料板以上必须紧接着有若干塔板使重组分的浓度降到零，这一段不可能是恒浓区，恒浓区向上推移而出现在精馏塔段的中部。同样理由，进料板以下必须紧接着有若干塔板使轻组分的浓度降到零，恒浓区应向下推移而出现在提馏段的中部［图 3-10(a)］。

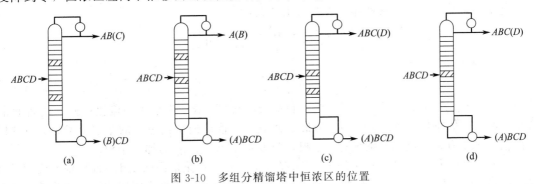

图 3-10 多组分精馏塔中恒浓区的位置

若重组分均为非分配组分而轻组分均为分配组分，则进料板以上的恒浓区在精馏段中部，进料板以下因无需一个区域使轻组分的浓度降至零，恒浓区依然紧靠着进料板［图 3-10(b)］。又若混合物中并无轻组分，即轻关键组分是相对挥发度最大的组分，情况也是这样。若轻组分是非分配组分而重组分是分配组分，或原料中并无重组分，则进料板以上的恒浓区紧靠着进料板，而进料板以下的恒浓区在提馏段中部［图 3-10(c)］。若轻重组分均为分配组分，则进料板上、下两个恒浓区均紧靠着进料板，变成和二组分精馏时的情况一样［图 3-10(d)］，实际上这种情况是很少的。

在图 3-11 中表示了图 3-10(a) 情况，是最小回流比下沿塔高的汽相浓度分布图，它描绘出塔内汽相中各组分的浓度随塔板序号而改变的情况。原料为四个组分的混合物：有一个重组分（HNK），一个轻组分（LNK），重关键组分（HK）和轻关键组分（LK）。全塔被分为五个区域，各个区域有其不同的作用。在区域 A（即冷凝器以下的第一段塔板），重关键组分（HK）的浓度降至设计所规定的数值。轻关键组分（LK）的浓度经历最高值后降至规定值。而轻组分（LNK）的浓度在该区域内略有提高。区域 B 是上恒浓区（精馏段恒浓

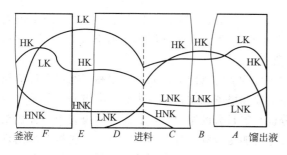

区），三个组分的浓度恒定不变。区域 C 的作用是使汽相中重组分（HNK）的浓度变为零。区域 D 是使下流液体中的轻组分（LNK）消失。E 为下恒浓区。区域 F 对轻关键组分的作用和区域 A 对重关键组分的作用一样。众所周知，整个精馏塔的作用是使轻、重关键组分的摩尔分数比从再沸器中的较低值提到冷凝器中的较高值。在区域 A 及 F 中确实是这种情况。但在区

图 3-11 最小回流比下，沿塔高的汽相浓度分布图

域 C 及 D 中，随着蒸汽的逐级上升，此比值反而下降，区域 A 及 F 中所得到的成果有一部分在此被抵消了。这种效应称为逆行分馏。从区域 C、区域 D 内轻、重关键组分的浓度变化中可看出这一现象。在实际操作的塔中若回流比接近最小回流比，逆行分馏的现象仍存在，但在一般的操作回流比范围内，这一现象是没有的。

由于实际上不能构成一个无穷多塔板数的精馏塔，故无法严格估计最小回流比，尽管很多研究者提出了预测最小回流比的各种近似估算方法，但都或多或少地做了某些假设，而且应用起来过于繁琐，其中恩特伍德法明显地好于其他算法，计算简便且准确度较高，是常用的计算方法。

推导恩特伍德公式时所用的假设是：①塔内汽相和液相均为恒摩尔流率；②各组分的相对挥发度均为常数。该公式的推导是很复杂的，在 Underwood、Smith、Holland 和 King 的专著中都有详细论述。对于从事化学工程应用领域的技术人员而言，使用该公式比推导该公式更重要些，故在本节不做推导，直接给出公式：

$$\sum \frac{\alpha_i (x_{i,D})_m}{\alpha_i - \theta} = R_m + 1 \tag{3-3a}$$

$$\sum \frac{\alpha_i x_{i,F}}{\alpha_i - \theta} = 1 - q \tag{3-3b}$$

式中，α_i 为组分 i 的相对挥发度；q 为进料的液相分率；R_m 为最小回流比；$x_{i,F}$ 为进料混合物中组分 i 的摩尔分数；$(x_{i,D})_m$ 为最小回流比下馏出液中组分 i 的摩尔分数；θ 为方程式的根；对于有 c 个组分的系统有 c 个根，只取 $\alpha_{LK} > \theta > \alpha_{HK}$ 的那一个根。

由式（3-3a）可以看出，要计算 R_m 需要有 $(x_{i,D})_m$，但是最小回流比下馏出液的确切组成是难以知道的，虽有若干估算方法也比较麻烦，在实际计算中常按全回流条件下由关键组分的分配比估算馏出液的组成。也就是说，用全回流下的馏出液组成代替最小回流比下的组成进行计算。如果轻、重关键组分不是挥发度相邻的两个组分时，由式（3-3a）可得出两个或两个以上的 R_m（视相对挥发度在关键组分之间的组分数而定）。此时，可取其平均值作为 R_m。

【例 3-1】 试计算下述条件下精馏塔的最小回流比。进料状态为饱和液相 $q = 1.0$。本计算所用到的数据列表如下（组成单位：摩尔分数）

编 号	组 分	α_i	$x_{i,F}$	$(x_{i,D})_m$
1	CH_4	7.356	0.05	0.1298
2	C_2H_6(LK)	2.091	0.35	0.8285
3	C_3H_6(HK)	1.000	0.15	0.025
4	C_3H_8	0.901	0.20	0.0167
5	$i\text{-}C_4H_{10}$	0.507	0.10	—
6	$n\text{-}C_4H_{10}$	0.408	0.15	—

解 由式(3-3b) 得

$$\sum_i \frac{\alpha_i x_{i,F}}{\alpha_i - \theta} = 0 = \frac{7.356 \times 0.05}{7.356 - \theta} + \frac{2.091 \times 0.35}{2.091 - \theta} + \frac{1.000 \times 0.15}{1.000 - \theta} + \frac{0.901 \times 0.20}{0.901 - \theta} + \frac{0.507 \times 0.10}{0.507 - \theta}$$

$$+ \frac{0.408 \times 0.15}{0.408 - \theta}$$

用试差法求出：$\theta = 1.325$，代入式(3-3a)

$$\sum_i \frac{\alpha_i (x_{i,D})_m}{\alpha_i - \theta} = R_m + 1 = \frac{7.356 \times 0.1298}{7.356 - 1.325} + \frac{2.091 \times 0.8285}{2.091 - 1.325} + \frac{1.000 \times 0.025}{1.000 - 1.325} + \frac{0.901 \times 0.0167}{0.901 - 1.325}$$

故
$$R_m = 1.306$$

3.2.3 最少理论塔板数和组分分配

达到规定分离要求所需的最少理论塔板数对应于全回流操作的情况，精馏塔的全回流操作是有重要意义的：①一个塔在正常进料之前进行全回流操作达到稳态是正确的开车步骤；在实验室设备中，全回流操作是研究传质的简单和有效的手段；②全回流下理论塔板数在设计计算中也是很重要的，它表示达到规定分离要求所需的理论塔板数的下限，是简捷法估算理论板数必须用到的一个参数。

芬斯克推导了全回流时二组分和多组分精馏的严格的解。若塔顶采用全凝器。并假设所有板都是理论板，从塔顶第一块理论板往下计塔板序号。由相对挥发度的定义可写出：

$$\left(\frac{y_A}{y_B}\right)_1 = \alpha_1 \left(\frac{x_A}{x_B}\right)_1 = \left(\frac{x_A}{x_B}\right)_D \tag{3-4}$$

上式中 A、B 指任意两个组分，括号外的下标指理论板的序号，D 代表馏出液。为了简便起见，α 的下标中省略了 A 对 B 的符号，只注明塔板序号以表明其条件。因此 α_1 是指在第一块理论塔板条件下，组分 A 对于组分 B 的相对挥发度。

第二块理论板上的汽相浓度，$y_{A,2}$ 和 $y_{B,2}$ 可用物料衡算式由 $x_{A,1}$ 和 $x_{B,1}$ 求出。因为

$$V_2 y_{A,2} = L_1 x_{A,1} - D x_{A,D} \tag{3-5}$$

在全回流时，$V_2 = L_1$；$D = 0$，故上式成为：$y_{A,2} = x_{A,1}$

同理
$$y_{B,2} = x_{B,1}$$

故
$$\left(\frac{y_A}{y_B}\right)_2 = \left(\frac{x_A}{x_B}\right)_1 \tag{3-6}$$

由式(3-4) 及式(3-6) 可得出：

$$\left(\frac{x_A}{x_B}\right)_D = \alpha_1 \left(\frac{y_A}{y_B}\right)_2$$

同样，由平衡关系可得：

$$\left(\frac{y_A}{y_B}\right)_2 = \alpha_2 \left(\frac{x_A}{x_B}\right)_2$$

由物料衡算可得：

$$\left(\frac{y_A}{y_B}\right)_3 = \left(\frac{x_A}{x_B}\right)_2$$

故
$$\left(\frac{x_A}{x_B}\right)_D = \alpha_1 \alpha_2 \left(\frac{x_A}{x_B}\right)_2 = \alpha_1 \alpha_2 \left(\frac{y_A}{y_B}\right)_3$$

依此类推直到塔釜，可得到：

$$\left(\frac{x_A}{x_B}\right)_D = \alpha_1 \alpha_2 \alpha_3 \cdots \alpha_{N-1} \alpha_N \left(\frac{x_A}{x_B}\right)_W \tag{3-7}$$

式中，W 代表釜液；N 为理论塔板数。再沸器为第 N 块理论板，塔顶最上一块塔板为第一块理论板。若使用分凝器，则分凝器为第一块理论板。如果定义 α_{AB} 为相对挥发度的几何平均值

$$\alpha_{AB} = \left[\alpha_1 \alpha_2 \alpha_3 \cdots \alpha_{N-1} \alpha_N\right]^{1/N}$$

将上式代入式(3-7)并解出最少理论板数 N_m

$$N_m = \frac{\lg\left[\left(\frac{x_A}{x_B}\right)_D \middle/ \left(\frac{x_A}{x_B}\right)_W\right]}{\lg\alpha_{AB}} \tag{3-8}$$

全塔平均相对挥发度可简化为由塔顶、塔釜及进料板处的 α 值按下式求取

$$\alpha_{\text{平均}} = \sqrt[3]{\alpha_D \alpha_W \alpha_F} \tag{3-9}$$

或也可用

$$\alpha_{\text{平均}} = \sqrt{\alpha_D \alpha_W} \tag{3-10}$$

式(3-8)中的摩尔分数之比也可用摩尔、体积或质量之比来代替，因为换算因子互相抵消。常用的形式是：

$$N_m = \frac{\lg\left[\left(\frac{d}{w}\right)_A \middle/ \left(\frac{d}{w}\right)_B\right]}{\lg\alpha_{\text{平均}}} \tag{3-11}$$

式中，$\left(\frac{d}{w}\right)_i$ 为组分 i 的分配比，即组分 i 在馏出液中的摩尔数与在釜液中的摩尔数之比。

式(3-8)或式(3-11)称为芬斯克公式，它既可用于二组分精馏，也可用于多组分精馏，因为推导公式时，并没有对组分的数目有何限制。用于多组分精馏时，可由对关键组分确定的分离要求来算出最少理论板数，进而求出任一非关键组分在全回流条件下的分配。

设 i 为非关键组分，r 为重关键组分或参考组分，则式(3-11)可变为：

$$\left(\frac{d_i}{w_i}\right) = \left(\frac{d_r}{w_r}\right)(\alpha_{i,r})^{N_m} \tag{3-12}$$

联立求解式(3-12)和 i 组分的物料衡算式 $f_i = d_i + w_i$，便可导出计算 d_i 和 w_i 的公式。

当轻重关键组分的分离要求以回收率的形式规定时，用芬斯克方程求最少理论板数和非关键组分在塔顶、塔釜的分配是最简单的。若以 $\varphi_{LK,D}$ 表示轻关键组分在馏出液中的回收率；$\varphi_{HK,W}$ 表示重关键组分在釜液中的回收率，则

$$d_{LK} = \varphi_{LK,D} f_{LK}; \quad w_{LK} = (1 - \varphi_{LK,D}) f_{LK} \tag{3-13}$$

$$d_{HK} = (1 - \varphi_{HK,W}) f_{HK}; \quad w_{HK} = \varphi_{HK,W} f_{HK} \tag{3-14}$$

代入式(3-11)得

$$N_m = \frac{\lg\left[\frac{\varphi_{LK,D}\varphi_{HK,W}}{(1-\varphi_{LK,D})(1-\varphi_{HK,W})}\right]}{\lg\alpha_{LK\text{-}HK}} \tag{3-15}$$

该式经变换可求非关键组分的回收率，进而完成全回流下的组分分配。

由式(3-8)看出，芬斯克方程的精确度明显取决于相对挥发度数据的可靠性。本书第2章中所介绍的泡点、露点和闪蒸的计算方法可提供准确的相对挥发度。

由芬斯克公式还可看出，最少理论板数与进料组成无关，只决定于分离要求。随着分离

要求的提高（即轻关键组分的分配比加大，重关键组分的分配比减小），以及关键组分之间的相对挥发度向 1 接近，所需最小理论板数将增加。

【例 3-2】 设计一个脱乙烷塔，从含有 6 个轻烃的混合物中回收乙烷，进料组成、各组分的相对挥发度和对产物的分离要求见设计条件表。试求所需最少理论板数及在全回流条件下馏出液和釜液的组成。

脱乙烷塔设计条件

编号	进料组分	摩尔分数/%	α	编号	进料组分	摩尔分数/%	α
1	CH_4	5.0	7.356	4	C_3H_8	20.0	0.901
2	C_2H_6	35.0	2.091	5	$i\text{-}C_4H_{10}$	10.0	0.507
3	C_3H_6	15.0	1.000	6	$n\text{-}C_4H_{10}$	15.0	0.408
设计分离要求							
馏出液中 C_3H_6 浓度（摩尔分数）		≤2.5%					
釜液中 C_2H_6 浓度（摩尔分数）		≤5.0%					

解 根据题意，组分 2（乙烷）是轻关键组分，组分 3（丙烯）是重关键组分，而组分 1（甲烷）是轻组分，组分 4（丙烷）、组分 5（异丁烷）和组分 6（正丁烷）是重组分。要用芬斯克公式求解最少理论板数需要知道馏出液和釜液中轻、重关键组分的浓度，即必须先由物料衡算求出 $x_{2,D}$ 及 $x_{3,W}$。

取 100mol 进料为基准。假定为清晰分割，即 $x_{4,D} \approx 0$，$x_{5,D} \approx 0$，$x_{6,D} \approx 0$，$x_{1,W} \approx 0$，则根据物料衡算关系列出下表：

单位：mol

编号	组分	进料,f_i	馏出液,d_i	釜液,w_i	编号	组分	进料,f_i	馏出液,d_i	釜液,w_i
1	CH_4	5.0	5.00	—	4	C_3H_8	20.0		20.00
2	C_2H_6(LK)	35.0	35.0−0.05W	0.05W	5	$i\text{-}C_4H_{10}$	10.0		10.00
3	C_3H_6(HK)	15.0	0.025D	15−0.025D	6	$n\text{-}C_4H_{10}$	15.0		15.00
							100.0	$\overline{D}$	$\overline{W}$

解 D 和 W 完成的料衡算如下：

单位：mol

编号	组分	进料,f_i	馏出液,d_i	釜液,w_i	编号	组分	进料,f_i	馏出液,d_i	釜液,w_i
1	CH_4	5.0	5.00	—	4	C_3H_8	20.0		20.00
2	C_2H_6(LK)	35.0	31.89	3.11	5	$i\text{-}C_4H_{10}$	10.0		10.00
3	C_3H_6(HK)	15.0	0.95	14.05	6	$n\text{-}C_4H_{10}$	15.0		15.00
							100.0	$\overline{37.84}$	$\overline{62.16}$

用式（3-11）计算最少理论板数：

$$N_m = \frac{\lg\left[\left(\dfrac{31.89}{3.11}\right)\Big/\left(\dfrac{0.95}{14.05}\right)\right]}{\lg 2.091} = 6.79$$

为核实清晰分割的假设是否合理，计算塔釜液中 CH_4 的摩尔数和浓度（摩尔分数）：

$$w_1 = \frac{5}{1+\left(\dfrac{0.95}{14.05}\right)\times 7.356^{6.79}} = 0.000096$$

$$x_{1,W} = w_1/W = 1.5 \times 10^{-6}$$

同理可计算出组分 4，5，6 在馏出液中的摩尔数和浓度（摩尔分数）：

$$d_4 = 0.6448, \quad d_5 = 0.0067, \quad d_6 = 0.0022$$

$$x_{4,D} = 0.017, \quad x_{5,D} = 1.77 \times 10^{-4}, \quad x_{6,D} = 5.8 \times 10^{-5}$$

可见，CH_4，$i\text{-}C_4H_{10}$ 和 $n\text{-}C_4H_{10}$ 按清晰分割是合理的。C_3H_8 按清晰分割略有误差应再行试差。其方法为将 d_4 的第一次计算值作为初值重新做物料衡算列表求解如下：

单位：mol

编　号	组　分	进料，f_i	馏出液，d_i	釜液，w_i
1	CH_4	5.0	5.00	
2	C_2H_6(LK)	35.0	$35.0-0.05W$	$0.05W$
3	C_3H_6(HK)	15.0	$0.025D$	$15-0.025D$
4	C_3H_8	20.0	0.6448	19.3552
5	$i\text{-}C_4H_{10}$	10.0		10.0000
6	$n\text{-}C_4H_{10}$	15.0	—	15.0000
		100.0	$\overline{D}$	$\overline{W}$

解 D 和 W 完成物料衡算如下：

编　号	组　分	进料，f_i	馏出液，d_i	釜液，w_i
1	CH_4	5.0	5.00	
2	C_2H_6(LK)	35.0	31.9267	3.0733
3	C_3H_6(HK)	15.0	0.9634	14.0366
4	C_3H_8	20.0	0.6448①	19.3552①
5	$i\text{-}C_4H_{10}$	10.0		10.0000
6	$n\text{-}C_4H_{10}$	15.0	—	15.0000
		100.0	38.5349	61.4651

① 需核实的数据。

再用式(3-11) 求 N_m：

$$N_m = \frac{\lg\left[\left(\dfrac{31.9267}{3.0733}\right)\Big/\left(\dfrac{0.9634}{14.0366}\right)\right]}{\lg 2.091} = 6.805$$

校核 d_4：

$$d_4 = \frac{20 \times \left(\dfrac{0.9634}{14.0366}\right) \times 0.901^{6.805}}{1 + \left(\dfrac{0.9634}{14.0366}\right) \times 0.901^{6.805}} = 0.653$$

由于 d_4 的初始值和校核值基本相同，故物料分配合理。

【例 3-3】 苯(B)-甲(T)-二甲苯(X)-异丙苯(C) 的混合物送入精馏塔分离，进料组成为：$z_B = 0.2$，$z_T = 0.3$，$z_X = 0.1$，$z_C = 0.4$（摩尔分数）。相对挥发度数据：$\alpha_B = 2.25$，$\alpha_T = 1.00$，$\alpha_X = 0.33$，$\alpha_C = 0.21$。分离要求：馏出液中异丙苯不大于 0.15%；釜液中甲苯不大于 0.3%（摩尔分数）。计算最少理论板数和全回流下的物料分配。

解 以 100mol 进料为计算基准。根据题意定甲苯为轻关键组分，异丙苯为重关键组分。从相对挥发度的大小可以看出，二甲苯为中间组分。在作物料衡算时，要根据它的相对挥发度与轻、重关键组分相对挥发度的比例，初定在馏出液和釜液中的分配比，并通过计算再行修正。物料衡算表如下：

组　分	进料,f_i	馏出液,d_i	釜液,w_i
B	20	20	—
T	30	$30-0.003W$	$0.003W$
X	10	$1^{①}$	$9^{①}$
C	$\dfrac{40}{100}$	$\dfrac{0.0015D}{D}$	$\dfrac{40-0.0015D}{W}$

① 为二甲苯的初定值。

解得 $\qquad\qquad\qquad D=50.929,\quad W=49.071$

则 $\qquad\qquad d_T=29.853,\ w_T=0.147,\ d_C=0.0764,\ w_C=39.924$

代入式(3-11)

$$N_m=\dfrac{\lg\left[\left(\dfrac{29.853}{0.147}\right)\bigg/\left(\dfrac{0.0764}{39.924}\right)\right]}{\lg\left(\dfrac{1.0}{0.21}\right)}=7.42$$

由 N_m 值求出中间组分的馏出量和釜液量：

$$d_x=\dfrac{10\times\left(\dfrac{0.0764}{39.924}\right)\left(\dfrac{0.33}{0.21}\right)^{7.42}}{1+\left(\dfrac{0.0764}{39.924}\right)\left(\dfrac{0.33}{0.21}\right)^{7.42}}=0.519$$

$$w_x=10-0.519=9.481$$

由于与初定值偏差较大，故直接迭代重做物料衡算：

组　分	进料,f_i	馏出液,d_i	釜液,w_i	组　分	进料,f_i	馏出液,d_i	釜液,w_i
B	20	20	—	X	10	0.519	9.481
T	30	$30-0.003W$	$0.003W$	C	$\dfrac{40}{100}$	$\dfrac{0.0015D}{D}$	$\dfrac{40-0.0015D}{W}$

二次解得 $\qquad\qquad\qquad D=50.446,\quad W=49.554$

则 $\qquad\qquad d_T=29.852,\ w_T=0.148,\ d_C=0.0757,\ w_C=39.924$

再求 N_m： $\qquad\qquad N_m=\dfrac{\lg\left[\left(\dfrac{29.853}{0.148}\right)\bigg/\left(\dfrac{0.0757}{39.924}\right)\right]}{\lg\left(\dfrac{1.0}{0.21}\right)}=7.42$

校核 d_x： $\qquad\qquad d_x=\dfrac{10\times\left(\dfrac{0.0757}{39.924}\right)\left(\dfrac{0.33}{0.21}\right)^{7.42}}{1+\left(\dfrac{0.0757}{39.924}\right)\left(\dfrac{0.33}{0.21}\right)^{7.42}}=0.515$

再迭代一次，得最终物料衡算表：

组　分	进　料		馏　出　液		釜　液	
	物质的量/mol	摩尔分数/%	物质的量/mol	摩尔分数/%	物质的量/mol	摩尔分数/%
B	20	20	20	39.65	—	—
T	30	30	29.8513	59.18	0.1487	0.3
X	10	10	0.5150	1.02	9.4850	19.14
C	$\dfrac{40}{100}$	$\dfrac{40}{100}$	$\dfrac{0.0757}{50.442}$	$\dfrac{0.15}{100.00}$	$\dfrac{39.9243}{49.5580}$	$\dfrac{80.56}{100.0}$

3.2.4 实际回流比和理论板数

为了实现对两个关键组分之间规定的分离要求，回流比和理论板数必须大于它们的最小值。实际回流比的选择多出于经济方面的考虑，取最小回流比乘以某一系数，然后用分析法、图解法或经验关系确定所需理论板数。根据 Fair 和 Bolles 的研究结果，R/R_m 的最优值约为 1.05，但是，在比该值稍大的一定范围内都接近最佳条件。在实际情况下，如果取 $R/R_m=1.10$ 常需要很多理论板数；如果取为 1.50，则需要较少的理论板数。根据经验，一般取中间值 1.30。

Gilliland 提出了一个经验算法，以最小回流比和最少理论板数的已知值为基础，适用于在分离过程中相对挥发度变化不大的情况，该经验关系表示成吉利兰图（图 3-12），图中 N 为包括再沸器在内的理论塔板数。若系统的非理想性很大，该图所得结果误差较大。Erbar 和 Maddox 提出了另一种关联图（图 3-13），该图对多组分精馏的适用性可能比吉利兰图好些，因为它所依据的数据更多些。

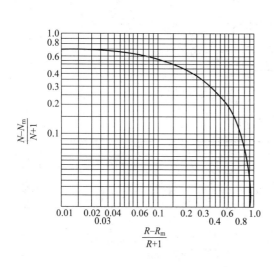

图 3-12　吉利兰图　　　　　　　　图 3-13　耳波和马多克思图

吉利兰图还可拟合成关系式用于计算，较准确的公式为：

$$Y=1-\exp\left[\frac{(1+54.4X)(X-1)}{(11+117.2X)\sqrt{X}}\right] \tag{3-16}$$

或

$$Y=0.75-0.75X^{0.5668} \tag{3-17}$$

式中

$$X=\frac{R-R_m}{R+1}, \qquad Y=\frac{N-N_m}{N+1}$$

简捷法计算理论塔板数还包括确定适宜的进料位置。Brown 和 Martin 建议，适宜进料位置的确定原则是：在操作回流比下精馏段与提馏段理论板数之比，等于在全回流条件下用芬斯克公式分别计算得到的精馏段与提馏段理论板数之比。

Kirkbride 提出了一个近似确定适宜进料位置的经验式：

$$\frac{N_R}{N_S}=\left[\left(\frac{z_{HK,F}}{z_{LK,F}}\right)\left(\frac{x_{LK,W}}{x_{HK,D}}\right)^2\left(\frac{W}{D}\right)\right]^{0.206} \tag{3-18}$$

上述两方法的计算结果均欠准确，而后者稍好一些。

【例 3-4】 试计算 [例 3-2] 的塔板数和进料位置。

操作条件：

冷凝器压力　2.736MPa（绝压）；塔顶板压力　2.756MPa（绝压）；每板压力降0.693kPa

进料状态　泡点液体；回流状态　泡点液体；平均板效率　75%

解　最小回流比由 [例 3-1] 求得，取操作回流比为最小回流比的 1.25 倍；

$$R = 1.25 \times 1.306 = 1.634$$

由图 3-13 求所需的理论板数：

$$\frac{R}{R+1} = \frac{1.634}{2.634} = 0.62$$

$$\frac{R_m}{R_m+1} = \frac{1.306}{2.306} = 0.566$$

查图得　　　　　　　　　　$N_m/N = 0.47$

故　　　　　　　　　　　$N = 6.80/0.47 = 14.5$

该塔需要 13.5 块理论板，或 13.5/0.75＝18 块实际板。再沸器的效率按 100% 计，相当于一块实际板。

为确定进料板位置，以馏出液和进料中关键组分的摩尔比代入芬斯克方程而求出精馏段的最少理论板数，即：

$$(N_R)_m = \frac{\lg\left[\left(\frac{31.9267}{0.9634}\right)\Big/\left(\frac{15.0}{35.0}\right)\right]}{\lg 2.091} = 3.6$$

故精馏段（包括进料板）的理论板数为，3.6/0.47＝7.7 块，而实际板数为 7.7/0.75＝10 块，即进料板在从下往上数 8 块板（不包括再沸器）。

在多组分精馏计算中，能独立地指定的塔顶和塔釜的组分的组成是有限的。但是，各组分在塔顶与塔釜的分配状况，却是计算一开始便需要的数据，因此要设法对其作初步估计。

将表示全回流下最少理论板数的式（3-8）等号两边取对数并移项，得：

$$\lg\frac{x_{A,D}}{x_{A,W}} - \lg\frac{x_{B,D}}{x_{B,W}} = N_m \lg\alpha_{AB} \quad (3\text{-}19)$$

该式表示，在全回流时组分的分配比与其相对挥发度在双对数坐标上呈直线关系，是估算馏出液和釜液浓度的简单易行的方法。

Stupin 和 Lockhart 根据若干不同组分系统的精馏计算所得结果，分析了不同回流比时组分的分配比与组分的相对挥发度之间的关系，见图 3-14。全回流时是一条直线，这是芬斯克方程式的结果；最小回流比时是一条 S 形曲线。由此结果可以看出，当挥发度比轻关键组分的数值略大时，该轻组分的分配比就是无限大，也就是说它全部进入馏出液中；对重组分也是相似的情况；而挥发度处于轻、重关键

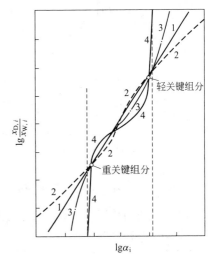

图 3-14　不同回流比时组分的分配比
1—全回流；2—高回流比（约 $5R_m$）；3—低回流比（约 $1.1R_m$）；4—最小回流比

组分之间的组分，在最小回流比下的分配与全回流下的分配有一定的差别，若按全回流下的分配来代替最小回流比下的分配，事实上是略微提高了要求。由图 3-14 还可以看出，把全回流下的分配比当作实际操作回流比下的分配是比较接近的。因为一般的精馏塔实际上都在 $1.2 \sim 1.5$ 倍的 R_m 下操作。必须指出，上述情况均是对相对挥发度与组成的关系不大以及对不同组分塔板效率相同为假定条件的。

3.3 萃取精馏和共沸精馏

在化工生产中常常会遇到欲分离组分之间的相对挥发度接近于 1 或形成共沸物的系统。应用一般的精馏方法分离这种系统或在经济上是不合理的，或在技术上是不可能的。如向这种溶液中加入一个新的组分，通过它对原溶液中各组分的不同作用，改变它们之间的相对挥发度，系统变得易于分离，这类既加入能量分离剂又加入质量分离剂的精馏过程称为特殊精馏。

如果所加入的新组分和被分离系统中的一个或几个组分形成最低共沸物从塔顶蒸出，这种特殊精馏被称为共沸精馏，加入的新组分叫做共沸剂。如果加入的新组分不与原系统中的任一组分形成共沸物，而其沸点又较原有的任一组分高，从釜液离开精馏塔，这类特殊精馏被称为萃取精馏，所加入的新组分称为溶剂。

本节主要讨论萃取精馏和共沸精馏的原理、流程、质量分离剂的选择原则、简捷设计计算方法和过程分析。

3.3.1 萃取精馏

3.3.1.1 流程

典型的萃取精馏流程如图 3-15 所示。图中塔 1 为萃取精馏塔，塔 2 为溶剂回收塔。A、

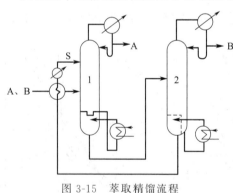

图 3-15 萃取精馏流程

B 两组分混合物进入塔 1，同时向塔内加入溶剂 S，降低组分 B 的挥发度，而使组分 A 变得易挥发。溶剂的沸点比被分离组分高，为了使塔内维持较高的溶剂浓度，溶剂加入口一定要位于进料板之上，但需要与塔顶保持有若干块塔板，起回收溶剂的作用，这一段称溶剂回收段。在该塔顶得到组分 A，而组分 B 与溶剂 S 由塔釜流出，进入塔 2，从该塔顶蒸出组分 B，溶剂从塔釜排出，经与原料换热和进一步冷却，循环至塔 1。

3.3.1.2 萃取精馏原理和溶剂的选择

（1）溶剂的作用 设组分 1 和组分 2 的混合物，加入溶剂 S 进行分离。由常压下的汽液平衡关系，得相对挥发度：

$$\alpha = \frac{K_1}{K_2} = \frac{P_1^s \gamma_1}{P_2^s \gamma_2} \qquad (3\text{-}20)$$

若用三组分 Margules 方程求液相活度系数，则在溶剂存在下 γ_1 与 γ_2 之比为：

$$\ln\left(\frac{\gamma_1}{\gamma_2}\right)_S = A_{21}(x_2-x_1)+x_2(x_2-2x_1)(A_{12}-A_{21})$$
$$+x_S[A_{1S}-A_{S2}+2x_1(A_{S1}-A_{1S})-x_S(A_{2S}-A_{S2})-C(x_2-x_1)] \qquad (3\text{-}21)$$

式中，A_{12}、A_{21} 为组分 1 和 2 所组成之二组分系统的端值常数；A_{2S}、A_{S2} 和 A_{S1}、A_{1S} 意义类同；C 为表征三组分系统性质的常数。若三对二组分溶液均简化为对称系统，则 $C=0$；以 $A'_{12}=\frac{1}{2}(A_{12}+A_{21})$ 代替 A_{12}、A_{21}；$A'_{1S}=\frac{1}{2}(A_{1S}+A_{S1})$ 代替 A_{1S} 及 A_{S1}；$A'_{2S}=\frac{1}{2}(A_{2S}+A_{S2})$ 代替 A_{2S} 及 A_{S2}，则式(3-21) 可简化为：

$$\ln\left(\frac{\gamma_1}{\gamma_2}\right)_S = A'_{12}(1-x_S)(1-2x'_1)+x_S(A'_{1S}-A'_{2S}) \qquad (3\text{-}22)$$

式中，$x'_1 \dfrac{x_1}{x_1+x_2}$ 为组分 1 的脱溶剂浓度，或简称相对浓度。将式(3-22) 代入式(3-20)，得：

$$\ln\alpha_S = \ln\left(\frac{P_1^s}{P_2^s}\right)_{T_3}+A'_{12}(1-x_S)(1-2x'_1)+x_S(A'_{1S}-A'_{2S}) \qquad (3\text{-}23)$$

式中，α_s 为在溶剂存在下，组分 1 对组分 2 的相对挥发度；T_3 为三组分物系的泡点温度。

如果 $x_s=0$，即组分 1 和 2 构成二组分溶液，由式(3-22) 可得出：

$$\ln\left(\frac{\gamma_1}{\gamma_2}\right) = A'_{12}(1-2x_1) \qquad (3\text{-}24)$$

故

$$\ln\alpha = \ln\left(\frac{P_1^s}{P_2^s}\right)_{T_2}+A'_{12}(1-2x_1) \qquad (3\text{-}25)$$

式中，α 为二组分溶液中组分 1 对组分 2 的相对挥发度；T_2 为二组分物系的泡点温度。

若 $\left(\dfrac{P_1^s}{P_2^s}\right)$ 与温度的关系不大，则在 $x_1=x'_1$ 时，由式(3-23) 和式(3-25) 得出：

$$\ln\left(\frac{\alpha_S}{\alpha}\right) = x_S[A'_{1S}-A'_{2S}-A'_{12}(1-2x'_1)] \qquad (3\text{-}26)$$

一般将 α_S/α 定义为溶剂的选择性。选择性是衡量溶剂效果的一个重要标志。

由式(3-26) 可以看出，溶剂的选择性不仅决定于溶剂的性质和浓度，而且也和原溶液的性质及浓度有关。

当原有两组分的沸点相近，非理想性不大时，由式(3-25) 可得出，组分 1 对组分 2 的相对挥发度接近于 1。加入溶剂后，溶剂与组分 1 形成具有较强正偏差的非理想溶液（$A'_{1S}>0$），与组分 2 形成负偏差溶液（$A'_{2S}<0$）或理想溶液（$A'_{2S}=0$），使 $A'_{1S}>A'_{2S}$，从而提高了组分 1 对组分 2 的相对挥发度，以实现原有两组分的分离。式(3-23) 中的 $x_S(A'_{1S}-A'_{2S})$ 一项表示了溶剂对组分相互作用不同这一因素的作用。

当被分离物系的非理想性较大，且在一定浓度范围难以分离时，加入溶剂后，原有组分的浓度均下降，而减弱了它们之间的相互作用。由式(3-23) 可分析出，只要溶剂的浓度 x_S 足够大，$A'_{12}(1-x_S)(1-2x'_1)$ 一项就足够小，因而突出了组分 1 和组分 2 蒸气压的差异对相对挥发度的贡献，以实现原物系的分离。在该情况下，溶剂主要起了稀释作用。

对于一个具体的萃取精馏过程，溶剂对原溶液关键组分的相互作用和稀释作用是同时存在的，均应对相对挥发度的提高有贡献，但到底哪个作用是主要的？随溶剂的选择和原溶液的性质不同而异。

由式(3-26) 可看出，要使溶剂在任何 x'_1 值时，均能增大原溶液组分的相对挥发度，就必须使：

$$A'_{1S} - A'_{2S} - |A'_{12}| > 0 \tag{3-27}$$

$A'_{1S} - A'_{2S} > 0$ 虽是式(3-27)成立的必要条件，却并非充分条件。由式(3-26)很容易看出，若组分1与组分2所形成的溶液具有正偏差（$A'_{12} > 0$），那么当 x'_1 的值较小时，有可能使 $\ln(\alpha_S/\alpha)$ 为负值，即加入溶剂后，在这一浓度区域，相对挥发度反而变小。对原为负偏差的系统，这种情况将发生在 x'_1 值较大的区域。然而，由于这些区域不是原溶液相对挥发度接近于1或形成共沸物的区域，因此在很多情况下，所选溶液仅满足 $A'_{1S} - A'_{2S} > 0$，也是可行的。

从式(3-26)也可看出，在 x'_1 值一定时，溶剂的浓度越大，使相对挥发度改变的程度也越大。

必须指出，从式(3-22)～式(3-27)，都是以对称的 Margules 方程为基础的，如果所讨论物系与该假设不符，则这些定量关系也就不准确，但上述定性分析是普遍适用的。

(2) 溶剂的选择 在选择溶剂时，应使原有组分的相对挥发度按所希望的方向改变，并有尽可能大的选择性。

考虑被分离组分的极性有助于溶剂的选择。常见的有机化合物按极性增加的顺序排列为：烃→醚→醛→酮→酯→醇→二醇→（水）。选择在极性上更类似于重关键组分的化合物作溶剂，能有效地减小重关键组分的挥发度。例如，分离甲醇（沸点 64.7℃）和丙酮（沸点 65.5℃）的共沸物。若选烃为溶剂，则丙酮为难挥发组分；若选水为溶剂，则甲醇为难挥发组分。

Ewell 认为，选择溶剂时考虑组分间能否生成氢键比极性更重要。显然，若生成氢键，必须有一个活性氢原子（缺少电子）与一个供电子的原子相接触，氢键强度取决于与氢原子配位的供电子原子的性质。Ewell 根据液体中是否具有活性氢原子和供电子原子，将全部液体分成五类：

第Ⅰ类 能生成三维氢键网络的液体：水、乙二醇、甘油、氨基醇、羟胺、含氧酸、多酚和胺基化合物等。这些是"缔合"液体，具有高介电常数，并且是水溶性的。

第Ⅱ类 含有活性氢原子和其他供电子原子的其余液体：酸、酚、醇、伯胺、仲胺、肟、含氢原子的硝基化合物和腈化物，氨、联氨、氟化氢、氢氰酸等。该类液体的特征同Ⅰ类。

第Ⅲ类 分子中仅含供电子原子（O，N，F），而不含活性氢原子的液体：醚、酮、酚、酯、叔胺。这些液体也是水溶性的。

第Ⅳ类 由仅含有活性氢原子，不含有供电子原子的分子组成的液体：$CHCl_3$，CH_2Cl_2，$CH_2Cl—CHCl_2$ 等。该类液体微溶于水。

第Ⅴ类 其他液体，即不能生成氢键的化合物：烃类、二硫化碳、硫醇、非金属元素等。该类液体基本上不溶于水。

各类液体混合形成溶液时的偏差情况汇总于表3-2。显然，当形成溶液时仅有氢键生成则呈现负偏差；若仅有氢键断裂，则呈现正偏差；若既有氢键生成又有断裂，则情况比较复杂。从氢键理论出发将溶液划分为五种类型，并预测不同类型溶液的混合特征，对选择溶剂是有指导意义的。例如，选择某溶剂来分离相对挥发度接近1的二元物系，若溶剂与组分2生成氢键，降低了组分2的挥发度，使组分1对组分2的相对挥发度有较大提高，那么该溶剂是符合基本要求的。

溶剂的沸点要足够高，以避免与系统中任何组分生成共沸物。沸点高的同系物作溶剂回收容易，但相应提高了溶剂回收塔的釜温，增加了能耗。此外，尚需满足的工艺要求是：溶剂与被分离物系有较大的相互溶解度；溶剂在操作中是热稳定的；与混合物中任何组分不起化学反应；溶剂比（溶剂/进料）不得过大；无毒、不腐蚀、价格低廉、易得等。

表 3-2　各类液体混合时对拉乌尔定律的偏差

类　　型	偏　　差	氢　　键
I＋V	总是正偏差	仅有氢键断裂
II＋V	I＋V 常为部分互溶	
III＋IV	总是负偏差	仅有氢键生成
III＋IV	总是正偏差	既有氢键生成
II＋IV	I＋IV 为部分互溶	又有氢键断裂
I＋I		
I＋II	一般为正偏差	既有氢键生成
I＋III	有时为负偏差	又有氢键断裂
II＋II	形成最高共沸物	
II＋III		
III＋III		
III＋V	接近理想溶液的正偏差	
IV＋IV	或理想溶液	无氢键
IV＋IV	最低共沸物	
IV＋V	最低共沸物（如果有共沸物）	
V＋V		

用常规的汽液平衡测定方法筛选溶剂是昂贵的，因此常用气相色谱法快速测定关键组分在溶剂中的无限稀释活度系数和选择性。UNIFAC 法也可作为筛选溶剂的近似方法。

3.3.1.3　萃取精馏过程分析

(1) 塔内流量分布　萃取精馏塔内由于大量溶剂存在，影响塔内汽液流率。参阅图 3-16，对精馏段作物料衡算：

$$V_{n+1}+S=L_n+D \tag{3-28}$$

式中，V、S、L、D 分别为汽相、溶剂、液相及馏出液的流率；n 为塔板序号（从上往下数）。

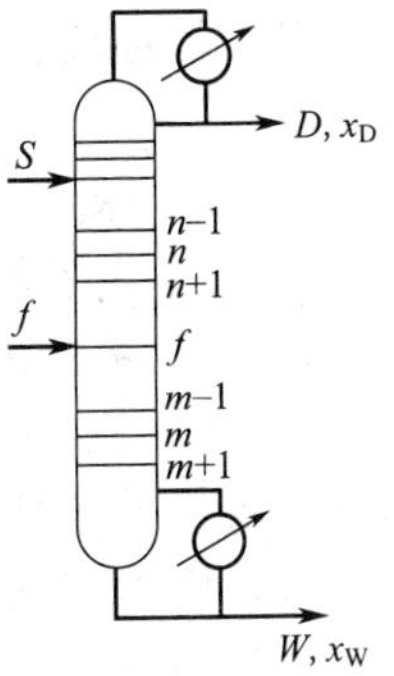

若溶剂中不含有原溶液的组分，除溶剂外的任一组分的物料衡算式为：

$$V_{n+1}y_{n+1}=L_n x_n+Dx_D \tag{3-29}$$

或

$$y_{n+1}=\frac{L_n}{V_{n+1}}x_n+\frac{D}{V_{n+1}}x_D \tag{3-30}$$

若将上式的溶度改为脱溶剂的相对浓度，则

图 3-16　萃取精馏塔

$$y'_{n+1}[1-(y_S)_{n+1}]=\frac{L_n}{V_{n+1}}x'_n[1-(x_S)_n]+\frac{D}{V_{n+1}}x'_D[1-(x_S)_D] \tag{3-31}$$

式中

$$y'_{n+1}=\frac{y_{n+1}}{1-(y_S)_{n+1}};x'_n=\frac{x_n}{1-(x_S)_n};x'_D=\frac{x_D}{1-(x_S)_D}$$

若以 l 代表液相中原溶液组分之流率，以 v 代表汽相中原溶液组分之流率，即

$$l_n=l_n[1-(x_S)_n];v_n=V_n[1-(y_S)_n] \tag{3-32}$$

那么式(3-31)可改写为：

$$y'_{n+1}=\frac{l_n}{v_{n+1}}x'_n+\frac{D}{v_{n+1}}x'_D[1-(x_S)_D] \tag{3-33}$$

因一般情况下 $(x_S)_D \approx 0$，故上式可简化为：

$$y'_{n+1} = \frac{l_n}{v_{n+1}} x'_n + \frac{D}{v_{n+1}} x'_D \tag{3-34}$$

比较式(3-31)和式(3-34)，可得出：

$$\frac{L_n}{V_{n+1}} : \frac{l_n}{v_{n+1}} = \frac{1-(y_S)_{n+1}}{1-(x_S)_n} \tag{3-35}$$

因为溶剂的挥发度小于原溶液组分的挥发度，且同一塔段的塔板，特别是相邻塔板上，溶剂的液相浓度基本恒定，故 $(y_S)_{n+1} < (x_S)_n$。因此，

$$\frac{L_n}{V_{n+1}} : \frac{l_n}{v_{n+1}} > 1$$

也就是说，溶剂存在下塔内的液汽比大于脱溶剂情况下的液汽化。

对溶剂作物料衡算，可得：

$$V_{n+1}(y_S)_{n+1} + S = L_n(x_S)_n + D(x_S)_D \tag{3-36}$$

若 $(x_S)_D \approx 0$，则上式成为：

$$V_{n+1}(y_S)_{n+1} + S = L_n(x_S)_n \tag{3-37}$$

设 $S_n = L_n(x_S)_n$，即 n 板下流液体中溶剂的流率，则

$$S_n = S + V_{n+1}(y_S)_{n+1} \tag{3-38}$$

该式说明各板下流之溶剂流率均大于加入的溶剂流率，溶剂挥发性越大，则差值也越大。

在萃取精馏中，因溶剂的沸点高，溶剂量较大，在下流过程中溶剂温升会冷凝一定量的上升蒸汽，使塔内流率发生明显变化。考虑这一效应，精馏段上第 n 板的液相流率为：

$$L_n = l_n + S + SC_{p,S}(T_n - T_S)/\Delta H_v \tag{3-39}$$

相应的汽相流率为：

$$V_{n+1} = L_n + D - S \tag{3-40}$$

对于提馏段：

$$L'_m = l'_m + S + SC_{p,S}(T_m - T_S)/\Delta H_v \tag{3-41}$$

$$V'_{m+1} = L'_m - (W + S) \tag{3-42}$$

式中，$C_{p,S}$ 为溶剂的比热容；T_S，T_n，T_m 分别为溶剂的加入温度，第 n 板及第 m 板的温度；ΔH_v 为被分离组分在溶剂中的溶解热，当混合热可忽略时即等于汽化潜热。

由式(3-39)～式(3-42)可分析出，大量溶剂温升导致塔内汽相流率越往上走越小，液相流率越往下流越大。通过焓平衡严格计算各板汽、液相流率是第 4 章将讨论的内容。

(2) 塔内溶剂浓度分布　在萃取精馏塔内，由于所用溶剂的挥发度比原溶液的挥发度低得多，且用量较大，故在塔内基本上维持一固定的浓度值，它决定了原溶液中关键组分的相对挥发度和塔的经济合理操作。根据"恒定浓度"的概念，还可以简化萃取精馏过程的计算。

假设：①塔内为恒摩尔流；②塔顶带出的溶剂量忽略不计。由溶剂的物料衡算可得到：

$$Vy_S + S = Lx_S \tag{3-43}$$

溶剂与原溶液之间汽液平衡关系可用下式表示：

$$y_S = \frac{\beta x_S}{1 + (\beta - 1)x_S} \tag{3-44}$$

由精馏段物料衡算式消去式(3-43)中的 V，再与式(3-44)消去 y_S 得：

$$x_S = \frac{S}{(1-\beta)L - \left(\dfrac{\beta D}{1 - x_S}\right)} \tag{3-45}$$

式中，β 为溶剂对非溶剂的相对挥发度，可用下式求之：

$$\beta = \frac{\dfrac{y_S}{1-y_S}}{\dfrac{x_S}{1-x_S}} = \frac{x_1 + x_2}{x_S} \times \frac{1}{\alpha_{1S}\dfrac{x_1}{x_S} + \alpha_{2S}\dfrac{x_2}{x_S}} = \frac{x_1 + x_2}{\alpha_{1S}x_1 + \alpha_{2S}x_2} \tag{3-46}$$

式(3-45)表示了溶剂浓度与溶剂的加入量、溶剂对非溶剂的相对挥发度以及塔板间液相流率的关系。由于溶剂对非溶剂的相对挥发度数值一般很小，所以在应用该式定性分析参数之间的相互关系时，可忽略分母中第二项。由式(3-45)可见，提高板上溶剂浓度的主要手段是增加溶剂的进料流率。当 S 和 L 一定时，β 值越大，x_S 也越大，有利于原溶液组分的分离，但增加了溶剂回收段的负荷和回收溶剂的难度。

由式(3-45)还可看出，当 S 及 β 一定时，L 增大（即回流比增大）使 x_S 下降。因此，萃取精馏塔不同于一般精馏塔，增大回流比并不总是提高分离程度的，对于一定的溶剂/进料，通常有一个最佳回流比，它是权衡回流比和溶剂浓度对分离度综合影响的结果。

在一般工程估算中，若在全塔范围内 β 的变化不大于 $10\% \sim 20\%$，则可认为是定值。如果溶剂有一定挥发度使 $\beta > 0.05$，则在确定精馏段平均温度下的 β 值后，必须由试差法计算 x_S（或 S）。

对于提馏段，可用类似的方法得到：

$$\overline{x}_S = \frac{S}{(1-\beta)L' + \left(\dfrac{\beta W}{1-\overline{x}_S}\right)} \tag{3-47}$$

对于挥发度很小的溶剂，上式可简化为：

$$\overline{x}_S = \frac{S}{(1-\beta)L'} \text{或} \overline{x}_S \approx \frac{S}{L'}$$

若 $\beta = 0$，当进料为饱和蒸汽时，则 $\overline{x}_S = x_S$；当进料为液相或汽液混合物时，则 $\overline{x}_S < x_S$。

由于进入塔内的溶剂基本上从塔釜出料，故釜液中溶剂的浓度 $(x_S)_W = S/W$，与提馏段塔板上溶剂浓度相比，因 $L' > W$，所以 $(x_S)_W > \overline{x}_S$，溶剂浓度在再沸器中发生跃升。萃取精馏的这一特点表明，不能以塔釜液溶剂浓度当作塔板上溶剂的浓度。

图 3-17 所示为以苯酚作溶剂分离正庚烷-甲苯二元物系的萃取精馏塔内浓度分布，塔板序号自上而下数。

1～6 板是溶剂回收段，从溶剂加入板至塔顶，苯酚的液相浓度迅速降至零。该段对正庚烷和甲苯没有明显的分离作用。6～12 板是精馏段，苯酚的浓度近似恒定。由于在 13 板有液相进料，提馏段苯酚液相浓度明显降低。21 板为再沸器，苯酚浓度发生跃升。

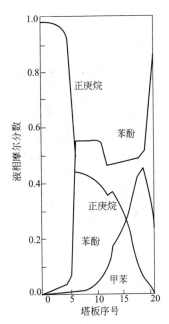

图 3-17 萃取精馏塔浓度分布

3.3.1.4 萃取精馏过程的计算

萃取精馏过程的基本计算方法与普通精馏是相同的。选择适宜的溶剂流率、回流比和原料的进料状态，沿塔建立起溶剂的浓度分布，使关键组分之间的相对挥发度有较大提高，达到分离的目的。要注意避免在塔板上形成两液相，同时要保持合理的溶剂热平衡。最佳条件必须经多方案比较和经济评价后方可确定。

由于萃取精馏物系的非理想性强，塔内汽液相流率变化较大，相平衡及热量平衡的计算都比较复杂，最好的设计方法是利用电子计算机的严格解法，详见第4章。

在很多情况下，特别是原溶液组分的化学性质相近时，例如以萃取精馏分离烃类混合物时，溶剂的浓度和液体的热焓沿塔高变化较小。此时只要考虑溶剂对原溶液组分之间相对挥发度的影响后，即可按二元精馏的办法，用图解法或解析法来处理，使计算得以简化。此法一般能满足工程计算的要求。

【例3-5】 用萃取精馏法分离正庚烷(1)-甲苯(2)二元混合物。原料组成 $z_1=0.5$；$z_2=0.5$（摩尔分数）。采用苯酚为溶剂，要求塔板上溶剂浓度 $x_S=0.55$（摩尔分数）；操作回流比为5；饱和蒸汽进料；平均操作压力为124.123kPa。要求馏出液中含甲苯不超过0.8%（摩尔分数），塔釜液含正庚烷不超过1%（摩尔分数）（以脱溶剂计），试求溶剂与进料比和理论板数。

解 计算基准100kmol进料，设萃取精馏塔有足够高的溶剂回收段，馏出液中苯酚浓度 $(x_S)_D \approx 0$。

（1）脱溶剂的物料衡算

$$D'x'_{1,D}+W'x'_{1,w}=Fz_1; \quad D'+W'=F$$

代入已知条件

$$0.992D'+0.01W'=50$$

$$D'+W'=100$$

解得

$$D'=49.898; \quad W'=50.102$$

（2）计算平均相对挥发度 $(\alpha_{12})_S$ 由文献中查得本物系有关二元 Wilson 方程参数（J/mol）：

$$\lambda_{12}-\lambda_{11}=269.8736, \quad \lambda_{12}-\lambda_{22}=784.2944, \quad \lambda_{1S}-\lambda_{11}=1528.8134$$

$$\lambda_{1S}-\lambda_{SS}=8783.8834, \quad \lambda_{2S}-\lambda_{22}=137.8068, \quad \lambda_{2S}-\lambda_{SS}=3285.6918$$

各组分的安托尼方程常数：

组分	A	B	C
正庚烷	6.01876	1264.37	216.640
甲 苯	6.07577	1342.31	219.187
苯 酚	6.05541	1382.65	159.493

$$\lg P^s = A - \frac{B}{t+C} \quad (t,℃; \ P^s, \ kPa)$$

各组分的摩尔体积（cm³/mol）：

$$v_1=147.47, \quad v_2=106.85, \quad v_S=83.14$$

假设在溶剂进料板上正庚烷与甲苯的液相相对浓度等于馏出液浓度，则 $x_1=0.4464$，$x_2=0.0036$，$x_S=0.55$。经泡点温度的试差得：

$$(\alpha_{12})_S = \left(\frac{\gamma_1 P_1^s}{\gamma_2 P_2^s}\right) = \frac{1.899 \times 138.309}{1.252 \times 97.880} = 2.14$$

泡点温度为109.4℃。

同理，假设塔釜上一板液相中正庚烷与甲苯的相对浓度为釜液脱溶剂浓度，且溶剂浓度不变，则 $x_1=0.0045$，$x_2=0.4455$，$x_S=0.55$。作泡点温度计算得：

$$(\alpha_{12})_S = \frac{2.7858 \times 251.043}{1.3202 \times 182.588} = 2.90$$

泡点温度为 132.7℃。故平均相对挥发度为：

$$(\alpha_{12})_{\text{平均}} = \frac{2.14 + 2.90}{2} = 2.52$$

根据该数据，按 $y_1' = \dfrac{\alpha_{12} x_1'}{1 - (1 - \alpha_{12}) x_1'}$ 公式作 y'-x' 图。

（3）核实回流比和确定理论塔板数　由露点进料，y'-x' 图上图解最小回流比：

$$R_{\text{m}} = \frac{x_{\text{D}}' - y_{\text{q}}'}{y_{\text{q}}' - x_{\text{q}}'} = \frac{0.992 - 0.5}{0.5 - 0.28} = 2.24$$

故　　　　　　　　　　　　　　$R > R_{\text{m}}$

按操作回流比在图上作操作线，然后图解理论塔板数，得 $N = 14$（包括再沸器），进料板为第 7 块（从上往下数）。

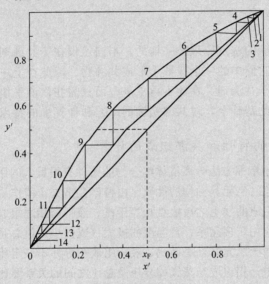

[例 3-5]　附图

（4）确定溶剂/进料　粗略按溶剂进料板估计溶剂对非溶剂的相对挥发度：

$$\alpha_{1S} = \frac{\gamma_1 P_1^s}{\gamma_S P_S^s} = \frac{1.8994 \times 138.309}{1.4161 \times 8.197} = 22.64$$

$$\alpha_{2S} = \frac{\gamma_2 P_2^s}{\gamma_S P_S^s} = \frac{1.525 \times 97.880}{1.4161 \times 8.197} = 10.56$$

$$\beta = \frac{0.4464 + 0.0036}{0.4464 \times 22.64 + 0.0036 \times 10.56} = 0.0444$$

若按塔釜上一板估计 β，则由 $\alpha_{1S} = 28$、32 和 $\alpha_{2S} = 9.76$ 得 $\beta = 0.1$。从式（3-45）可看出，用较小的 β 值计算溶剂进料量较稳妥。

$$L = S + RD' = S + 249.49$$

由式（3-45）经试差可解得 S：

$$0.55 = \frac{S}{(1 - 0.0444)(S + 249.49) - \left(\dfrac{0.0444 \times 49.898}{1 - 0.55}\right)}$$

$$S = 270 \qquad \text{所以} \qquad S/F = 2.7$$

用简化的二元图解法计算液相进料的萃取精馏时，由于进料冲稀了塔板上溶剂的浓度，使得提馏段的 $(\alpha_{12})_S$ 比精馏段的低。在 $y'-x'$ 图上平衡线分为独立的两段。若已知精馏段的溶剂浓度 x_S，则必须试差确定提馏段的溶剂浓度 $\bar{x}_S$，才能计算理论板数及溶剂与进料比，计算较繁琐。

溶剂回收段理论板数的确定与普通精馏原则上相同。可按二元溶液（1、2组分视为一个组分，溶剂则为另一组分）图解理论板数。关键问题是确定回收段平均的非溶剂对溶剂的相对挥发度 α_{NS}。由于 α_{NS} 在回收段各板上不同，特别是在溶剂进料板及上一板之间有突变，故用溶剂进料板上的 α_{NS} 求理论板数是不适当的。例如，由上例的严格计算结果求出溶剂进料板、它的上一板和塔顶第一板的 α_{NS} 分别为 21.83、2.40 和 1.43，按第一个数值图解回收段理论板数为 1 块，按最后一个则为 6 块，而严格计算结果为 5 块。故若已知馏出液中微量溶剂的允许含量，那么用第一块板的组成计算 α_{NS}，图解回收段理论板数较准确。反之，用溶剂进料板的 α_{NS} 计算板数偏差较大。

3.3.2 共沸精馏

共沸精馏与萃取精馏的基本原理是一样的，不同点仅在于共沸剂在影响原溶液组分的相对挥发度的同时，还与它们中的一个或数个形成共沸物。因此在上一节里所讨论过的溶剂作用原理，原则上都适用于共沸剂，在此不再重复，而只需在汽液平衡的基础上对共沸物的特征作进一步的了解。在此基础上，对共沸精馏的工艺和计算上的特点加以讨论。

3.3.2.1 共沸物的特性和共沸组成的计算

共沸物的形成对于用精馏方法分离液体混合物的条件有很大的影响。因此，共沸现象一直是很多研究工作的对象。二元共沸物的性质已由科诺瓦洛夫定律作了一般性的叙述。根据该定律，混合物的蒸气压组成曲线上之极值点相当于汽、液平衡相之组成相等。这一定律不仅适用于二元系，而且也能应用于多元系，且温度的极大（或极小）值总是相当于压力的极小（或极大）值。但多元系不同于二元系，平衡汽、液相组成相等并不一定相当于温度或压力之极值点，这是因为在多元系中，相组成与蒸气的分压及总压之间的关系要比二元系时复杂得多。

(1) 二元系

① 二元系均相共沸物　共沸物的形成是由于系统与理想性有偏差的结果。若系统压力不大，可假定汽相为理想气体，则二元均相共沸物的特征是：

$$\alpha_{12} = \frac{P_1^s \gamma_1}{P_2^s \gamma_2} = 1 \tag{3-48}$$

根据二元系组分的活度系数与组成的关系可知，纯组分的蒸气压相差越小，则越可能在较小的正（或负）偏差时形成共沸物，而且共沸组成也越接近等摩尔分数。随着纯组分蒸气压差的增大，最低共沸物向含低沸点组分多的浓度区移动，而最高共沸物则向含高沸点组分多的浓度区转移。系统的非理想性程度越大，则蒸气压-组成曲线就越偏离直线，极值点也就越明显。图 3-18 和图 3-19 分别表示了较小正偏差和较大正偏差时形成最低共沸物的 $\ln\gamma$-x 图和 P-x 图。

目前已有专著汇集了已知的共沸组成和共沸温度。但在开发新过程或要了解共沸组成随压力（或温度）而变化等情况时，也可以利用热力学关系加以计算。

因在共沸组成时 $\alpha_{12} = 1$，故式(3-48)可改写成：

$$\frac{\gamma_1}{\gamma_2} = \frac{P_2^s}{P_1^s} \tag{3-49}$$

上式便是计算二元均相共沸组成的基本公式。若已知 $P_1^s = f_1(T)$，$P_2^s = f_2(T)$，以及

γ_1 和 γ_2 与组成和温度的关系，则式(3-49)关联了共沸温度和共沸组成的关系。对 T、P 和 x 三个参数，无论是已知 T 求 P 和 x 或已知 P 求 T 和 x，尚需它们之间的另一个关系

$$P = \gamma_1 x_1 P_1^s + \gamma_2 x_2 P_2^s \tag{3-50}$$

用试差法便可确定在给定条件下是否形成共沸物以及共沸组成等具体数值。下面用一个例子说明之。

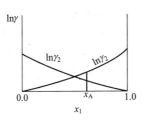 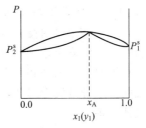

图 3-18　具有较小正偏差的共沸物系

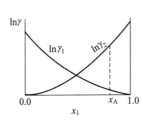 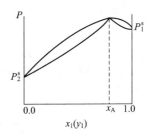

图 3-19　具有较大正偏差的共沸物系

【例 3-6】　试求总压为 86.659kPa 时，氯仿(1)-乙醇(2) 之共沸组成与共沸温度。已知：

$$\ln\gamma_1 = x_2^2(0.59 + 1.66x_1);\ \ln\gamma_2 = x_1^2(1.42 - 1.66x_2) \tag{A}$$

$$\lg P_1^s = 6.02818 - \frac{1163.0}{227 + t};\ \lg P_2^s = 7.33827 - \frac{1652.05}{231.48 + t} \tag{B}$$

解　设 $t = 55℃$，则由式(B) 得：$P_1^s = 82.372$；$P_2^s = 37.311$

式(3-49) 两边取对数后，$\ln\dfrac{\gamma_1}{\gamma_2} = \ln\dfrac{P_2^s}{P_1^s}$

由式(A) 得：　　　$\ln\dfrac{\gamma_1}{\gamma_2} = 0.59x_2^2 - 1.42x_1^2 + 1.66x_1x_2$

故 $\ln\dfrac{37.311}{82.372} = 0.59x_2^2 - 1.42x_1^2 + 1.66x_1x_2$，　$x_2 = 1 - x_1$

由试差法求得：$x_1 = 0.8475$，$x_2 = 0.1525$

将此 x_1，x_2 代入式(A) 得：

$$\gamma_1 = 1.0475,\ \gamma_2 = 2.3120$$

所以　　　$P = \gamma_1 x_1 P_1^s + \gamma_2 x_2 P_2^s$

$= 1.0475 \times 0.8475 \times 82.372 + 2.3120 \times 0.1525 \times 37.311$

$= 86.279$

与给定值基本一致，故共沸温度为 55℃，共沸组成为 $x_1 = 0.8475$。

在设计一个共沸精馏过程时，考虑共沸组成随压力变化的一般规律是很重要的。因为压力是一个很容易改变的操作参数，在某些情况下通过改变压力可实现共沸物系的分离。

Roozeboom 首先提出了压力影响的一般规律；二元正偏差共沸物组成向蒸气压增加急剧的组分移动。应用 Clausius 方程可分析出：当压力增加时，最低共沸物的组成向摩尔潜热大的组分移动；最高共沸物的组成向摩尔潜热小的组分移动。

② 二元非均相共沸物　当系统与拉乌尔定律的正偏差很大时，则可能形成两个液相。二元系在三相共存时，只有一个自由度。因此在等温（或等压）时，系统是无自由度的，也就是说，压力（或温度）一经确定，则平衡的汽相和两个液相的组成就是一定的。这种物系中最有实用意义的是在恒温下，两液相共存区的溶液蒸气压大于纯组分的蒸气压，且蒸气组成介于两液相组成之间，这种系统形成非均相共沸物。

若汽相为理想气体，则

$$P = p_1 + p_2 > P_1^s > P_2^s \tag{3-51}$$

式中，P 为两液相共存区的溶液蒸气压；p_1，p_2 为共存区饱和蒸气中组 1 及组分 2 的分压。
由式(3-51)可得出不等式：

$$P_1^s - p_1 < p_2 \tag{3-52}$$

在两液相共存区　　$p_1 = P_1^s \gamma_1^I x_1^I$，$p_2 = P_2^s \gamma_2^{II} x_2^{II}$

式中，"I"为组分 1 为主的液相；"II"为组分 2 为主的液相。
将其代入式(3-52)。可得出：

$$\frac{P_1^s (1 - x_1^I \gamma_1^I)}{P_2^s x_2^{II} \gamma_2^{II}} < 1 \tag{3-53}$$

若相互溶解度很小，则 $x_1^I \approx 1$，$x_2^{II} \approx 1$，即 $\gamma_1^I \approx \gamma_2^{II} \approx 1$。
上式简化为：

$$E = \frac{P_1^s}{P_2^s} \times \frac{x_2^I}{x_2^{II}} < 1 \tag{3-54}$$

故可用 E 作为定性估算能否形成共沸物的指标。由式(3-54)可见，组分蒸气压相差越小，相互溶解度越小，则形成共沸物之可能性越大。

由于在二元非均相共沸点，一个汽相和两个液相互成平衡，故共沸组成的计算必须同时考虑汽液平衡和液液平衡：

$$\gamma_1^I x_1^I = \gamma_1^{II} x_1^{II} \tag{3-55}$$

$$\gamma_2^I (1 - x_1^I) = \gamma_2^{II} (1 - x_1^{II}) \tag{3-56}$$

$$P = P_1^s \gamma_1^I x_1^I + P_2^s \gamma_2^I (1 - x_1^I) \tag{3-57}$$

若给定 P，则联立求解上述三方程可得 T，x_1^I，x_1^{II}。如已知 NRTL 或 UNIQUAC 参数，首先假设温度，由式(3-55)和式(3-56)试差求得互成平衡的两液相组成，再用式(3-57)核实假设的温度是否正确。

二元非均相共沸物都是正偏差共沸物。从二元系的临界混溶温度很容易预测在某温度下所形成的共沸物是均相的还是非均相的。

(2) 三元系　三元系之相图常以立体图形表示。底面的正三角形表示组成、三个顶点分别表示纯组分。立轴表示压力（恒温系统）或温度（恒压系统），分别用压力面或温度面表示物系的汽液平衡性质。另一种三元相图是用底面的平行面切割上述压力面或温度面并投影到底面上形成等压线（恒温系统）或等温线（恒压系统）。

由于构成三元系的各对二元系的正负偏差及形成共沸物情况不同，三元系的汽液平衡性质有多种类型。在具有三个性质相同的二元共沸物时（即三个均为最高或最低共沸物），大多数情况是会有三元共沸物的（图3-20）；当三元系有两个性质相同的二元共沸物时，压力面上连接两个共沸物之间出现一个"脊"或"谷"（图3-21）；一个正（负）偏差共沸物与一个不掺入此二元共沸物的低（高）沸点组分可使压力面产生脊（谷）；当三元系的压力面上既有脊又有谷时产生鞍形共沸物（图3-22）。

在共沸精馏中，由有限互溶度的组分所形成的非均相共沸物特别受到注意。若共沸剂能形成这种共沸物，那么共沸剂的回收只需用分层的方法就行。

三元均相共沸组成的计算也可按二元时一样进行，由共沸条件 $\alpha_{12}=\alpha_{13}=\alpha_{23}=1$ 得出：

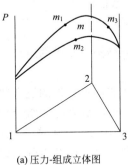

(a) 压力-组成立体图
$$P_m > P_{m_3} > P_{m_2} > P_{m_1}$$

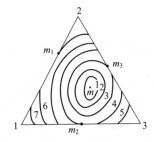

(b) 恒温下的等压三角相图*
$$P_m > P_{m_3} > P_{m_2} > P_{m_1}$$

图 3-20　三个二元最低共沸物（m_1，m_2，m_3）及一个三元最低共沸物的（m）相图

* 三角相图中曲线为等压线

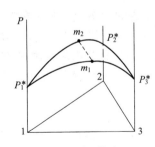

(a) 压力-组成立体图

$P_3^* > P_2^* > P_1^*$；$P_{m_1} > P_{m_2}$，沿m_1—m_2有脊

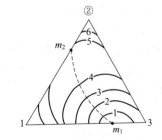

(b) 恒压下的等温线三角相图**

$T_1 > T_2 > T_3$；$T_{m_1} < T_{m_2}$，沿m_1—m_2有谷

图 3-21　具有两个二元正偏差共沸物的三元系相图

** 三角相图中的曲线为等温线

$$\frac{\gamma_3}{\gamma_1} = \frac{P_1^s}{P_3^s} \tag{3-58}$$

$$\frac{\gamma_3}{\gamma_2} = \frac{P_2^s}{P_3^s} \tag{3-59}$$

再加上 $$P = P_1^s \gamma_1 x_1 + P_2^s \gamma_2 x_2 + P_3^s \gamma_3 x_3 \tag{3-60}$$

三个方程中包括 T，P，x_1，x_2（$x_3 = 1 - x_1 - x_2$），故已知 T 可解出 P，x_1，x_2；已知 P 可解出 T，x_1，x_2。

3.3.2.2 共沸剂的选择

在共沸精馏中，要谨慎地选择共沸剂，通过它与系统中某些组分形成共沸物，使汽液平

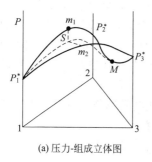

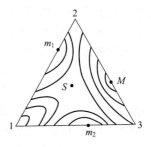

(a) 压力-组成立体图 (b) 恒压下的等温线三角相图**

图 3-22 形成鞍形共沸物的三元系相图

** 三角相图中的曲线为等温线

衡向有利于原组分分离的方向转变。共沸剂的目的或是分离沸点相近的组分，或是从共沸物中分离一个组分。

选择共沸剂的一般原则是：若分离一个负偏差共沸物或沸点相近的混合物，共沸剂应满足：①仅与原溶液中的一个组分形成二元正偏差共沸物；或②分别与两组分形成二元正偏差共沸物，但这两个共沸物有明显的沸点差；或③与原溶液中二组分生成三元正偏差共沸物，其共沸点温度比任何二元共沸物沸点都显著地低。三元共沸物中原有组分的组成之比与该两组分在原溶液中之比不同，三元共沸物必须是容易分离的，生成非均相共沸物更为理想。若分离一个二元正偏差共沸物，选择的共沸剂应与原溶液的一个组分生成二元正偏差共沸物，其共沸温度比原共沸物明显地低，或共沸剂与原溶液形成三元正偏差共沸物，共沸点明显低，且共沸物中原二组分之比不同于原共沸物中二组分之比。

共沸剂的选择对于实现原溶液组分的分离是至关重要的。例如，要求在常压下分离环己烷（沸点 80.8℃）和苯（沸点 80.2℃）。环己烷与苯能形成正偏差共沸物，共沸组成为含苯 0.540（摩尔分数），共沸点 77.4℃。分离该物系较好的共沸剂是丙酮（沸点 56.4℃），它仅与环己烷形成二元正偏差共沸物（沸点 53.1℃）。共沸组成为含丙酮 0.746（摩尔分数）。纯组分及共沸物的沸点如图 3-23 所示。

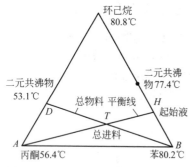

图 3-23 丙酮-环己烷-苯系统纯组分及共沸物的沸点

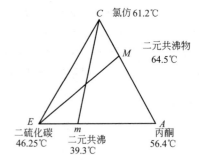

图 3-24 二硫化碳-氯仿-丙酮系统的纯组分及共沸物的沸点

由图 3-23 可以看出，丙酮-环己烷二元共沸物（D 点）处在该系统泡点温度曲面之最低点（该系统无三元共沸物）。虽然图中未标示任何等温线，但可认为温度面是从图中各部分向 D 点倾斜的。设烃进料混合物为处于环己烷-苯二元共沸物和纯苯之间的 H 点。加入适宜量的丙酮，可使塔顶分出丙酮-环己烷的二元共沸物（D 点），塔釜分出纯苯。直线 DB 和 AH 分别表示了共沸精馏塔产品和进料的物料平衡线。它们的交点 T 是原料和共沸剂的进料总组成。丙酮/烃的进料摩尔比由 $\overline{HT}/\overline{AT}$ 表示。

氯仿（沸点 61.2℃）和丙酮（沸点 56.4℃）在常压下形成负偏差共沸物，共沸点为 64.5℃，共沸组成为含氯仿 0.655（摩尔分数）。可选择二硫化碳为共沸剂分离该共沸物。二硫化碳仅与丙酮形成正偏差共沸物，共沸点 39.3℃，共沸组成为含二硫化碳 0.761（摩尔分数）（见图 3-24）。

含水乙醇用苯脱水是非均相共沸物精馏过程。共沸剂苯与水和乙醇形成三元最低共沸物，其组成 $x_{乙醇}=0.228$，$x_水=0.233$（摩尔分数），$t_{共沸}=64.86℃$。而乙醇-水二元最低共沸物的组成为 $x_水=0.1057$，$t_{共沸}=78.15℃$。故三元共沸温度比二元共沸温度低，而且三元共沸物中水与乙醇之比高于二元共沸物中之值。当加入适量共沸剂时，塔顶馏出三元共沸物，塔釜则得到纯乙醇。

理想的共沸剂应具备以下特性：①显著影响关键组分的汽液平衡关系；②共沸剂容易分离和回收；③用量少，汽化潜热低；④与进料组分互溶，不生成两相，不与进料中组分起化学反应；⑤无腐蚀、无毒；⑥价廉易得。

3.3.2.3 分离共沸物的双压精馏过程

一般来说，若压力变化明显影响共沸组成，则采用两个不同压力操作的双塔流程，可实现二元混合物的完全分离，见图 3-25。

塔 I 通常在常压下操作，而塔 II 在较高（低）压力下操作。为理解该过程操作，具体讨论甲乙酮（MEK）-水（H₂O）的分离过程。在大气压力下该物系形成二元正偏差共沸物，共沸组成为含甲乙酮 65%，而在 0.7MPa 的压力下，共沸组成变化为含甲乙酮 50%。如果原料中含甲乙酮小于 65%，则在塔 I 进料，塔釜为纯水，塔顶馏出液为含甲乙酮 65% 的共沸物，进高压塔，塔顶出含甲乙酮 50% 的馏出液循环到塔 I，塔釜得到纯甲乙酮。应该注意，水在塔 I 中是难挥发组分，甲乙酮在 II 中是难挥发组分。分离过程见图 3-26。

各塔理论板数的求解可用图解法，不再赘述。

将两个塔作为一个整体作物料衡算

$$F=W_1+W_2 \tag{3-61}$$

对组分 1（甲乙酮）作物料衡算

$$Fz_1=W_{1x_1},_{w_1}+W_{2,x_1,w_2} \tag{3-62}$$

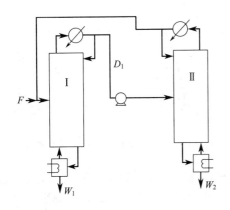

图 3-25　双压精馏流程

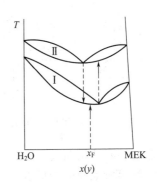

图 3-26　具有最低共沸物的二组分系统在不同压力下的 T-y-x 图

塔釜流率

$$W_1 = \frac{F(z_1 - x_{1,W_2})}{x_{1,W_1} - x_{1,W_2}} \tag{3-63}$$

$$W_2 = \frac{F(z_1 - x_{1,W_1})}{x_{1,W_2} - x_{1,W_1}} \tag{3-64}$$

对 Ⅱ 塔作物料衡算

$$D_1 = D_2 + W_2 \tag{3-65}$$

$$D_1 x_{1,D_1} = D_2 x_{1,D_2} + W_2 x_{1,W_2} \tag{3-66}$$

联立求解式(3-65) 和式(3-66)，然后将式(3-64) 代入，得

$$D_2 = \frac{W_2(x_{1,W_2} - x_{1,D_1})}{x_{1,D_1} - x_{1,D_2}} = F\left(\frac{z_1 - x_{1,W_1}}{x_{1,W_2} - x_{1,W_1}}\right)\left(\frac{x_{1,W_2} - x_{1,D_1}}{x_{1,D_1} - x_{1,D_2}}\right) \tag{3-67}$$

式中，D_2 是循环物料的流率。当两个不同压力下的共沸组成彼此接近时，$(x_{1,D_1} - x_{1,D_2})$ 数值小，由式(3-67) 可看出，循环流率 D_2 大，因而增加了设备投资和操作费用，使过程不经济。

双塔精馏除用于分离甲乙酮-水物系外，还用于分离四氢呋喃-水、甲醇-甲乙酮和甲醇-丙酮等二元物系。

3.3.2.4 二元非均相共沸物的精馏

若二组分形成非均相共沸物，则不必另加共沸剂便可实现二组分的完全分离。例如，正丁醇与水形成二元非均相共沸物，分离该系统的二塔流程如图 3-27 所示。接近共沸组成的蒸汽在冷凝器中冷凝后便分成两个液相，一个是水相（含大量水和少量醇），另一个是醇相（含丁醇量大于水量）。经过分层器后醇相返回丁醇塔作为回流。在丁醇塔中，由于水是易挥发组分，高纯度的正丁醇将从塔釜引出，而接近共沸组成的蒸汽将从塔顶引出。分层器的水相被送入水塔，在这里丁醇是易挥发组分，因此水是塔底产品，而接近共沸组成的蒸汽也从塔顶出来。两塔出来的蒸汽混合后去冷凝，进料若为两相，可加入分层器，若为单相，视醇相还是水相分别加入丁醇塔或水塔。水塔的塔底产物是水，故可用直接蒸汽加热。

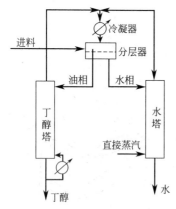

图 3-27　分离非均相共沸物的流程

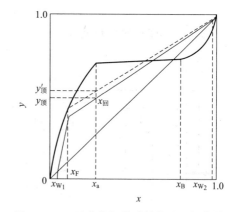

图 3-28　二元非均相共沸精馏过程操作线

二元非均相共沸精馏过程常被作为干燥某些有机液体的手段。例如，苯、丁二烯等烃类和高级醇、醛等所饱和的少量水分，就常利用非均相共沸精馏除去。此时，干燥塔釜得到干燥后的烃。塔顶蒸出烃-水混合物，经冷凝分层后烃层回流，水层因含烃量很少，并且绝对量也不大，故不设水塔回收，而以废水形式排放。

二元均相共沸物和非均相共沸物在分离特性上是不同的。二元均相共沸系统即使是用无穷多块塔板也越不过 y-x 图上平衡线与对角线的交点。而二元非均相共沸系统，虽然平衡线也与对角线相交，但它有一段代表两个液相共存的水平线，所以只要汽相浓度大于 x_a（见图 3-28），则该蒸汽冷凝后便分成二液层，一层为 x_a，另一层为 x_B。这样，利用冷凝分层的办法就越过了平衡线与对角线的交点。所以二组分非均相共沸系统可用一般精馏方法进行分离，但需两个精馏塔。根据同一原理，部分互溶的二元均相共沸系统也可这样进行分离，只是塔顶蒸汽经冷凝后必须过冷就是了。

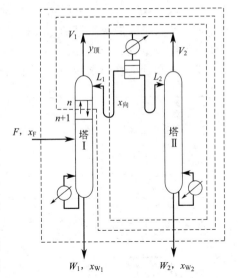

图 3-29 二元非均相共沸
精馏过程物料衡算

计算二元非均相共沸系统的精馏时，物料衡算的特点是常需要把两个塔作为一个整体加以考虑。例如图 3-29 所示情况，可按最外圈范围作物料衡算得出：

$$F x_f = W_1 x_{W_1} + W_1 x_{W_2} \tag{3-68}$$
$$F = W_1 + W_2 \tag{3-69}$$

由给定的 F，x_f，x_{W_1} 及 x_{W_2} 便可求出 W_1 及 W_2 之值。若再按中间一圈所示范围进行物料衡算，可得出：

$$V_1 = L_1 + W_2$$

对易挥发组分为：
$$V_1 y_{n+1} = L_1 x_n + W_2 x_{W_2}$$

故
$$y_{n+1} = \frac{L_1}{V_1} x_n + \frac{W_2}{V_1} x_{W_2} \tag{3-70}$$

此式即为塔 I 精馏段的操作线，它与对角线的交点是 $x = x_{W_2}$，斜率是 L_1/V_1。

若按最内圈进行物料衡算，可得：

$$V_1 y_顶 = L_1 x_回 + W_2 x_{W_2}$$
$$y_顶 = \frac{L_1}{V_1} x_回 + \frac{W_2}{V_1} x_{W_2} \tag{3-71}$$

比较式(3-70)及式(3-71)，可以看出，精馏段操作线最上一点的座标为（$y_顶$、$x_回$），即应从此点开始画阶梯计塔板数。$x_回$ 的值，若为单相回流（这是一般的情况），则在一定压力和温度下是恒值，与 II 塔顶板蒸汽的组成无关。故只要 $y_顶$ 的值确定后，操作线就可确定。由图 3-28 可以看出，$y_顶$ 的数值一定要小于共沸组成，否则操作线就与平衡线相交了。I 塔的提馏段操作线与普通精馏时没有差别。

由汽液平衡关系可以看出，II 塔无需精馏段，II 塔的操作线也可仿照求 I 塔精馏段操作线的方法得到，无需赘述。

【例 3-7】 原料含苯酚 1.0%（摩尔分数），水 99%，釜液要求含苯酚量小于 0.001%。流程如图 3-30 所示。苯酚与水是部分互溶系，但在 101.3kPa 压力下并不形成非均相共沸物，而有均相共沸。因此，I 塔和 II 塔出来的蒸汽在冷凝-冷却器中冷凝并过冷到 20℃，然后在分层器中分层。水层返回 I 塔作为回流。酚层送入 II 塔。要求苯酚产品纯度为 99.99%。假定塔内为恒摩尔流率，饱和液体进料，并设回流液过冷对塔内回流量的影响可以忽略。试计算：（1）以 100mol 进料为基准，Ⅰ塔和Ⅱ塔的最小上升汽量是多少？（2）当各塔的上升汽量为最小汽量的 4/3 倍时，所需理论塔板数是多少？（3）求Ⅰ塔及Ⅱ塔的最少理论塔板数。

解 由文献上查得苯酚-水系统在 101.3kPa 下的汽液平衡数据为：

$x_酚$	$y_酚$	$x_酚$	$y_酚$	$x_酚$	$y_酚$	$x_酚$	$y_酚$
0	0	0.010	0.0138	0.10	0.029	0.70	0.150
0.001	0.002	0.015	0.0172	0.20	0.032	0.80	0.270
0.002	0.004	0.017	0.0182	0.30	0.038	0.85	0.370
0.004	0.0072	0.018	0.0186	0.40	0.048	0.90	0.55
0.006	0.0098	0.019	0.0191	0.50	0.065	0.95	0.77
0.008	0.012	0.020	0.0195	0.60	0.090	1.00	1.00

查得 20℃时苯酚-水的互溶度数据为：

水层含苯酚　　1.68%（摩尔分数）
酚层含水　　　66.9%（摩尔分数）

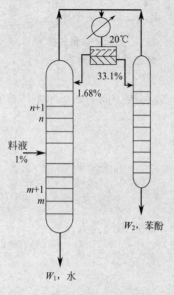

图 3-30 【例 3-7】附图

（1）以 100mol 进料为基准，对整个系统作酚的衡算，得：

$$0.00001W_1 + 0.9999W_2 = 1.00$$
$$W_1 + W_2 = 100$$

故得　　　　　$W_1 = 99.0$；$W_2 = 1.0$

确定Ⅰ塔的操作线：精馏段的操作线可由第 n 块板与第 $n+1$ 块板之间至Ⅱ塔釜一起作物料衡算，得出：

$$V_{yn} = Lx_{n+1} + 0.9999W_2 \tag{A}$$

而提馏段的操作线则为

$$V'y_m = L'x_{m+1} - 0.00001W_1 \tag{B}$$

最小上升汽量相当于最小回流比时的汽量。若夹点在进料板，则由式（A）得出：

$$0.0138V_{最少} = 0.01L_{最少} + 0.9999W_2$$
$$= (0.01)(V_{最少} - W_2) + 0.9999W_2$$
$$= 0.01V_{最少} + 0.9899W_2$$

故　　　$$V_{最少} = \frac{0.9899W_2}{0.0038} = 260W_2 = 260$$

（0.0138 是与进料组成 $x_F = 0.01$ 成平衡的汽相组成）。

若夹点在塔顶，因回流液组成为 $x_回 = 0.0168$，故夹点之汽相组成应为与回流液成平衡的 y 值，故 $y = 0.0181$（由平衡数据内插得来）。由式（A）得出：

$$0.0181V_{最少} = 0.0168L_{最少} + 0.9999W_2$$
$$= 0.0168(V_{最少} - W_2) + 0.9999W_2$$
$$= 0.0168V_{最少} + 0.9831W_2$$

故　　　$$V_{最少} = \frac{0.9831W_2}{0.0013} = 756.2W_2 = 756.2$$

因此值大于按夹点在进料板处所求得的值，故对塔Ⅰ来说，$V_{最少} = 756.2$

Ⅱ塔的夹点必在塔顶，即夹点之座标为（$x=0.331$，$y=0.0403$）。以此值代入Ⅱ塔之操作线方程式：

$$V'y_m = L'x_{m+1} - W_2 x_{W_2} \tag{C}$$

$$0.0403V'_{最少} = 0.331L'_{最少} - 0.9999W_2$$

$$= 0.331(V'_{最少} + W_2) - 0.9999W_2$$

$$= 0.331V'_{最少} - 0.6689W_2$$

故

$$V'_{最少} = \frac{0.6689W_2}{0.2907} = 2.3W_2 = 2.3$$

（2）求Ⅰ塔的理论板数：

精馏段：$V = \dfrac{4}{3}V_{最少} = \dfrac{4}{3} \times 756.2 = 1007$ $L = 1007 - 1 = 1006$

提馏段：$V' = V = 1007$ $L' = L + F = 1006 + 100 = 1106$

代入式（A）及式（B）得出：

精馏段操作线为：$1007y_n = 1006x_{n+1} + 0.9999$

提馏段操作线为：$1007y_m = 1006x_{m+1} - 0.00099$

由操作线方程式及已知平衡线，在 $y\text{-}x$ 图上由 $x = 0.0168$ 到 $x_{W_1} = 0.00001$ 之间绘阶梯，可得出所需理论板数为 16（$y\text{-}x$ 图略）。

（3）求Ⅱ塔的理论板数：

$$V' = \frac{4}{3}(V'_{最少}) = \frac{4}{3} \times 2.3 = 3.06$$

$$L' = V' + W_2 = 3.06 + 1 = 4.06$$

代入式（C）得：$3.06y_m = 4.06x_{m+1} - 0.9999$

按一般方法，在 $y\text{-}x$ 图上由 $x_{W_2} = 0.9999$ 到 $x_{回,2} = 0.331$ 在平衡线与操作线之间画阶梯，可得出所需理论板数为 8。

（4）Ⅰ塔的最少理论板数可在 $y\text{-}x$ 图上，从 $x_{W_1} = 0.00001$ 到 $x = 0.0168$，在平衡线与对角线之间绘阶梯得出：$N_{最少} = 13$

Ⅱ塔的最少理论板数则在 $y\text{-}x$ 图上从 $x_{W_2} = 0.9999$ 到 $x = 0.331$，在平衡线与对角线之间绘阶梯得出：$N_{最少} = 6$

3.3.2.5　多元共沸精馏过程

由于共沸剂与原溶液的组分形成的共沸物类型，以及共沸剂的回收方法不同，共沸精馏流程也不同。

系统形成一个二元最低共沸物，前面讨论过的以丙酮为共沸剂分离环己烷和苯的情况属于这一类型，环己烷-苯混合物和丙酮一起送入共沸精馏塔，纯苯从塔釜得到，丙酮-环己烷二元均相共沸物从塔顶馏出，冷凝后进入液液萃取塔，以水为萃取剂回收丙酮。萃取塔顶出相当纯的环己烷，塔底出丙酮-水溶液，送入丙酮精馏塔，塔顶得纯丙酮循环使用，塔釜为纯水，作为萃取剂循环到萃取塔。流程见图 3-31。

若加入共沸剂后系统形成一个二元或三元非均相共沸物，则分离流程与前述二元非均相共沸物的精馏基本相同。

若系统有两个二元共沸物，这一类共沸精馏的流程更复杂些。图 3-32 所示是甲醇为共沸剂从沸点与甲苯相近的烷烃中分离出甲苯的流程。塔顶产品（甲醇-烷烃共沸物）冷凝以后，甲醇与烷烃完全互溶，需用水洗的办法回收甲醇。再经过一般精馏分离水与甲醇。共沸塔釜液则送入脱甲醇塔，该塔塔釜出甲苯，塔顶出甲醇-甲苯共沸物，此共沸物的大部分作为回流，小部分则加到进入共沸精馏塔的新鲜料液中。

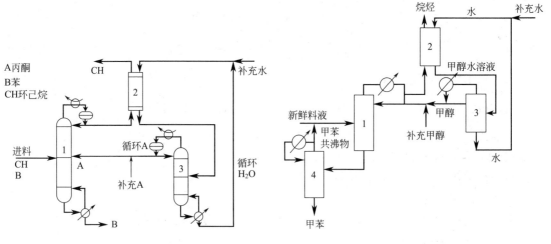

图 3-31 分离环己烷-苯混合物
的共沸精馏流程
1—共沸精馏塔；2—萃取塔；3—丙酮精馏塔

图 3-32 用甲醇分离甲苯-烷烃的流程
1—共沸精馏塔；2—萃取塔；
3—脱水塔；4—脱甲醇塔

当共沸精馏塔的塔顶产品冷凝后，共沸剂与轻组分是部分互溶的，则可省去图 3-32 中的萃取塔，甲苯-烷烃用硝基甲烷为共沸剂的分离流程即属于这种情况。

多元共沸精馏系统的计算比一般精馏，甚至萃取精馏更加复杂，表现在：①溶液具有强烈的非理想性，并且很可能在某一塔段的塔板上分层，成为三相精馏（两液相和一个汽相），在这种情况下，必须有预测液液分层的方法且收敛难；②由于共沸剂的加入增加了变量，共沸剂/原料之比和共沸剂的进塔位置必须规定。尽管大多数情况下，从塔顶引入共沸剂是最好的，但还不能认为是普遍规律。Prokopakis 和 Seider 对共沸精馏计算作了综述，通用的计算方法见第 4 章。由于共沸精馏塔中液相分层和浓度、温度分布的突变，对严格计算方法是一个严峻的考验。

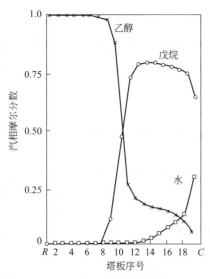

图 3-33 乙醇脱水的
共沸精馏浓度分布

很多作者提出了共沸精馏的计算机计算结果，图 3-33 表示了用正戊烷作为共沸剂的乙醇脱水过程的浓度分布。所用流程类似于图 3-27。原料含乙醇 0.8094（摩尔分数），在共沸精馏塔顶以下第三块板进料，操作压力为 331.5kPa，用冷水可冷凝塔顶馏出物，全塔有 18 块板，另有全凝器和再沸器。值得注意的是，浓度分布与一般多组分精馏的情况有所不同。

从表面上看，正戊烷的浓度分布特点似乎很像轻关键组分，但它在塔釜中并不出现，而代之以微量水出现在釜液中。

3.4 反应精馏

3.4.1 概述

反应精馏是在一个精馏设备中，化学反应和精馏同时进行的单元操作。反应精馏对于下列情况的液相反应系统可能是有利的：①当反应的进行需要一个或多个反应物大量过量的情况；②当反应生成的一个或多个产物被移出时，反应进行趋于完全；③由于系统中有共沸物生成，造成副产物的循环流程复杂或根本无法实现。对于连串反应，若目的产物是中间产物，则常常采用反应物过量的方法，使目的产物保持较低浓度，从而抑制后续的副反应。而反应精馏能够通过将目的产物移出反应区达到同样的目的。另一种情况，如果某可逆反应的平衡常数小，一个反应物的高转化率可通过另一反应物的大量过量来实现。根据平衡移动原理，还有一个途径是通过移出一种或多种反应产物使反应趋于完全。一个典型的情况是，反应精馏的反应物进料配比接近于化学计量，而反应仍可趋于完全。

当反应混合物生成共沸物时，产品的分离和过量反应物的回收循环可能很复杂或操作成本高。而反应精馏则能够通过混合物中组分的气化-冷凝和反应消耗的协同作用，消除了反应区共沸物的生成。另外，在反应精馏过程，某些物质经化学反应可能变成比较容易分离的组分，简化了生产流程。

在上述每一情况，反应精馏通常均能明显改善转化率和选择性，大大降低反应物的消耗和物料循环流率，大幅度简化生产流程，节省基建投资和降低生产成本。

下面介绍一个反应精馏技术成功应用的典型事例。醋酸甲酯是大吨位的工业化学品，它是制造多种聚酯的中间体，例如，醋酸纤维素、醋酸丁酯纤维素塑料、醋酯长丝等。传统的生产路线是采用多个反应器，催化剂为浓硫酸，一个反应物进料大量过量以便使另一反应物达到高转化率。由于反应生成醋酸甲酯-甲醇二元共沸物和醋酸甲酯-水二元共沸物，前者的共沸温度更低，因此酯化反应生成的水不能有效地移出，醋酸甲酯也不能简单地从共沸物中分离，粗产品的分离纯化困难。曾采用过多种分离醋酸甲酯-甲醇共沸物的方法，例如：采用变压精馏技术；以乙二醇单甲醚作溶剂的萃取精馏；以芳烃或丙酮为共沸剂的共沸精馏，其结果是需要多个反应器和精馏塔，不但流程复杂而且投资和操作费用高。图 3-34(a) 为传统的生产路线。

伊士曼柯达公司开发了生产高纯度和超高纯度醋酸甲酯的反应精馏工艺，如图 3-34(b) 所示。对比两流程可以看出，尽管该反应有不利的化学平衡限制，在甲醇与醋酸进料比接近化学计量比的操作条件下，反应精馏仍能获得高纯度产品，整个过程集成在唯一的塔中，取消了复杂的精馏塔系和醋酸甲酯-甲醇共沸物的循环。一个反应精馏塔取代了整个生产装置。与传统的生产路线比较，设备投资减至 1/5，能耗降至 1/5。

反应精馏除用于醋酸甲酯生产，也可应用于其他酯类生产，例如醋酸乙酯，醋酸异丙酯，醋酸丁酯。该反应还可应用于从醋酸和其他羧基酸水溶液中回收酸。

反应精馏既泛指在一个精馏设备中化学反应和精馏同时进行的过程，又特指催化剂也为液体的均相反应精馏过程。如果反应是在固体催化剂上进行，即将催化剂填充于精馏塔中，它既起加速反应的催化作用，又作为填料起分离作用，这种反应精馏称为非均相催化反应精馏或催化精馏。一个代表性的例子是甲基叔丁基醚即 MTBE 的生产。MTBE 是汽油添加剂，其作用是提高汽油的辛烷值。常规的生产方法是以甲醇和含异丁烯的 C_4 馏分为原料，离子

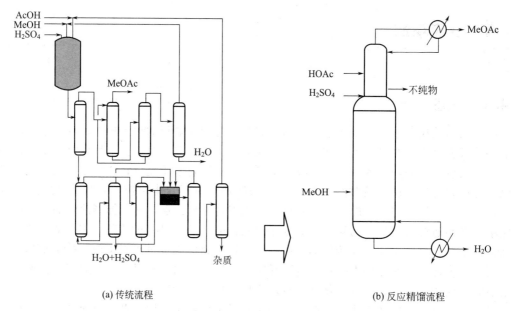

(a) 传统流程   (b) 反应精馏流程

图 3-34　醋酸甲酯生产流程比较

交换树脂为催化剂，在反应器中进行催化反应，产物能达到平衡转化率的 $90\%\sim95\%$。反应混合物使用精馏方法分离，由于反应生成甲醇-MTBE 和异丁烯-甲醇二元共沸物，分离过程复杂，未反应的异丁烯难以从其他挥发性 C_4 产品中分离出来，因此工艺流程冗长。而反应精馏的应用使该过程耳目一新。异丁烯转化率超过平衡转化率，几乎达到完全转化，故消除了分离和循环的问题。催化精馏塔由三部分组成：塔的中段为反应区，填充固体催化剂；塔的上段为非反应的分离段，完成 C_4 和甲醇的分离，塔的下段的作用是分离 MTBE，塔底得到几乎纯的 MTBE。图 3-35 所示为绝热反应器后续催化精馏塔的 MTBE 工艺流程。

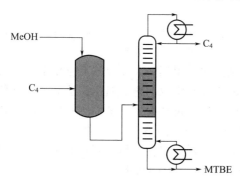

图 3-35　绝热反应器后续催化精馏塔的 MTBE 工艺流程

3.4.2　反应精馏工艺过程分析

3.4.2.1　流程和进料位置的确定原则

根据反应类型、反应物和产物的相对挥发度关系以及所用催化剂的不同，反应精馏流程有以下几种型式。

（1）反应类型为 $A \rightleftharpoons C$　若产物比反应物易挥发 $\alpha_C > \alpha_A$，则进料位置在塔下部，甚至在塔釜，产物 C 为馏出液，塔釜不出料或出料很少；若反应物挥发性大于产物，则应在塔上部甚至塔顶进料，并在接近全回流条件下操作，塔釜引出产品。

（2）反应类型为 $A \rightleftharpoons C+D$　C 为目的产物，相对挥发度顺序为 $\alpha_C > \alpha_A > \alpha_D$，此时精馏的目的不仅要分离产物与反应物，而且还要分离不同的产物。反应物 A 根据挥发性从塔中的某个位置进料，而产物 C 和 D 则分别从塔顶和塔釜引出［见图 3-36(a)］。

(3) 反应类型为 A $\longrightarrow$ R $\longrightarrow$ S　R 为目的产物，R 比 A 易挥发，S 为难挥发组分，即 $\alpha_R > \alpha_A > \alpha_S$，采用图 3-36(a) 所示流程，由于 R 从塔顶馏出，提高了 A 的反应速度，而且有效避免了 R 进一步转化为 S，提高了目的产物的收率。

(4) 反应类型为 A+B $\Longleftrightarrow$ C+D　各组分相对挥发度的顺序为 $\alpha_C > \alpha_A > \alpha_B > \alpha_D$ 时，流程如图 3-36(b) 所示。反应物中易挥发组分 A 在塔下部进料，而难挥发组分 B 在塔上部进料，它们在两进料口之间逆流接触进行反应，产物 C 和 D 分别从塔顶和塔底引出。由于反应物分别在接近塔的两端加入，反应区域较大，反应物在塔内的停留时间较长，因此反应收率高。酯化反应常采用这一流程。

对于催化精馏塔，催化剂填充段应放在反应物浓度最大的区域，构成反应段，其位置应根据具体情况而定。

在异戊烯醚脱醚制取异戊烯的催化精馏塔中 [图 3-37(a)]，因反应为可逆，希望产物异戊烯生成后尽快离开反应区，使反应区维持较低的异戊烯浓度，促进反应向生成产物的方向不断进行。然而异戊烯的沸点在物料中最低，且不易与醚及醇分开，因此需要较长的精馏段；而沸点很高的醇则很容易与其他物质分开，提馏段可以很短甚至取消，所以催化剂装填于塔的下部。

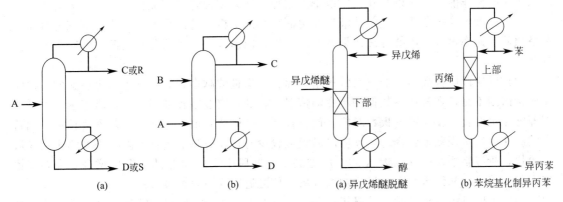

图 3-36　反应精馏流程示意图　　　　　图 3-37　催化精馏塔流程

苯烷基化制异丙苯的反应精馏与上述情况正好相反，催化剂装于塔的上部 [图 3-37(b)]。在生产 MTBE 的反应精馏塔中，既希望沸点最高的 MTBE 迅速离开反应区，又需要移走多于化学计量的过量甲醇以防生成副产物二甲醚，考虑到 MTBE 和甲醇与系统中其他组分的分离都不太容易，所以催化剂装在塔的中部 [与图 3-36(b) 类似]。

3.4.2.2　催化剂的填充方式

催化精馏塔与一般的反应精馏塔一样，由精馏段、提馏段和反应段组成，其中精馏段和提馏段与一般的精馏塔无异，可以用填料或塔板。反应段催化剂的装填是催化反应精馏技术的关键。为满足反应和精馏的基本要求，催化剂在塔内的填充方式必须满足下列的条件：①使反应段的催化剂床层具有足够的自由空间，提供气液相的流动通道，以进行液相反应和气液传质，这些有效的空间应达到一般填料所具有的分离效果，以及设计允许的塔板压降；②具有足够的表面积进行催化反应；③允许催化剂颗粒的膨胀和收缩，而不损伤催化剂；④结构简单便于更换。

对于已提出的各种催化剂结构，可以分为两种类型，即拟固定床和拟填料式。这两大类型的装填方式均有成功的应用实例。拟固定床装填式的优点是催化剂的装填量大，催化剂装卸方便，有利于催化反应；缺点是反应和精馏不能同时进行。拟规整填料式的优点是塔内床层的空隙率大，有利于精馏过程；缺点是催化剂的填装量小，而且催化剂不能和反应物直接接触，反应受扩散影响。将离子交换树脂直接加工成催化剂型填料是这一技术的发展方向，只要这种催化剂型填料的活性、寿命、强度适用于工业化生产，则催化剂在催化精馏塔内的装填将不再成为生产中的技术难题。

3.4.2.3 设备和操作参数对反应精馏过程的影响

以可逆反应 $A+B \Longrightarrow C+D$ 的反应精馏过程为例，假设四元物系各组分的相对挥发度顺序为 $\alpha_C > \alpha_A > \alpha_B > \alpha_D$，且相对挥发度为常数。反应精馏塔分三段，自上而下依次为精馏段、反应段和提馏段。较重的反应物 B 从反应段顶进料，较轻的反应物 A 从反应段底进料。对该物系的反应精馏过程进行稳态模型的数学模拟，依据模拟结果讨论各个参数对反应精馏性能的影响。

(1) 反应段塔板持液量的影响 正如所预料的那样，反应段塔板持液量越大，越容易达到预期的反应转化率。欲使塔板上持液量大无非是塔的直径比较大或是反应段塔板上液层比较高。随着持液量的增加，塔釜蒸汽上升速率和塔顶回流速率稳步下降。塔釜蒸汽上升速率反映了塔的操作能耗。所以，在一定范围内增加持液量相应降低了能耗。

反应精馏产品中杂质含量随持液量变化而变化。塔板上持液量减小对应着蒸汽上升速率和塔顶回流速率增大，塔的分离效果变好。所以，馏出液中的重组分和釜液中的轻组分含量都减少。

(2) 反应段塔板数的影响 对常规精馏而言，塔板数越多越好，这是毫无疑义的。但对反应精馏则不然，在其他参数保持不变的情况下，随反应段塔板数的变化，塔釜蒸汽上升速率即能耗也变化。反应段塔板数对能耗而言存在一个最适宜值，这无疑是与常规精馏不相符合的。这一反常现象被解释为，反应段塔板数较少时，反应物的消耗有限，不及移出反应段来得快，所以精馏段中反应物 A 的浓度增高，提馏段中反应物 B 的浓度也增高，需要用比较大的气相流率和回流量阻止反应物离开塔，使之返回反应段继续反应。

当反应段塔板数较多时，情况正好相反。在反应物 A 的进料口附近，由于反应段板数多，反应进行完全，在接近反应段底部的区域，反应物 B 早已耗尽，故 A 的浓度达到最高；同样，在反应物 B 的进料口附近，由于反应段板数多，反应进行完全，在接近反应段顶部的区域，反应物 A 也早已耗尽，故 B 的浓度达到最高。这两种情况都需要用比较大的气相流率和回流，阻止反应物 A 和 B 分别从塔底和塔顶离开塔，使反应物返回反应段继续反应。

这一现象是反应精馏的特性之一。即使不顾及投资增加问题，采用过多的反应段塔板数也不总是经济的。

(3) 操作压力的影响 常规精馏塔压选择的原则是，只要冷凝器能使用冷却水冷却，塔压尽可能低，因很多化合物的相对挥发度都随温度的降低而增高，压力间接影响汽液平衡。对于反应精馏塔，压力影响化学动力学和汽液平衡，所以适宜的压力不一定是使用冷却水条件下的压力最低值。塔压的选择要同时有利于反应和分离。

对于相对挥发度为常数的情况，因压力升高，塔内温度就升高，故压力影响反应速率和化学平衡常数。低压（即低温）条件下反应速率慢，因而要求反应段塔板上的持液量大。如果固定塔板数和固定持液量，在低温操作条件下反应物在反应段的浓度比较高，必须通过加大上升蒸汽流量和回流量来阻止反应物从塔顶或塔釜逃逸。

反之，高压（即高温）导致化学平衡常数减小，转化率降低，反应段中反应物浓度增高，因此也需要加大上升蒸汽流量和回流量，阻止反应物从塔顶或塔釜逃逸。

由于操作压力直接影响塔釜上升蒸汽量，即能量消耗，所以存在着最适宜操作压力，也就是使能耗最小对应的操作压力。塔顶和塔釜产物中反应物杂质的浓度高低反映了塔内汽液流率随操作压力变化所引起分离状况的改变。在比较小的汽液流率操作条件下，分离效果不佳，使塔顶产品（主要是组分 C）中有更多的 B，塔釜产品（主要是组分 D）中有更多的 A。

（4）化学平衡常数的影响　在所有其他参数（塔结构、操作压力、塔板持液量和转化率等）保持不变的情况下，讨论化学平衡常数变化的影响。随着化学平衡常数的增大，正反应进行变得更容易，若维持原转化率和产品纯度，需降低塔釜上升蒸汽和塔顶回流的流率，其结果是塔的分离程度变差，塔顶和塔釜产品中反应物杂质含量增高。

若化学平衡常数减小，则需要反应区有更高的反应物浓度，以便达到期望的转化率。

（5）提馏段和精馏段塔板数的影响　根据常规精馏的经验，增加精馏段和提馏段的塔板数，分离会更容易些，上升蒸汽流率会有所降低。稳态模拟结果表明，当精馏段和提馏段的塔板数很少时，上升蒸汽流率突然增大。当使用大量塔板时分离效果只是稍微好一些，这是因为在塔顶附近，比较重的组分 B 很少，在塔底附近比较轻的组分 A 很少，分离显得更困难些。

（6）进料位置的影响　按本节所讨论的反应精馏实例，反应物 A 在反应段下端进料，反应物 B 在反应段上端进料。随着反应物 A 的进料口上移，馏出液中杂质 A 的浓度增高，釜液中杂质 B 的浓度也增高。这似乎是合理的，因为 A 的进料位置更接近于塔顶，离塔底更远。随着反应物 A 的进料口上移，提馏段温度上升而精馏段温度下降，因为 A 比 B 轻，提馏段中 A 浓度的降低导致温度的升高。精馏段的情况正好相反。

反应物 B 从原进料口向下移动，模拟结果表明，只要向下移动不过大，对塔釜上升蒸汽流率几乎没有影响。

3.4.2.4　反应精馏塔内浓度和温度分布

由于反应精馏塔内反应和精馏同时进行，故塔内浓度和温度分布可能与普通精馏塔的情况有很大区别。以醋酸（HOAc）-甲醇（MeOH）酯化反应精馏工艺为例，反应精馏塔如图3-34(b) 所示。

醋酸甲酯（MeOAc）物系为四元物系，由 MeOAc（正常沸点 57.03℃）、MeOH（正常沸点 64.53℃）、H_2O（正常沸点 100.02℃）和 HOAc（正常沸点 118.01℃）组成，还有两个二元共沸物：MeOH/MeOAc（共沸点 53.65℃）和 MeOAc/H_2O（共沸点 56.43℃）。在反应精馏塔中作为重反应物的 HOAc 从反应段顶部进料，轻反应物 MeOH 从反应段底部进料，如果反应区消耗掉全部酸（事实如此），则在提馏段所处理的物系近似为 H_2O/MeOH/MeOAc 三元物系，塔底出料基本上是纯水。反之，在反应段顶部 MeOH 全部反应掉，则精馏段的任务主要是分离 HOAc/MeOAc，当然还有少量水。由此可见，该酯化反应采用反应精馏技术后，使原来很复杂的过程变得很简单了。

已知醋酸和甲醇按化学计量进料，以浓硫酸为催化剂，塔板自下向上数。全塔有65块塔板，塔顶为全凝器，再沸器为第 1 块板。原料醋酸在第 60 块板加入，少量硫酸催化剂在第 55 块板进料，使塔内均匀分布有催化剂。原料甲醇在第 21 板加入。操作回流比等于 2。馏出液为反应生成的醋酸甲酯，塔釜液主要由少量废硫酸和反应生成的水组成。在第 43 块板有少量不纯物侧线出料（在反应段中部还有一个从不纯物回收塔返回物料的入口，省略）。

由图3-34(b) 可以看出，整个反应精馏塔被三个进料口分为四段首尾相接的热集成精馏塔，图中分别标注以 1，2，3，4。第 3 段为硫酸入口至甲醇入口的一段是主反应区，为反应精馏段。它由一组串连的逆流闪蒸级组成，每一塔板上装有若干具有高持液量的泡罩，特殊设计的降液管构件进一步提高了塔板上的持液量，以保证液体在塔板上有足够的停留时间进行酯化反应。不挥发的均相催化剂浓硫酸从反应精馏段顶加入，随同反应副产物——水沿塔向下溢流，从塔底排出。在反应精馏段，因反应和精馏同时进行，消除了水-醋酸甲酯共沸物形成的可能性，但由于甲醇与醋酸甲酯仍能形成二元共沸物，因此单靠反应精馏段还是得不到纯的醋酸甲酯产品。反应精馏段以上为第 2 段即萃取精馏段，该段是获得高纯度醋酸甲酯产品的关键。醋酸进料除作为反应物之一以外，还是萃取精馏段的溶剂，它的作用是破坏甲醇-醋酸甲酯共沸物，使塔顶得到高纯度醋酸甲酯产品成为可能。全塔最上一段为第 1 段即精馏段，其作用是脱除馏出液醋酸甲酯中的微量醋酸。全塔最下一段为第 4 段即提馏段，从塔釜副产废水中提馏出微量甲醇和醋酸甲酯。

   塔内液相浓度分布如图 3-38 所示。醋酸进料和甲醇进料在塔内反应精馏段逆流流动。尽管对整个反应精馏塔而言醇酸配比是化学计量的，但在反应精馏段的每一端都有一种反应物局部大大过量，反应精馏段上半部大量过量的醋酸使甲醇反应彻底，阻止了甲醇进入馏出液。相似的道理，反应精馏段下半部大量过量的甲醇使醋酸反应彻底，可保证醋酸不进入塔釜液中。从甲醇浓度分布可看出，甲醇的浓度在塔下部有极值点，在醇进料口附近，醇浓度最高，由于提馏段的提馏作用，除微量醇进入塔釜外，大部分醇返回反应精馏段，与塔上部下来的酸逆流接触，不断反应。因此，醇在反应精馏段和提馏段内的浓度分布是从醇进料口附近向塔顶和塔釜两个方向逐渐下降的。当进入萃取精馏段，甲醇已成微量；物系中作为重组分的酸不是愈往塔底浓度愈高，在反应精馏段的上半段中出现极值点，沿塔向下，由于反应的消耗，酸浓度逐渐降低，至塔釜已成微量。在酸与醇的逆流接触中，低浓度的醇和高浓度的酸接触，而高浓度醇与低浓度的酸接触，因此这一浓度分布对反应的进行是有利的。

   与浓度分布相对应，塔内温度分布也有"反常"现象。对于普通精馏，温度分布只决定于相平衡，塔釜温度最高，由下而上逐渐降低。但对反应精馏则不同，由于反应的存在，适宜反应温度与精馏条件相匹配，有时会发现在塔中某板出现温度的极值点，见图 3-39。

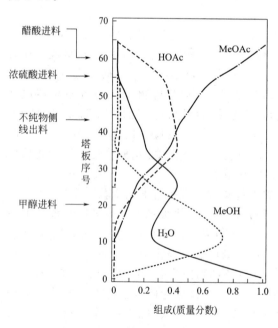

图 3-38　醋酸甲酯反应精馏塔内浓度分布

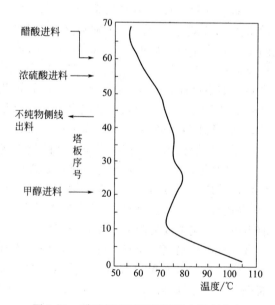

图 3-39　醋酸甲酯反应精馏塔内温度分布

3.4.3 反应精馏技术的应用和局限性

3.4.3.1 反应精馏技术的应用

综上所述，反应精馏在许多方面优于反应和分离的顺序串联流程。反应精馏的优点体现在以下几个方面：①充分利用反应放热，降低能耗；②使反应转化完全，即使是可逆反应，仍可使反应转化率很高；③反应器出口物流分离流程简单；④借助反应精馏可跨越共沸物或精馏边界，克服分离障碍。

目前已有许多应用反应精馏的工业过程，如表 3-3 所示。

表 3-3　应用于反应精馏的工业上重要反应

反应类型和工业应用举例	催化剂/塔内部构件	注释
醚化反应 甲醇＋异丁烯——→甲基叔丁基醚(MTBE) 甲醇＋异戊烯——→甲基叔戊基醚(TAME) 异丙醇＋丙烯——→二异丙醚(DIPE)	Amberlyst-15 离子交换树脂 ZSM12，Amberlyst-36	提高异丁烯的转化率和实现异丁烯从 C_4 中分离提高异戊烯的转化率
酯化反应 醋酸＋甲醇——→醋酸甲酯＋水 丁醇＋醋酸——→醋酸丁酯＋水	Dowex 50W X-8 Amberlyst-15(固定在板上篮子中) H_2SO_4 阳离子交换树脂	从 30%～60%(质量分数)醋酸稀溶液中回收醋酸 从 2.5%～10%(质量分数)醋酸稀溶液中回收醋酸 制造醋酸甲酯；消除共沸物；提高转化率(＞99%) 从醋酸稀溶液中回收醋酸
醋酸乙烯合成 乙醛＋醋酐——→醋酸乙烯酯		改进过程的安全性和提高收率
酯交换反应 二烷基碳酸酯＋酚/乙醇——→二芳基碳酸酯＋醇	铅化合物/沸石；酚作为共沸剂	使用光气的另一技术路线；有效移出醇，从而提高收率
水解反应 醋酸甲酯＋水——→甲醇＋醋酸 丙烯腈——→丙烯酰胺	离子交换树脂包 氧化铜催化剂	聚乙烯醇生产中回收醋酸和甲醇 聚对苯二甲酸生产中回收对苯二甲酸减少副反应
缩醛化反应 甲醇＋甲醛水溶液——→甲缩醛＋水 乙二醇＋甲醛——→缩醛	离子交换树脂，沸石 离子交换树脂，沸石	超越平衡转化率；甲醛作为不纯物移出回收甲醇和合成缩醛
水合反应 环氧乙烷＋水——→乙二醇 异丁烯＋水——→叔丁醇	阳离子/阴离子交换树脂 阳离子交换树脂	提高乙二醇的选择性，避免生成二乙二醇；放热反应良好控温超出平衡极限
烃化反应 苯＋丙烯——→异丙苯 异丁烷＋丙烯/丁烯——→高支链石蜡烃	联碳—LZY-82，分子筛悬浮催化剂 无机氧化物为促进剂的路易斯酸	用于放热反应；获得高纯度异丙苯 适于稀苯和稀烯烃的情况 提高 C_7/C_8 支链烷烃的选择性
异构化反应 2-丁烯——→1-丁烯 1-丁烯——→2-丁烯	负载氧化钯的钼锰合金标准加氢催化剂	获得高收率 从 C_4 馏分中分离异丁烯
氯化反应 二氯苯——→三氯苯 二氯代二甲基硅烷——→二氯(氯甲基)硅烷	光氯化	提高三氯苯的选择性 提高单氯代硅烷产品的收率
加氢反应 苯加氢——→环己烷 丁二烯加氢 丁炔加氢	载 Ni 的氧化铝催化剂 载氧化钯的氧化铝	避免生成甲基环戊烷和裂解产物；用于从轻油中分离出苯 选择性生成 1-丁烯 用于从 C_4 馏分中分离丁二烯的除炔工艺
复分解反应 1-丁烯——→丙烯＋戊烯 1-丁烯——→乙烯＋2-反式己烯	活性金属氧化物	超越平衡限制，提高选择性和可在温和条件下操作

反应类型和工业应用举例	催化剂/塔内部构件	注释
醛的缩合反应 甲醛——→三𫫇烷	强酸催化剂;改性 ZSM-5	提高转化率
聚合反应 C_4 异构烯烃的聚合 裂解汽油中 $C_4 \sim C_5$ 二烯烃的聚合	固体磷酸;阳离子交换树脂 硅酸铝;离子交换剂	生产辛烷低聚物 去除汽油中二烯烃杂质
二乙醇胺生产 单乙醇胺+环氧乙烷——→二乙醇胺(DEA)	无催化剂或采用离子交换树脂	对 DEA 的高选择性
羰基化反应 甲醇/二甲醚+CO——→醋酸	均相系统	生产高纯度醋酸
胺化反应 醇+氨——→胺+水	加氢催化剂和在 H_2 存在下	对胺产品有很好的选择性
中和/皂化反应 氯丙醇——→环氧丙烷	碱催化剂(NaOH 或 Ca(OH)$_2$)	对氧化物有很好选择性;减少丙二醇的生成
酰胺化反应 己二胺+己二酸——→尼龙 6 预聚物	很好地控制水的移出	提高转化率和聚合物质量
硝化反应 氯苯+硝酸——→硝基氯苯	共沸移出水	移出水提高酸度;提高转化率

有关反应精馏系统的近期文献及专利很多。1970～2007 年期间共发表论文 1105 篇,US 专利 814 件。图 3-40 所示为每年发表反应精馏论文数和专利数的汇总。

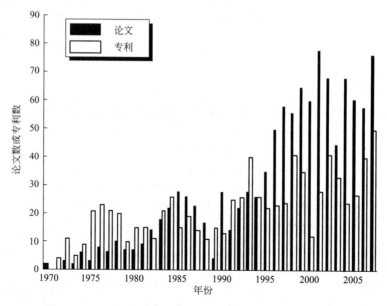

图 3-40　1970～2007 年历年发表反应精馏论文数和专利数

3.4.3.2　反应精馏技术的局限性

尽管反应精馏已广泛应用,但其应用范围受到一些限制。只有在化学反应和相平衡两方面均合适的条件下方能奏效。

(1) 温度条件不匹配　应用反应精馏的基本条件是有利于反应的温度和有利于分离的温度相匹配,因为反应和分离过程发生在同一个塔中和相同的操作压力下,塔内各处的温度是由塔板上料液的组成决定的,因此反应和汽液平衡必须处于同一温度。在这一温度范围内,催化剂具有较高活性且反应物系能够进行精馏分离。当催化剂的活性温度超过物质的临界点时,物质无法液化,不具备精馏分离的必要条件。

传统的多单元操作流程与反应精馏相比较没有这样苛刻的要求，反应能在它们最适宜的操作压力和温度下进行，独立选择最有利于反应动力学的条件。而精馏塔也能在它们最适宜的压力和温度下操作，独立选择最有利于汽液平衡的条件，二者不必相同。

(2) 组分的挥发度不合适 应用反应精馏的第二个主要限制是：组分的相对挥发度大小必须使得反应物被限制在塔中，产物能够很容易从塔底和/或塔顶分出。

根据反应物和产物的相对挥发度大小，反应体系可分为四种类型：第一类是所有产物的相对挥发度都大于或小于所有反应物的相对挥发度；第二类是所有反应物的相对挥发度介于产物的相对挥发度之间；第三类是所有产物的相对挥发度介于反应物的相对挥发度之间；第四类是反应物和产物的相对挥发度基本相同。若反应物不能在塔内全部反应掉，则其中前两类体系可采用反应精馏技术，而后两类不具备反应精馏的条件。

(3) 反应速度比较慢 应用反应精馏的另一个限制是要求有相当高的反应速度。如果反应很慢，则需要塔板持液量和反应精馏段塔板数过高，经济上可能不合理。

(4) 其他限制 由于塔中持汽量很小，故反应精馏仅适用于液相反应。反应热大小适中，避免汽液流率在反应区变化过大。高放热反应可能造成板上液体急剧汽化，导致干板现象。

由于反应和精馏之间存在复杂的相互影响，进料位置、板数、传热速率、停留时间、催化剂、副产物浓度以及反应物进料配比等参数发生很小的变化，都会对过程产生难以预料的强烈影响，因此，反应精馏过程的工艺设计和操作比普通的反应和精馏要复杂得多。

尽管催化精馏与常规的反应-分离联合过程相比有许多优势，应用也非常广泛，但在决定是否采用催化精馏工艺前，还是应对催化剂、反应条件、反应速率、化学平衡常数、各组分的相对挥发度、共沸情况等因素进行综合考虑，以确定工艺的合理性、操作的可行性以及经济上的有效性。

目前进行反应精馏的研究发展方向有：
① 反应种类及物系性质对反应精馏过程的影响；
② 反应热效应对精馏的影响；
③ 非均相反应精馏的传质传热规律及设计方法；
④ 用于化工生产的间歇反应精馏的非稳态特性。
反应精馏过程很复杂，没有简捷的计算方法。严格计算方法在第 4 章作简要介绍。

3.5 间歇精馏

间歇精馏是把一定批量的液体混合物精馏成产品的过程。间歇精馏是间歇过程中最重要的分离和提纯过程。与连续精馏过程相比，间歇精馏过程具有相当大的灵活性。用一个间歇精馏塔可以处理多种不同的物料。除此以外，在高沸点和高凝固点物系的真空精馏及热敏物料的分离上，间歇精馏也较连续精馏具有更大的优越性。因此，间歇精馏对于小批量、多品种的精细化工分离是较为适宜的，已得到了广泛的应用。

由于连续精馏是一稳态操作，分离产物在精馏塔的不同位置得到，馏出物料之间很少混合，所以连续精馏具有分离效率高、能耗少的优点。而间歇精馏则往往是在不同时间从塔的同一出料口分离出不同产物。这种流程必然存在物料的混合，形成过渡馏分，从而降低了生产能力。因此间歇过程比连续过程生产能力低、能耗大，这是间歇精馏不可避免的缺点。在选择间歇精馏时应权衡利弊，扬长避短。

3.5.1 间歇精馏工艺

3.5.1.1 间歇精馏流程

间歇精馏是周期性操作过程，它包括加料、平衡（全回流），第一产品采出、中间馏分采出、第二产品采出等，最后是排放残液和塔的清洗。

图 3-41 所示为一典型的工业间歇精馏装置。与塔相连的是一个大容量的再沸器，内部

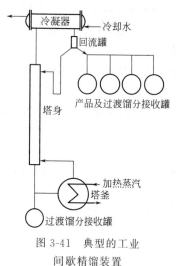

装有螺旋管或器外设置夹套供蒸汽加热用。在冷凝器后面排列着管网和阀门，它们可使产品馏分收集在不同的接受器中，通常是顺序交替地收集产品和中间馏分。回流比用手动控制或根据塔中测温点自动控制。

间歇精馏塔的分离要求主要指产品的质量和产量。对常规的间歇精馏塔则表现在塔顶产品的纯度、收率和馏出速率。而影响这些指标的关键问题是塔内物料存在着混合现象。因为严格说来其馏出液浓度总是随时间在不断地变化，只能以一个馏出阶段的液体的平均浓度达到指标来保证产品纯度，并且在不同产品馏分之间不可避免地出现过渡馏分，过渡段的存在既降低产量又降低质量。为改善这一弊端，出现了多种间歇精馏塔的形式：

（1）常规间歇精馏塔也称精馏式间歇精馏塔 它是最常见的间歇精馏流程，如图 3-42 所示。塔釜内装有被分离

图 3-41 典型的工业间歇精馏装置

料液，塔顶采出产品，很像连续精馏的精馏段。在操作过程中塔顶组成是变化的，通常得到多个馏分。某些馏分是希望的产品，而其他馏分是中间馏分，可循环至下一批再行分离。塔釜残液有时作为产品回收，也可能是废料。这种流程适用于除去重组分杂质而轻组分纯度要求较高的过程。对分离要求不高的除去轻组分杂质的分离过程，这种操作可节省时间。

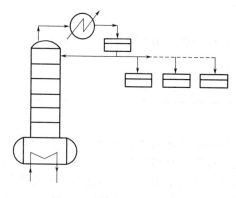

图 3-42 精馏式间歇精馏塔

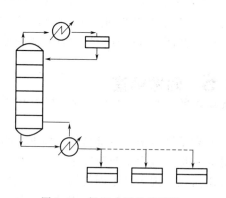

图 3-43 提馏式间歇精馏塔

（2）提馏式间歇精馏塔 塔顶设有贮料罐，它同时也是冷凝器的回流罐。再沸器的持液量很小，类似于连续精馏的提馏段。从塔底采出一系列难挥发组分的馏分，首先采出高沸点产品，然后按挥发度递增的顺序采出比较易挥发的产品。这种类型的间歇精馏可以消除高沸点产品的热分解问题，适用于难挥发组分为目标产物或难挥发组分为热敏性物质的分离情况，如图 3-43 所示。

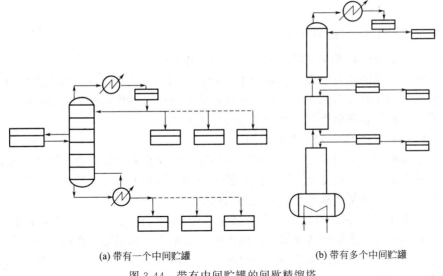

(a) 带有一个中间贮罐   (b) 带有多个中间贮罐

图 3-44 带有中间贮罐的间歇精馏塔

(3）带有中间贮罐的间歇精馏塔或称复杂间歇精馏塔 如图 3-44(a) 所示，料液基本贮存于塔中部的贮罐内，塔顶、塔底同时出料，除了进料不是连续之外，与常规连续精馏相同。该类间歇精馏塔的特点是：a.原料进入塔中部合适的位置，再沸器的持液量保持在最小；b.进料板上的液体要循环到原料罐中，使原料罐中液体组成与进料板上的液体的组成相近；c.产品或中间馏分能同时从塔顶和塔底采出。这类塔的操作是很灵活的，可以很容易地通过改变进料位置和开启、关闭流程中适当的阀门而转换为精馏式间歇精馏或提馏式间歇精馏。有作者将这类间歇精馏塔应用于共沸精馏、萃取精馏和反应精馏。

带有多个中间贮罐的间歇精馏塔很类似于常规间歇精馏塔，不同之处是有一个或多个中间原料罐/产品罐，如图 3-44(b) 所示。如果该塔在全回流条件下操作，则每个贮罐中的料液在精馏过程中都会得到纯化。而每个贮罐中的料液的纯度依赖于每段的塔板数、汽化量、每个贮罐中料液加入量和操作的持续时间。塔顶贮罐中将富含低沸点组分，而塔底贮罐中将富含高沸点组分。

这种流程综合了常规间歇精馏和提馏式间歇精馏的优点，生产能力高，节能效果明显，并对某些热敏性物料的分离有特殊优异的效果，是有潜在优势的间歇精馏过程。

(4) 连续精馏塔用于间歇精馏 这类塔的特点是：a.原料从进料罐连续进入塔中部合适的位置，再沸器和冷凝器的持液量保持在最小；b.该塔为连续操作，原料每通过一次，塔顶馏出一个组分，其余物料收集在塔底的贮罐中；c.将前述塔底贮罐中的物料导入进料罐，开始下一轮操作。该反复精馏的过程持续到最后的二组分混合物分离。分离流程见图 3-45。

在这种类型的间歇精馏操作中，每一轮操作使用一个回流比，塔顶和塔底出料组成保持恒定，但不同轮次使用的回流比可以不同，根据组分分离的难易程度而定。这种间歇精馏可以使用现成的连续精馏塔操作，只

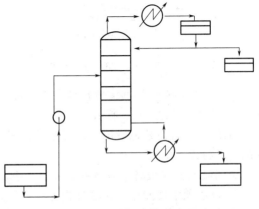

图 3-45 连续精馏塔用于间歇精馏

需将个别管线稍加改动即可。

3.5.1.2 间歇精馏过程分析

以常规间歇精馏流程为例说明间歇精馏过程操作特性。

间歇精馏是典型的动态过程，相对于连续精馏稳态过程，需要更加精细的调节和操作。由于间歇精馏塔内所有各点的组成都在不断地改变，因而一些操作参数就必须随之作相应的变动，才能保证获得合格的塔顶产品和满意的分离效果。

(1) 不同回流方式的间歇精馏过程特性

回流比是典型的操作参数之一，可以维持恒定的回流比来操作，也可以让回流比按任意方式变化。但不同的回流比变化方案，产品的纯度和产量相差很大。所以，寻找最合理的操作参数变化方案，一直是间歇精馏研究的热门课题。

① 恒回流比操作　在此操作中，当采出某一馏分时，回流比保持不变，而馏出物的浓度和流率随时间变化，产品组成为馏出时间内的平均组成。恒回流比操作比较容易实现，因而应用也较多。多元物系的间歇精馏，馏出不同的产品可采用不同的恒回流比，整个过程为分段恒回流。

图 3-46 所示为理想三元物系甲醇(a)-乙醇(b)-异丙醇(c) 的间歇精馏过程塔顶馏出液组成 x_{Di} 和釜液组成 x_{Bi} 随相对馏出液量 D/F 的变化关系。原料组成：$x_{Fa}=0.6$，$x_{Fb}=0.2$，$x_{Fc}=0.2$（均为质量分数），当平衡级数 $N=25$，回流比 $R=20$ 时，先得到纯的低沸点组分 a，该组分釜液组成逐渐降低，而中间组分 b 和高沸点组分 c 组成增加。在蒸出 a 的后期，馏出液为过渡馏分，此时馏出液浓度从 $x_{Da}=1$ 降至 $x_{Da}=0$；而 $x_{Db}=0$ 升至 $x_{Db}=1$。当釜液中 a 被耗尽后 b 变为易挥发组分，为第二阶段的馏出物。蒸出 b 后，再蒸出 c，三组分顺序分别收集到不同的接收器中。在相邻两纯组分馏出液之间的过渡馏分为不合格产品，需要返回重新精馏。过渡区的大小与回流比及平衡级数有关。

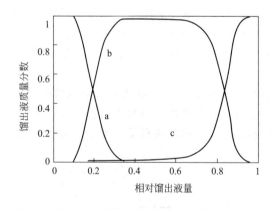 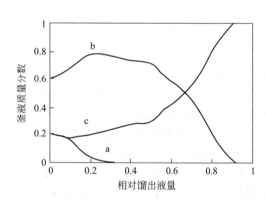

图 3-46　甲醇（a)-乙醇（b)-异丙醇（c）三元物系间歇精馏浓度曲线（$R=20$，$N=25$）

二元混合物系在恒回流比操作条件下进行间歇精馏，其塔顶、釜组成变化可直观地表示在 $y\text{-}x$ 图上，如图 3-47 所示。

由图 3-47 可清楚地看出，在固定理论板和回流比的情况下，馏出液和釜液的易挥发组分的浓度将连续降低。

恒回流比操作策略是最简单易行的方法，被工业上广泛采用。

② 恒塔顶浓度操作　在这种操作中，回流比随过程的持续进行而逐渐增大，从而使塔顶馏出物的组成维持恒定。

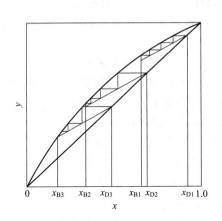

图 3-47 恒回流比间歇
精馏塔顶釜浓度的变化

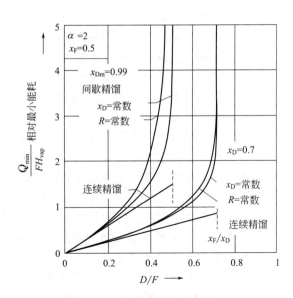

图 3-48 不同模式的最低能耗比

图 3-48 所示为理想混合物当 $x_F=0.5$，$\alpha=2$ 时不同精馏模式能耗的比较。从图中可以看出，对两种情况能耗的比较结果是，恒馏出液浓度比恒回流比操作能耗低，对于高纯度精馏这种差别更甚。连续精馏模式最节能，随 D/F 增加，连续精馏能耗线性增加，而间歇精馏的能耗则急剧增大，特别当要求易挥发组分全部蒸出时，间歇精馏能耗太大，不能应用。

恒塔顶浓度操作严格讲来只是针对二元间歇精馏过程。

③ 优化变回流比操作 这种操作是近年来间歇精馏过程中研究得最多的一种操作方式，其研究始于 Converse 等人的工作，间歇精馏过程优化回流比操作研究的目标函数通常有下面三类：a. 在规定时间 T 内得到规定浓度的产品产量最大，即最大产量目标函数；b. 获得规定浓度 x_D 和产量 D 所花费的时间最少，即最短时间目标函数；c. 得到规定浓度 x_D 的产品所获得的经济效益最大，即最大经济效益目标函数。

图 3-49 所示为最优回流比随 D/F 变化的关系曲线。操作过程中，回流比不断增加，但比恒定馏出液组成操作情况增加缓慢，并且开始时回流比远远低于恒回流比操作的情况，能耗可节约 15% 左右。由于这种操作复杂，只应用在个别情况下。若要求得到高纯度产品，则一般采用恒定馏出液组成操作。

对中间馏分必须采用其他回流操作策略。一般经验是在相当低的恒定回流比下快速采出中间馏分，但这样操作中间馏分采出量大，故循环量大。在高回流比下采出中间馏分，情况正好相反。

(2) 各种参数对间歇精馏操作的影响

① 持液量 在稳态连续精馏中假设板上汽相和液相完全混合，持液量不影响过程分析，这种塔的模拟通常也不包含持液量，因为系统中持液的数量不影响质量

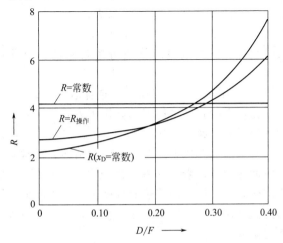

图 3-49 最优回流比随 D/F 变化的关系曲线

流率。然而间歇精馏从本质上就是个不稳态过程，系统中的持液构成了物料的贮液池，它影响着流率的变化，因而影响整个系统的动态特性。从大量的相关文献可以看出，到目前为止，塔的持液量对间歇精馏性能的影响仍然是有争论的课题。

当液体在塔板上、冷凝器和回流罐中的持液量与塔釜中的液体量相比不能忽略时，在恒回流比操作条件下馏出液组成随时间变化的速率与持液量被忽略的情况是不同的。其原因有二：

a. 当塔中持液量大到一定程度时，装进塔釜中初始原料中轻组分的浓度比精馏过程开始后塔釜料液中轻组分的浓度更高些，这是因为在塔顶产品出料之前，必先提供塔中的持液，由于精馏塔的分离作用，塔中所持液体中轻组分的平均组成比塔釜装料初始原料中轻组分的组成更高。这样，塔顶开始出料时塔釜料液中轻组分的组成比假设塔中无持液情况的塔釜液中轻组分的组成更低，因此实际的分离情况比按原料初始组成所达到的预期分离更困难。

b. 塔内存在的持液起到减缓组分交换速率的作用，即持液产生惯性效应，阻止了组成的迅速变化，通常使分离程度得到改进。

上述两方面的影响同时发生，但它们的重要性在精馏进程中会发生转换。

关于持液量对间歇精馏的影响已进行了很多研究，在 20 世纪 50～60 年代开发了一些预测持液量影响的近似法。目前，最好的方法是据具体情况而定的数学模拟方法。

例如，讨论一个精馏式间歇精馏塔操作。原料为乙醇和正丙醇的混合物，组成为 1:1。全塔有 8 块理论板，操作回流比为 19。模拟了在不同持液量情况下馏出液和釜液的组成变化如图 3-50 所示。在图 3-50(a)，每块理论板的持液量是初始装液量的 0.08%，回流罐的持液量是初始装液量的 0.1%，故总持液量为 0.18%。由于模拟计算未从全回流开始，有少量起始馏出液馏分的乙醇纯度很低，紧接着馏出高纯度乙醇馏分。由塔顶收集的中间馏分数量大约是原料的 10%，留在塔釜的料液是高纯度正丙醇。

图 3-50(b) 所示为每块理论板的持液量是初始装液量的 8%，回流罐的持液量是初始装液量的 0.1%，故总持液量为 8.1%。在该情况下，对相同分离要求而言，起始低纯度馏分和中间馏分都稍大些。当回流罐的持液量明显增加时这种影响更大，如图 3-50(c) 所示，其模拟条件为：每块理论板的持液量是初始装液量的 8%，回流罐的持液量是初始装液量的 5%，故总持液量为 13%。在多组分间歇精馏中也发现了类似的现象。对在进料中含量较低的组分并希望得到该组分高纯度产品的情况，塔内和冷凝器持液量的影响更为重要。

② 回流比和平衡级数　回流比和平衡级数对过渡区的影响如图 3-51 和图 3-52 所示。显然回流比越高，平衡级数越大，过渡区越小，分离效果越好。当平衡级数大到一定数目后，如图 3-52 中 $N=10$，平衡级数对过渡区的影响不再明显。而且这里还未考虑平衡级数增加导致持液量增加对分离带来的不利影响，因而欲缩小过渡区，最有效的方法是增加回流比。

③ 操作压力　操作压力的选择取决于欲分离物系各组分的沸点和沸点范围，对于沸点范围比较窄的物系采用恒定操作压力简便。对沸点适中物系采用常压操作，对沸点高或易分解的物系采用减压操作。

对于沸点差较大的多组分间歇精馏，经常采用连续或分段降低总压的操作方式。随着操作时间的延续，塔釜内液体沸点升高，液量减少（当使用夹套加热时，相应传热面减少）。当加热介质向塔釜的传热低到极限时，可降低系统总压，此时釜内液体沸点降低，增大了传热的温度梯度，有更多的热量传入，维持比较大的蒸发量。但随操作压力降低，塔的负荷也随之降低。

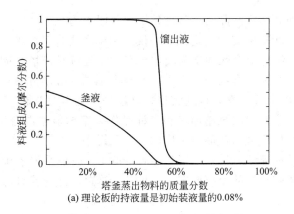

(a) 理论板的持液量是初始装液量的0.08%

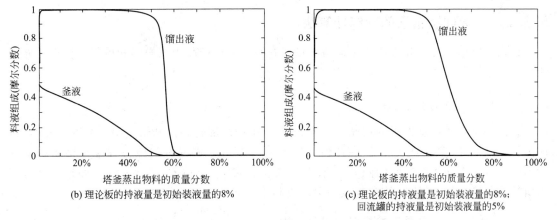

(b) 理论板的持液量是初始装液量的8%

(c) 理论板的持液量是初始装液量的8%；
回流罐的持液量是初始装液量的5%

图 3-50　精馏式间歇精馏塔持液量对间歇精馏的影响

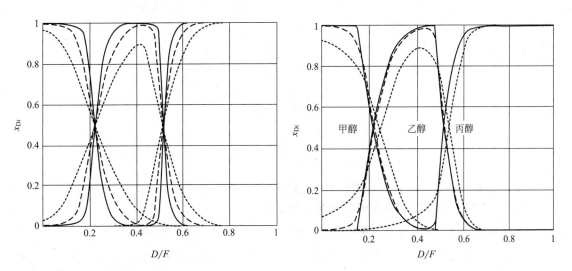

图 3-51　回流比对馏出液组成的影响（$N=10$）
-------- $R=5$；- - - - $R=10$；——— $R=20$

图 3-52　平衡级数对过渡馏分的影响（$R=10$）
-------- $N=5$；- - - - $N=10$；——— $N=20$

(3) 间歇精馏的优点

间歇精馏和连续精馏各有自己的应用范围。当精馏塔使用很高塔板数和在接近最小回流比的范围内操作时，连续精馏所需的操作回流比较小，因而操作成本较低；当使用较少塔板数的精馏塔且不要求得到高纯度产品时，间歇精馏更具吸引力。

与连续精馏相比较，间歇精馏的主要优点是仅使用单塔代替多个塔以及操作的灵活性。

由 c 个组分构成的多组分混合物通常需要（$c-1$）个连续精馏塔才能从混合物中分离出所有组分。例如，分离 4 组分混合物需 3 个塔，有 5 个不同的分离方案；分离 5 组分混合物需 4 个塔，有 14 个不同的分离方案，以此类推，这还是最基本的考虑。

另一方面，仅需要一个常规间歇精馏塔和一种操作方案即能从混合物中分离全部组分，唯一的要求是在规定时间切换馏出产品到不同的产品贮罐中。

连续精馏塔设计为长期连续运转，一般年运转 8000h。一塔系列塔中的每个塔仅完成特定的分离任务。然而，间歇精馏的单塔能够分离出几个产品（单分离任务）或用于多种混合物的分离（多分离任务）。

最后，在药物和食品工业中质量监控是很重要的，间歇生产方式有利于产品的跟踪。

3.5.2 二元间歇精馏的图解计算法

二元间歇精馏的手算方法不考虑持液量的存在。按恒产品组成操作和恒回流比操作分别介绍。

3.5.2.1 恒回流比操作

假设一个有 4 块理论板的精馏塔用于分离 A 和 C 的混合物。开始釜中有溶液 F mol，组成为 x_F（对易挥发组分 A）。该塔在恒回流比 R 下操作，则易挥发组分在馏出液中的浓度将连续降低。在很小的时间间隔 dt，馏出液浓度将从 x_D 下降至 $x_D - dx_D$，如果在该时间内所得到的产品量是 dD，则易挥发组分的物料平衡如下：

$$随产品移出的易挥发组分 = dD\left[x_D - \frac{dx_D}{2}\right] \tag{3-72}$$

$$= x_D dD \qquad （忽略二次项后）$$

和

$$x_D dD = -d(Bx_B)$$

因

$$dD = -dB$$

所以得

$$-x_D dB = -B dx_B - x_B dB$$

$$B dx_B = dB(x_D - x_B) \tag{3-73}$$

和

$$\int_F^B \frac{dB}{B} = \int_{x_F}^{x_B} \frac{dx_B}{x_D - x_B}$$

$$\ln\frac{F}{B} = \int_{x_B}^{x_F} \frac{dx_B}{x_D - x_B} \tag{3-74}$$

取若干组 $1/(x_D - x_B) \sim x_B$ 值，画 $1/(x_D - x_B)$ 对 x_B 的曲线，则在原料组成 x_F 和釜液组成 x_B 之间，曲线以下的面积即为图解积分值。

为建立馏出液组成 x_D 与釜液组成 x_B 之间的关系，需使用图解法，如图 3-53 所示。在 y-x 图的对角线上取若干 x_D 值（例如图中 x_{D1}、x_{D2}），以此为起点以相同的斜率 $\frac{R}{R+1}$ 画一系列操作线，然后在操作线和平衡线之间画 4 层阶梯，得到相应的釜液组成 x_B（例如图中 x_{B1}、x_{B2}）。该操作持续到达特定的标准为止，例如：期望的馏出液组成平均值；或釜液终端组成规定值；或期望收集到馏出液的总量。另外，也可规定达到一定的操作时间。

从总物料衡算可以看出，釜中物料量减少的速率 dB/dt，等于馏出液采出速率 dD/dt，即

$$dB/dt = -dD/dt \tag{3-75}$$

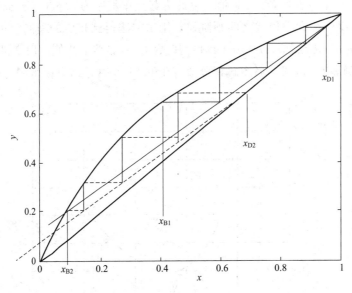

图 3-53 二组分间歇精馏恒回流比操作图解法

围绕着塔的顶部至塔中第 j 块板作总物料衡算：

$$V = L + dD/dt = (R+1)dD/dt \qquad (3-76)$$

式中，L 表示来自冷凝器的回流液流率；回流比 R 也可写为 $\dfrac{L}{dD/dt}$；V 为塔釜沸腾汽化速率。

结合式(3-75) 和式(3-76) 得釜液的变化速率 dB/dt

$$\frac{dB}{dt} = -\frac{V}{R+1} \qquad (3-77)$$

积分上式，得到

$$\int_0^T dt = \int_B^F \frac{R+1}{V} dB \qquad (3-78)$$

$$T = \frac{R+1}{V}(F-B) = \frac{R+1}{V}D \qquad (3-79)$$

用类似的方法也能估计能量消耗。向再沸器供应的热量主要用于提供回流。所以，输入再沸器的总热量用下式计算：

$$Q_R = \int_0^D H_{vap} R \, dD = H_{vap} R D \qquad (3-80)$$

式中，H_{vap} 表示混合物的平均汽化潜热。

【例3-8】 组分 A 和 C 的混合物，含 A 0.40（摩尔分数）。该混合物在有 5 块理论板的塔中进行间歇精馏，恒回流比操作 $R=5.630$。两组分的相对挥发度 $\alpha_{A,C}=2.0$。

（1）求蒸馏出原料的 40% 时馏出液和釜液的组成。（2）如果塔釜加料 100mol 混合物，沸腾汽化速率为 143.1（每 100mol 混合物进料），问完成精馏操作需多少时间？（3）假设混合物的汽化潜热为 40kJ/(g·mol)，求完成上述操作需向再沸器输入的热量？

解 原料 F 的 40% 被蒸馏出，还有 60% 留在塔釜，即 $B=0.6F$。则

$$\ln\left(\frac{F}{B}\right) = \ln\left(\frac{1}{0.6}\right) = 0.5108$$

在 y-x 图的对角线上取若干 x_D 值，以此为起点作斜率为 $5.630/(5.630+1)$ 的一系列操作线，然后在操作线和平衡线之间画阶梯，用试差法得到相应的釜液组成 x_B，并发现相应于 $x_F=0.4$ 的馏出液组成 $x_D=0.9471$。其余的 x_D 都小于此值。用全部 $1/(x_D-x_B) \sim x_B$ 数据绘制 [例3-8] 附图，当图解积分值等于 0.5108 时，结束图解积分操作。

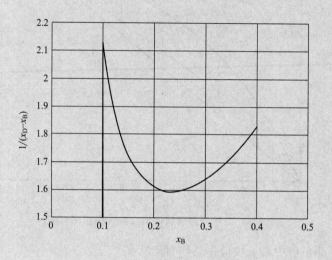

[例3-8] 附图　图解积分

（1）结束图解积分操作时的馏出液组成 $x_D=0.5681$，对应的釜液组成 $x_B=0.1000$。应用下列物料衡算式计算馏出液平均组成：

$$\int_0^D x_D \mathrm{d}D = \int_F^B x_B \mathrm{d}B = Fx_F - Bx_B$$

$$x_{Dav} \int_0^D \mathrm{d}D = Fx_F - Bx_B$$

$$x_{Dav} = \frac{Fx_F - Bx_B}{D}$$

$$x_{Dav} = \frac{100 \times 0.4 - 60 \times 0.1}{40} = 0.85$$

（2）由式(3-79)计算精馏所需时间

$$T = \frac{5.63+1}{143.1} \times 40 = 1.8532 \ (h)$$

（3）由式(3-80)求再沸器热负荷

$$Q_R = 40 \times 5.63 \times 40 = 9008(kJ)$$

3.5.2.2　恒产品组成操作（x_D）

假设一个有5块理论板的精馏塔用于分离 A 和 C 的混合物。开始釜中有溶液 F mol，组成为 x_F（对易挥发组分 A）。馏出物组成恒定为 x_D，所需回流比为 R_1。如果精馏继续到釜中剩 B mol，组成为 x_B，则对于相同的理论板数，回流比增至 R_2，若得到产品 D mol，按物料衡算：

$$Fx_F - Bx_B = Dx_D \tag{3-81}$$

$$F - B = D \tag{3-82}$$

$$Fx_F - (F-D)x_B = Dx_D, \quad Fx_F - Fx_B = Dx_D - Dx_B$$

$$D = F\frac{(x_F - x_B)}{(x_D - x_B)} = F\frac{a}{b} \tag{3-83}$$

式中，a 和 b 表示在图 3-54 中，若以 ϕ 表示任意操作线在 y 轴上的截距，则

$$x_D/(R+1) = \phi \quad \text{或} \quad R = x_D/\phi - 1 \tag{3-84}$$

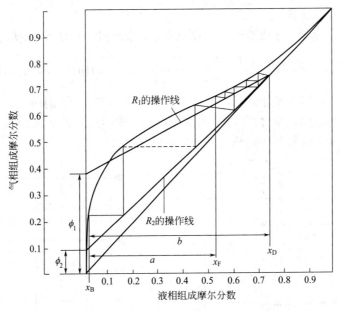

图 3-54　二组分间歇精馏恒产品组成操作图解法

该方程能够求任意终端塔釜浓度所对应的终端回流比，同时给出所获得馏出物的总量。操作的终点也取决于给定的标准。

由于 $D + B = F$，式(3-83)也可以变换为

$$\frac{B}{F} = \frac{x_D - x_F}{x_D - x_B} \tag{3-85}$$

操作时间的求解仍用式(3-78)。从式(3-85)得到 B 对 x_B 的微分式，将其结果代入式(3-78)得到

$$T = \int_{x_B}^{x_F} \frac{R+1}{V} \times \frac{F(x_D - x_F)}{(x_D - x_B)^2} dx_B \tag{3-86}$$

在比较恒回流比操作和恒产品组成操作时，对于给定产品量 D，精馏中总蒸汽量消耗是不同的。

如果连续调整回流比 R 使之保持馏出液组成不变，则在任意瞬间，回流比 $R = dL/dD$。在精馏过程，总的回流液量为

$$\int_0^L dL = \int_0^D R\,dD \tag{3-87}$$

在整个精馏过程，为提供回流而向塔釜输入的热量为：

$$Q_R = H_{vap} \int_0^D R\,dD \tag{3-88}$$

首先求 R 和 D 之间的关系，然后图解积分求 Q_R。其方法为，在已知板数和 x_D 的情况下，对任意希望的 R 值，x_B 值可通过图解得到，产品量 D 从式(3-83)得到，用若干组

$R\sim D$ 数据画图，图解积分得 $\int_0^D R\mathrm{d}D$ 值。

【例 3-9】 用恒产品组成操作模式重作［例 3-8］。

解 由于是恒产品组成操作，故馏出液组成保持不变 $x_\mathrm{D}=x_\mathrm{Dav}=0.85$。对于多个回流比 R，使用图解法求得相应的塔釜组成 x_B。在各个回流条件下对应每个塔釜组成 x_B 的馏出液量可从式(3-83) 计算。

a. 当收集到的产品量大于或等于 40 时结束操作，求出相应于 $D=40$ 的塔釜组成 $x_\mathrm{B}=0.10$。

b. 求解操作时间：绘制 $\dfrac{R+1}{V}\times\dfrac{F(x_\mathrm{D}-x_\mathrm{F})}{(x_\mathrm{D}-x_\mathrm{B})^2}$ 对 x_B 的曲线，求出曲线以下在 x_B 等于 $0.4\sim0.1$ 之间的面积即为操作时间，等于 1.995h，见［例 3-9］附图 1。

c. 绘制 $R\text{-}D$ 的曲线，如［例 3-9］附图 2 所示。求出曲线以下在 D 等于 $0\sim40$ 之间的面积，再由式(3-88) 计算加入的热量 $Q_\mathrm{R}=9800\mathrm{kJ}$。

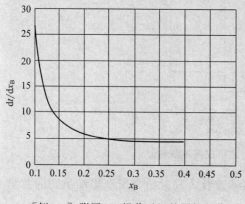

［例 3-9］附图 1　操作时间的图解积分

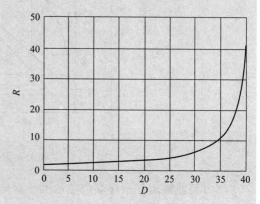

［例 3-9］附图 2　计算再沸器热负荷的图解积分

3.5.2.3　优化回流比

从上述两例明显看出，尽管两种操作得到相同的产品数量和相同的产品纯度，但操作时间不同。在恒回流比操作情况，产品组成是逐渐变化的，相反，在恒产品组成操作情况，随回流比变化，产品组成不变。现在讨论第三种操作模式：无论是回流比还是产品组成均不保持恒定。

【例 3-10】 对于给定［例 3-8］和［例 3-9］相同的分离和使用相同的间歇精馏塔，分析下列回流比操作策略的结果：

x_D	0.9019	0.8980	0.8899	0.8749	0.8455	0.8265	0.8010	0.7635	0.7018
R	5.472	5.349	5.237	5.138	4.980	5.348	5.966	6.839	7.623

解 对每一对 x_D 和 R 值，通过坐标点（x_D,x_D）画斜率为 $\dfrac{R}{R+1}$ 的操作线，在平衡线和操作线之间作阶梯，按规定理论板数确定相应的釜液组成 x_B，［例 3-10］附图 1 显示了 x_B 的图解方法。

对于第三种操作模式，也能以与恒回流比操作相同的方程计算总馏出液量，只是变化的回流比要与 x_D 和 x_B 一一对应。即 x_B、$x_\mathrm{D}-x_\mathrm{B}$、$1/(x_\mathrm{D}-x_\mathrm{B})$ 从每一个对应的操作

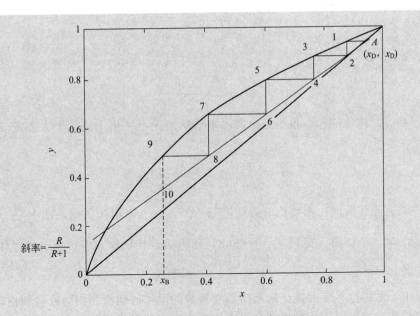

[例 3-10] 附图 1　第三种操作模式的图解法

线得到。x_B 对 $1/(x_D - x_B)$ 的曲线绘于 [例 3-10] 附图 2, 曲线下的面积是 0.5108, 该

数值即是 $\ln\left(\dfrac{B}{F}\right)$, 因此总馏出液量

$$D = F\left(1 - \frac{B}{F}\right) = 40$$

该数值与 [例 3-8] 和 [例 3-9] 的总馏出液量是相同的

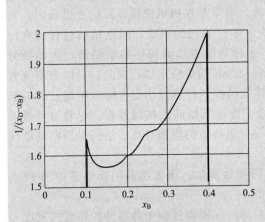

[例 3-10] 附图 2　第三种
操作模式的图解积分

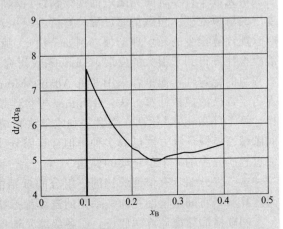

[例 3-10] 附图 3　第三种模式
操作时间的图解积分

借助于 [例 3-8] 所推导出的计算平均馏出液组成的公式求得:

$$x_{\text{Dav}} = \frac{100 \times 0.4 - 60 \times 0.1}{40} = 0.85$$

该数值与 [例 3-8] 和 [例 3-9] 的馏出液平均组成是相同的。与此相类似, 像是在恒馏出液组成条件下所推导的情况, 积分式 (3-77) 得到

$$\int_0^T dt = \int_B^F \frac{R+1}{V} dB \tag{3-78}$$

将式(3-73)变换为

$$dB = B \frac{dx_B}{x_D - x_B} \tag{3-89}$$

在既不是恒回流比操作,也不是恒产品组成的情况下使用上述两个方程求 T,则公式演变为

$$T = \int_{x_B}^{x_F} \frac{B}{V} \times \frac{R+1}{x_D - x_B} dx_B \tag{3-90}$$

该第三种模式的操作时间由图解积分得到,如[例3-10]附图3所示,图中 $\frac{B}{V} \times \frac{R+1}{x_D - x_B}$ (即 dt/dx_B) 对 x_B 作图,得到 $T=1.686\text{h}$,比恒回流比操作和恒产品组成操作所需时间都少。

可以看出,采用这种变回流比的策略需要最少的操作时间得到相同数量和相同纯度的产品。其回流比控制在恒回流比和恒产品组成情况之间,叫做优化回流比或优化控制策略。计算这种策略是个困难的问题,依赖于优化控制理论,已超出本书范围。

3.5.3 多组分间歇精馏的简捷计算法

间歇精馏过程的模拟计算按是否考虑塔顶和塔身持液而分为两类,一类是无持液模拟,另一类是有持液模拟。无持液模拟方法主要是建立在 Rayleigh 方程基础上的,使用 Rayleigh 方程时要求已知任一釜液浓度下的塔顶浓度,若忽略塔顶和塔身的持液则可将该过程看成由无数个持续时间无限短的连续精馏过程所组成,而用连续精馏的算法得到任意釜液浓度下的塔顶浓度。间歇精馏过程的有持液模拟计算,最早是在机械模拟计算机上进行的,当时只能计算很少的几块理论板(例如7块)。随着电子计算机的出现,间歇精馏过程的有持液模拟计算得到了很大的发展,Distefano 研究了多种数值方法解描述间歇精馏过程的微分方程组的稳定性,他推荐采用 3 阶 Adams-Moulton-Shell 预报校正法,在此以后许多研究者提出了自己的模拟计算方法,Galindez 等将连续精馏的模拟计算方法引入间歇精馏过程的模拟计算,Holland 采用两点隐含法和收敛法相结合的办法求解间歇精馏过程。尽管有持液的间歇精馏模拟计算方法已有多种,但计算繁复,寻找更有效的模拟计算方法仍是当前间歇精馏过程研究中的一个很重要的课题。

本节仅介绍具有恒回流比的多组分间歇精馏简捷计算法。该方法利用连续精馏的 FUG 简捷算法,将间歇精馏视为一系列的连续稳态精馏。

间歇精馏简捷计算法假设:①各级摩尔流率相等;②操作过程中各组分的相对挥发度不变;③塔顶和塔身持液量忽略不计。对常规间歇精馏过程,其总物料衡算式为:

$$-\frac{dB}{dt} = D \tag{3-91}$$

$$-\frac{dB}{dt} = \frac{V}{1+R} \tag{3-92}$$

对任一组分 i,物料衡算式为:

$$\frac{d(x_{Bi}B)}{dt} = x_{Di} \frac{dB}{dt} \tag{3-93}$$

上式经转换得：

$$\mathrm{d}x_{\mathrm{B}i} = (x_{\mathrm{D}i} - x_{\mathrm{B}i}) \frac{\mathrm{d}B}{B} \tag{3-94}$$

采用有限差分，式(3-92)和式(3-94)分别变为：

$$B^{(k+1)} = B^{(k)} - \left(\frac{V}{R+1}\right)\Delta t \tag{3-95}$$

$$x_{\mathrm{B}i}^{(k+1)} = x_{\mathrm{B}i}^{(k)} + (x_{\mathrm{D}i}^{(k)} - x_{\mathrm{B}i}^{(k)})\left(\frac{B^{(k+1)} - B^{(k)}}{B^{(k)}}\right) \tag{3-96}$$

式中，k 为时间变化标志。对任一规定的时间增量 Δt，$B^{(k+1)}$ 和 $x_{\mathrm{B}i}^{(k+1)}$ 分别由式(3-95)和式(3-96)式计算。$x_{\mathrm{D}i}^{(k)}$ 由前次迭代计算而得。

数值积分计算从 $k=0$ 开始，釜中起始加料量为 $B^{(0)}$，起始原料组成为 $x_{\mathrm{B}i}^{(0)}$，而 $x_{\mathrm{D}i}^{(0)}$ 取决于间歇精馏塔开工方式，如以全回流方式开车，可由芬斯克方程计算 $x_{\mathrm{D}i}^{(0)}$。设理论级数为 N，则

$$N = \frac{\lg\left[\left(\dfrac{x_{\mathrm{D}i}}{x_{\mathrm{B}i}}\right)\left(\dfrac{x_{\mathrm{B}r}}{x_{\mathrm{D}r}}\right)\right]}{\lg\alpha_{i,r}} \tag{3-97}$$

由此解得：

$$x_{\mathrm{D}i} = x_{\mathrm{B}i}\left(\frac{x_{\mathrm{D}_r}}{x_{\mathrm{B}_r}}\right)\alpha_{i,r}^{N} \tag{3-98}$$

式中，下标 r 为任一参考组分，一般指最难挥发组分，$x_{\mathrm{D}r}$ 由归一化方程计算，即将式(3-98)代入下式

$$\sum_{i=1}^{c} x_{\mathrm{D}i} = 1.0 \tag{3-99}$$

得到：

$$x_{\mathrm{D}r} = \frac{x_{\mathrm{B}r}}{\displaystyle\sum_{i=1}^{c} x_{\mathrm{B}i}\alpha_{i,r}^{N}} \tag{3-100}$$

由该式计算起始馏出物中的参考组分的组成 $x_{\mathrm{D}r}^{(0)}$，其余组分的 $x_{\mathrm{D}i}^{(0)}$ 从式(3-98)计算。再由起始值 $x_{\mathrm{D}i}^{(0)}$，用式(3-95)和式(3-96)分别计算 $B^{(1)}$ 和 $x_{\mathrm{B}i}^{(1)}$。当 $k>0$ 时，$x_{\mathrm{D}i}^{(k)}$ 由 FUG 法计算。$N_{\min}$ 与 N 的关系采用 Eduljee 关联式：

$$\frac{N - N_{\min}}{N+1} = 0.75\left[1 - \left(\frac{R - R_{\min}}{R+1}\right)^{0.5668}\right] \tag{3-101}$$

当系统中所有组分均为分配组分时，最小回流比由 Underwood 方程求得：

$$R_{\min} = \frac{\left(\dfrac{x_{\mathrm{D_{LK}}}}{x_{\mathrm{B_{LK}}}}\right) - \alpha_{\mathrm{LK,HK}}\left(\dfrac{x_{\mathrm{D_{HK}}}}{x_{\mathrm{B_{HK}}}}\right)}{\alpha_{\mathrm{LK,HK}} - 1} \tag{3-102}$$

当式(3-98)中 $i=1$，$r=c$ 以及 $N=N_{\min}$，式(3-100)中 $r=c$ 时，将式(3-98)和式(3-100)代入式(3-102)中，此时 LK=1，HK=c，则得到：

$$R_{\min} = \frac{\alpha_{1,c}^{N_{\min}} - \alpha_{1,c}}{(\alpha_{1,c} - 1)\displaystyle\sum_{i=1}^{c} x_{\mathrm{B}i}\alpha_{i,c}^{N_{\min}}} \tag{3-103}$$

若已知 N、R，则联立求解式（3-101）和式（3-103）式可求得 N_{min} 和 R_{min}；然后以 N_{min} 作为 N，由式（3-100）计算 x_{Dr}，再由式（3-98）计算其余的 x_{Di}。这样，依次计算可得出 N_{min}、R_{min} 和 x_{Di} 随时间的变化。

由上述可知，这种计算方法包括两个循环，内循环计算 $x_{Di}^{(k)}$，外循环计算 $B^{(k+1)}$ 和 $x_{Bi}^{(k+1)}$。因式（3-101）和式（3-103）为强非线性方程，故内循环的计算需要迭代。而式（3-95）、式（3-96）是线性方程，外循环的计算则较简单。

【例 3-11】 某三元混合物，组成为 $x_{B_A}^{(0)}=0.33$；$x_{B_B}^{(0)}=0.33$；$x_{B_C}^{(0)}=0.34$，总量为 100kmol，进行间歇精馏，精馏塔理论级数为 3（包括再沸器），回流比 $R=10$，上升蒸汽量 $V=110$kmol/h。假设精馏塔的起始操作条件为全回流稳态操作，忽略塔板持液量，试估算间歇操作 2h 内，釜液、馏出液及累积馏出液组成随时间的变化。相对挥发度分别为 $\alpha_{AC}=2$，$\alpha_{BC}=1.5$。

解 由 $D=V/(1+R)=110/(1+10)=10$(kmol/h)，因此蒸馏该料液共需要 10h。

起始阶段：设 c 为参考组分，由式（3-100）得

$$x_{D_C}^{(0)}=\frac{0.34}{0.33(2)^3+0.33(1.5)^3+0.34(1)^3}=0.0831$$

由式（3-98）得

$$x_{D_A}^{(0)}=0.33\left(\frac{0.0831}{0.34}\right)2^3=0.6449 \ , \ x_{D_B}^{(0)}=0.33\left(\frac{0.0831}{0.34}\right)1.5^3=0.2720$$

设时间增量 $\Delta t=0.5$h。$t=0.5$h 时的外循环计算：

由式（3-95）和式（3-96）得

$$B^{(1)}=100-\left(\frac{110}{1+10}\right)0.5=95\text{kmol}$$

$$x_{B_A}^{(1)}=0.33+(0.6449-0.33)\left(\frac{95-100}{100}\right)=0.3143$$

$$x_{B_B}^{(1)}=0.33+(0.2720-0.33)\left(\frac{95-100}{100}\right)=0.3329$$

$$x_{B_C}^{(1)}=0.34+(0.0831-0.34)\left(\frac{95-100}{100}\right)=0.3528$$

$t=0.5$h 时的内循环计算：

由式（3-101）得

$$\frac{3-N_{min}}{3+1}=0.75\left[1-\left(\frac{10-R_{min}}{10+1}\right)^{0.5668}\right]$$

解得：

$$R_{min}=10-1.5835N_{min}^{1.7643}$$

该方程对任何操作时间都成立。对方程式（3-103）可得：

$$R_{min}=\frac{2^{N_{min}}-2}{(2-1)\left[0.3143(2)^{N_{min}}+0.3329(1.5)^{N_{min}}+0.3528(1)^{N_{min}}\right]}$$

采用图解法或牛顿迭代法联立求解以上两式即得：$R_{min}=1.2829$；$N_{min}=2.6294$。

设 $N=N_{min}=2.6294$，代入式（3-100）中得到 $x_{D_C}=0.1081$，再由式（3-98）得出：

$$x_{D_A}^{(1)}=0.3143\left(\frac{0.1081}{0.3528}\right)2^{2.6924}=0.5959$$

$$x_{D_B}^{(1)} = 0.3329 \left(\frac{0.1081}{0.3528} \right) 1.5^{2.6924} = 0.2962$$

继续计算，依此类推，计算结果如下。

时间/h	B/kmol	$N_{\min}$	$R_{\min}$
0.0	100	—	—
0.5	95	2.6294	1.2829
1.0	90	2.6249	1.3092
1.5	85	2.6199	1.3385
2.0	80	2.6143	1.3709

	x_B		
	A	B	C
0.0	0.3300	0.3300	0.3400
0.5	0.3143	0.3329	0.3528
1.0	0.2995	0.3348	0.3657
1.5	0.2839	0.3365	0.3796
2.0	0.2675	0.3378	0.3947

	x_D		
	A	B	C
0.0	0.6449	0.2720	0.0831
0.5	0.5957	0.2962	0.1081
1.0	0.5803	0.3048	0.1149
1.5	0.5633	0.3142	0.1225
2.0	0.5446	0.3242	0.1312

	塔顶馏出液平均组成 $\overline{x_D}$		
	A	B	C
0.0	—	—	—
0.5	0.6283	0.2749	0.0968
1.0	0.6045	0.2868	0.1087
1.5	0.5912	0.2932	0.1156
2.0	0.5800	0.2988	0.1212

3.6 吸收和蒸出过程

吸收是化工生产中分离气体混合物的重要方法之一。常用于气体的净制或产品的分离。按吸收剂和溶质之间相互作用性质的不同，吸收操作可分为以下三种类型。

① 物理吸收：吸收过程纯属溶解过程，无化学反应产生，液相中溶质的平衡浓度基本上是它在气相中分压的函数。用油回收轻烃是这类吸收的一个例子。人们对这类吸收过程已

进行了大量的研究。当有多个组分被吸收或有热效应产生，过程变得复杂。

②带有可逆反应的吸收过程：被吸收气体与液相中的吸收剂发生可逆反应。例如，用一乙醇胺溶液吸收二氧化碳。由于气液平衡关系的非线性和吸收率受化学反应速率的影响，分析这类吸收过程是很困难的。

③进行不可逆反应的吸收过程：溶质和吸收剂之间发生不可逆反应。例如，用硫酸溶液吸收氨生成硫酸铵；用强氧化吸收剂吸收硫化氢生成新的含硫化物。如果不可逆反应是连串反应或不是瞬时完成的，则过程变得很复杂。

当吸收过程用于中间产物分离时，离开吸收塔的吸收液需进行蒸出操作。它的作用是将溶质从吸收液中驱赶出来，并使吸收剂获得再生，所以蒸出是吸收的逆过程。

本节的主要内容是在先修课程已讨论了有关原理和计算方法的基础上，介绍吸收和蒸出过程的流程，分析吸收过程的特点和多组分吸收蒸出过程的简捷计算方法。

3.6.1 吸收和蒸出过程流程

吸收流程一般是简单的，新鲜的或再生的吸收剂从吸收塔顶进塔，与塔中上升气流逆流操作，通过在塔板或填料上混合和接触，气相中的溶质被吸收剂所吸收。蒸出和吸收在应用上密切相关。为了使吸收过程中的吸收剂，特别是一些价格较高的溶剂能够循环使用，就需要通过蒸出过程把被吸收的物质从溶液中分出而使吸收剂得到再生。此外，以回收利用被吸收气体组分为目的时，也必须蒸出。对于分离多组分气体混合物成几个馏分或几个单一组分的情况，合理地组织吸收-蒸出流程就更加重要了。伴有吸收剂回收的流程如图 3-55 所示。采用惰性气体的蒸出过程是吸收过程的逆过程。惰性气体为蒸出剂，在蒸出塔中，气、液相浓度变化的规律与吸收相反，由于组分不断地从液相转入气相，液相浓度由上而下逐渐降低，而惰性气体中溶质的量不断增加，故气相浓度由下而上逐渐增大。为了使蒸出过程在较高的温度下进行，可以用水蒸气作为蒸出剂，促使溶质的蒸出更趋完全。采用再沸器的蒸出塔实际上是一个只有提馏段的精馏塔。用间接加热蒸汽的蒸出过程的蒸出剂是来自被蒸出液体本身汽化所产生的蒸汽，而不是从外部引入的。用一般精馏塔作为蒸出塔与前者的区别就在于增加了精馏段，起到提高蒸出溶质的纯度和回收吸收剂的作用。

3.6.2 多组分吸收和蒸出过程分析

吸收（蒸出）和精馏同属于传质过程，它们之间有很多共同的地方，但是如果仔细加以分析，吸收蒸出过程尚有它自己的一些特点。

3.6.2.1 吸收和蒸出过程的设计变量数和关键组分

按照本章 3.1 节所归纳出来的确定设计变量的原则，很容易定出吸收塔和蒸出塔的设计变量数：

吸收塔		蒸出塔	
(a) 压力等级数	N	(a) 压力等级数	N
(b) 原料气	$c+2$	(b) 蒸出剂	$c'+2$
(c) 吸收剂	$c'+2$	(c) 吸收液	$c+2$
N_x	$c+c'+4+N$	N_x	$c+c'+4+N$
N_a（串级）	1	N_a（串级）	1

多组分吸收和蒸出像多组分精馏一样，不能对所有组分规定分离要求，只能对吸收和蒸

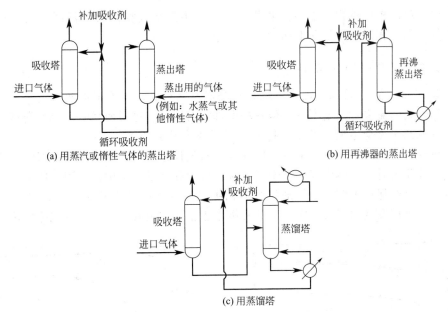

图 3-55　伴有吸收剂回收的流程

出操作起关键作用的组分即关键组分规定分离要求。但由 $N_a=1$ 可知，多组分吸收和蒸出中只能有一个关键组分。一旦规定了关键组分的分离要求，由于各组分在同一塔内进行吸收或蒸出，塔板数相同，液气比一样，它们的被吸收量的多少由它们各自的相平衡关系决定。相互之间存在一定的关系。

多组分吸收塔的工艺计算一般也分设计型和操作型。例如，已知入塔原料气的组分、温度、压力、流率，吸收剂的组成、温度、压力、流率，吸收塔操作压力和对关键组分的分离要求，计算完成该吸收操作所需的理论板数、塔顶尾气量和组成、塔底吸收液的量和组成，属于设计型计算；已知入塔原料气的组成、温度、压力、流率，吸收剂的组成、压力和温度，吸收塔操作压力，对关键组分的分离要求和理论板数，计算塔顶加入的吸收剂量、塔顶尾气量和组成、塔底吸收液量和组成，则属于操作型计算。蒸出塔的情况相似，只是将进出塔的物流相应变化即可。

一般的精馏塔是一处进料，塔顶和塔釜出料。而吸收塔或蒸出塔是两处进料、两处出料，相当于复杂塔。

3.6.2.2　单向传质过程

精馏操作中，汽液两相接触时，汽相中的较重组分冷凝进入液相，而液相中的较轻组分被汽化转入汽相。因此，传质过程是在两个方向上进行的。若被分离混合物中各组分的摩尔汽化潜热相近，往往假定塔内的汽相和液相都是恒摩尔流，计算过程要简单得多。而吸收过程则是气相中某些组分溶到不挥发吸收剂中去的单向传质过程。吸收剂由于吸收了气体中的溶质而流量不断增加，气体的流量则相应地减小，因此，液相流量和气相流量在塔内都不能视为恒定的，这就增加了计算的复杂性。

Horton 和 Franklin 提出了用重贫油吸收 $C_1 \sim C_5$ 正构烷烃混合气体的多组分吸收计算结果，图 3-56 表示了该过程的流率、温度、浓度与理论板的关系曲线。由图 3-56(a) 可见，塔中气相和液相的总流率都是向下增大的，这是单向传质的结果，各组分由气相传入液相，而没有相当数量的物料返回气相。

蒸出也是单向传质过程，但与吸收相反，溶质不是从气相传入液相而是从液相进入气相，塔中气相和液相总流率是向上增大的。

3.6.2.3 吸收塔内组分的分布

从图 3-56(c)、(d) 可以看出，甲烷和乙烷挥发度很高，几乎不被油所吸收，因而在气上中甲烷和乙烷的流率基本上不变，但在塔上部稍有降低。这说明只有一个平衡级，这些组分在液体中就几乎完全达到了平衡，此后 l_i 几乎没有什么变化。

戊烷在气相各组分中挥发度最低，因此在原料气体进塔后，立刻在塔下部的几级中被吸收。到达上部几级时，气体中仅剩下微量戊烷。因而在上部几级中传入液体的戊烷不多，戊烷在液体中的流量保持不变，至下部几级液相中戊烷的流率迅速增加 [图 3-56(c)、(d)]。丁烷是次于最小挥发度的组分，它在下部几级中也很快被吸收，但不如戊烷那样快。

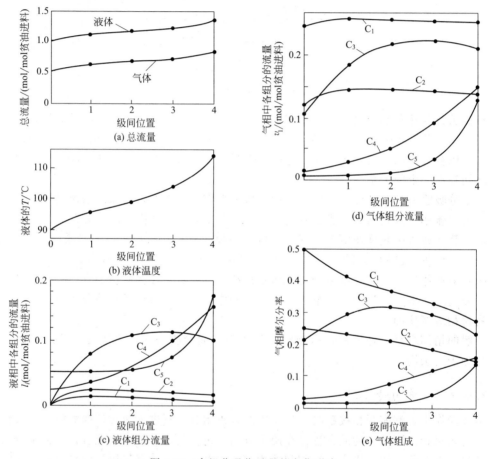

图 3-56　多组分吸收过程的变化形式

由于在塔下部几级戊烷和丁烷被大量吸收，因而气体中戊烷和丁烷浓度显著下降。甲烷和乙烷相对地不被吸收，总气体流率向上减少，甲烷和乙烷在气体中的摩尔分数不断上升 [图 3-56(e)]。

尽管甲烷和乙烷的吸收量很小，但在某级出现极大值 [图 3-56(c)]。这是温度和气相摩尔分数变化的结果。溶质在液相中的平衡浓度由 $x_i = y_i/K_i$ 求得。在上部几级中，甲烷和乙烷在气相中的摩尔分数是较高的，而温度较低，使 K_i 值变小。因此在最上一级甲烷和乙

烷的 x_i 值达到最大,并且随着级数向下而逐步上升趋于平直。对于丁烷和戊烷,不出现最高点,因为它们在塔下部已被大量吸收,上部几级的气体中 y_i 很小。

丙烷是挥发度适中的组分。原料气相中的丙烷约有一半被吸收下来 [图 3-56(d)],而甲烷和乙烷仅被吸收微量,丁烷和戊烷则绝大部分被吸收掉。当气体到达塔上部时,丙烷的情况将和甲烷、乙烷一样,气相中丙烷的高摩尔分数和低温度两者结合起来,使得在上部几级中丙烷吸收最快,在液体中出现丙烷的极大值 [图 3-56(d)]。丁烷和戊烷的挥发度低,尽管塔下部温度高,低挥发度的影响仍然是主要起作用的,故在塔下部几级很容易被吸收。

通过上述分析不难看出,在多组分混合物的吸收过程中,不同组分和不同塔段的吸收程度是不相同的。难溶组分即轻组分一般只在靠近塔顶的几级被吸收,而在其余级上变化很小。易溶组分即重组分主要在塔底附近的若干级上被吸收,而关键组分才在全塔范围内被吸收。

3.6.2.4 吸收和蒸出过程的热效应

在吸收塔中,溶质从气相传入液相的相变释放了吸收热,通常该热量用以增加液体的显热,因而导致温度沿塔向下增高 [见图 3-56(b)]。相反,在蒸出操作中,液体向下流动时有被冷却的趋势。其理由与在吸收塔中所述的完全类似。这是吸收和蒸出过程最一般的情况。

吸收过程所释放的热量在液体和气体中的最终分配很大程度上取决于两股物流热容量 $L_M C_{p,L}$ 和 $G_M C_{p,V}$ 的相对大小。L_M 为液相流率,G_M 为气体流率,$C_{p,L}$ 为液体比热容,$C_{p,V}$ 为气体比热容。如果在塔顶 $L_M C_{p,L}$ 明显大于 $G_M C_{p,V}$,则上升气体的热量传给吸收剂,使离开塔的尾气温度与进塔吸收剂的温度相近。在这种情况下,吸收所释放的全部热量提高了吸收液的温度,从塔底移出。在接近塔底的塔段,高温吸收液加热进塔气体,使部分热量返回塔中,引起温度分布上出现极大值。图 3-57 所示为净化天然气中 CO_2 和 H_2S 的吸收塔中温度和组成分布图。吸收剂为一乙醇胺、乙二醇的水溶液。由于 $L_M C_{p,L}/G_M C_{p,V}=2.5$,所以塔顶出口气和进口吸收剂的温度基本相同(41.7℃)。而在塔底,两股物流的温度差较大,吸收液为 79.4℃,原料气为 32.2℃。

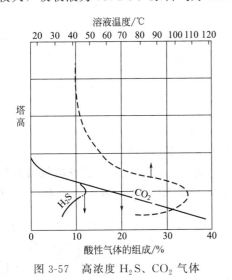

图 3-57　高浓度 H_2S、CO_2 气体吸收的温度和浓度分布

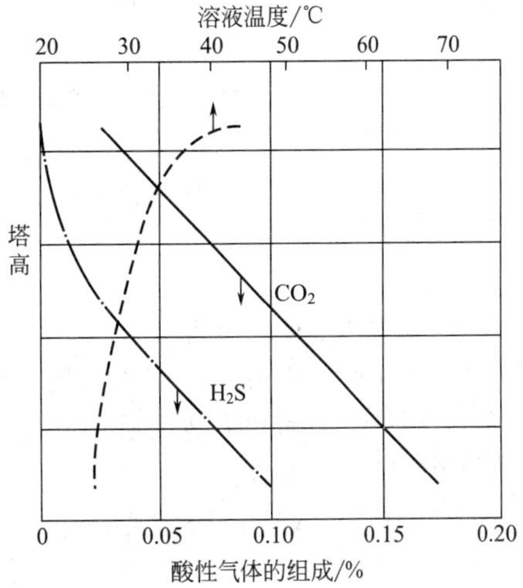

图 3-58　低浓度 H_2S、CO_2 气体吸收的温度和浓度分布

如果气体的热容量比吸收剂明显地高,则大部分热量被气体带出。图 3-58 表示含低浓度酸性气体的天然气的吸收过程。由于吸收剂流率不高,同时 $L_M C_{p,L}/G_M C_{p,V}=0.2$,因此当吸收剂沿塔下流时,它被气体冷却,在接近于原料气温度的条件下出塔。吸收所释放的

全部热量以尾气显热的形式带出。

如果 $L_M C_{p,L}$ 和 $G_M C_{p,V}$ 近似相等，并且有明显的热效应，则出塔尾气和吸收液的温度将超过它们的进口温度。在这种情况下，热量在液体和气体之间的分配取决于塔中不同位置因吸收而放热的情况。

如果液体吸收剂有明显的挥发性，它可能在塔下部的几级中部分汽化，使该汽化的吸收剂在进气中的含量趋于平衡组成。Bourne 等曾就常压下用水吸收空气中的氨的问题，分析过这一现象。他们指出，因吸收而加热液体和因吸收剂汽化而冷却液体的相反作用，会在沿塔的中部出现温度的极大值。

在吸收过程中，溶解热将使气体和液体的温度发生变化，温度的变化又会对吸收过程产生影响。一方面，因为相平衡常数不仅是液相浓度的函数，而且是液相温度的函数，一般说来，吸收放热使液体温度升高，故相平衡常数增大，过程的推动力减小；另一方面，由于吸收放热，气体和液体之间产生温差，这就使得在相间传质的同时发生相间传热。

3.6.3 多组分吸收和蒸出的简捷计算法

在单组分吸收中，当吸收量不太大时，往往被假设为等温过程，塔内气相和液相流率也假设固定不变，这样就使计算大为简化。多组分吸收就不同了，不但吸收热比较大，塔内气液两相流率不能看作一成不变，而且由于气体溶解热所引起的温度变化已不能忽略。因此，要获得精确结果，必须采用严格解法，这是第 4 章要介绍的内容。本节所介绍的简捷法用于过程设计的初始阶段和对操作作粗略分析。

3.6.3.1 吸收因子法

图 3-59 是具有 N 块理论板的吸收塔示意图，图中 1，2，…，N 代表理论板序号，排列顺序由塔顶开始。n 表示任意一块理论板。

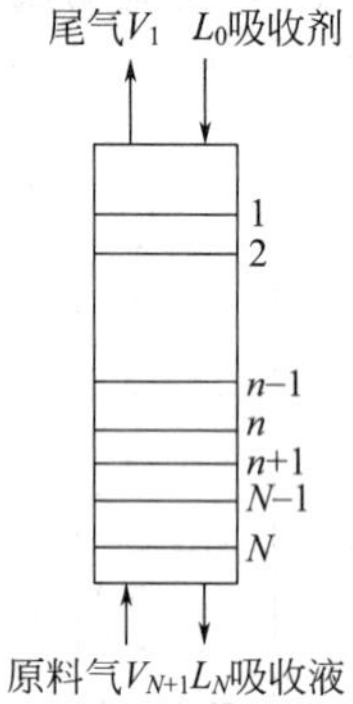

尾气 V_1　L_0 吸收剂

原料气 V_{N+1}　L_N 吸收液

图 3-59　具有 N 块理论板的吸收塔示意图

以 v 表示气相流股中组分 i 的流率；以 l 表示液相流股中组分 i 的流率，对 n 板作 i 组分的物料衡算。

$$l_n - l_{n-1} = v_{n+1} - v_n \tag{3-104}$$

任一组分 i 的相平衡关系可表示为

$$y = Kx$$

也就是说

$$\frac{v}{V} = K\frac{l}{L}$$

整理后得

$$l = (L/KV)v = Av \tag{3-105}$$

式中，A 定义为吸收因子或吸收因数。它是综合考虑了塔内气液两相流率和平衡关系的一个数群。L/V 值大，相平衡常数小，有利于组分的吸收。

用吸收因子代入物料衡算式消去 l_n 和 l_{n-1}

$$v_n = \frac{v_{n+1} + A_{n-1}v_{n-1}}{A_{n+1}} \tag{3-106}$$

当 $n=1$ 时，由式（3-106）得：

$$v_1 = \frac{v_2 + A_0 v_0}{A_1 + 1} \tag{3-107}$$

由式（3-105）可知，$v_0 = l_0/A_0$，代入式（3-107）

$$v_1 = \frac{v_2 + l_0}{A_1 + 1} \tag{3-108}$$

当然，要借助于式(3-108) 由 l_0 算出 v_1 是不可能的，因为 v_2 还没有计算出来，但可以想象，如果逐板向下推到塔底，那么有关原料气的组成情况是可以知道的。

当 $n=2$ 时，由式(3-106) 得：

$$v_2 = \frac{v_3 + A_1 v_1}{A_2 + 1} = \frac{(A_1 + 1)v_3 + A_1 l_0}{A_1 A_2 + A_2 + 1} \tag{3-109}$$

逐板向下直到 N 板，得：

$$v_N = \frac{(A_1 A_2 A_3 \cdots A_{N-1} + A_2 A_3 \cdots A_{N-1} + \cdots + A_{N-1} + 1)v_{N+1} + A_1 A_2 \cdots A_{N-1} l_0}{A_1 A_2 A_3 \cdots A_N + A_2 A_3 \cdots A_N + \cdots + A_N + 1} \tag{3-110}$$

为了消去 v_N，做全塔物料衡算：

$$l_N - l_0 = v_{N+1} - v_1$$

由式(3-105) 得 $l_N = A_N v_N$，代入上式

$$v_N = \frac{v_{N+1} - v_1 + l_0}{A_N} \tag{3-111}$$

由于式(3-110) 等于式(3-111)，得

$$\frac{v_{N+1} - v_1}{v_{N+1}} = \frac{A_1 A_2 A_3 \cdots A_N + A_2 A_3 \cdots A_N + \cdots + A_N}{A_1 A_2 A_3 \cdots A_N + A_2 A_3 \cdots A_N + \cdots + A_N + 1}$$
$$- \frac{l_0}{v_{N+1}} \left(\frac{A_2 A_3 \cdots A_N + A_3 A_4 \cdots A_N + \cdots + A_N + 1}{A_1 A_2 \cdots A_N + A_2 A_3 \cdots A_N + \cdots + A_N + 1} \right) \tag{3-112}$$

该式关联了吸收率、吸收因子和理论板数，称为哈顿-富兰克林（Horton-Franklin）方程。

应当指出，该公式在推导中未作任何假设，是普遍适用的，但严格按照上式求解吸收率、吸收因子和理论板数之间的关系还是很困难的。因为各板上的相平衡常数是温度、压力和组成的函数，而这些条件在计算之前是未知的，各板上气液相流率也是未知的。因此，必须对吸收因子的确定进行简化处理。

(1) 平均吸收因子法 该法假定各板上的吸收因子是相同的，即采用全塔平均的吸收因子来代替各板上的吸收因子。至于平均值的求法，不同作者提出了不同的方法，如有的采用塔顶和塔底条件下吸收因子的平均值，也有的采用塔顶和塔底温度的平均值作为计算相平衡常数的温度，并根据吸收剂流率和进料气流来计算吸收因子。所以，这类方法只有在塔内液气比变化不大的情况下才是准确的。应用上述假设，并经一系列变换，式(3-112) 可简化为：

$$\frac{v_{N+1} - v_1}{v_{N+1} - v_0} = \frac{A^{N+1} - A}{A^{N+1} - 1} = \varphi \tag{3-113}$$

式中，$v_{N+1} - v_1$ 表明气体中某组分通过吸收塔后被吸收的量；而 $v_{N+1} - v_0$ 则是根据平衡关系计算的该组分最大可能吸收量；两者之比表示相对吸收率。当吸收剂不含溶质时，$v_0 = 0$，相对吸收率等于吸收率。

式(3-113) 所表达的是相对吸收率和吸收因子、理论板数之间的关系。为了便于计算，克雷姆塞尔等把式(3-113) 绘制成曲线，如图 3-60 所示。当规定了组分的吸收率以及吸收温度和液气比等操作条件时，可查图得到所需的理论板数；当规定了吸收率和理论板数时，可查图得到吸收因子，从而求得液气比。

直接解式(3-113) 可用于求解 N：

$$N = \frac{\lg\left(\dfrac{A-\varphi}{1-\varphi}\right)}{\lg A} - 1 \qquad (3\text{-}114)$$

关键组分的吸收率是根据分离要求决定的，有了关键组分的吸收率，再有关键组分的吸收因子，即可利用图 3-60 或式(3-114)确定理论板数。

关键组分的吸收因子 $A_{关} = L/VK_{关}$，$K_{关}$ 一般取全塔平均温度和压力下的数值，因而计算 $A_{关}$ 的关键在于确定操作液气比 L/V。为此首先要确定最小液气比，它基本上等于最小吸收剂的比用量，定义为在无穷多塔板的条件下，达到规定分离要求时，1kmol 的进料气所需吸收剂的量（kmol）。

当 $N = \infty$ 时，由图 3-60 可以看出 $\varphi = A$，故 $(L/V)_{最小} = K\varphi$，通常取适宜的吸收剂比用量 $L/V = (1.2-2)(L/V)_{最小}$。

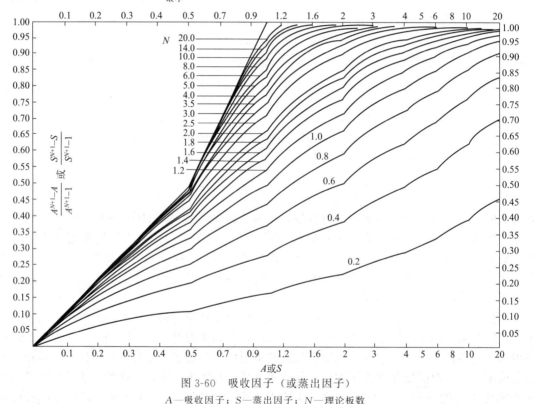

图 3-60　吸收因子（或蒸出因子）

A—吸收因子；S—蒸出因子；N—理论板数

由关键组分求出液气比和理论板数后，进一步求得非关键组分的吸收因子，通过查图得到各组分的吸收率，再由物料衡算定出塔顶尾气量 v_1 和尾气组成 y_1，吸收剂用量 L_0 以及塔底吸收液量 L_N 和组成 x_N。

【例 3-12】已知原料气组成为：

组分	CH_4	C_2H_6	C_3H_8	$i\text{-}C_4H_{10}$	$n\text{-}C_4H_{10}$	$i\text{-}C_5H_{12}$	$n\text{-}C_5H_{12}$	$n\text{-}C_6H_{14}$
摩尔分数	0.765	0.045	0.035	0.025	0.045	0.015	0.025	0.045

拟用不挥发的烃类液体为吸收剂在板式吸收塔中进行吸收，平均吸收温度为 38℃，操作压力为 1.013MPa，要求 $i\text{-}C_4H_{10}$ 的回收率为 90%。计算：(1) 最小液气比；(2) 操作液气比为最小液气比的 1.1 倍时所需的理论板数；(3) 各组分的吸收率和塔顶尾气的数量

和组成；（4）塔顶应加入的吸收剂量。

解 查得在 1.013MPa 和 38℃下各组分的相平衡常数列于附表。

（1）最小液气比的计算　在最小液气比下 $N=\infty$；$A_关=\varphi_关=0.9$，则

$$(L/V)_{最小}=K_关 A_关=0.56\times 0.9=0.504$$

（2）理论板数的计算：

操作液气比 $L/V=1.1(L/V)_{最小}=1.1\times 0.504=0.5544$

关键组分 $i\text{-}C_4H_{10}$ 的吸收因子为：

$$A_关=\frac{L}{K_关 V}=\frac{0.5544}{0.56}=0.99$$

按式（3-114），理论板数为：

$$N=\frac{\lg\dfrac{0.99-0.9}{1-0.9}}{\lg 0.99}-1=9.48$$

（3）尾气数量和组成的计算：

[例 3-12] 附表

组　　分	进料中各组分的量 v_{N+1} /(kmol/h)	相平衡常数 K	吸收因子 A	吸收率 φ	被吸收量 $v_{N+1}\varphi$ /(kmol/h)	塔顶尾气	
						数量 $V_{N+1}(1-\varphi)$ /(kmol/h)	组成 y（摩尔分数）
CH_4	76.5	17.4	0.032	0.032	2.448	74.05	0.923
C_2H_6	4.5	3.75	0.148	0.148	0.668	3.834	0.048
C_3H_8	3.5	1.3	0.426	0.426	1.491	2.009	0.025
$i\text{-}C_4H_{10}$	2.5	0.56	0.99	0.90	2.250	0.250	0.003
$n\text{-}C_4H_{10}$	4.5	0.4	1.386	0.99	4.455	0.045	0.0006
$i\text{-}C_5H_{12}$	1.5	0.18	3.08	1.00	1.500	0.0	0.0
$n\text{-}C_5H_{12}$	2.5	0.144	3.85	1.00	2.500	0.0	0.0
$n\text{-}C_6H_{14}$	4.5	0.056	9.9	1.00	4.500	0.0	0.0
合计	100.0				19.810	80.190	1.00

（4）塔顶加入的吸收剂量：

塔内气体的平均流率为：

$$V=\frac{100+80.19}{2}=90.10(\text{kmol/h})$$

塔内液体的平均流率为：

$$L=\frac{L_0+(L_0+19.81)}{2}=L_0+9.905$$

由 $L/V=0.5544$，得：$L_0=40.05\text{kmol/h}$

（2）平均有效吸收因子法　埃迪密斯特（Edmister）提出，采用平均有效吸收因子 A_e 和 A_e' 代替各板上的吸收因子，并且使式（3-112）左端的吸收率保持不变。这种方法所得结果颇为满意，因此得到广泛应用。

平均有效吸收因子 A_e 和 A_e' 分别定义如下：

$$\frac{A_e^{N+1}-A_e}{A_e^{N+1}-1}=\frac{A_1 A_2\cdots A_N+A_2 A_3\cdots A_N+\cdots+A_N}{A_1 A_2\cdots A_N+A_2 A_3\cdots A_N+\cdots+A_N+1} \tag{3-115}$$

$$\frac{1}{A_e'}\left(\frac{A_e^{N+1}-A_e}{A_e^{N+1}-1}\right)=\frac{A_2A_3\cdots A_N+A_3A_4\cdots A_N+\cdots+A_N+1}{A_1A_2\cdots A_N+A_2A_3\cdots A_N+\cdots+A_N+1} \tag{3-116}$$

式(3-112)可改写为:

$$\frac{v_{N+1}-v_1}{v_{N+1}}=\left(1-\frac{l_0}{A_e'v_{N+1}}\right)\left(\frac{A_e^{N+1}-A_e}{A_e^{N+1}-1}\right) \tag{3-117}$$

把只有两块理论板的吸收塔的推导结果引申到具有 N 块理论板的吸收塔中去;得到:

$$A_e'=\frac{A_N(A_1+1)}{A_N+1} \tag{3-118}$$

$$A_e=\sqrt{A_N(A_1+1)+0.25}-0.5 \tag{3-119}$$

若吸收剂中不含有被吸收组分,即 $l_0=0$,则式(3-117)简化为:

$$\frac{v_{N+1}-v_1}{v_{N+1}}=\frac{A_e^{N+1}-A_e}{A_e^{N+1}-1} \tag{3-120}$$

若已知进料的流率、组成及温度;进塔吸收剂的流率、组成及温度,塔的操作压力和理论板数,按平均有效吸收因子法确定塔顶尾气和出口吸收液的流率与组成的计算步骤如下:

① 用平均吸收因子法估计各组分的尾气量 v_1 和塔底的吸收液量 L_N。

② 假设尾气温度 (T_1),通过全塔热衡算确定塔底吸收液的温度 (T_N)。

$$L_0h_{L0}+V_{N+1}H_{V,N+1}=L_Nh_{LN}+V_1H_{V1}+Q \tag{3-121}$$

式中,H,h 分别为气相和液相的摩尔焓;Q 为吸收塔移出的热量。

③ 估计离开顶板的液体流率 (L_1) 和从底板上升的气体流率 (V_N)。Edmister 建议用下式预测流率和温度。

$$\frac{V_n}{V_{N+1}}=\left(\frac{V_1}{V_{N+1}}\right)^{1/N} \tag{3-122}$$

$$\frac{T_N-T_n}{T_N-T_0}=\frac{V_{N+1}-V_{n+1}}{V_{N+1}-V_1} \tag{3-123}$$

式(3-122)表明,假设各板的吸收率相同;式(3-123)表明,假设塔内的温度变化与吸收量成正比。

④ 计算每一组分在顶板和底板条件下的吸收因子。

⑤ 用式(3-118)和式(3-119)计算有效吸收因子。

⑥ 用图 3-60 确定吸收率。

⑦ 作组分物料衡算,计算尾气和出口吸收液的组成。

⑧ 校核全部假设。

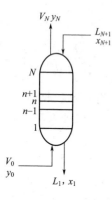

图 3-61 蒸出塔

3.6.3.2 蒸出因子法

如图 3-61 所示的蒸出塔,用类似式(3-112)的推导方法可导出:

$$\frac{l_{N+1}-l_1}{l_{N+1}}=\frac{S_NS_{N-1}\cdots S_1+S_NS_{N-1}\cdots S_2+\cdots+S_N}{S_NS_{N-1}\cdots S_1+S_NS_{N-1}\cdots S_2+\cdots+S_N+1}$$
$$-\frac{v_0}{l_{N+1}}\left(\frac{S_NS_{N-1}\cdots S_2+S_NS_{N-1}\cdots S_3+\cdots+S_N+1}{S_NS_{N-1}\cdots S_1+S_NS_{N-1}\cdots S_2+\cdots+S_N+1}\right) \tag{3-124}$$

式中,S_N 为第 N 板上组分的蒸出因子,$S_N=K_NV_N/L_N$。

用全塔平均蒸出因子代替各板蒸出因子,式(3-124)可化简为

$$\frac{l_{N+1} - l_1}{l_{N+1}} = \left(1 - \frac{v_0}{Sl_{N+1}}\right)\left(\frac{S^{N+1} - S}{S^{N+1} - 1}\right) \qquad (3\text{-}125)$$

或

$$\frac{l_{N+1} - l_1}{l_{N+1} - l_0} = \frac{S^{N+1} - S}{S^{N+1} - 1} = C_0$$

C_0 称为相对蒸出率，是组分的蒸出量与在气体入口端达到相平衡的条件下可蒸出的该组分最大量之比。对于惰性气流中的蒸出来说，因入塔气体中不含被蒸出组分，相对蒸出率等于蒸出率。

表示 C_0-S-N 关系的曲线称为蒸出因子图，它与吸收因子图是同一张图（见图 3-60），使用方法也相同。但要注意，两者的塔板编号顺序是相反的。

为了提高计算的准确性，式(3-125)中的蒸出因子用有效蒸出因子 S_e' 和 S_e 代替，得

$$\frac{l_{N+1} - l_1}{l_{N+1}} = \left(1 - \frac{v_0}{S_e' l_{N+1}}\right)\left(\frac{S_e^{N+1} - S_e}{S_e^{N+1} - 1}\right) \qquad (3\text{-}126)$$

式中

$$S_e' = \frac{S_N(S_1 + 1)}{S_{N+1}} \qquad (3\text{-}127)$$

$$S_e = \sqrt{S_N(S_1 + 1) + 0.25} - 0.5 \qquad (3\text{-}128)$$

已知关键组分的蒸出率和各组分的蒸出因子，计算所需理论板数和非关键组分的蒸出率的计算步骤与吸收类似。

3.7 萃取过程

3.7.1 萃取流程

根据单级萃取过程的不同组合，可有多种多级萃取流程；

错流萃取　是实验室常用的萃取流程。如图 3-62(a) 所示，两液相在每一级上充分混合经一定时间达到平衡，然后将两相分离。通常，在每一级都加入溶剂新鲜原料仅在第一级加入。萃取相从每一级引出，萃余相依次进入下一级，继续萃取过程。由于错流萃取流程需要使用大量溶剂，并且萃取相中溶质浓度低，故很少应用于工业生产。

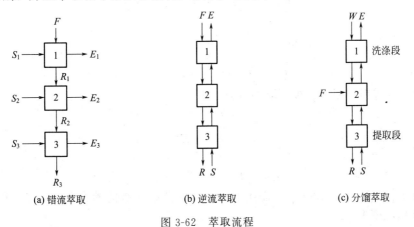

(a) 错流萃取　　　　　(b) 逆流萃取　　　　　(c) 分馏萃取

图 3-62　萃取流程

逆流萃取　是工业上广泛应用的流程，如图 3-62(b) 所示，溶剂 S 从串级的一端加入，

原料 F 从另一段加入，两相在各级内逆流接触，溶剂从原料中萃取一个或多个组分。如果萃取器由若干独立的实际级组成，那么每一级都要分离萃取相和萃余相。如果萃取器是微分设备，则在整个设备中，一相是连续相，而另一相是分散相，分散相在流出设备前积聚。

分馏萃取 两个不互溶的溶剂相在萃取器中逆流接触，使原料混合物中至少有两个组分获得较完全的分离。如图 3-62(c) 所示，溶剂 S 从原料 F 中萃取一个（或多个）溶质组分，另一种溶剂 W 对萃取液进行洗涤，使之除去不希望有的溶质，实际上洗涤过程提浓了萃取液中溶质的浓度。洗涤段和提取段的作用类似于连续精馏塔的精馏段和提馏段。

3.7.2 逆流萃取计算的集团法

Kremser 首先提出集团法，该方法仅提供用来关联分离过程的进料和产品组成与所需级数的关系，而不考虑各级温度与组成的详细变化。平均吸收因子法和平均有效吸收因子法就是用于多组分吸收和蒸出过程计算的集团法。对于逆流萃取过程，也有相应的集团法。

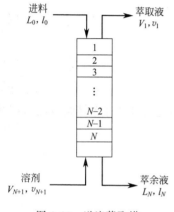

图 3-63 逆流萃取塔

图 3-63 所示为逆流萃取塔的示意图，平衡级由塔顶向下数，若溶剂密度比进料液小，则溶剂 V_{N+1} 从塔底加入，进料 L_0 从塔顶加入。

组分 i 的分配系数为：

$$K_{Di} = \frac{y_i}{x_i} = \frac{v_i/V}{l_i/L} \tag{3-129}$$

式中，y_i 为组分 i 在溶剂或萃取相中的摩尔分数；x_i 为组分 i 在进料或萃余相中的摩尔分数。定义组分 i 的萃取因子 E_i 为：

$$E_i = \frac{K_{Di}V}{L} \tag{3-130}$$

E_i 的倒数为：

$$U_i = \frac{1}{E_i} = \frac{L}{K_{Di}V} \tag{3-131}$$

定义 Φ_U 为溶剂中组分 i 进入萃余相中的分数，相应于式(3-120)，可得到：

$$\Phi_U = \frac{v_{N+1} - v_1}{v_{N+1}} = \frac{U_e^{N+1} - U_e}{U_e^{N+1} - 1} \tag{3-132}$$

$$(1 - \Phi_U) = \frac{U_e - 1}{U_e^{N+1} - 1} \tag{3-133}$$

式中的

$$U_e = [U_N(U_1 + 1) + 0.25]^{1/2} - 0.5 \tag{3-134}$$

定义 Φ_E 为进料中组分 i 被萃取的分数，则

$$\Phi_E = \frac{l_0 - l_N}{l_0} = \frac{E_e^{N+1} - E_e}{E_e^{N+1} - 1} \tag{3-135}$$

式中的

$$E_e = [E_1(E_N + 1) + 0.25]^{1/2} - 0.5 \tag{3-136}$$

为计算 E_1、E_N、U_1 和 U_N，需用下式估计离开第一级的萃余相流率 L_1 和从第 N 级上升的萃取相流率 V_N：

$$V_2 = V_1 \left(\frac{V_{N+1}}{V_1} \right)^{1/N} \tag{3-137}$$

$$L_1 = L_0 + V_2 - V_1 \tag{3-138}$$

$$V_N = V_{N+1}\left(\frac{V_1}{V_{N+1}}\right)^{1/N} \tag{3-139}$$

存在于萃取塔进料和溶剂中的某一组分，在萃取液中的流率 v_1 可用 Φ_U 和 Φ_E 表示

$$v_1 = v_{N+1}(1-\Phi_U) + l_0\Phi_E \tag{3-140}$$

该组分总的物料平衡为

$$l_N = l_0 + v_{N+1} - v_1 \tag{3-141}$$

式(3-130)～式(3-141)各式可用质量单位或摩尔单位。由于在绝热萃取塔中温度变化一般都不大，因此一般不需要焓平衡方程，只有当原料与溶剂有明显的温度差或有大的混合热时才需考虑。

集团法对于萃取过程计算不总是可靠的，其主要原因是，活度系数随组成变化剧烈，因而分配系数变化很大。

【例 3-13】 以二甲基甲酰胺（DMF）的水溶液（W）作溶剂，从苯（B）和正庚烷（H）的混合物中萃取苯。附图1所示为萃取塔示意图，已知条件均标于图上，平衡级数为5。各组分在操作条件下的平均分配系数为

	H	B	DMF	W
K_D	0.0264	0.514	12.0	449

试用集团法估算萃取液与萃余液流率及组成。

解 假设萃取液流率 $V_1 = 1113.1\text{kmol/h}$，由式(3-137)～式(3-139)，得到：

$$V_2 = 1113.1\left(\frac{1000}{1113.1}\right)^{1/5} = 1089.5(\text{kmol/h}),$$

$$V_5 = 1000\left(\frac{1113.1}{1000}\right)^{1/5} = 1021.6(\text{kmol/h})$$

$$L_1 = 400 + 1089.5 - 1113.1 = 376.4(\text{kmol/h})$$

由式(3-130)、式(3-131)、式(3-134)和式(3-136)得到：

[例3-13] 附图1

组 分	E_1	E_5	U_1	U_5	U_e	E_e
H	0.078	0.094	12.8	10.6	11.6	0.079
B	1.52	1.83	0.658	0.546	0.575	1.63
DMF	35.5	42.7	0.0282	0.0234	0.0235	38.9
W	1327	1599	7.5×10^{-4}	6.25×10^{-4}	6.2×10^{-4}	1456

由式(3-135)、式(3-132)、式(3-141)和式(3-140)得到：

组 分	Φ_E	Φ_U	/(kmol/h) 萃余液 l_5	萃取液 v_1
H	0.079	1	276.3	23.7
B	0.965	0.56	3.5	96.5
DMF	1	0.0235	17.63	732.37
W	1	6×10^{-4}	0.15	249.85
			297.6	1102.4

计算值 V_1 和假设值较接近，不再迭代（见附图 2）。

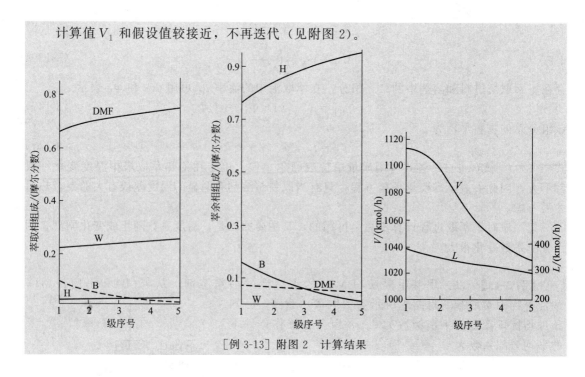

[例 3-13] 附图 2 计算结果

本章符号说明

英文符号

A——吸收因子；端值常数（带下标）；

A_e——由式(3-119)定义的平均有效吸收因子；

A_e'——由式(3-118)定义的平均有效吸收因子；

B——间歇精馏塔釜中溶液总量，mol；

C_0——相对蒸出率；

C_p——比热容，J/(mol·K)；

c——组分数；

D——馏出液流率，kmol/h；间歇精馏馏出产品总量，mol；

E——萃取因子；

F——进料流率，kmol/h；间歇精馏原料（起始釜液）总量，mol；

f——组分进料流率，kmol/h；

H_{vap}——单位间歇精馏原料的平均汽化潜热，J/mol；

H_v——汽（气）相摩尔焓，J/mol；

ΔH_v——溶解热或汽化潜热，J/mol；

h_L——液相摩尔焓，J/mol；

K——汽（气）液平衡常数；

K_D——分配系数；

L——液相流率；萃余相流率，kmol/h；

l——吸收过程的组分液相流率；萃余液中组分流率，kmol/h；萃取精馏塔内原溶液液相流率，kmol/h；

N——理论板数；

N_a——可调设计变量数；

N_c——约束关系数或独立方程数；

N_i——设计变量数；

N_i^u——装置的设计变量总数；

N_m——最少理论板数；

N_r——重复变量数；

N_V——独立变量数；

N_x——固定设计变量数；

P——压力，Pa；

p——组分的分压，Pa；

Q——热负荷，kJ/h；

Q_R——间歇精馏塔釜输入的热量，J；

q——进料的液相分率；

R——回流比；

T——温度，K；间歇精馏操作时间，h；

t——时间，s 或 h；

S——吸收剂、溶剂流率，kmol/h；蒸出因子；

S_e——由式(3-128)定义的有效蒸出因子；

S_e'——由式(3-127)定义的有效蒸出因子；

U——由式(3-131)定义的因子；

V——汽（气）相流率，萃取相流率，kmol/h；

v——吸收过程的组分气相流率；萃取精馏塔内原溶液汽相流率；萃取液中组分流率，kmol/h；

W——釜液流率，kmol/h；

w——组分釜液流率，kmol/h；

X、Y——式(3-16)和式(3-17)定义的参数；

x——液相摩尔分数；

x_S、$\bar{x}_S$——萃取精馏塔内精馏段和提馏段板上溶剂浓度，摩尔分数；

y——气相摩尔分数；

Z——填料高度，m；

z——进料组成，摩尔分数。

D——馏出液；

F——进料；

G——气相；

HK——重关键组分；

LK——轻关键组分；

i——组分；

m——最小状态；

min——最小；

N——理论板数（平衡级数）；

n——塔板序号；

q——进料状态；

R——精馏段；再沸器；

r——参考组分（基准组分）；

S——提馏段；溶剂；

W——釜液。

希腊字母

α——相对挥发度；

α_S——溶剂存在下的相对挥发度；

β——溶剂对非溶剂的相对挥发度；

γ——液相活度系数；

θ——式(3-3b)的根；

λ_{ij}——Wilson方程中的相互作用能；

φ——精馏回收率；吸收相对吸收率；

Φ_E——组分被萃取的分数；

Φ_U——组分进入萃余相中的分数。

上标

e——单元；有效；

s——饱和状态；

u——装置；

$'$——脱溶剂；提馏段；

Ⅰ、Ⅱ——分别表示两个液相；

$*$——平衡状态。

下标

A、B——组分；

B——塔釜出料；

C——冷凝器；

参 考 文 献

[1] 陈洪钫主编.基本有机化工分离过程.北京：化学工业出版社，1981.

[2] Kwauk，M（郭慕孙）.AIchE J，1956 2：240.

[3] McCabe W L，Smith J C. Unit Operations of Chemical Engineering. 3rd ed. New York：McGraw-Hill，1976.

[4] Perry R H，Green D W. Perry's Chemical Engineers'Handbook. 6th ed. New York：McGraw-Hill，1981.

[5] Henley E J，Seader J D. Equilibrium-Stage Separation Operations in Chemical Engineering. New York，1981.

[6] Schweitzer P A. Handbook of Separation Techniques for Chemical Engineering. New York：McGraw-Hill，1979.

[7] Winkle M V. Distillation. New York：McGraw-Hill，1967.

[8] Коган ВБ. Азеотропная и Зхстрактивная ректификация. Химия，1971.

[9] Hoffman E J. Azeotropic and，Extractive Distillation. New York：Interscience，1964.

[10] Wankat P C. Equilibrium-Stage Separations in chemical Engineering. Amsterdam：Elsevier，1988.

[11] Tassios D P. Extractive and Azeotropic Distillation. Washington，1972.

[12] Rousseau R W. Handbook of Separation Process Technology. New York：John Wiley & Sons，1987.

[13] Underwood A J V. J Inst Petrol，1946，32：598.

[14] Smith B D. Design of Equilibrium Stage Processes. New York：McGraw-Hill，1963.

[15] Holland C D. Multicomponent Distillation. Englewood Cliffs，N J：Prentice-Hall，1963.

[16] King C J. Separation Processes. 2nd ed. New York：McGraw-Hill. 1980.

[17] Fair J R，Bolles W L. Chem Eng，1968. 75：156.

[18] Robinson C S，Gilliland E R. Elements of Fractional Distillation. 4th ed. New York：McGraw-Hill，1950：349.

[19] Erbar J H，Maddox R N. Petrol Refin，1961，40（5）：185.

[20] Brown G G，Martin H Z. Trans AIchE，1939，35：679.

[21] Kirkbride C G. Petroleum Refiner，1944，23，9：87.

[22] Stupin W J，Lockhart. AIchE Annu Meet. Los Angeles，Calif，1968.

[23] Horsley L H. Azeotropic Data. Advances in Chemistry Series No. 6（1952），No. 35（1962），No. 116（1972）. A-

merican Chemical Society.

[24] Prokopakis G J, Seider W D. AIChE J, 1983, 29: 1017.

[25] Horton G, Franklin W B. Ind Eng Chem, 1940, 32: 1384.

[26] Diwekar Urmila. Batch Distillation: Simulation, Optimal Design and Control. 2nd ed. Boca Raton: CRC Press, 2012.

[27] Mujtaba I M. Batch Distillation Design and Operation. London: Imperial College Press, 2004.

[28] Luyben, William L, Yu Cheng-Ching. Reactive Distillation Design and Control. New York: John Wiley & Sons Ltd, 2008.

[29] Perry Robert H, Green Don W. Perry's Chemical Engineer's Handbook. 8th ed. Section 13 Distillation. New York: McGraw-Hill, 2008.

[30] Kai Sundmacher, Achim Kienle. Reactive Distillation Status and Future Directions. New York: Wiley-VCH, 2002.

[31] Smith R. Chemical Process Design and Integration. New York: John Wiley & Sons Ltd, 2005.

<h1 style="text-align:center">习　题</h1>

3-1.假定有一绝热平衡闪蒸过程，所有变量表示在所附简图中。求：（1）总变量数 N_V；（2）有关变量的独立方程数 N_c；（3）设计变量数 N_i；（4）固定和可调设计变量数 N_x、N_a；（5）对典型的绝热闪蒸问题，你将推荐规定哪些变量？

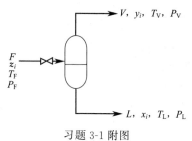

3-2.具有单进料和采用全凝器的精馏塔，若以新鲜蒸汽直接进入塔底一级代替再沸器分离乙醇和水混合物。假设固定进料，绝热操作，全塔压力为常压，并规定塔顶乙醇浓度，求：（1）设计变量数是多少？（2）若完成设计，你想推荐哪些变量？

3-3.满足下列要求而设计再沸汽提塔见附图，求：（1）设计变量数是多少？（2）如果有，请指出哪些附加变量需要规定？

习题 3-1 附图

3-4.当进入精馏塔的原料含有少量杂质，此杂质比馏出物（产品）更易挥发时，可在塔顶下某块板处取侧线馏出液，使易挥发杂质得到分离。如附图所示。求：（1）装置的设计变量数？（2）确定合适的设计变量组。

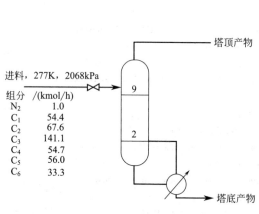

习题 3-3 附图

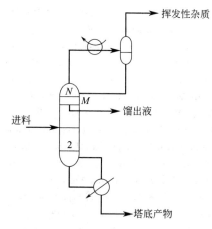

习题 3-4 附图

3-5.如附图中所示过程，以乙醇胺为吸收剂吸收惰气中的 CO_2，再用直接水蒸气蒸出 CO_2，吸收剂循环使用。用泵和三个热交换器维持恒定操作条件，塔压 $P_a > P_b$，温度 $T_a < T_b$。试确定：（1）固定设计变量数和可调设计变量数？（2）提出两种指定设计变量的方案。

3-6.用芬斯克方程和 $P\text{-}T\text{-}K$ 图计算所给出的精馏塔（见附图）的最少理论板数与非关键组分的分配。

3-7.在一精馏塔中分离苯（B）、甲苯（T）、二甲苯（X）和异丙苯（C）四元混合物。进料量 200mol/h，进料组成 $z_B = 0.2$，$z_T = 0.3$，$z_X = 0.1$，$z_C = 0.4$（摩尔分数）。塔顶采用全凝器，饱和液体回流。相对挥发度数据为：$\alpha_{BT} = 2.25$，$\alpha_{TT} = 1.0$，$\alpha_{XT} = 0.33$，$\alpha_{CT} = 0.21$。规定异丙苯在釜液中的回收率为

99.8%，甲苯在馏出液中的回收率为99.5%。求最少理论板数和全回流操作下的组分分配。

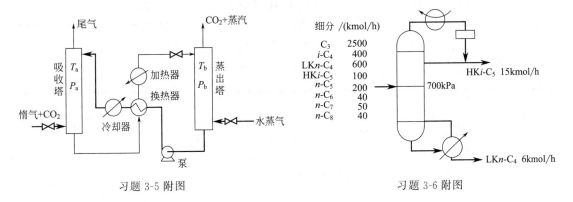

习题 3-5 附图　　　　　　　　　　　　习题 3-6 附图

3-8.用精馏塔分离三元泡点混合物，进料量为100kmol/h，进料组成如下：

组　　分	摩尔分数	相对挥发度
A	0.4	5
B	0.2	3
C	0.4	1

（1）用芬斯克方程计算馏出液流率为60kmol/h以及全回流下，当精馏塔具有5块理论板时，其塔顶馏出液和塔釜液组成。（2）采用（1）的分离结果用于组分 B 和 C 间分离，用恩特伍德方程确定最小回流比。（3）确定操作回流比为 1.2 倍最小回流比时的理论板数及进料位置。

3-9.已知 2,4-二甲基戊烷及苯能形成共沸物。它们的蒸气压非常接近，例如在 60℃ 时，纯 2,4-二甲基戊烷的蒸气压为 52.395kPa，而苯是 52.262kPa。为了改变它们的相对挥发度，考虑加入己二醇（CH₃）₂C(OH)CH₂CH(OH)CH₃ 为萃取精馏的溶剂，纯己二醇在 60℃ 的蒸气仅 0.133kPa，试确定在 60℃ 时，至少应维持己二醇的浓度为多大，才能使 2,4-二甲基戊烷与苯的相对挥发度在任何浓度下都不会小于 1。

已知：

2,4-二甲基戊烷（1）-苯（2）系统　　　$\gamma_1^\infty = 1.96, \gamma_2^\infty = 1.48$

2,4-二甲基戊烷（1）-己二醇（3）系统　$\gamma_1^\infty = 3.55, \gamma_3^\infty = 15.1$

苯（2）-己二醇（3）系统　　　　　　　$\gamma_2^\infty = 2.04, \gamma_3^\infty = 3.89$

注：γ^∞ 回归成 Wilson 常数，则

$$\Lambda_{12} = 0.4109 \qquad \Lambda_{13} = 0.7003 \qquad \Lambda_{23} = 1.0412$$
$$\Lambda_{21} = 1.2165 \qquad \Lambda_{31} = 0.08936 \qquad \Lambda_{32} = 0.2467$$

3-10.在 101.3kPa 压力下氯仿（1）-甲醇（2）系统的 NRTL 参数为：$\tau_{12} = 8.9665J/mol$，$\tau_{23} = -0.8365J/mol$，$\alpha_{12} = 0.3$。试确定共沸温度和共沸组成。

安托尼方程（P^s，Pa；T，K）

氯仿：$\ln P_1^s = 20.8660 - 2696.79/(T - 46.16)$

甲醇：$\ln P_2^s = 23.4803 - 3626.55/(T - 34.29)$

（实验值：共沸温度 53.5℃；$x_1 = y_1 = 0.65$）

3-11.已知乙醇(1)-丙酮(2)-氯仿(3) 三元系有三元均相共沸物。求共沸温度为 63.20℃ 时的压力和共沸组成。

Wilson 参数（J/mol）如下：

$$\lambda_{12} - \lambda_{11} = 1085.2056; \quad \lambda_{21} - \lambda_{22} = 958.4808$$
$$\lambda_{23} - \lambda_{22} = -34.8727; \quad \lambda_{32} - \lambda_{33} = -1836.2191$$
$$\lambda_{13} - \lambda_{11} = 5866.3043; \quad \lambda_{31} - \lambda_{33} = -1213.7747$$

液体摩尔体积:

$$v_i^L = a_i + b_i T + c_i T^2 \quad (v_i^L,\ \text{cm}^3/\text{mol};\ T,\ \text{K};\ a_i、b_i、c_i\ \text{数据如下})$$

组　　成	a	$b \times 10$	$c \times 10^3$
乙醇	61.4541	-0.9705	0.2797
丙酮	74.4516	-1.0459	0.3458
氯仿	80.9155	-0.9532	0.3173

安托尼方程（P^S，Pa；T，K）

乙醇: $\ln P_1^s = 23.8047 - 3803.98/(T - 41.68)$

丙酮: $\ln P_2^s = 21.5441 - 2940.46/(T - 35.93)$

氯仿: $\ln P_3^s = 20.8660 - 2696.79/(T - 46.16)$

（文献值 $P = 101.3\text{kPa}$；$x_1 = 0.189$；$x_2 = 0.350$）

3-12. 某 1、2 两组分构成二元系，活度系数方程为 $\ln\gamma_1 = Ax_2^2$，$\ln\gamma_2 = Ax_1^2$，端值常数与温度的关系:

$$A = 1.7884 - 4.25 \times 10^{-3} T \quad (T,\ \text{K})$$

蒸气压方程为

$$\ln P_1^s = 16.0826 - \frac{4050}{T}$$

$$\ln P_2^s = 16.3526 - \frac{4050}{T}$$

$$(P,\ \text{kPa};\ T,\ \text{K})$$

假设汽相是理想气体，试问:①99.75kPa 时系统是否形成共沸物？②共沸温度是多少？

3-13. 用双塔共沸精馏系统实现正丁醇的脱水。进料量 $F = 5000\text{kmol/h}$，原料含水 28%（摩尔分数），汽液进料，汽相分率 30%。要求丁醇相含水 0.04（摩尔分数），水相含水 0.995（摩尔分数）。操作压力 101.3kPa。饱和液体回流，两塔均采用再沸器加热，丁醇塔中 $L/V = 1.23\,(L/V)_{\min}$，水塔中 $(V'/W)_2 = 0.132$。汽液平衡数据见附表。

（1）求产品流率；（2）求适宜进料位置和两个塔的平衡级数。

习题 3-13 附表　汽液平衡数据（101.3kPa）

x_1	y_1	$T/℃$	x_1	y_1	$T/℃$
3.9	26.7	111.5	57.3	75.0	92.8
4.7	29.9	110.6	97.5	75.2	92.7
5.5	32.3	109.6	98.0	75.6	93.0
7.0	35.2	108.8	98.2	75.8	92.8
25.7	62.9	97.9	98.5	77.5	93.4
27.5	64.1	97.2	98.6	78.4	93.4
29.2	65.5	96.2	98.8	80.8	93.7
30.5	66.2	96.3	99.2	84.3	95.4
49.6	73.6	93.5	99.4	88.4	96.8
50.6	74.0	93.4	99.7	92.9	98.3
55.2	75.0	92.9	99.8	95.1	98.4
56.4	75.2	92.9	99.9	98.1	99.4
57.1	74.8	92.9	100	100	100

注: x_1、y_1 分别为水的液相和汽相摩尔分数。

3-14. 二异丙醚脱水塔进料 $F = 15000\text{kg/h}$，原料含水 0.004（质量分数），饱和液体进料，塔压 101.3kPa。$L/D = 1.5(L/D)_{\min}$，要求产品二异丙醚含水量为 0.0004（质量分数）。求:$(L/D)_{\min}$、L/D、适宜进料位置和总平衡级数。假定恒摩尔流。

共沸数据 $y_醚 = 0.959$；分层器上层 $x_醚 = 0.994$；下层 $x_醚 = 0.012$（质量分数）；$P = 101.3\text{Pa}$，$T = 62.2℃$。假设相对挥发度为常数，从上述数据估计 $\alpha_{水-醚}$。

3-15. 请对反应精馏技术（含催化精馏）作简要的综合性评价。

（提示:涉及反应精馏技术的优点；应用的局限性；目前在该领域研究开发的重点以及应用前景等。）

3-16. 可逆反应 $A+B \Longleftrightarrow C+D$，其反应和分离的顺序流程如附图所示。

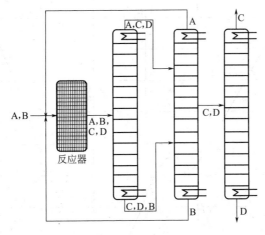

习题 3-16 附图

将该顺序流程改为反应精馏流程。示意图中要标明反应精馏塔的反应段、精馏段、提馏段，进料、出料的位置和组分。

3-17. 什么样的反应精馏催化剂填充方式是比较理想的？

3-18. 解释反应精馏塔内浓度分布和温度分布的特点。

在塔内液相发生下列可逆反应：$A+B \Longleftrightarrow C+D$，反应物的相对挥发度介于产物之间，即 $\alpha_C > \alpha_A > \alpha_B > \alpha_D$。反应精馏塔由 30 块塔板组成，其中提馏段（S）、反应段（RX）和精馏段（R）各 10 块。浓度分布和温度分布如附图所示，图中塔板序号自下往上数。反应物 A 从 N_{F1} 板进料，反应物 B 从 N_{F2} 板进料。两产物的纯度均为 0.95（摩尔分数）。

3-19. 简述间歇精馏塔内持液量对精馏过程的影响。

3-20. 间歇精馏分离由组分 A，B 和 C 组成的理想三组分混合物。在恒回流比条件下操作。相对挥发度顺序为 $\alpha_A > \alpha_B > \alpha_C$，画出以下两种情况的各组分的馏出液浓度-精馏时间（或 D/F）关系曲线和各组分的釜液浓度-精馏时间（或 D/F）关系曲线。①原料中组分 A 为少量或微量，B 和 C 基本上等摩尔，且 α_A 和 α_B 比较接近；②原料中组分 B 为少量，A 和 C 基本上等摩尔。

3-21. 间歇精馏塔分离等摩尔的丙酮、甲醇混合物，操作压力 101kPa，该压力下的汽液平衡数据如下：

| y | 0.16 | 0.25 | 0.42 | 0.51 | 0.60 | 0.67 | 0.72 | 0.79 | 0.87 | 0.93 |
| x | 0.05 | 0.10 | 0.20 | 0.30 | 0.40 | 0.50 | 0.60 | 0.70 | 0.80 | 0.90 |

（x，y 均为丙酮的摩尔分数）

(1) 设 $R=1.5R_{min}$，如果希望得到 $X_D=0.9$ 的馏出液，此时釜液组成 $X_{B2}=0.1$，问需要多少块理论级？(2) 设该塔有 8 个理论级，操作回流比连续改变使馏出液的组成恒定在 $X_D=0.9$，画图表示回流比对釜液组成和釜液量的关系。

3-22. 将 100kmol 己烷（A）和庚烷（B）的等摩尔混合物在 101.3kPa 压力下进行间歇精馏。塔顶为全凝器，塔身 1 个平衡级。精馏塔的起始操作条件为全回流稳态操作。忽略其持液量。精馏开始，回流液流率为 $L_0=10$kmol/h，馏出液流率 $D=10$kmol/h，试计算 $t=0.05$h 时釜液、馏出液及累积馏出液的组成。假设在此段时间内恒摩尔流，K 值恒定，分别为：

名　　称	K_A	K_B
平衡级	1.212	0.4838
再沸器	1.420	0.581

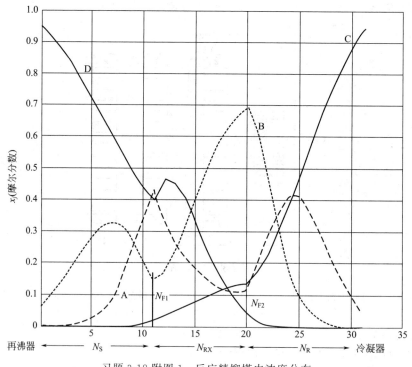

习题 3-18 附图 1　反应精馏塔内浓度分布

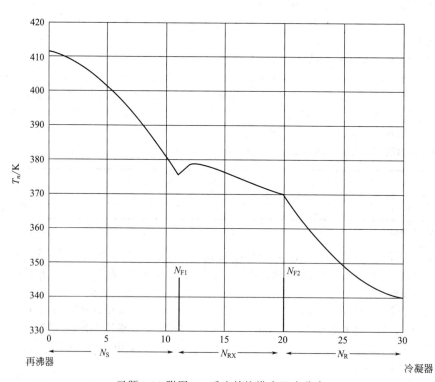

习题 3-18 附图 2　反应精馏塔内温度分布

3-23. 已知 $B^{(0)}$，$x_{BA}^{(0)}$，$x_{BB}^{(0)}$，$x_{BC}^{(0)}$，N，R，V，相对挥发度 α_{AC}、α_{BC}，开车方式为全回流。画出应用简捷法求瞬时的 x_{BA}，x_{BB}，x_{BC}，B（釜液量），$\bar{x}_{DA}$，$\bar{x}_{DB}$，$\bar{x}_{DC}$ 对时间变化的计算框图。

3-24. 某原料气组成如下：

组分	CH_4	C_2H_6	C_3H_8	$i\text{-}C_4H_{10}$	$n\text{-}C_4H_{10}$	$i\text{-}C_5H_{12}$	$n\text{-}C_5H_{12}$	$n\text{-}C_6H_{14}$
y_0(摩尔分数)	0.765	0.045	0.035	0.025	0.045	0.015	0.025	0.045

现拟用不挥发的烃类液体为吸收剂在板式吸收塔中进行吸收，平均吸收温度为38℃，压力为 1.013MPa，如果要求将 $i\text{-}C_4H_{10}$ 回收90%。试求：

(1) 为完成此吸收任务所需的最小液气比。

(2) 操作液气比取为最小液气比的1.1倍时，为完成此吸收任务所需理论板数。

(3) 各组分的吸收分率和离塔尾气的组成。

(4) 求塔底的吸收液量。

3-25. 在24块板的塔中用油吸收炼厂气（组成如下），采用的油气比为1，操作压力为0.263MPa。若全塔效率为25%，问平均操作温度为多少才能回收96%的丁烷？并计算出塔尾气组成。

组　分	CH_4	C_2H_6	C_3H_8	$n\text{-}C_4H_{10}$	$n\text{-}C_5H_{12}$	$n\text{-}C_6H_{14}$
摩尔分数	80.0	8.0	5.0	4.0	2.0	1.0

3-26. 具有三块理论板的吸收塔，用来处理下列组成的气体 (V_{N+1})，贫油和气体入口温度按塔的平均操作温度定为32℃，塔压2.128MPa，富气流率为100kmol/h，试分别用平均吸收因子法和有效吸收因子法确定净化气体 (V_1) 中各组分的流率。

组分	$v_{N+1,i}$	$l_{0,i}$	K_i(32℃,2.128MPa)	组分	$v_{N+1,i}$	$l_{0,i}$	K_i(32℃,2.128MPa)
CH_4	70	0	12.991	$n\text{-}C_5H_{12}$	1	0	0.0537
C_2H_6	15	0	2.181	$n\text{-}C_8H_{18}$	0	20	0.00136
C_3H_8	10	0	0.636	Σ	100	20	
$n\text{-}C_4H_{10}$	4	0	0.186				

3-27. 一蒸出塔，操作压力为345kPa，有3个平衡级，用来蒸出分离具有下列摩尔组成的液体：C_1 0.03%，C_2 0.22%，C_3 1.82%，$n\text{-}C_4$ 4.47%，$n\text{-}C_5$ 8.59%，$n\text{-}C_{10}$ 84.8%，进料量为1000kmol/h，温度为121℃。蒸出剂为149℃和345kPa的过热水蒸气，其量为100kmol/h。用平均蒸出因子法计算出口液体和富气的组成及流率。

3-28. 100kmol/h 等摩尔的苯(B)，甲苯(T)，正己烷(C_6)与正庚烷(C_7)组成的混合物，于150℃用二甘醇（DEG）在一具有5个平衡级的逆流液-液萃取器中进行萃取分离，二甘醇用量为300kmol/h。用集团法计算萃取液与萃余液的流率及组成。以摩尔分数为单位，可以假定烃的分配系数为下列常数：

组　分	$K_{Di}=y$(溶剂相)$/x$(萃余相)	组　分	$K_{Di}=y$(溶剂相)$/x$(萃余相)
B	0.33	C_6	0.050
T	0.29	C_7	0.043

对于二甘醇，假定 $K_D=1.2x_{DEG}$。

第4章

多组分多级分离的严格计算

多组分分离问题的图解法、经验法和近似算法，除了像二组分精馏那样的简单情况以外，只适用于初步设计。对于完成多组分多级分离设备的最终设计，必须使用严格计算法，以便确定各级上的温度、压力、流率、气液相组成和传热速率。严格计算法的核心是联立求解物料衡算、相平衡和热量衡算式。这些关系式是强烈的非线性方程式。数字计算机的广泛应用，使之有可能用程序化的方法求解联立方程组。本章将讨论对精馏、吸收和蒸出以及萃取等多种分离过程通用的严格计算方法。

4.1 平衡级的理论模型

考察以逆流接触阶梯布置的普通的连续、稳定多级气液和液液接触设备。假定在各级上达到相平衡且不发生化学反应。图 4-1 给出了气

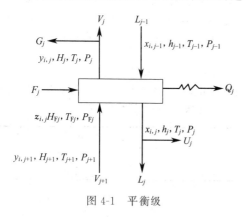

图 4-1 平衡级

液接触设备的一个平衡级 j，图中级号是从上往下数的。若用液相流来表示密度较高的液相，而用气相流来表示密度较低的液相，则该图也可表示液液接触设备的平衡级。

级 j 的进料可以是一相或两相，其摩尔流率为 F_j，总组成以组分 i 的摩尔分数 $z_{i,j}$ 来表示，温度为 $T_{F,j}$，压力为 $P_{F,j}$，相应的总摩尔焓为 $H_{F,j}$。

级 j 的另外两股输入是来自第 $j-1$ 级的液相流率 L_{j-1} 和来自下面第 $j+1$ 级的气相流率 V_{j+1}，其组成分别以摩尔分数 $x_{i,j-1}$ 和 $y_{i,j+1}$ 表示，其他性质规定方法同上。

离开级 j 的是强度性质为 y_{ij}、H_j、T_j 和 P_j 的气相。这股物流可被分解为摩尔流率为 G_j 的气相侧线采出和摩尔流率为 V_j 的级间流，它被送往第 $j-1$ 级，当 $j=1$ 时则作为产品离开分离设备。另外，离开级 j 的液相，其强度性质为 $x_{i,j}$、h_j、T_j 和 P_j，它与气相成平衡。此液相可分成摩尔流率为 U_j 的液相侧线采出和送往第 $j+1$ 级的级间流，若 $j=N$，则作为产品离开多级分离设备。

从级 j 引出或引进级 j 的热量相应以正或负来表示，它可用来模拟级间冷却器、级间加

热器、冷凝器或再沸器。

围绕平衡级 j 能写出组分物料衡算（M）、相平衡关系（E）、每相中各组分的摩尔分数加和式（S）和热量衡算（H）共四组方程，简称 MESH 方程。

① 物料衡算式（每一级有 c 个方程）

$$G_{i,j}^{\mathrm{M}} = L_{j-1}x_{i,j-1} + V_{j+1}y_{i,j+1} + F_j z_{i,j} - (L_j + U_j)x_{i,j}$$
$$- (V_j + G_j)y_{i,j} = 0 \qquad i = 1,2,\cdots\cdots,c \tag{4-1}$$

② 相平衡关系式（每一级有 c 个方程）

$$G_{i,j}^{\mathrm{E}} = y_{i,j} - K_{i,j}x_{i,j} = 0 \qquad i = 1,2,\cdots\cdots,c \tag{4-2}$$

③ 摩尔分数加和式（每一级上各有一个）

$$G_j^{\mathrm{SY}} = \sum_{i=1}^{c} y_{i,j} - 1.0 = 0 \tag{4-3}$$

$$G_j^{\mathrm{SX}} = \sum_{i=1}^{c} x_{i,j} - 1.0 = 0 \tag{4-4}$$

④ 热量衡算式（每一级有一个）

$$G_j^{\mathrm{H}} = L_{j-1}h_{j-1} + V_{j+1}H_{j+1} + F_j H_{\mathrm{F}j} - (L_j + U_j)h_j$$
$$- (V_j + G_j)H_j - Q_j = 0 \tag{4-5}$$

除 MESH 方程组外，尚有相平衡常数（$K_{i,j}$），气相摩尔热焓（H_j），液相摩尔热焓（h_j）的关联式：

$$K_{i,j} = K_{i,j}(T_j, P_j, x_{ij}, y_{i,j}) \qquad i = 1,2,\cdots,c \tag{4-6}$$

$$H_j = H_j(T_j, P_j, y_{i,j}) \qquad i = 1,2,\cdots,c \tag{4-7}$$

$$h_j = h_j(T_j, P_j, x_{i,j}) \qquad i = 1,2,\cdots,c \tag{4-8}$$

若这些关系不被计入方程组内，则不把这三个性质看成变量，因此，用 $(2c+3)$ 个 MESH 方程即可描述一个平衡级。

将上述 N 个平衡级按逆流方式串联起来，并且去掉分别处于串级两端的 L_0 和 V_{N+1} 两股物流，则组合成适用于精馏、吸收和萃取的通用逆流装置，如图 4-2 所示。该装置共有 $N(2c+3)$ 个方程和 $[N(3c+9)-1]$ 个变量 [注意：每级上进料组成仅计入 $(c-1)$ 个变量]。

根据第 3 章 3.1 节设计变量的确定方法，该装置的设计变量数为：

固定设计变量数（N_{x}）

压力等级数	N
进料变量数	$\dfrac{N(c+2)}{N(c+3)}$

可调设计变量数（N_{a}）

串级单元数	1
侧线采出单元数	$2(N-1)$
传热单元数	$\dfrac{N}{3N-1}$

故，设计变量总数为 $[N(c+6)-1]$ 个。

对于多组分多级分离计算问题，进料变量和压力变量的数值一般是必须规定的，按其他设计变量的规定方法，可分为设计型和操作型：设计型问题规定关键组分的回收率（或浓度）及有关参数，计算平衡级数、进料位置等；操作型问题规定平衡级数、进料位置以及有关参数，计算可达到的分离要求（回收率或浓度）等。因此，设计型问题是以设计一个新分

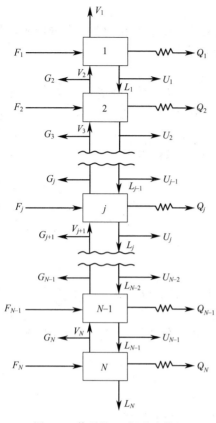

图 4-2　普通的 N 级逆流装置

离装置使之达到一定分离要求的计算，而操作型问题是以在一定操作条件下分析已有分离装置性能的计算。

作为举例，图 4-2 所表示的通用逆流接触装置的操作型问题可指定下列变量为设计变量：

① 各级进料量（F_j）、组成（$z_{i,j}$）、进料温度（$T_{F,j}$）和进料压力（$P_{F,j}$）；

② 各级压力（P_j）；

③ 各级气相侧线采出流率（G_j，$j=2$，$\cdots$，N）和液相侧线采出流率（U_j，$j=1$，$\cdots$，$N-1$）；

④ 各级换热器的换热量（Q_j）；

⑤ 级数（N）。

上述规定的变量总数为 $[N(c+6)-1]$ 个。在 $N(2c+3)$ 个 MESH 方程中，未知数为 $x_{i,j}$，$y_{i,j}$，L_j，V_j 和 T_j，其总数也是 $N(2c+3)$ 个，故联立方程组的解是唯一的。若要规定其他变量，则必须对以上变量作相应替换。不管作什么规定，其结果都是一组必须用迭代技术求解的非线性方程。

由图 4-2 的模型装置可简化成各种分离设备，其设计变量和典型的规定方法见表 4-1。

文献中介绍了大量的非线性代数方程组的迭代解法。对于单股进料、无侧线采出的简单精馏塔，Lewis 和 Matheson 最早提出解法，该法涉及的逐级计算与二组分精馏的图解法相似，属于设计型算法。设计变量的规定见表 4-1(b) 设计型，主要计算所需要的级数。Lewis-Matheson 法广泛用于手算。Thiele-Geddes 法是另一个经典的逐级、逐个方程计算法。通常使用于与组成无关的 K 值和组分的焓值的情况。该法为操作型算法，设计变量的规定见表 4-1(b) 操作型。迭代变量为级温度和级间气相流率。这一方法长期来也广泛用于手算。当试图将它用于计算机计算时，发现在数值上常常是不稳定的。Holland 等提出称为 θ 法的改进的 Thiele-Geddes 法，且已很成功地被广泛采用。

表 4-1　不同类型分离设备设计中典型变量规定

单元操作	简　图	设计变量 N_i		变量规定[①]	
		N_x	N_a	设计型	操作型
（a）吸收（两股进料）		$2c+N+4$	1	一个关键组分的回收率	级数

单元操作	简 图	设计变量 N_i		变量规定[①]	
		N_x	N_a	设计型	操作型
（b）精馏（单进料，全凝器，再沸器）		$c+N+2$	5	1.饱和液体回流 2.轻关键组分回收率 3.重关键组分回收率 4.回流比＞最小回流比 5.最适宜进料位置	1.饱和液体回流 2.进料级以上级数 3.进料级以下级数 4.回流比 5.馏出液流率
（c）再沸吸收（两股进料）		$2c+N+4$	3	1.轻关键组分回收率 2.重关键组分回收率 3.最适宜进料位置	1.进料级以上级数 2.进料级以下级数 3.塔釜液流率
（d）再沸提馏（单股进料）		$c+N+2$	2	1.一个关键组分的回收率 2.再沸器热负荷	1.级数 2.塔釜液流率
（e）萃取精馏（两股进料，全凝器，再沸器）		$2c+N+4$	6	1.饱和液体回流 2.轻关键组分回收率 3.重关键组分回收率 4.回流比＞最小回流比 5.最适宜进料位置 6.最适宜MSA加入位置	1.饱和液体回流 2.MSA加入级以上级数 3.MSA和进料级之间级数 4.进料级以下级数 5.回流比 6.馏出液流率
（f）液-液萃取（两股进料）		$2c+N+4$	1	一个关键组分回收率	级数

① 以下变量已规定：进料变量（$c-1$个进料组分的摩尔分数，进料流率，进料温度和压力）；各级压力；冷凝器和再沸器压力。

  随着高速计算机的使用，出现了更为严格的算法。Amundson与Pontinen对多级分离的操作型问题提出了MESH方程解离法，它与Thiele-Geddes法有相同的迭代变量，尽管该方法对手算太麻烦，但很容易用数字计算机来求解。

Friday 和 Smith 系统地分析了求解 MESH 方程的许多解离技术。他们仔细地考察了每一个方程的输出变量的选择，指出没有一种技术可用来解各种类型的问题。对窄沸程进料的分离塔，推荐使用泡点法（即 BP 法），它是改进的 Amundson-Pontinen 方法。对于宽沸程或溶解度有较大差别的进料，泡点法不易收敛，故用流率加和法（SR 法）。对于介于二者之间的情况，方程解离技术可能不收敛，应采用 Newton-Raphson 法或者解离与 Newton-Raphson 技术相结合的方法。在其代表性的 Naphtali-Sandholm 法中，整个方程组（物料衡算、相平衡和热量衡算）被线性化，应用 Newton-Raphson 技术联解各级的温度、级间气相流率和液相组成。该法的主要缺点是需要更大的计算机内存。

当输出变量的初值估计不好时，会导致 Newton-Raphson 法不能在适当的迭代次数内收敛。偶尔，也有可能找不到一组成功的初值。此时可用 Rose、Sweeny 和 Schrodt 提出的松弛法。Holland 曾详细地介绍了松弛法。采用组分和能量平衡的非稳态微分方程，从一组假定的起始值开始，在每一个时间步长上结合相平衡方程用数值法解这些方程，得到级温度、流率和组成随时间的改变。但由于随着解的接近，松弛法的收敛速度降低，在实际中此法未能得到广泛运用。对于难度较大的问题，Ketchum 已将稳定性较好的松弛法与 Newton-Raphson 法相结合得到一个可调整松弛因子的简单方法。

本章重点介绍逐级计算法的基本原理和应用、三对角线矩阵法和同时校正法。

4.2 逐级计算法

逐级计算法是以分离塔中某一已知条件的平衡级为起点，根据物料衡算、相平衡关系和热衡算，反复逐级计算出各级的条件。通常，计算从塔的一端开始，此级的流率和组成均为已知或已作假定，在获得一级的计算结果之后，依次开始下一级的计算，必要时采用试差法。

二组分精馏的图解法就是逐级计算法。对这类计算，可调设计变量 $N_a = 5$。规定一个组分在塔顶和塔釜的浓度、回流比和回流液的温度以及最适宜进料位置，那么，塔顶馏出液和釜液的条件已完全指定，所以应用逐级计算法是很理想的，塔顶和塔釜都可选为计算的起点。对于多组分分离过程，由于在设计变量中不能规定非关键组分的分离要求，使问题变得复杂。

逐级计算法广泛用于精馏过程的设计计算，特别是手算情况。为使问题简化，本节重点讨论恒摩尔流和组分的相对挥发度为常数或相平衡常数仅与温度和压力有关的逐级计算方法。

分析图 4-3 的简单精馏塔。按表 4-1(b) 中设计型规定设计变量。假设塔顶馏出液流率和组成能准确估计，逐级计算从上往下算。计算步骤如下：

① 对于全凝器，$y_{i,1} = x_{i,D}$。

② 应用相平衡关系，从 $y_{i,j}$ 计算 $x_{i,j}$。若已知各组分的全塔平均相对挥发度数据，可用下式计算：

$$x_{i,j} = \frac{y_{i,j}/\alpha_{i,r}}{\sum\limits_{i=1}^{c} y_{i,j}/\alpha_{i,r}} \tag{4-9}$$

式中，r 为计算相对挥发度的参考组分。

更一般的情况是进行露点温度的计算，同时确定

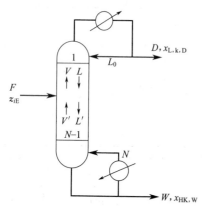

图 4-3 简单精馏塔

级温度和汽相组成。

③ 使用精馏段操作线（物料衡算），从 $x_{i,j}$ 计算 $y_{i,j+1}$：

$$y_{i,j+1} = \frac{L}{V}x_{i,j} + \frac{D}{V}x_{i,\mathrm{D}} \tag{4-10}$$

④ 重复步骤②和步骤③一直到进料级，换成提馏段操作线：

$$y_{i,j+1} = \frac{L'}{V'}x_{i,j} - \frac{W}{V'}x_{i,\mathrm{W}} \tag{4-11}$$

继续逐级计算。

⑤ 当满足 $x_{\mathrm{HK},N} \geqslant x_{\mathrm{HK},\mathrm{W}}$ 和 $x_{\mathrm{LK},N} \leqslant x_{\mathrm{LK},\mathrm{W}}$ 时，停止逐级计算，校核估计值。

类似地可写出从塔釜往上计算的逐级计算步骤。各级温度和汽相组成可由泡点温度计算确定。若已知相对挥发度数据，则

$$y_{i,j} = \frac{\alpha_{i,r}x_{i,j}}{\sum\limits_{i=1}^{c}\alpha_{i,r}x_{i,j}} \tag{4-12}$$

如何确定适宜的进料位置是逐级计算的关键之一。适宜进料位置定义为达到规定分离要求所需总级数最少的进料位置。按上述逐级计算步骤选择一系列进料位置，并计算总级数 N，一般可得到如图 4-4 所示的曲线，$N_{\mathrm{F,OP}}$ 即为最适宜进料位置。

适宜进料位置的近似确定方法是以轻、重关键组分的浓度之比作为精馏效果的准则，当逐级从上往下计算时，要求轻、重关键组分汽相浓度比值降低得越快越好。从下往上计算时，要求液相浓度比值增加得越快越好。

从上往下计算时，如果

$$\left(\frac{y_{\mathrm{LK},j+1}}{y_{\mathrm{HK},j+1}}\right)_{\mathrm{R}} < \left(\frac{y_{\mathrm{LK},j+1}}{y_{\mathrm{HK},j+1}}\right)_{\mathrm{S}} \tag{4-13a}$$

式中，下标 R 和 S 分别表示用精馏段和提馏段操作线计算的结果，则第 j 级不是进料级，继续作精馏段的逐级计算。如果

$$\left(\frac{y_{\mathrm{LK},j+1}}{y_{\mathrm{HK},j+1}}\right)_{\mathrm{R}} > \left(\frac{y_{\mathrm{LK},j+1}}{y_{\mathrm{HK},j+1}}\right)_{\mathrm{S}} \tag{4-13b}$$

则第 j 级是进料级。由精馏段操作线确定 $y_{i,j}$，再由平衡关系求出 $x_{i,j}$，而下一级的 $y_{i,j+1}$ 应由提馏段操作线计算。

如果过早地更换操作线（即进料位置提前），则最终可能导致不合理的计算结果。对二组分精馏的情况，见图 4-5。

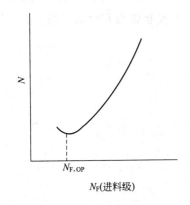

图 4-4　适宜进料位置

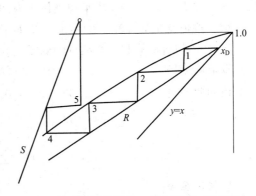

图 4-5　过早更换操作线的二组分精馏（进料级＝4）

当从下往上逐级计算时，进料位置的确定方法是：

如果
$$\left(\frac{x_{\text{LK},j}}{x_{\text{HK},j}}\right)_{\text{R}} < \left(\frac{x_{\text{LK},j}}{x_{\text{HK},j}}\right)_{\text{S}} \tag{4-14a}$$

和
$$\left(\frac{x_{\text{LK},j+1}}{x_{\text{HK},j+1}}\right)_{\text{R}} > \left(\frac{x_{\text{LK},j+1}}{x_{\text{HK},j+1}}\right)_{\text{S}} \tag{4-14b}$$

则第 j 级是适宜进料位置，$x_{i,j+1}$ 应转换成用精馏段操作线计算。

计算起点的确定和对非关键组分初值的估计与校核是逐级计算的另一个关键。以塔顶还是以塔釜为计算起点决定于哪一端的组成可以较准确地估计。由设计变量数的确定可知，非关键组分的浓度（或回收率）是不能规定的。按清晰分割处理，对于只有轻非关键组分的物系，馏出液浓度可以估计得比较准确，应选择从塔顶开始逐级计算；反之，对于只有重非关键组分的物系，塔釜浓度可以估计得比较准确，逐级计算可从塔釜开始。如果进料中既有轻又有重非关键组分，则无论是馏出液还是釜液都不易估计准确，此时无论从哪一端开始算都不理想，可分别从两端开始往进料级处算，但收敛是很困难的。因此，在该情况下，逐级计算不是一个好方法，应采用其他方法。

在确定了计算起点之后，应估计该起点的组成，但要使估计值有较高的准确度是很困难的，总会或多或少地有一些误差，而估计值很小的误差将使它们在逐级计算中变得很大，因此需要校核和修正估计值。

以从上往下计算为例，如果估计值较准确，则上述计算步骤⑤中的不等式会同时满足。然后由轻非关键组分的组成计算值 $x_{\text{LNK},\text{N}}$、关键组分的回收率和全塔物料衡算求 $x_{\text{LNK},\text{D}}$ 计算，如果

$$\frac{|x_{\text{LNK},\text{D估计}} - x_{\text{LNK},\text{D计算}}|}{x_{\text{LNK},\text{D计算}}} > \varepsilon \tag{4-15}$$

则需修正估计值。ε 的数值依据问题而定，一般取为 0.01。下一次逐级计算的初值可用直接迭代法确定，即 $x_{\text{LNK},\text{D估计}} = x_{\text{LNK},\text{D计算}}$。为保证收敛也可引入阻尼因子。对于只有轻非关键组分或重非关键组分的物系的精馏，逐级计算是一个准确的设计方法，仅需 $1 \sim 2$ 次迭代即可收敛。若轻、重非关键组分同时存在，则收敛是很困难的。

【例 4-1】 有一精馏塔分离 $n\text{-}C_4$、$n\text{-}C_5$ 和 $n\text{-}C_8$ 混合物。已知：进料量 10000kmol/h，饱和液体进料；进料组成 $z_{n\text{-}C_4} = 0.15$，$z_{n\text{-}C_5} = 0.25$，$z_{n\text{-}C_8} = 0.60$（摩尔分数）；分离要求 $n\text{-}C_5$ 在馏出液的回收率 99%，$n\text{-}C_8$ 在釜液的回收率 98%；塔顶采用全凝器，饱和液体回流，回流比 $L_0/D = 1.0$；塔平均操作压力 200kPa。求总平衡级数和适宜进料位置。

解 按恒摩尔流计算。K 值由 $P\text{-}T\text{-}K$ 图查得。

① 全塔物料衡算和计算起点的确定

按清晰分割
$$Fz_{n\text{-}C_4} = Dx_{n\text{-}C_4,\text{D}} = 1500$$

由回收率得
$$Dx_{n\text{-}C_5,\text{D}} = 0.99(Fz_{n\text{-}C_5}) = 2475$$
$$Dx_{n\text{-}C_8,\text{D}} = (1 - 0.98)(Fz_{n\text{-}C_8}) = 120$$

$$D = \sum_{i=1}^{3}(Dx_{i,\text{D}}) = 4095\text{kmol/h}$$

物料衡算表

组　分	馏　出　液		釜　液	
	$Dx_{i,D}$	$x_{i,D}$	$Wx_{i,D}$	$x_{i,W}$
$n\text{-}C_4$	1500	0.366	0	0
$n\text{-}C_5$	2475	0.605	25	0.004
$n\text{-}C_8$	120	0.029	5880	0.996
合计	4095	1.000	5905	1.000

由于进料中只有轻非关键组分，故馏出液浓度较易准确估计，逐级计算宜从塔顶开始。

② 相平衡计算　从上往下作各级露点计算。

a.假设露点温度，由 $P\text{-}T\text{-}K$ 图查 $K_{i,j}$

b.以 $n\text{-}C_5$ 为参考组分计算：　　　$(K_{n\text{-}C_5,j})_{新}=K_{n\text{-}C_5,j}\left(\sum\dfrac{y_{i,j}}{K_{i,j}}\right)$

c.由 $(K_{n\text{-}C_5,j})_{新}$ 查 $P\text{-}T\text{-}K$ 图求 T_j

d.重复步骤 a～c 各步至 T 收敛，并求 $x_{i,j}=y_{i,j}/K_{i,j}$

③ 操作线方程

精馏段　　　　　　　　　　　$y_{i,j+1}=\dfrac{L}{V}x_{i,j}+\left(1-\dfrac{L}{V}\right)x_{i,D}$

式中 $\dfrac{L}{V}=\dfrac{L_0/D}{1+L_0/D}=\dfrac{1}{2}$（因回流为饱和液体）

提馏段　　　　　　　　　　　$y_{i,j+1}=\dfrac{L'}{V'}x_{i,j}-\left(\dfrac{L'}{V'}-1\right)x_{i,W}$

式中　　　　　　　　$L'=L+F=\left(\dfrac{L_0}{D}\right)D+F=14095$

$$V'=V=L+D=\left(\dfrac{L_0}{D}+1\right)D=8190$$

故　　　　　　　　　　　$L'/V'=1.721$

④ 逐级计算

塔顶设全凝器，馏出液浓度即为塔顶第一级上升蒸汽的浓度。

组分	第 1 级			第 2 级		
	$y_{i,1}=x_{i,D}$	$K_{i,1}(64.3℃)$	$x_{i,1}$	$y_{i,2}$	$K_{i,2}(99℃)$	$x_{i,2}$
$n\text{-}C_4$	0.366	3.22	0.114	0.24	6.154	0.039
$n\text{-}C_5$	0.605	1.155	0.524	0.5645	2.509	0.225
$n\text{-}C_8$	$\dfrac{0.029}{1.0}$	0.081	$\dfrac{0.358}{0.996}$	$\dfrac{0.1935}{0.998}$	0.26	$\dfrac{0.744}{1.008}$

核实第二级是否为进料级：

按精馏段操作线计算 $y_{i,3}$，得

$$y_{n\text{-}C_4,3}=0.2025;\quad y_{n\text{-}C_5,3}=0.415;\quad y_{n\text{-}C_8,3}=0.3865$$

按提馏段操作线计算 $y_{i,3}$，得

$$y_{n\text{-}C_4,3}=0.067;\quad y_{n\text{-}C_5,3}=0.384;\quad y_{n\text{-}C_8,3}=0.562$$

则 $\qquad \left(\dfrac{y_{n\text{-}C_5,3}}{y_{n\text{-}C_8,3}}\right)_R = 1.07 > \left(\dfrac{y_{n\text{-}C_5,3}}{y_{n\text{-}C_8,3}}\right)_S = 0.683$

故第 2 级为进料级。以下按提馏段操作线逐板计算。

组　　分	第 3 级			第 4 级		
	$y_{i,3}$	$K_{i,3}$ (132℃)	$x_{i,3}$	$y_{i,4}$	$K_{i,4}$ (146℃)	$x_{i,4}$
$n\text{-}C_4$	0.067	10.15	0.0066	0.0114	12.95	0.00088
$n\text{-}C_5$	0.384	4.5	0.0853	0.1439	5.6	0.0257
$n\text{-}C_8$	0.562	0.62	0.906	0.8410	0.87	0.967
	1.013		0.998	0.9963		0.9936
组　　分	第 5 级			第 6 级		
	$y_{i,5}$	$K_{i,5}$ (149℃)	$x_{i,5}$	$y_{i,6}$	$K_{i,6}$ (153℃)	$x_{i,6}$
$n\text{-}C_4$	0.0015	13.04	0.000115	0.000198	13.47	0.0000147
$n\text{-}C_5$	0.0413	5.9	0.007	0.00916	6.11	0.0015
$n\text{-}C_8$	0.9461	0.95	0.9959	0.9958	0.996	0.9997
	0.9898		1.003	1.005		1.001

因为 $\qquad x_{n\text{-}C_8,6} > x_{n\text{-}C_8,W}$ 和 $x_{n\text{-}C_5,6} < x_{n\text{-}C_5,W}$

所以第 6 级（包括再沸器）为最后一级。

　　⑤ 估计值的校核

　　根据轻、重关键组分的回收率已得到 $W_{x_{n\text{-}C_5,W}} = 25$，$W_{x_{n\text{-}C_8,W}} = 5880$。因 $x_{n\text{-}C_4,6}$ 计算值为 0.0000147，并且 $\sum x_{i,6}$ 应等于 1，故 W 值应调整为：

$$\frac{25}{W} + \frac{5880}{W} + 0.0000147 = 1.0$$

$$W = 5905.868$$

由全塔总物料衡算

$$D = 10000 - 5905.868 = 4094.132$$

重新求馏出液的组成：

$$x_{n\text{-}C_5,D} = \frac{2475}{4094.132} = 0.6045$$

$$x_{n\text{-}C_8,D} = \frac{120}{4094.132} = 0.02931$$

$$x_{n\text{-}C_4,D} = 1 - 0.6045 - 0.02931 = 0.3662$$

$$\frac{|(x_{n\text{-}C_4,D})_{估计} - (x_{n\text{-}C_4,D})_{计算}|}{(x_{n\text{-}C_4,D})_{计算}} = \frac{|0.366 - 0.3662|}{0.3662} = 0.000546 < 0.01$$

满足准确度，不再重复逐级计算。

　　由本例可得出结论，当要求轻关键组分具有高回收率时，则馏出液中所有轻非关键组分的组成能准确估计；同样，如果有重非关键组分存在，当要求重关键组分的回收率高时，釜液中全部重非关键组分能准确估计。

　　如第 3 章所述，萃取精馏和共沸精馏是加入另一组分，即溶剂或共沸剂，以改善相平衡关系，因而促进进料混合物的分离。若被分离的混合物只含两个组分，则萃取精馏和共沸精馏属于三组分系统。因此它们适于逐级计算。在萃取精馏中，因溶剂是重非关键组分，而进料中的组分是关键组分，逐级计算可从塔釜开始。在以苯为共沸剂进行乙醇和水的共沸精馏中，水是轻非关键组分，而另外两个组分可以看成关键组分，因此逐级计算可以从塔顶开始。

对相对挥发度不是常数和非恒摩尔流的情况，用逐级计算法确定平衡级数时，必须对每一级进行反复迭代，联立求解物料衡算、相平衡关系和热量衡算。可见这一方法是非常繁复的。一般来说，选择三对角线矩阵法等其他算法更合适。

4.3 三对角线矩阵法

三对角线矩阵法是最常用的一类多组分多级分离过程的严格计算方法。它以方程解离法为基础，将 MESH 方程按类型分成三组，即修正的 M-方程、S-方程和 H-方程，然后分别求解。该法适合于分离过程的操作型计算，具有容易程序化、计算速度快和占用内存少等优点。

4.3.1 方程的解离方法和三对角线矩阵方程的托玛斯解法

4.3.1.1 方程的解离

为使计算简化，将式(4-2)代入式(4-1)消去 $y_{i,j}$ 得

$$L_{j-1}x_{i,j-1}+V_{j+1}K_{i,j+1}x_{i,j+1}+F_jz_{i,j}-(L_j+U_j)x_{i,j}-(V_j+G_j)K_{i,j}x_{i,j}=0 \tag{4-16}$$

为了消去该式中的 L，对图 4-2 中逆流装置的第 1 级至第 j 级之间作总物料衡算，得：

$$L_j=V_{j+1}+\sum_{m=1}^{j}(F_m-U_m-G_m)-V_1 \tag{4-17}$$

将式(4-17)代入式(4-16)得：

$$A_jx_{i,j-1}+B_jx_{i,j}+C_jx_{i,j+1}=D_j \tag{4-18}$$

式中

$$A_j=V_j+\sum_{m=1}^{j-1}(F_m-U_m-G_m)-V_1 \qquad 2\leqslant j\leqslant N \tag{4-19}$$

$$B_j=-\left[V_{j+1}+\sum_{m=1}^{j}(F_m-U_m-G_m)-V_1+U_j+(V_j+G_j)K_{i,j}\right] \qquad 1\leqslant j\leqslant N \tag{4-20}$$

$$C_j=V_{j+1}K_{i,j+1} \qquad 1\leqslant j\leqslant N-1 \tag{4-21}$$

$$D_j=-F_jz_{i,j} \qquad 1\leqslant j\leqslant N \tag{4-22}$$

考察式(4-20)～式(4-22)，显然，B_j、C_j、D_j 应与组分 i 有关，这里只是为方便起见将下标 i 略去。

从图 4-2 可以看出，第 1 级和第 N 级是比较特殊的。当 $j=1$ 时，由于 $x_{i,j-1}$ 即 $x_{i,0}$ 不存在（无 L_0 流股），故式(4-18)的第一项不存在。当 $j=N$ 时，由于 $V_{i,j+1}$ 即 $V_{i,N+1}$ 不存在，故没有第三项。此外，因模型中无 G_1 和 U_N 两股物流，所以在式(4-19)和式(4-20)中将它们以零处理。这样，对组分 i 从第一级至第 N 级可将式(4-18)具体化为：

第 1 级 $B_1x_{i,1}+C_1x_{i,2}=D_1$

第 2 级 $A_2x_{i,1}+B_2x_{i,2}+C_2x_{i,3}=D_2$

$\vdots$ (4-18a)

第 j 级 $A_jx_{i,j-1}+B_jx_{i,j}+C_jx_{i,j+1}=D_j$

$\vdots$

第 $N-1$ 级　　　　$A_{N-1}x_{i,N-2}+B_{N-1}x_{i,N-1}+C_{N-1}x_{i,N}=D_{N-1}$

第 N 级　　　　　　　　　　　$A_N x_{i,N-1}+B_N x_{i,N}=D_N$

该组方程式集合在一起，可用下列三对角线矩阵方程表示。

$$
\begin{bmatrix}
B_1 & C_1 & & & & & \\
A_2 & B_2 & C_2 & & & & \\
& \cdots & \cdots & & & & \\
& & A_j & B_j & C_j & & \\
& & & \cdots & \cdots & & \\
& & & & A_{N-1} & B_{N-1} & C_{N-1} \\
& & & & & A_N & B_N
\end{bmatrix}
\begin{bmatrix}
x_{i,1} \\ x_{i,2} \\ \vdots \\ x_{i,j} \\ \vdots \\ x_{i,N-1} \\ x_{i,N}
\end{bmatrix}
=
\begin{bmatrix}
D_1 \\ D_2 \\ \vdots \\ D_j \\ \vdots \\ D_{N-1} \\ D_N
\end{bmatrix}
\tag{4-23}
$$

在假定了各级温度 T_j 和气相流率 V_j，并根据具体情况计算出相平衡常数 K 之后，式 (4-23) 即成为求解液相组成的线性方程组（修正的 M-方程），用托玛斯解法可简便地求解。此外，由于在式(4-23)中消去了 y 和 L，因此计算 y 和 L 的方程与其他方程分离开来。

MESH 方程中的另外两组方程——S-方程和 H-方程用于迭代和收敛变量 T_j 和 V_j，但方程式和变量的组合方式，即用哪个方程计算哪个变量，取决于不同物系具有不同的收敛特性。泡点法和流率加和法是两种不同的组合情况，分别有其应用场合。

4.3.1.2　三对角线矩阵的托玛斯解法

对于具有三对角线矩阵的线性方程组，常用追赶法（或称托玛斯法）求解。该法仍属高斯消元法，它涉及从第 1 级开始一直继续到第 N 级的消元过程，并最终得到 $x_{i,N}$，其余的 $x_{i,j}$ 值则从 $x_{i,N-1}$ 开始的回代过程得到。假设 A_j、B_j、C_j 和 D_j 为已知。计算步骤如下：

对第 1 级　　　　　　　　$B_1 x_{i,1}+C_1 x_{i,2}=D_1$　　　　　　　　　　(4-24)

解 x_1，得　　　　　　　　　　$x_{i,1}=\dfrac{D_1-C_1 x_{i,2}}{B_1}$

令　　　　　$p_1=\dfrac{C_1}{B_1}$ 和 $q_1=\dfrac{D_1}{B_1}$ 则 $x_{i,1}=q_1-p_1 x_{i,2}$　　　　(4-25)

比较式(4-24)和式(4-25)，$x_{i,1}$ 的系数由 B_1 变成 1，$x_{i,2}$ 的系数由 C_1 变成 p_1，相当于 D_1 的项变成 q_1，故仅需贮存 p_1 和 q_1 值。

对第 2 级　　　　　　$A_2 x_{i,1}+B_2 x_{i,2}+C_2 x_{i,3}=D_2$

将式(4-25)代入上式，解得 $x_{i,2}$ 为：

$$x_{i,2}=q_2-p_2 x_{i,3}$$

式中　　　　$p_2=\dfrac{C_2}{B_2-A_2 p_1}$ 和 $q_2=\dfrac{D_2-A_2 q_1}{B_2-A_2 p_1}$

显然，$x_{i,1}$ 的系数由 A_2 变为零，$x_{i,2}$ 的系数由 B_2 变为 1，$x_{i,3}$ 的系数由 C_2 变成 p_2，相当于 D_2 的项变为 q_2。同样只需贮存 p_2 和 q_2 值。

将以上结果用于第 j 级，得到

$$p_j=\frac{C_j}{B_j-A_j p_{j-1}} \tag{4-26}$$

$$q_j=\frac{D_j-A_j q_{j-1}}{B_j-A_j p_{j-1}} \tag{4-27}$$

且
$$x_{i,j} = q_j - p_j x_{i,j+1}$$

(4-28a)

同理，仅需贮存 p_j 和 q_j。到第 N 级时，由于 $p_N=0$，由式(4-28a) 可得到

$$x_{i,N} = q_N$$

(4-28b)

在完成了上述正消后，式(4-23) 变成下列的简单形式

$$\begin{bmatrix} 1 & p_1 & & & & \\ & 1 & p_2 & & & \\ & & \cdots & \cdots & & \\ & & & 1 & p_j & \\ & & & & \cdots & \cdots \\ & & & & 1 & p_{N-1} \\ & & & & & 1 \end{bmatrix} \begin{bmatrix} x_{i,1} \\ x_{i,2} \\ \vdots \\ x_{i,j} \\ \vdots \\ x_{i,N-1} \\ x_{i,N} \end{bmatrix} = \begin{bmatrix} q_1 \\ q_2 \\ \vdots \\ q_j \\ \vdots \\ q_{N-1} \\ q_N \end{bmatrix}$$

(4-29)

求出 $x_{i,N}$ 后按上式逐级回代，直至算得 $x_{i,1}$。

托玛斯解法与矩阵求逆等其他算法相比显得更优越。Wang 和 Henke 等指出，除了在极个别的情况外，由于没有哪一步涉及大小相近的数相减，从而避免了计算机上的圆整误差的积累，也不会出现负的摩尔分数值。但当某组分在塔内的某一面中 $K_{i,j}>1$，而在另一段中 $K_{i,j}<1$ 时，用此法计算会产生较大的误差。Boston 和 Sullivan 就此提出了改进，但需要较长的计算时间。

4.3.2 泡点法（BP法）

精馏过程涉及组分的汽液平衡常数的变化范围是相当窄的，因此在逐次逼近计算中，用泡点方程计算新的级温度是特别有效的。故称这种典型的三对角线矩阵法为泡点法。

在泡点法计算程序中，除用修正的 M-方程计算液相组成外，在内层循环用 S-方程计算级温度，而在外层循环中用 H-方程迭代气相流率。其设计变量规定为：各级的进料流率、组成、状态（F_j、$z_{i,j}$、P_j、T_j 或 $H_{F,j}$），各级的压力（P_j），各级的侧线采出流率（G_j、U_j，其中 U_1 为液相馏出物），除第一级（冷凝器）和第 N 级（再沸器）以外各级的热负荷（Q_j），总级数（N）、泡点温度下的回流量（L_1）和塔顶气相馏出物流率（V_1）。

泡点法的计算步骤如图4-6所示。

开始计算，必须给出必要的迭代变量的初值。对大多数问题，用规定的回流比、馏出量、进料和侧线采出流率按恒摩尔流率假设就可以确定一组 V_j 的初值。塔顶温度的初值可按下列方法之一确定：①当塔顶为气相采出时，可取气相产品的露点温度；②当塔顶为液相采出时，可取馏出液的泡点温度；③当塔顶为气、液两相采出时，取露点和泡点之间的某一值。塔釜温度的初值常取釜液的泡点温度。当塔顶和塔釜温度均假定以后，用线性内插得到中间各级的温度初值，然后计算 K 值。当 K 仅与 T 和 P 有关时，由各级温度的初值（在以后迭代中用前一次迭代得到的各级温度）和级压力确定；当 K 是 T、P 和组成的函数时，除非在第一次迭代中用假定为理想溶液的 K 值，还需要对所有的 $x_{i,j}$（有时尚需 $y_{i,j}$）提供初值，以便计算 K 值。而在以后的迭代中，使用前一次迭代得到的 $x_{i,j}$（和 $y_{i,j}$）计算 K 值。当通过运算得到各组分的系数矩阵中的 A_j、B_j、C_j 和 D_j 的数值之后，便可以应用式(4-23) 解 $x_{i,j}$ 值。由于在推导式(4-23)时没有考虑 S-方程的约束，故必须用下式对得到的 $x_{i,j}$ 值归一化。

$$x_{i,j} = \frac{x_{i,j}}{\sum_{i=1}^{c} x_{i,j}}$$

(4-30)

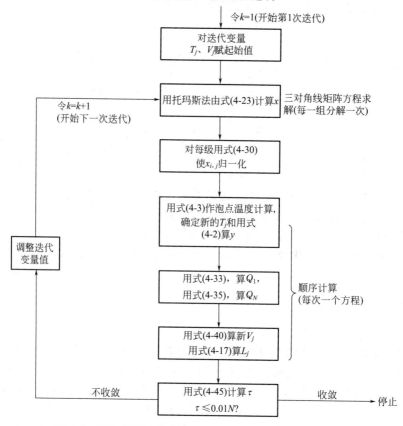

图 4-6　用于蒸馏计算的 Wang-Henke 的 BP 法的计算步骤

式中，等号左侧的 $x_{i,j}$ 为将右侧的 $x_{i,j}$ 归一化后的值，将它用于以下计算中，直到下一迭代循环中产生新的 $x_{i,j}$ 值。用归一化以后的 $x_{i,j}$ 对每一级按式(4-3) 作泡点计算，产生新的级温度 T_j，因为此式对温度是非线性的，必须进行迭代计算。Wang 和 Henke 用 Muller 法来加速收敛。级温度迭代收敛的准则可定为

$$| T_j^{(r)} - T_j^{(r-1)} | / T_j^{(r)} \leqslant 0.0001 \tag{4-31}$$

式中，T 为热力学温度；上标 r 为温度迭代次数。

在级温度确定后，可用 E-方程确定 $y_{i,j}$ 值，再用此 $y_{i,j}$、$x_{i,j}$ 及 T_j 值计算各级的气、液相摩尔焓 H_j 和 h_j。另外，由于 F_1、V_1、U_1 和 L_1 已规定，故可用式(4-17) 计算 V_2，并用 H-方程计算冷凝器的热负荷

$$V_2 = L_1 - (F_1 - U_1) + V_1 \tag{4-32}$$

$$Q_1 = V_2 H_2 + F_1 H_{F,1} - (L_1 + U_1) h_1 - V_1 H_1 \tag{4-33}$$

再沸器的热负荷是由全塔的总物料衡算式和总热量衡算式得到的

$$L_N = \sum_{j=1}^{N} (F_j - U_j - G_j) - V_1 \tag{4-34}$$

$$Q_N = \sum_{j=1}^{N} (F_j H_{Fj} - U_j h_j - G_j H_j) - \sum_{j=1}^{N-1} Q_j - V_1 H_1 - L_N h_N \tag{4-35}$$

为使用 H-方程计算 V_j，分别对 L_{j-1} 和 L_j 写出式(4-17) 并代入 H-方程式(4-5)，得到修正的 H-方程。

$$\alpha_j V_j + \beta_j V_{j+1} = \gamma_j \tag{4-36}$$

式中
$$\alpha_j = h_{j-1} - H_j \tag{4-37}$$

$$\beta_j = H_{j+1} - h_j \tag{4-38}$$

$$\gamma_j = \Big[\sum_{m=1}^{j-1} (F_m - G_m - U_m) - V_1 \Big] (h_j - h_{j-1})$$
$$+ F_j (h_j - H_{Fj}) + G_j (H_j - h_j) + Q_j \tag{4-39}$$

对第 2 级到第 $N-1$ 级写出式(4-36)，并把它们集合在一起，得到如下对角线矩阵方程：

$$\begin{bmatrix} \beta_2 & & & & & & \\ \alpha_3 & \beta_3 & & & & & \\ & \cdots & \cdots & & & & \\ & & \alpha_j & \beta_j & & & \\ & & & \cdots & \cdots & & \\ & & & & \alpha_{N-2} & \beta_{N-2} & \\ & & & & & \alpha_{N-1} & \beta_{N-1} \end{bmatrix} \begin{bmatrix} V_3 \\ V_4 \\ \vdots \\ V_{j+1} \\ \vdots \\ V_{N-1} \\ V_N \end{bmatrix} = \begin{bmatrix} \gamma_2 - \alpha_2 V_2 \\ \gamma_3 \\ \vdots \\ \gamma_j \\ \vdots \\ \gamma_{N-2} \\ \gamma_{N-1} \end{bmatrix} \tag{4-40}$$

假定 α_j，β_j 和 γ_j 为已知，因 V_2 已由式(4-32) 得到，故可逐级计算 V_j 值：

$$V_3 = \frac{\gamma_2 - \alpha_2 V_2}{\beta_2} \tag{4-41}$$

$$V_4 = \frac{\gamma_3 - \alpha_3 V_3}{\beta_3} \tag{4-42}$$

通式为
$$V_j = \frac{\gamma_{j-1} - \alpha_{j-1} V_{j-1}}{\beta_{j-1}} \tag{4-43}$$

再用式(4-17) 计算相应的 L 值。

迭代终止的标准有多种。一般收敛标准是：

$$\sum_{j=1}^{N} \Big[\frac{T_j^{(k)} - T_j^{(k-1)}}{T_j^{(k)}} \Big] + \sum_{j=1}^{N} \Big[\frac{V_j^{(k)} - V_j^{(k-1)}}{V_j^{(k)}} \Big] \leqslant \varepsilon \tag{4-44}$$

式中，T 为热力学温度；k 为迭代次数；ε 为预定的偏差。Wang 和 Henke 建议用如下较简单的准则。

$$\tau = \sum_{j=1}^{N} [T_j^{(k)} - T_j^{(k-1)}]^2 \leqslant 0.01N \tag{4-45}$$

在计算中 T_j 和 V_j 和迭代常用直接迭代法。但经验表明，为保证收敛，在下次迭代开始之前对当前迭代结果进行调整是必要的。例如应对级温度给出上、下限，当级间流率为负值时，应将其变成接近于零的正值。此外，为防止迭代过程发生振荡，应采用阻尼因子来限制，使两次迭代之间的 V_j 和 T_j 值的变化小于 10%。

【例 4-2】 使用附图所示的精馏塔分离轻烃混合物。全塔共 5 个平衡级（包括全凝器和再沸器）。在从上往下数第 3 级进料，进料量为 100mol/h，原料中丙烷（1）、正丁烷（2）和正戊烷（3）的含量分别为 $z_1 = 0.3$，$z_2 = 0.3$，$z_3 = 0.4$（摩尔分数）。塔压为 689.4kPa。进料温度为 323.3K（即饱和液体）。塔顶馏出液流率为 50mol/h。饱和液体回流，回流比 $R = 2$。规定各级（全凝器和再沸器除外）及分配器在绝热情况下操作。试用泡点法完成一个迭代循环。

假设平衡常数与组分无关，由 $P\text{-}T\text{-}K$ 图查得。液相和汽相纯组分的摩尔焓 h_j 和 H_j 可分别由【例 4-4】中式(B) 和式(C) 计算，其常数列于【例 4-4】附表 3 和附表 4。

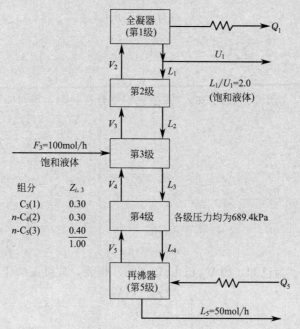

[例 4-2] 附图　精馏塔的规定

解　馏出液量 $D=U_1=50\text{mol/h}$ 则 $L_1=RU_1=2\times50=100(\text{mol/h})$，由围绕全凝器的总物料衡算得 $V_2=L_1+U_1=100+50=150(\text{mol/h})$。迭代变量的初值如下：

级序号, j	$V_j/(\text{mol/h})$	T_j/K	级序号, j	$V_j/(\text{mol/h})$	T_j/K
1	0(无汽相出料)	291.5	4	150	333.2
2	150	305.4	5	150	347.0
3	150	319.3			

在假定的级温度及 689.4kPa 压力下，从图 2-1 得到的 K 值为：

组　分	$K_{i,j}$				
	1	2	3	4	5
C_3	1.23	1.63	2.17	2.70	3.33
$n\text{-}C_4$	0.33	0.50	0.71	0.95	1.25
$n\text{-}C_5$	0.103	0.166	0.255	0.36	0.49

第 1 个组分 C_3 的矩阵方程推导如下

当 $V_1=0$，$G_j=0$ $(j=1,\cdots,5)$ 时，从式(4-19) 可得

$$A_j=V_j+\sum_{m=1}^{j-1}(F_m-U_m)$$

所以　　　　　$A_5=V_5+F_3-U_1=150+100-50=200(\text{mol/h})$

类似得　　　　　$A_4=200$，$A_3=100$ 和 $A_2=100$

当 $V_1=0$ 和 $G_j=0$ 时，由式(4-20) 可得

$$B_j = -\left[V_{j+1} + \sum_{m=1}^{j}(F_m - U_m) + U_j + V_j K_{i,j}\right]$$

因此 $B_5 = -(F_3 - U_1 + V_5 K_{1,5}) = -(100 - 50 + 150 \times 3.33) = -549.5 \, (\text{mol/h})$

同理 $B_4 = -605$，$B_3 = -525.5$，$B_2 = -344.5$，$B_1 = -150$

由式(4-22) 得：$D_3 = -100 \times 0.30 = -30 \, (\text{mol/h})$

相类似 $D_1 = D_2 = D_4 = D_5 = 0$

将以上数值代入式(4-23)，得到：

$$\begin{bmatrix} -150 & 244.5 & 0 & 0 & 0 \\ 100 & -344.5 & 325.5 & 0 & 0 \\ 0 & 100 & -525.5 & 405 & 0 \\ 0 & 0 & 200 & -605 & 499.5 \\ 0 & 0 & 0 & 200 & -549.5 \end{bmatrix} \begin{bmatrix} x_{1,1} \\ x_{1,2} \\ x_{1,3} \\ x_{1,4} \\ x_{1,5} \end{bmatrix} = \begin{bmatrix} 0 \\ 0 \\ -30 \\ 0 \\ 0 \end{bmatrix}$$

用式(4-26) 和式(4-27) 计算 p_j 和 q_j

$$p_1 = \frac{C_1}{B_1} = \frac{244.5}{-150} = -1.630$$

$$q_1 = \frac{D_1}{B_1} = \frac{0}{-150} = 0$$

$$p_2 = \frac{C_2}{B_2 - A_2 p_1} = \frac{325.5}{-344.5 - 100(-1.63)} = -1.793$$

按同样方法计算，得消元后的方程［式(4-29) 的形式］

$$\begin{bmatrix} 1 & -1.630 & 0 & 0 & 0 \\ 0 & 1 & -1.793 & 0 & 0 \\ 0 & 0 & 1 & -1.170 & 0 \\ 0 & 0 & 0 & 1 & -1.346 \\ 0 & 0 & 0 & 0 & 1 \end{bmatrix} \begin{bmatrix} x_{1,1} \\ x_{1,2} \\ x_{1,3} \\ x_{1,4} \\ x_{1,5} \end{bmatrix} = \begin{bmatrix} 0 \\ 0 \\ 0.0867 \\ 0.0467 \\ 0.0333 \end{bmatrix}$$

显然，由式(4-28b) 得 $x_{1,5} = 0.0333$

依次用式(4-28a) 计算，得

$$x_{1,4} = q_4 - p_4 x_{1,5} = 0.0467 - (-1.346)(0.0333) = 0.0915$$

$$x_{1,3} = 0.1938 \quad x_{1,2} = 0.3475 \quad x_{1,1} = 0.5664$$

以类似方式解 $n\text{-}C_4$ 和 $n\text{-}C_5$ 的矩阵方程得到 $x_{i,j}$。

组　　分	$x_{i,j}$				
	1	2	3	4	5
C_3	0.5664	0.3475	0.1938	0.0915	0.0333
$n\text{-}C_4$	0.1910	0.3820	0.4483	0.4857	0.4090
$n\text{-}C_5$	0.0191	0.1149	0.3253	0.4820	0.7806
$\sum_{i=1}^{3} x_{i,j}$	0.7765	0.8444	0.9674	1.0592	1.2229

在这些组成归一化以后，用式(4-3) 迭代计算 689.4kPa 压力下的泡点温度并和初值比较。

温度/K \ 级数	1	2	3	4	5
$T_j^{(1)}$	291.5	305.4	319.3	333.2	347.0
$T_j^{(2)}$	292.0	307.6	328.1	340.9	357.6

根据液相和汽相纯组分的摩尔焓计算公式，计算出在各级计算泡点温度下，各组分的液相、汽相的摩尔焓，再按下列公式加和：

$$h_j = \sum_{i=1}^{c} h_{i,j} x_{i,j}$$

式中，h_j 为第 j 级液相的平均摩尔焓。

$$H_j = \sum_{i=1}^{c} H_{i,j} y_{i,j}$$

式中，H_j 为第 j 级汽相的平均摩尔焓。

平均摩尔焓计算结果如下：

平均摩尔焓/(J/mol) \ 级数	1	2	3	4	5
H_j	30818	34316	38778	43326	49180
h_j	19847.5	23783.9	29151.7	32745.6	37451.2

汽、液相组成如下（摩尔分数）

级 数	液相组成 $x_{i,j}$			气相组成 $y_{i,j}$		
	C_3	$n\text{-}C_4$	$n\text{-}C_5$	C_3	$n\text{-}C_4$	$n\text{-}C_5$
1	0.7294	0.2460	0.0246	0.9145	0.083	0.0024
2	0.4115	0.4524	0.1361	0.7142	0.2437	0.0421
3	0.2003	0.4634	0.3363	0.4967	0.3999	0.1033
4	0.0864	0.4585	0.4551	0.2728	0.5283	0.1989
5	0.0272	0.3345	0.6383	0.1035	0.5018	0.3947

进料为饱和液体，计算得：

$$H_{F3} = \sum h_i z_i = 28060.6 \text{ J/mol}$$

由式（4-37）计算 α_j

$$\alpha_2 = h_1 - H_2 = 19847.5 - 34316 = -14468.5$$

同理　　　　　$\alpha_3 = -14994.1$；$\alpha_4 = -14174.3$

由式（4-38）计算 β_j

$$\beta_2 = H_3 - h_2 = 38778 - 23783.9 = 14994.1$$

同理　　　　　$\beta_3 = 14174.3$；$\beta_4 = 16434.4$

由式（4-39）计算 γ_j

$$\gamma_2 = [(F_1 - G_1 - U_1) - V_1](h_2 - h_1) + F_2(h_2 - H_{F2}) + G_2(H_2 - h_2) + Q_2$$
$$= -U_1(h_2 - h_1) = -50 \times (23783.9 - 19847.5) = -196820$$

同理
$$\gamma_3 = -U_1(h_3 - h_2) + F_3(h_3 - H_{F3}) = -159280$$
$$\gamma_4 = (-U_1 + F_3)(h_4 - h_3) = 179695$$

式(4-40)具体化为：

$$\begin{bmatrix} 14994.1 & & \\ -14994.1 & 14174.3 & \\ & -14174.3 & 16434.4 \end{bmatrix} \begin{bmatrix} V_3 \\ V_4 \\ V_5 \end{bmatrix} = \begin{bmatrix} 1973455 \\ -159280 \\ 179695 \end{bmatrix}$$

由式(4-43)得

$$V_3 = \frac{1973455}{14994.1} = 131.62$$

$$V_4 = \frac{-159280 - (-14994.1 \times 131.62)}{14174.3} = 128.0$$

$$V_5 = \frac{179695 - (-14994.1 \times 128.0)}{16434.4} = 121.33$$

按式(4-45)计算 τ：

$$\tau = \sum_{j=1}^{5} \left[T_j^{(2)} - T_j^{(1)} \right]^2 = 254.18 > 0.01N \, (0.01N = 0.05)$$

故应继续迭代。

【例 4-3】 用 BP 法对附图所给精馏塔进行计算。观察不同的初值对收敛的影响；讨论最适宜进料位置问题。

解 汽液平衡关系见［例 4-4］中式（A），汽相焓和液相焓的计算方法同例 4-2。系数表略。

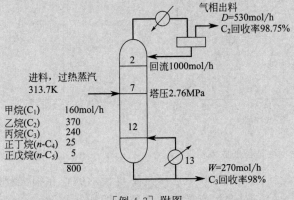

气相出料
D=530mol/h
C_2回收率98.75%

回流1000mol/h

进料, 过热蒸汽
313.7K

塔压2.76MPa

甲烷(C_1)　160mol/h
乙烷(C_2)　370
丙烷(C_3)　240
正丁烷(n-C_4)　25
正戊烷(n-C_5)　5
　　　　　　　800

W=270mol/h
C_3回收率98%

［例 4-3］附图

采用直接迭代法，即在每一次迭代开始前不对迭代变量值作调整。选择不同组馏出液和釜液温度初值进行计算（用线性内插得到各级温度的初值），其收敛时的迭代次数和在 UNI-VAC 1108 计算机上的运行时间（CPU）见附表。

［例 4-3］附表

方案	温度初值/K		收敛时的迭代次数	计算机运行时间（CPU）/s
	馏出液	釜液		
1	261.8	350.0	29	6.0
2	255.4	366.5	5	2.1
3	266.5	355.4	12	3.1
4	283.2	338.7	19	3.7

附表指出了当满足式(4-45)所示收敛标准时，馏出液和釜液温度初值对迭代次数的影响。方案1采用的温度初值是用简捷法估计的，比其余三个方案更接近于严格计算结果（馏出液263.4K；釜液345.1K）。但方案1需要的迭代次数最多。图4-7给出了四个方案按式(4-45)计算的τ随迭代次数的变化。方案2能很快地收敛到$\tau<0.42$。方案1、3和4的前三或四次迭代收敛很快，但在后续的迭代中收敛速度减慢。方案1尤其明显，在这种情况下使用加速收敛的方法是很必要的。四种运算中无一发生迭代变量值振荡的情况，均以单调的方式趋于收敛值。

图4-8绘制了方案2的线性温度分布初值与收敛的级温度分布的比较。由图可见，除了塔釜以外，两者没有明显的偏差。

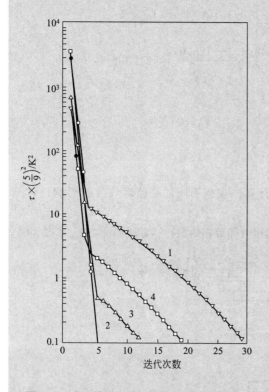

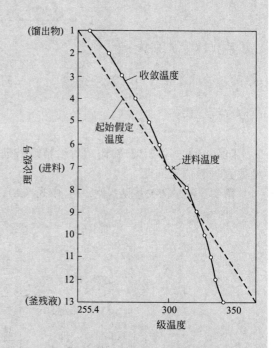

图4-7 对不同的起始温度估值的收敛情况　　　　图4-8 [例4-3]收敛时的温度分布

从此例可得出结论：泡点法的收敛速度是不可预示的，在很大程度上它取决于温度初值和在每一迭代循环开始前对迭代变量值的调整，即加速收敛方法的使用。此外，泡点法在高回流比情况下要比在低回流比情况下更难以收敛。

对于馏出液流率和理论级数已作规定的问题，很难给出最好分离程度的进料级位置。但是一旦有了严格计算的结果时，比轻重关键组分构成假二元系，用图解法可确定进料级是否是最佳位置或应如何调整。在此图中，轻关键组分的摩尔分数是按不考虑非关键组分的存在而计算的。图4-9给出了[例4-3]的结果，可以看出，第7级在提馏段能得到更大程度的分离，说明进料应移至第6级。

4.3.3　流率加和法（SR法）

在许多吸收塔和蒸出塔中，进料组分的沸点相差是比较大的。在逐次逼近计算中，热量平衡对级温度比对级间流率敏感得多。显然，泡点法不适合于该类过程的计算。对此 Burningham 和 Otto 提出用 S-方程计算流率、用 H-方程计算级温度的另一类三对角线矩阵法，称之为流率加和法。其计算步骤如图 4-10 所示。

流率加和法规定的变量是：进料流率、组成和状态（F_j、$z_{i,j}$、P_{Fj}、T_{Fj} 或 H_{Fj}）；各级上气相和液相侧线采出流率（G_j、U_j）；各级热负荷（Q_j）；各级的压力（P_j）；总级数（N）。

为开始计算，必须假定迭代变量 T_j 和 V_j 的一组初值。对大多数问题来说，根据恒摩尔流的假定，从吸收塔底开始用规定的气相进料流率和各级气相侧线采出流率可以确定一组 V_j 初值。从假定的塔顶和塔底级温度按线性内插可以确定一组 T_j 的初值。

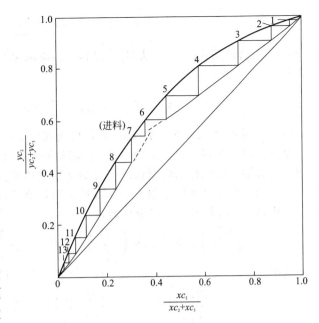

图 4-9　［例 4-3］的修正的 McCabe-Thiele 图

计算的第一步与泡点法相似，用托玛斯法计算液相组成 $x_{i,j}$，但不对得到的结果归一化，而是用式(4-4) 导出的流率加和方程直接计算新的 L_j 值。

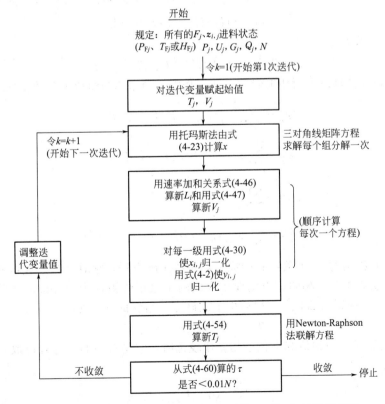

图 4-10　用于吸收和蒸出的 Burningham-Otto 的 SR 法计算步骤

$$L_j^{(k+1)} = L_j^{(k)} \sum_{i=1}^{c} x_{i,j} \qquad (4\text{-}46)$$

式中，$L_j^{(k)}$ 值可用式(4-17) 从 $V_j^{(k)}$ 得到。相应的 $V_j^{(k+1)}$ 值可从对级 j 到级 N 作总物料衡算得到。

$$V_j = L_{j-1} - L_N + \sum_{m=j}^{N} (F_m - G_m - U_m) \qquad (4\text{-}47)$$

接着，用式(4-30) 归一化 $x_{i,j}$ 值，再用式(4-2) 计算相应的 $y_{i,j}$。

至此，可列出以一组新的级温度为未知数的 N 个热量衡算式。若忽略混合热的影响，气相和液相混合物的摩尔焓可由纯组分的摩尔焓加和得到，而纯组分摩尔焓随温度的变化关系是已知的。由于摩尔焓是温度的非线性函数，所以，当从热量衡算式求解一组新的 T_j 值时需要用 Newton-Raphson 法进行迭代。

$$\left(\frac{\partial G_j^{\mathrm{H}}}{\partial T_{j-1}} \right)^{(k)} \Delta T_{j-1}^{(k)} + \left(\frac{\partial G_j^{\mathrm{H}}}{\partial T_j} \right)^{(k)} \Delta T_j^{(k)} + \left(\frac{\partial G_j^{\mathrm{H}}}{\partial T_{j+1}} \right)^{(k)} \Delta T_{j+1}^{(k)} = -G_j^{\mathrm{H}(k)} \qquad (4\text{-}48)$$

式中
$$\Delta T_j^{(k)} = T_j^{(k+1)} - T_j^{(k)} \qquad (4\text{-}49)$$

$$\left(\frac{\partial G_j^{\mathrm{H}}}{\partial T_{j-1}} \right)^{(k)} = L_{j-1} \left(\frac{\partial h_{j-1}}{\partial T_{j-1}} \right)^{(k)} = \widetilde{A}_j \qquad (4\text{-}50)$$

$$\left(\frac{\partial G_j^{\mathrm{H}}}{\partial T_j} \right)^{(k)} = -(L_j + U_j) \left(\frac{\partial h_j}{\partial T_j} \right)^{(k)} - (V_j + G_j) \left(\frac{\partial H_j}{\partial T_j} \right)^{(k)} = \widetilde{B}_j \qquad (4\text{-}51)$$

$$\left(\frac{\partial G_j^{\mathrm{H}}}{\partial T_{j+1}} \right)^{(k)} = V_{j+1} \left(\frac{\partial H_{j+1}}{\partial T_{j+1}} \right)^{(k)} = \widetilde{C}_j \qquad (4\text{-}52)$$

$$G_j^{\mathrm{H}(k)} = L_{j-1} h_{j-1}^{(k)} + V_{j+1} H_{j+1}^{(k)} + F_j H_{\mathrm{F}j} - (L_j + U_j) h_j^{(k)}$$
$$- (V_j + G_j) H_j^{(k)} + Q_j = -\widetilde{D}_j \qquad (4\text{-}53)$$

这样，式(4-48) 变成：

$$\widetilde{A}_j \Delta T_{j-1}^{(k)} + \widetilde{B}_j \Delta T_j^{(k)} + \widetilde{C}_j \Delta T_{j+1}^{(k)} = \widetilde{D}_j \qquad (4\text{-}54)$$

上述各式中的偏导数取决于所用的焓关系式。例如，当采用与组成无关的多项式时，则

$$H_j = \sum_{i=1}^{c} y_{i,j} (A_j + B_i T + C_i T^2) \qquad (4\text{-}55)$$

$$h_j = \sum_{i=1}^{c} x_{i,j} (a_j + b_i T + c_i T^2) \qquad (4\text{-}56)$$

偏导数为
$$\frac{\partial H_i}{\partial T_j} = \sum_{i=1}^{c} y_{i,j} (B_i + 2C_i T) \qquad (4\text{-}57)$$

$$\frac{\partial h_i}{\partial T_j} = \sum_{i=1}^{c} x_{i,j} (b_i + 2c_i T) \qquad (4\text{-}58)$$

由式(4-54) 给出的 N 个关系式构成三对角线矩阵方程，它对 $\Delta T_j^{(k)}$ 是线性的。这种形式的矩阵方程与式(4-23) 相同，由偏导数构成的系数矩阵被称为 Jacobian 矩阵，可用托玛斯法来求解这一组修正值 $\Delta T_j^{(k)}$，然后由下式确定一组新的 T_j 值。

$$T_j^{(k+1)} = T_j^{(k)} + t \Delta T_j^{(k)} \qquad (4\text{-}59)$$

式中，t 为阻尼因子，当初值和真正解相差比较远时，它是有用的。通常可取 $t=1$。收敛标准为

$$\tau = \sum_{j=1}^{N} (\Delta T_j)^2 \leqslant 0.01N \qquad (4\text{-}60)$$

若还没有收敛，在下次迭代开始之前，可调整 V_j 和 T_j 值。常常发现流率加和法收敛是很快的。

【例 4-4】 用流率加和法模拟吸收塔。此塔有 6 个平衡级。操作压力 517.1kPa，气体进料温度 290K，流率 1980mol/h，气体组成如［例 4-4］附表 1。

［例 4-4］附表 1 气体组成（摩尔分数）

CH$_4$	C$_2$H$_6$	C$_2$H$_8$	n-C$_4$H$_{10}$	n-C$_5$H$_{12}$	n-C$_{12}$H$_{26}$
0.830	0.084	0.048	0.026	0.012	0.0

吸收剂为正十二烷，进料流率 530mol/h，进入温度 305K。无气相或液相侧线采出，也没有级间的热交换器。估计的塔顶、塔底温度分别为 300K 和 340K。在塔的操作条件下各组分的相平衡常数 $K_{i,j}$，气相和液相纯组分的摩尔焓 $H_{i,j}$ 和 $h_{i,j}$ 可分别由下列多项式计算

$$K_{i,j}=\alpha_i+\beta_i T_j+\gamma_i T_j^2+\delta_i T_j^3 \tag{A}$$

$$H_{i,j}=A_i+B_i T_j+C_i T_j^2 \tag{B}$$

$$h_{i,j}=a_i+b_i T_j+c_i T_j^2 \tag{C}$$

式中，T_j 为第 j 级上的温度，K；$H_{i,j}$ 和 $h_{i,j}$ 的单位为 J/mol。相应的系数列于［例 4-4］附表 2～［例 4-4］附表 4。

［例 4-4］附表 2 $K_i \sim T$ 关系中的系数

组　　分	α_i	β_i	γ_i	δ_i
CH$_4$	-234.728	1.48426	-0.2025×10^{-2}	0.0
C$_2$H$_6$	57.152	-0.44200	0.10536×10^{-2}	-0.495×10^{-6}
C$_3$H$_8$	45.69	-0.34860	0.8259×10^{-3}	-0.493×10^{-6}
n-C$_4$H$_{10}$	-13.43	0.10073	-0.276×10^{-3}	0.317×10^{-6}
n-C$_5$H$_{12}$	-4.9322	0.04090	-0.133×10^{-3}	0.177×10^{-6}
n-C$_{12}$H$_{26}$	-0.00101	0.36×10^{-5}	0.0	0.0

［例 4-4］附表 3 $H \sim T$ 关系中的系数

组　　分	A_i	B_i	C_i
CH$_4$	1542.0	37.68	0.0
C$_2$H$_6$	8174.0	32.093	0.04537
C$_3$H$_8$	25451.0	-33.356	0.1666
n-C$_4$H$_{10}$	47437.0	-107.76	0.28488
n-C$_5$H$_{12}$	16657.0	95.753	0.05426
n-C$_{12}$H$_{26}$	39946.0	184.21	0.0

［例 4-4］附表 4 $h \sim T$ 关系中的系数

组　　分	a_i	b_i	c_i
CH$_4$	-4085.14	46.053	0.0
C$_2$H$_6$	-41367.8	220.36	-0.09947
C$_3$H$_8$	10730.6	-74.31	0.3504
n-C$_4$H$_{10}$	-12868.4	64.2	0.19
n-C$_5$H$_{12}$	-13244.7	65.88	0.2276
n-C$_{12}$H$_{26}$	-48276.2	305.62	0.0

解 按图 4-10 所示 SR 法计算框图编制程序，在 IBM 计算机上完成计算。为说明计算方法，列出第一次迭代的中间结果。

（1）初值的确定　按恒摩尔流和塔顶、塔底温度的线性内插得到各级温度和气相流率的初值，见［例 4-4］附表 5。

［例 4-4］附表 5　温度和气相流率初值

级　号	级温度/K	气相流率/(mol/h)	级　号	级温度/K	气相流率/(mol/h)
1	300.0	1980.0	4	324.0	1980.0
2	308.0	1980.0	5	332.0	1980.0
3	316.0	1980.0	6	340.0	1980.0

由于相平衡常数与组成无关，无须假定组成初值。

（2）用托玛斯法计算 $x_{i,j}$　该步运算在［例 4-3］中有详细举例，不再重复，计算结果见［例 4-4］附表 6。

［附 4-4］附表 6　液相组成分布（摩尔分数）

组分	CH_4	C_2H_6	C_3H_8	$n\text{-}C_4H_{10}$	$n\text{-}C_5H_{12}$	$n\text{-}C_{12}H_{26}$	合计
1	0.02911	0.01357	0.02067	0.04074	0.02977	1.00011	1.13396
2	0.02742	0.01310	0.02188	0.04685	0.05617	1.00022	1.16564
3	0.02590	0.01203	0.02038	0.03941	0.06545	1.00032	1.16351
4	0.02473	0.01099	0.01850	0.03078	0.05795	1.00043	1.14338
5	0.02383	0.01003	0.01661	0.02429	0.04285	1.00054	1.11816
6	0.02317	0.00914	0.01485	0.01982	0.02850	0.99974	1.09523

（3）计算新的 L_j 和 V_j　由 V_j 初值和进料流率得

$$L_1^{(1)}=L_2^{(1)}=L_3^{(1)}=L_4^{(1)}=L_5^{(1)}=L_6^{(1)}=530\text{mol/h}$$

由式（4-46）计算 $L_j^{(2)}$ 值

$$L_1^{(2)}=L_1^{(1)}\sum x_{i,1}=530\times1.13396=601.001(\text{mol/h})$$

同理　$L_2^{(2)}=617.789\text{mol/h}$；　$L_3^{(2)}=616.659\text{mol/h}$；　$L_4^{(2)}=605.992\text{mol/h}$；

$L_5^{(2)}=592.624\text{mol/h}$；　$L_6^{(2)}=580.472\text{mol/h}$。

由式（4-47）计算 $V_j^{(2)}$

$$V_1^{(2)}=-L_6+(F_1+F_6)=-580.472+530+1980=1929.528(\text{mol/h})$$

同理　$V_2^{(2)}=2000.529\text{mol/h}$；　$V_3^{(2)}=2017.317\text{mol/h}$；　$V_4^{(2)}=2016.188\text{mol/h}$；

$V_5^{(2)}=2005.520\text{mol/h}$；　$V_6^{(2)}=1992.152\text{mol/h}$。

（4）$x_{i,j}$ 归一化求 $y_{i,j}$ 并归一化　由式（4-30）将 $x_{i,j}$ 归一化结果见［例 4-4］附表 7。

［例 4-4］附表 7　归一化的 $x_{i,j}$

组分	CH_4	C_2H_6	C_3H_8	$n\text{-}C_4H_{10}$	$n\text{-}C_5H_{12}$	$n\text{-}C_{12}H_{26}$	合计
1	0.02567	0.01196	0.01823	0.03592	0.02626	0.88196	1.0
2	0.02353	0.01124	0.01877	0.04019	0.048196	0.85808	1.0
3	0.02226	0.01034	0.01752	0.03387	0.05626	0.85975	1.0
4	0.02163	0.00962	0.01618	0.02692	0.5068	0.87498	1.0
5	0.2131	0.00897	0.01486	0.02173	0.03832	0.89481	1.0
6	0.02116	0.00835	0.01356	0.01810	0.02602	0.91281	1.0

由式(4-2)计算 $y_{i,j}$，再由式(4-30)将其归一化。以第一级为例：

将 $T_1 = 300.0K$ 代入式(A)求各组分的 $K_{i,1}$。

$$K_{1,1} = -234.728 + 1.48426 T_1 - 0.2025 \times 10^{-2} T_1^2 = 28.30$$

同理

$$K_{2,1} = 6.01338 \qquad K_{3,1} = 2.12946 \qquad K_{4,1} = 0.50807$$

$$K_{5,1} = 0.14661 \qquad K_{6,1} = 0.7 \times 10^{-4}$$

由 $y_{i,j} = K_{i,j} x_{i,j}$ 求得 $y_{i,1}$：

$$y_{1,1} = 0.72648 \qquad y_{2,1} = 0.07192 \qquad y_{3,1} = 0.03882$$

$$y_{4,1} = 0.01825 \qquad y_{5,1} = 0.00385 \qquad y_{6,1} = 0.00006$$

将各级求得的 $y_{i,j}$ 值归一化后列于 [例 4-4] 附表 8。

[例 4-4] 附表 8　各级的 $y_{i,j}$ 值归一化结果

组分	CH_4	C_2H_6	C_3H_8	$n\text{-}C_4H_{10}$	$n\text{-}C_5H_{12}$	$n\text{-}C_{12}H_{26}$	合计
1	0.84535	0.08369	0.04518	0.02124	0.00449	0.00005	1.0
2	0.82306	0.08431	0.04905	0.03127	0.01221	0.00010	1.0
3	0.81576	0.08349	0.04896	0.03262	0.01905	0.00013	1.0
4	0.81582	0.08325	0.04859	0.03068	0.02150	0.00015	1.0
5	0.81985	0.08342	0.04835	0.02857	0.01963	0.00018	1.0
6	0.82511	0.08372	0.04818	0.02703	0.01574	0.00021	1.0

(5) 计算新的 T_j，由式(4-55)~式(4-58)计算各级气、液相焓及对温度的偏导数，汇总于 [例 4-4] 附表 9。

[例 4-4] 附表 9　各级气、液相焓及对温度的偏导数

级　号	H_j	h_j	$\partial H_j / \partial T_j$	$\partial h_j / \partial T_j$
1	15163.45	40641.28	41.76	286.84
2	16152.78	42554.32	43.19	284.99
3	16796.51	44936.37	44.19	286.03
4	17186.54	47574.25	44.69	288.23
5	17408.23	50317.45	44.76	290.64
6	17565.08	53047.71	44.66	292.69

由式(4-55)计算 290K 气相进料的焓和 305K 的吸收剂的焓

$$H_{F1} = 44937.9 J/mol \qquad H_{F6} = 12792.8 J/mol$$

由式(4-50)~式(4-53)计算 $\tilde{A}_j$、$\tilde{B}_j$、$\tilde{C}_j$ 和 $\tilde{D}_j$ 并表示成矩阵形式：

$$
\begin{bmatrix}
-252961.2 & 86395.2 & 0.0 & 0.0 & 0.0 & 0.0 \\
172392.9 & -262459.3 & 89147.2 & 0.0 & 0.0 & 0.0 \\
0.0 & 176064.1 & -265529.3 & 90093.4 & 0.0 & 0.0 \\
0.0 & 0.0 & 176382.1 & -264760.5 & 89775.1 & 0.0 \\
0.0 & 0.0 & 0.0 & 174667.1 & -262016.6 & 88973.8 \\
0.0 & 0.0 & 0.0 & 0.0 & 172241.5 & -258871.4
\end{bmatrix}
\begin{bmatrix}
\Delta T_1 \\ \Delta T_2 \\ \Delta T_3 \\ \Delta T_4 \\ \Delta T_5 \\ \Delta T_6
\end{bmatrix}
=
\begin{bmatrix}
2447462.0 \\ 294369.9 \\ 653458.9 \\ 857900.4 \\ 909969.8 \\ 5869985.0
\end{bmatrix}
$$

完成正消后变成

$$\begin{bmatrix} 1 & -0.34154 & & & & \\ & 1 & -0.43790 & & & \\ & & 1 & -0.47812 & & \\ & & & 1 & -0.49757 & \\ & & & & 1 & -0.50811 \\ & & & & & 1 \end{bmatrix} \begin{bmatrix} \Delta T_1 \\ \Delta T_2 \\ \Delta T_3 \\ \Delta T_4 \\ \Delta T_5 \\ \Delta T_6 \end{bmatrix} = \begin{bmatrix} 9.67524 \\ 6.74706 \\ 2.83634 \\ -1.98207 \\ -7.17369 \\ -41.4673 \end{bmatrix}$$

解得　$\Delta T_1 = 11.25718$；　$\Delta T_2 = 4.63184$；　$\Delta T_3 = 2.83634$

$\Delta T_4 = -1.98207$；　$\Delta T_5 = -7.17369$；　$\Delta T_6 = -41.6473$

新的 T_j 为

$$T_1 = 311.257；\quad T_2 = 312.632；\quad T_3 = 311.170$$
$$T_4 = 307.965；\quad T_5 = 303.756；\quad T_6 = 298.533$$

按式(4-60)计算收敛系数

$$\tau = (11.25718)^2 + (4.63184)^2 + (2.83634)^2 + (-1.98207)^2 + (-7.17369)^2$$
$$+ (-41.6473)^2 = 1931.15 (>0.01N) = 0.06$$

故需要重新开始迭代。

本例需要四次迭代即可收敛至 $\tau = 0.00835 < 0.06$。在 IBM 个人计算机上共需机时(CPU) 1'25"5。最终的级温度、级间流率和级上气、液相组成如[例 4-4]附表 10～[例 4-4]附表 12。

[例 4-4] 附表 10　最终的级温度、级间流率

级号	级温度/K	气相流率/(mol/h)	液相流率/(mol/h)	级号	级温度/K	气相流率/(mol/h)	液相流率/(mol/h)
1	308.03	1891.889	577.684	4	309.05	1951.056	593.150
2	308.93	1939.573	585.132	5	307.63	1955.04	599.819
3	309.27	1947.021	589.167	6	303.18	1961.708	618.111

[例 4-4] 附表 11　最终的气相组成分布（摩尔分数）

组分	CH_4	C_2H_6	C_3H_8	$n\text{-}C_4H_{10}$	$n\text{-}C_5H_{12}$	$n\text{-}C_{12}H_{26}$
1	0.85935	0.08347	0.04304	0.01368	0.00047	0.00009
2	0.84686	0.08526	0.04765	0.01938	0.00109	0.00009
3	0.84367	0.08504	0.04811	0.02169	0.00188	0.00009
4	0.84193	0.08486	0.04809	0.02260	0.00290	0.0009
5	0.84008	0.08470	0.04804	0.02308	0.00428	0.00009
6	0.83697	0.08446	0.04800	0.02376	0.00649	0.00007

[例 4-4] 附表 12　最终的液相组成分布（摩尔分数）

组分	CH_4	C_2H_6	C_3H_8	$n\text{-}C_4H_{10}$	$n\text{-}C_5H_{12}$	$n\text{-}C_{12}H_{26}$
1	0.02833	0.01283	0.01899	0.02025	0.00212	0.91735
2	0.02771	0.01298	0.02085	0.02789	0.00474	0.90544
3	0.02752	0.01290	0.02098	0.03086	0.00809	0.89903
4	0.02751	0.01290	0.02101	0.03258	0.01259	0.89291
5	0.02776	0.01307	0.02126	0.03457	0.01974	0.88311
6	0.02873	0.01363	0.02204	0.04142	0.03702	0.85724

比较［例 4-4］附表 5 和［例 4-4］附表 10 可以看出，由于较大的吸收率和伴有较大的吸收热，气相和液相物流会吸收一部分热量，使得塔的中部温度最高。因此，用线性温度分布确定初值会有较大误差。

4.3.4 等温流率加和法

多级液-液萃取设备一般在常温下操作。当原料和萃取剂的进入温度相同且混合热可以忽略时，操作是等温的。在这种情况下，可用经简化的等温流率加和法（ISR）进行严格计算。图 4-11 给出 Tsuboka-Katayama 的 ISR 法计算步骤。

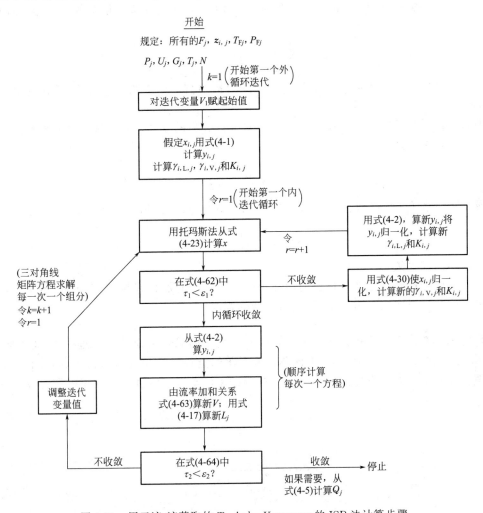

图 4-11　用于液-液萃取的 Tsuboka-Katayama 的 ISR 法计算步骤

设计变量的规定为：进料流率，组成，进料温度和进料级位置；级温度（通常，在各级上是相等的）；总级数。不需要规定进料压力和级压力，但必须理解为它大于相应的泡点压力，保证系统处于液相状态。

因所有的级温已经规定，各级的热负荷 Q_j 可通过解热量衡算式（4-5）得到。又因该步计算可从其他迭代变量的计算中独立出来，故待迭代变量收敛后再行计算 Q_j 能使程序大大简化。

在 ISR 法中，萃取相流率 V_j 是迭代变量。若假定进料组分之间的分离是完全的和忽略萃取剂对萃余相的传质，则可得到萃取相和萃余相的出口流率，中间各级上的 V_j 值可在整个 N 级上用线性内插得到。但有侧线采出和中间进料时必须予以考虑。

液-液萃取的分配系数与相组成关系极大，所以应对萃取相组成 $y_{i,j}$ 和萃余相组成 $x_{i,j}$ 提供初值，用它们来计算 $K_{i,j}$ 值。当进料的组成为已知，并假定出口物流组成时用线性内插来得到 $x_{i,j}$ 的初值。相应的 $x_{i,j}$ 值可从物料衡算式(4-1) 计算。$\gamma_{i,L,j}$ 和 $\gamma_{i,V,j}$ 值可用适当的关系式来确定，例如 Van Laar，NRTL，UNIQUAC 或 UNIFAC 等方程。K 值的表达式具体化为：

$$K_{i,j} = \gamma_{i,L,j} / \gamma_{i,V,j} \tag{4-61}$$

用托玛斯法解式(4-23) 得到一组新的 $x_{i,j}$ 值。用下式将这一组新的 $x_{i,j}$ 值与假定值比较：

$$\tau_1 = \sum_{j=1}^{N} \sum_{i=1}^{c} | x_{i,j}^{(r-1)} - x_{i,j}^{(r)} | \tag{4-62}$$

式中，r 为内迭代循环次数。若 $\tau_1 > \varepsilon_1$，则用归一化的 $x_{i,j}$ 和 $y_{i,j}$ 来计算新的 $\gamma_{i,L,j}$ 和 $\gamma_{i,V,j}$ 进而改进 $K_{i,j}$，ε 可取 $0.01Nc$。

当内迭代循环已收敛时，用式(4-2) 从 $x_{i,j}$ 计算新的 $y_{i,j}$，然后从流率加和关系式计算新的迭代变量 V_j 值。

$$V_j^{(k+1)} = V_j^{(k)} \sum_{i=1}^{c} y_{i,j} \tag{4-63}$$

式中，k 为外循环迭代次数。相应的 $L_j^{(k+1)}$ 可由式(4-17) 得到。当

$$\tau_2 = \sum_{j=1}^{N} [(V_j^{(k)} - V_j^{(k-1)})/V_j^{(k)}]^2 \leqslant \varepsilon_2 \tag{4-64}$$

时，外循环已经收敛 ε_2 可取 $0.01N$。

在下一次循环开始之前，可像前面在 BP 法中讨论的那样来调整 V_j 值。ISR 法的收敛一般是较快的，但取决于 $K_{i,j}$ 随组成而改变的程度。

【例 4-5】 用二甲基甲酰胺（DMF）和水（W）的混合物作萃取剂进行液-液萃取分离苯（B）和正庚烷（H）。在 20℃下此萃取剂对苯的选择性比正庚烷大得多。附图给出了有 5 个平衡级的萃取器。用严格的 IRS 法计算两种不同萃取剂浓度的级间流率和组成。

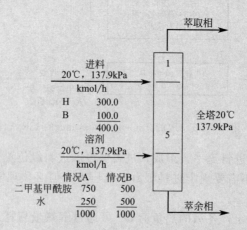

［例 4-5］附图

解 NRTL 方程的常数如［例 4-5］附表 1 所示

二元对 i-j	$\tau_{i,j}$	$\tau_{j,i}$	$\alpha_{j,i}$	二元对 i-j	$\tau_{i,j}$	$\tau_{j,i}$	$\alpha_{j,i}$
DMF-H	2.036	1.910	0.25	W-DMF	2.506	-2.128	0.253
W-H	7.038	4.806	0.15	B-DMF	-0.240	0.676	0.425
B-H	1.196	-0.355	0.30	B-W	3.639	5.750	0.203

对情况 A，根据完全分离和按级线性内插的 V_j（萃取相）、$y_{i,j}$ 和 $x_{i,j}$ 的初值如 [例 4-5] 附表 2。

[例 4-5] 附表 2　V_j（萃取项）、$y_{i,j}$ 和 $x_{i,j}$ 的初值

级号	V_j	$y_{i,j}$				$x_{i,j}$			
		H	B	DMF	W	H	B	DMF	W
1	1100	0.0	0.0909	0.6818	0.2273	0.7895	0.2105	0.0	0.0
2	1080	0.0	0.0741	0.6944	0.2315	0.3333	0.1667	0.0	0.0
3	1000	0.0	0.0566	0.7076	0.2359	0.8824	0.1176	0.0	0.0
4	1040	0.0	0.0385	0.7211	0.2404	0.9375	0.0625	0.0	0.0
5	1020	0.0	0.0196	0.7353	0.2451	1.0000	0.0	0.0	0.0

用 ISR 法得到收敛解，其相应的级间流率和组成如 [例 4-5] 附表 3 所示。

[例 4-5] 附表 3　ISR 法收敛解

级号	V_j	$y_{i,j}$				$x_{i,j}$			
		H	B	DMF	W	H	B	DMF	W
1	1113.1	0.0263	0.0866	0.6626	0.2245	0.7586	0.1628	0.0777	0.0009
2	1104.7	0.0238	0.0545	0.6952	0.2265	0.8326	0.1035	0.0633	0.0006
3	1065.6	0.0213	0.0309	0.7131	0.2347	0.8858	0.0606	0.0532	0.0004
4	1042.1	0.0198	0.0157	0.7246	0.2399	0.9211	0.0315	0.0471	0.0003
5	1028.2	0.0190	0.0062	0.7316	0.2432	0.9438	0.0125	0.0434	0.0003

两种情况下计算的产品见 [例 4-5] 附表 4。

[例 4-5] 附表 4　萃取相和萃余相结果

组　分	萃取相/(kmol/h)		萃余相/(kmol/h)	
	情况 A	情况 B	情况 A	情况 B
H	29.3	5.6	270.7	294.4
B	96.4	43.0	3.6	57.0
DMF	737.5	485.8	12.5	14.2
W	249.9	499.7	0.1	0.3
	1113.1	1034.1	286.9	365.9

按萃取百分数计算的结果是：

项　目	情况 A	情况 B
萃取 B 占进料 B 的百分数	96.4	43.0
萃取 H 占进料 H 的百分数	9.8	1.87
转移到萃余相的溶剂的百分数	1.26	1.45

可见，用 75％的 DMF 作溶剂时萃取相中苯的百分数大得多，但用 50％的 DMF 作溶剂时在苯和正庚烷之间有较高的选择性。

4.4 同时校正法（SC 法）

4.3 节所述方法虽然比较简单，但应用范围有一定限制。BP 法一般成功应用于窄沸程混合物的精馏过程，而 SR 法也只成功应用于吸收塔、解吸塔和萃取塔。对于宽沸程混合物的精馏或其他一些操作，如再沸解吸、再沸吸收、有回流的解吸等，很可能会造成较大的计算误差，或迭代计算不能收敛。此时应采用同时校正法（SC），这种方法是通过某种迭代技术（如 Newton-Raphson 法）求解全部或大部分 MESH 方程或与之等价的方程式。SC 法也适用于非理想性很强的液体混合物的精馏过程，如萃取精馏和共沸精馏。SC 法还适用于带有化学反应的分离过程的计算，如反应精馏和催化精馏等。

由于解决问题的决策不同，已提出多种不同形式的 SC 法，其中两种应用广泛，他们是 Naphtali-Sandholm 同时校正法（NS-SC）和 Goldstein-Stanfield 同时校正法（GS-SC），本节将介绍 NS-SC 算法。

4.4.1 NS-SC 法模型

同时校正法首先将 MESH 方程用泰勒级数展开，并取其线性项，然后用 Newton-Raphson 法联解。Naphtali 提出按各级位置来集合这些方程，构成块状三对角矩阵。这种计算方法保留了 Newton-Raphson 法收敛速度快的优点，且所需计算机内存也比较小。

在此仅考虑无化学反应发生的情况，每一级上只有气液两相，液相混合均匀。另外，定义无量纲侧线气相和液相出料流率分别为 $(SV)_j = G_j/V_j$ 和 $(SL)_j = U_j/L_j$。部分 MESH 方程相应变化为：

(1) 物料衡算式

$$G_{i,j}^M = L_{j-1}x_{i,j-1} + V_{j+1}y_{i,j+1} + F_j z_{i,j} - L_j[1+(SL)_j]x_{i,j} - V_j[1+(SV)_j]y_{i,j} = 0 \quad (4\text{-}65)$$
$$i = 1, 2, \cdots, c$$

(2) 热量衡算式

$$G_j^H = L_{j-1}h_{j-1} + V_{j+1}H_{j+1} + F_j H_{Fj} - L_j[1+(SL)_j]h_j - V_j[1+(SV)_j]H_j - Q_j = 0 \quad (4\text{-}66)$$

相平衡方程见式（4-2）；摩尔分数加和归一方程见式（4-3）和式（4-4）。

如果已知平衡级数 N，全部 F_j、$z_{i,j}$、T_{Fj}、p_{Fj}、p_j、$(SL)_j$、$(SV)_j$ 和 Q_j，则由式（4-65）、式（4-2）、式（4-3）、式（4-4）、式（4-66）构成的 $N(2c+3)$ 个非线性方程可求解 $y_{i,j}$、V_j、T_j、L_j 和 $x_{i,j}$（$i=1,\cdots c$；$j=1,\cdots,N$）。虽然还有其他不同的规定方式和求解相应的变量，首先讨论这种情况。

将上述非线性方程组按各级位置归类，并写成向量表达式

$$g(w) = 0 \quad (4\text{-}67)$$

式中

$$w = [w_1 \quad w_2 \quad \cdots \quad w_j \quad \cdots \quad w_N]^T \quad (4\text{-}68)$$

$$g = [g_1 \quad g_2 \quad \cdots \quad g_j \quad \cdots \quad g_N]^T \quad (4\text{-}69)$$

式中，w 为级 j 上的迭代变量向量，即

$$w_j = [y_1 \quad y_2 \quad \cdots \quad y_c \quad V \quad T \quad L \quad x_1 \quad x_2 \quad \cdots \quad x_c]_j^T \quad (4\text{-}70)$$

而 g_j 为级 j 上的 MESH 方程所代表的误差向量，即

$$g_j = [G_j^H \quad G_{1,j}^M \quad G_{2,j}^M \quad \cdots \quad G_{c,j}^M \quad G_{1,j}^E \quad G_{2,j}^E \quad \cdots \quad G_{c,j}^E \quad G_j^{SX} \quad G_j^{SY}]^T \quad (4\text{-}71)$$

从式（4-67）的泰勒级数展开式的线性项得到

$$\Delta w = -\left(\frac{\partial g}{\partial w}\right)^{-1} g \quad (4\text{-}72)$$

再用此Δw计算迭代变量的下一个近似值

$$w^{(k+1)}=w^{(k)}+s\,\Delta w \tag{4-73}$$

式中，s 为阻尼因子；上标 k 为迭代次数。$\partial g/\partial w$ 是所有函数 G_j^{H}，$G_{i,j}^{\mathrm{M}}$，$G_{i,j}^{\mathrm{E}}$，G_j^{SX}，G_j^{SY} $(i=1,2,\cdots,c;\ j=1,2,\cdots,N)$ 对所有变量 $y_{i,j}$，V_j，T_j，L_j，$x_{i,j}$，$(i=1,2,\cdots,c;\ j=1,2,\cdots,N)$ 的雅柯比偏导数矩阵，即

$$\frac{\partial g}{\partial w}=\begin{bmatrix} B_1 & C_1 & & & & & \\ A_2 & B_2 & C_2 & & & & \\ & A_3 & B_3 & C_3 & & & \\ & & \cdots & \cdots & \cdots & & \\ & & & \cdots & \cdots & \cdots & \\ & & & & A_{N\text{-}2} & B_{N\text{-}2} & C_{N\text{-}2} \\ & & & & & A_{N\text{-}1} & B_{N\text{-}1} & C_{N\text{-}1} \\ & & & & & & A_N & B_N \end{bmatrix} \tag{4-74}$$

　　由 MESH 方程可以看出，j 级上的函数余差除与 j 级上的变量有关外，仅与相邻的 $(j+1)$ 和 $(j-1)$ 级上的变量有关，因此 $(\partial g/\partial w)$ 具有块状三对角矩阵结构。式(4-74) 中 A_j 为 j 级上函数余差对 $(j-1)$ 级上变量的偏导数子矩阵，B_j 为 j 级上函数余差对 j 级上变量的偏导数子矩阵，C_j 为 j 级上函数余差对 $(j+1)$ 级上变量的偏导数子矩阵。这三种子矩阵的形式如图 4-12 所示。表 4-2 给出了这三个子矩阵的全部非零元素。

表 4-2　子矩阵的非零元素

矩阵 A_j

$$\frac{\partial G_j^{\mathrm{H}}}{\partial T_{j-1}}=L_{j-1}\frac{\partial h_{j-1}}{\partial T_{j-1}}$$

$$\frac{\partial G_j^{\mathrm{H}}}{\partial L_{j-1}}=h_{j-1}$$

$$\frac{\partial G_j^{\mathrm{H}}}{\partial x_{k,j-1}}=L_{j-1}\frac{\partial h_{j-1}}{\partial x_{k,j-1}}$$

$$\frac{\partial G_{i,j}^{\mathrm{M}}}{\partial L_{j-1}}=x_{i,j-1}$$

$$\frac{\partial G_{i,j}^{\mathrm{M}}}{\partial x_{k,j-1}}=L_{j-1}\delta_{k,i}$$

矩阵 B_j

$$\frac{\partial G_j^{\mathrm{H}}}{\partial y_{k,j}}=-[1+(SV)_j]V_j\frac{\partial H_j}{\partial y_{k,j}}$$

$$\frac{\partial G_j^{\mathrm{H}}}{\partial V_j}=-[1+(SV)_j]H_j$$

$$\frac{\partial G_j^{\mathrm{H}}}{\partial T_j}=-L_j[1+(SV)_j]\frac{\partial h_j}{\partial T_j}-V_j[1+(SV)_j]\frac{\partial H_j}{\partial T_j}$$

$$\frac{\partial G_j^{\mathrm{H}}}{\partial L_j}=-[1+(SV)_j]h_j$$

$$\frac{\partial G_j^{\mathrm{H}}}{\partial x_{k,j}}=-L_j[1+(SV)_j]\frac{\partial h_j}{\partial x_{k,j}}$$

$$\frac{\partial G_{i,j}^{\mathrm{M}}}{\partial V_j}=-[1+(SV)_j]y_{i,j}$$

$$\frac{\partial G_{i,j}^{\mathrm{M}}}{\partial L_j}=-[1+(SL)_j]x_{i,j}$$

$$\frac{\partial G^{\mathrm{M}}}{\partial y_{k,j}}=-V_i[1+(SV)_j]\delta_{k,i}$$

$$\frac{\partial G_{i,j}^{\mathrm{M}}}{\partial x_{k,j}}=-L_j[1+(SL)_j]\delta_{k,i}$$

$$\frac{\partial G_{i,j}^{\mathrm{E}}}{\partial T_j}=-x_{i,j}\frac{\partial K_{i,j}}{\partial T_j}$$

$$\frac{\partial G_{i,j}^{\mathrm{E}}}{\partial x_{k,j}}=-\left(x_{i,j}\frac{\partial K_{i,j}}{\partial x_{k,j}}+K_{i,j}\delta_{k,i}\right)$$

$$\frac{\partial G^{\mathrm{E}}}{\partial y_{k,j}}=\delta_{k,i}$$

$$\frac{\partial G_j^{\mathrm{SX}}}{\partial x_{k,j}}=1.0$$

$$\frac{\partial G_j^{\mathrm{SY}}}{\partial y_{k,j}}=1.0$$

矩阵 C_j

$$\frac{\partial G_j^{\mathrm{H}}}{\partial y_{k,j+1}}=V_{j+1}\frac{\partial H_{j+1}}{\partial y_{k,j+1}}$$

$$\frac{\partial G^{\mathrm{H}}}{\partial V_{j+1}}=H_{j+1}$$

$$\frac{\partial G_j^{\mathrm{H}}}{\partial T_{j+1}}=V_{j+1}\frac{\partial H_{j+1}}{\partial T_{j+1}}$$

$$\frac{\partial G_{i,j}^{\mathrm{M}}}{\partial y_{k,j+1}}=V_{j+1}\delta_{k,i}$$

$$\frac{\partial G_{i,j}^{\mathrm{M}}}{\partial V_{j+1}}=y_{i,j+1}$$

注：表中 $i=1,2,\cdots,c$；$k=1,2,\cdots,c$；$j=1,2,\cdots,N$。当 $i=k$ 时，$\delta_{k,i}=1$；否则 $\delta_{k,i}=0$；$L_0=V_{N+1}=0$。

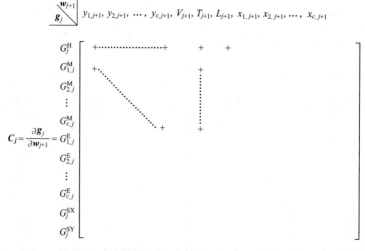

$$\boldsymbol{A}_j = \dfrac{\partial \boldsymbol{g}_j}{\partial \boldsymbol{w}_{j-1}} = $$

$$\boldsymbol{B}_j = \dfrac{\partial \boldsymbol{g}_j}{\partial \boldsymbol{w}_j} = $$

$$\boldsymbol{C}_j = \dfrac{\partial \boldsymbol{g}_j}{\partial \boldsymbol{w}_{j+1}} = $$

图 4-12　偏导数子矩阵

4.4.2 NS-SC 法计算步骤

① 给定迭代变量的初值。

② 用式(4-6)、式(4-7)和式(4-8)计算相平衡常数，气液相焓。

③ 用式(4-65)、式(4-66)、式(4-2)、式(4-3)和式(4-4)计算各函数的余差 $G_{i,j}^{M}$，G_{j}^{H}，$G_{i,j}^{E}$，G_{j}^{SY} 和 G_{j}^{SX}。

④ 用下式计算这些余差的欧氏范数：

$$\sigma = \left\{ \sum_{j=1}^{N} \left[\sum_{i=1}^{c} (G_{i,j}^{M})^2 + \sum_{i=1}^{c} (G_{i,j}^{E})^2 + (G_{j}^{SX})^2 + (G_{j}^{SY})^2 + \left(\frac{G_{j}^{H}}{1000} \right)^2 \right] \right\}^{1/2} \tag{4-75}$$

式中，G_{j}^{H} 用 1000 除的原因是 G_{j}^{H} 值常比其余的余差大 10^3 倍。当 $\sigma \leqslant 10^{-4}$ 时说明已经收敛，停止计算。否则继续下一步计算。

⑤ 由式(4-72)计算迭代变量的校正值，由式(4-73)计算下次迭代的变量估计值，然后返回步骤②重新计算。

NS-SC 法计算的计算框图如图 4-13 所示。

将上述块状三对角线技术用于分离过程计算时，根据不同的规定，模型的局部应作相应的变化。例如，规定塔顶温度为某一数值 T_D，而将原设计变量 Q_1 换成迭代变量。此时，可用下式代替原 G_1^H 方程：

$$G_1^{H'} = T_1 - T_D = 0$$

与此同时，雅可比矩阵中的子矩阵也要作相应的修正。在子矩阵 $\boldsymbol{B}_1$ 中

$$\frac{\partial G_1^{H'}}{\partial y_{i,1}} = \frac{\partial G_1^{H'}}{\partial x_{i,1}} = \frac{\partial G_1^{H'}}{\partial L_1} = \frac{\partial G_1^{H'}}{\partial V_1} = 0 \quad (i = 1, 2, \cdots, c)$$

$$\frac{\partial G_1^{H'}}{\partial T_1} = 1.0$$

在子矩阵 $\boldsymbol{C}_1$ 中

$$\frac{\partial G_1^{H'}}{\partial y_{i,2}} = \frac{\partial G_1^{H'}}{\partial V_2} = \frac{\partial G_1^{H'}}{\partial x_{i,2}} = \frac{\partial G_1^{H'}}{\partial L_2} = \frac{\partial G_1^{H'}}{\partial T_2} = 0 \quad (i = 1, 2, \cdots, c)$$

此时的雅可比矩阵仍保持原有的块状三对角线结构。

通常，习惯于规定第 1 级和第 N 级的某些变量为设计变量，取代冷凝器和（或）再沸器（即第 1 级和第 N 级）的热负荷。因这两个热负荷常常是相互依存的，故不推荐把它们作为设计变量。这类变量的更换是很容易的，将热量衡算式 G_1^H 和（或）G_N^H 从联立方程组中撤销，以依赖于新设计变量的余差函数取而代之。包括上述举例在内的具有分凝器的分离塔的变量互换情况列于表 4-3。

表 4-3 G_1^H 和 G_N^H 的替换方程

规 定	$G_1^{H'}$	$G_N^{H'}$
回流比(L/D)或再沸比(V/B)	$L_1 - (L/D)V_1 = 0$	$V_N - (V/B)L_N = 0$
级温度 T_D 或 T_B	$T_1 - T_D = 0$	$T_N - T_B = 0$
塔顶或塔釜产品的流率 D 或 B	$V_1 - D = 0$	$L_N - B = 0$
产品中某组分的流率 d_i 或 b_i	$V_1 y_{i,1} - d_i = 0$	$L_N x_{i,N} - b_i = 0$
产品中某组分的摩尔分数 $y_{i,D}$ 或 $x_{i,B}$	$y_{i,1} - y_{i,D} = 0$	$x_{i,N} - x_{i,B} = 0$

其他情况的变化可能导致原块状三对角的上方和（或）下方出现若干块状子矩阵，或者

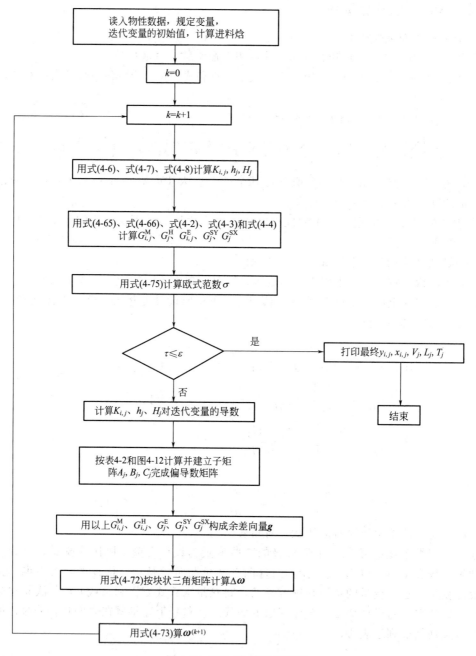

图 4-13　NS-SC 法计算框图

将原来若干设计变量变为迭代变量和增加相应的新的方程，从而使偏导数矩阵变成加边矩阵。详细情况参阅有关文献。

由于块状三对角线矩阵方程也可以利用追赶法求解，故 NS-SC 法收敛速度较快，但是对迭代变量的初值要求比较苛刻。若所设初值不合理，很容易导致迭代计算发散。一般做法是：

① T_j 的初值　假设塔顶和塔底的温度为 T_1 和 T_N，然后利用线性内插计算其余级上的 T_j 初值；

② V_j 和 L_j 的初值　假设恒摩尔流，则很容易求出 V_j 和 L_j 的初值；

③ $x_{i,j}$ 和 $y_{i,j}$ 的初值　可以采用以下两种方法设定：a.根据所设定的 T_j、V_j 和 L_j 的初值依次对各个组分解三对角线矩阵方程，进而得到 $x_{i,j}$ 和 $y_{i,j}$ 的初值；b.对进料混合物在平均塔压下进行闪蒸计算。按塔顶产品流率和所有气相侧线采出流率初定汽相分数，将闪蒸计算所得到的汽、液相组成作为各平衡级汽、液相组成初值。

Newton-Raphson法迭代常使迭代变量产生过大的校正，且迭代变量又常常振荡地趋于最终解，这种情况可能导致塔内某些级上的组成迭代变量大于1或小于零，使计算不收敛，所以在迭代计算中，阻尼因子和加速因子的选择也很重要。在迭代初期，尤其当初值估计质量较差时，每次迭代计算中变量的校正量可能很大，这时最好使用较小的阻尼因子，减小变量变化的幅度，以避免发生过分的振荡。但是，若 $s < 0.25$，可能会减慢或妨碍迭代计算的收敛。当计算接近收敛时，可使 $s \geq 1$，转换成加速因子，以加快收敛速度。

【例 4-6】　对 [例 4-2] 所述精馏塔分离问题，用同时校正法进行求解计算。

解

(1) 冷凝器和再沸器的热负荷初值分别设定为 800W，其他初值给定如附表1所示，根据框图编程计算，列出了第一次迭代的中间结果。收敛后的温度、流率见附表2。

[例 4-6] 附表 1　给定的初值

级(j)	V_j/(mol/h)	L_j/(mol/h)	T_j/K	液相组成 $x_{i,j}$			汽相组成 $y_{i,j}$		
				C_3	$n\text{-}C_4$	$n\text{-}C_5$	C_3	$n\text{-}C_4$	$n\text{-}C_5$
1	0	100	291.5	0.7	0.2	0.1	0.9	0.1	0.0
2	150	100	305.4	0.44	0.45	0.11	0.78	0.22	0.0
3	150	100	319.3	0.2	0.5	0.3	0.5	0.4	0.1
4	150	100	333.2	0.1	0.5	0.4	0.33	0.56	0.11
5	150	100	347.0	0.0	0.33	0.67	0.1	0.5	0.4

(2) 根据给定的初值计算汽液平衡常数 $K_{i,j}$：

平衡级 组分 ＼ 平衡常数	1	2	3	4	5
C_3	2.0404	2.2157	2.5357	2.9924	3.5731
$n\text{-}C_4$	0.3324	0.6202	0.9136	1.2178	1.5353
$n\text{-}C_5$	0.0730	0.1956	0.3294	0.4774	0.6411

气、液相的平均摩尔热焓：

级数 平均摩尔热焓/(J/mol)	1	2	3	4	5
H_j	30918.9	29781.4	37998.5	36888.2	48133.5
h_j	20118.1	20881.0	27344.8	30885.9	31898.5

（3）计算各函数的余差 G_j^H，$G_{i,j}^M$，$G_{i,j}^E$，G_j^{SX}，G_j^{SY}：

级(j)	G_j^H	$G_{1,j}^M$	$G_{2,j}^M$	$G_{3,j}^M$	G_j^{SY}	G_j^{SX}	$G_{1,j}^E$	$G_{2,j}^E$	$G_{3,j}^E$
1	1449504.405	0	0	−15	0	0	−0.5283	0.0335	−0.0073
2	1156273.995	0	10	15	−0.1	−0.1	−0.1863	−0.0481	−0.0196
3	1993157.18	20	35	20	0	0	−0.0071	−0.0568	0.0012
4	1332682.425	−20	0	35	−0.1	0	0.0008	−0.1089	−0.091
5	−7322084.6	−5	−55	−80	0	−0.1	0.1	0.0394	0.0153

（4）计算这些余差的欧式范数：$\sigma_0 = 7924.64 \gg 10^{-4}$，按照式(4-74)计算块状矩阵的系数。

① 矩阵中非零元素：

j	$\dfrac{\partial G_j^H}{\partial T_{j-1}}$	$\dfrac{\partial G_j^H}{\partial L_{j-1}}$	$\dfrac{\partial G_j^H}{\partial x_{1,j-1}}$	$\dfrac{\partial G_j^H}{\partial x_{2,j-1}}$	$\dfrac{\partial G_j^H}{\partial x_{3,j-1}}$
2	14583.2	20118.064	1884291.2	2199062.75	2529900.4
3	14847.6	20880.975	2071724	2445942	2810311.3
4	18602.6	27344.762	2272697	2700163.3	3099517.1
5	19834.9	30885.914	2487210.1	2961726.6	3397517.8

j	$\dfrac{\partial G_{1,j}^M}{\partial L_{j-1}}$	$\dfrac{\partial G_{2,j}^M}{\partial L_{j-1}}$	$\dfrac{\partial G_{3,j}^M}{\partial L_{j-1}}$	$\dfrac{\partial G_{1,j}^M}{\partial x_{1,j-1}}$	$\dfrac{\partial G_{2,j}^M}{\partial x_{2,j-1}}$	$\dfrac{\partial G_{3,j}^M}{\partial x_{3,j-1}}$
2	0.7	0.2	0.1	100	100	100
3	0.4	0.4	0.1	100	100	100
4	0.2	0.5	0.3	100	100	100
5	0.1	0.5	0.4	100	100	100

② 矩阵系数按 $B_j = \dfrac{\partial g_j}{\partial w_j}$ 计算：

$$B_1 = \begin{bmatrix} 0 & 0 & 0 & -30918.878 & -14583.232 & -20118.064 & -1884291.14 & -2199062.75 & -2529900.41 \\ 0 & 0 & 0 & -0.9 & 0 & -1.05 & -105 & 0 & 0 \\ 0 & 0 & 0 & -0.1 & 0 & -0.3 & 0 & -30 & 0 \\ 0 & 0 & 0 & 0 & 0 & -0.15 & 0 & 0 & -15 \\ 1 & 0 & 0 & 0 & -0.005058 & 0 & -2.0404 & 0 & 0 \\ 0 & 1 & 0 & 0 & -0.004126 & 0 & 0 & -0.3324 & 0 \\ 0 & 0 & 1 & 0 & -0.000848 & 0 & 0 & 0 & -0.073 \\ 0 & 0 & 0 & 0 & 0 & 0 & 1 & 1 & 1 \\ 1 & 1 & 1 & 0 & 0 & 0 & 0 & 0 & 0 \end{bmatrix}$$

$$B_2 = \begin{bmatrix} -4620407.9 & -6164642 & -7644113 & -29781.427 & -24017.32 & -20880.98 & -2071723.97 & -2445942 & -2810311 \\ -105 & 0 & 0 & -0.7 & 0 & -0.4 & -40 & 0 & 0 \\ 0 & -30 & 0 & -0.2 & 0 & -0.4 & 0 & -40 & 0 \\ 0 & 0 & -30 & 0 & 0 & -0.1 & 0 & 0 & -10 \\ 1 & 0 & 0 & 0 & -0.00717 & 0 & -2.2157 & 0 & 0 \\ 0 & 1 & 0 & 0 & -0.00934 & 0 & 0 & -0.6202 & 0 \\ 0 & 0 & 1 & 0 & -0.000919 & 0 & 0 & 0 & -0.1956 \\ 0 & 0 & 0 & 0 & 0 & 0 & 1 & 1 & 1 \\ 1 & 1 & 1 & 0 & 0 & 0 & 0 & 0 & 0 \end{bmatrix}$$

$$B_3 = \begin{bmatrix} -4767857.1 & -6311018.6 & -7914431.25 & -37998.53 & -30486.09 & -27344.762 & -2272696.95 & -2700163.31 & -3099517.1 \\ -75 & 0 & 0 & -0.5 & 0 & -0.2 & -20 & 0 & 0 \\ 0 & -60 & 0 & -0.4 & 0 & -0.5 & 0 & -50 & 0 \\ 0 & 0 & -15 & -0.1 & 0 & -0.3 & 0 & 0 & -30 \\ 1 & 0 & 0 & 0 & -0.00561 & 0 & -2.5357 & 0 & 0 \\ 0 & 1 & 0 & 0 & -0.0107 & 0 & 0 & -0.9136 & 0 \\ 0 & 0 & 1 & 0 & -0.00313 & 0 & 0 & 0 & -0.3294 \\ 0 & 0 & 0 & 0 & 0 & 0 & 1 & 1 & 1 \\ 1 & 1 & 1 & 0 & 0 & 0 & 0 & 0 & 0 \end{bmatrix}$$

$$B_4 = \begin{bmatrix} -4924962.9 & -6473907.6 & -8187895 & -36888.21 & -31464.83 & -30885.91 & -2487210.1 & -2961726.6 & -3397517.8 \\ -45 & 0 & 0 & -0.3 & 0 & -0.1 & -10 & 0 & 0 \\ 0 & -75 & 0 & -0.5 & 0 & -0.5 & 0 & -50 & 0 \\ 0 & 0 & -15 & -0.1 & 0 & -0.4 & 0 & 0 & -40 \\ 1 & 0 & 0 & 0 & -0.003758 & 0 & -2.9924 & 0 & 0 \\ 0 & 1 & 0 & 0 & -0.0112 & 0 & 0 & -1.2178 & 0 \\ 0 & 0 & 1 & 0 & -0.00449 & 0 & 0 & 0 & -0.4774 \\ 0 & 0 & 0 & 0 & 0 & 0 & 1 & 1 & 1 \\ 1 & 1 & 1 & 0 & 0 & 0 & 0 & 0 & 0 \end{bmatrix}$$

$$B_5 = \begin{bmatrix} -509048.11 & -6651959.4 & -8462502.5 & -48133.53 & -35296.4 & -31898.5 & -2713574.4 & -3228671 & -3702074.8 \\ -15 & 0 & 0 & -0.1 & 0 & 0 & 0 & 0 & 0 \\ 0 & -75 & 0 & -0.5 & 0 & -0.5 & 0 & -30 & 0 \\ 0 & 0 & -60 & -0.4 & 0 & -0.4 & 0 & 0 & -60 \\ 1 & 0 & 0 & 0 & 0 & 0 & -3.5731 & 0 & 0 \\ 0 & 1 & 0 & 0 & -0.00711 & 0 & 0 & -1.5353 & 0 \\ 0 & 0 & 1 & 0 & -0.00752 & 0 & 0 & 0 & -0.6411 \\ 0 & 0 & 0 & 0 & 0 & 0 & 1 & 1 & 1 \\ 1 & 1 & 1 & 0 & 0 & 0 & 0 & 0 & 0 \end{bmatrix}$$

③ 矩阵中非零元素：

j	$\dfrac{\partial G_j^{\mathrm{H}}}{\partial y_{1,j+1}}$	$\dfrac{\partial G_j^{\mathrm{H}}}{\partial y_{2,j+1}}$	$\dfrac{\partial G_j^{\mathrm{H}}}{\partial y_{3,j+1}}$	$\dfrac{\partial G_j^{\mathrm{H}}}{\partial V_{j+1}}$	$\dfrac{\partial G_j^{\mathrm{H}}}{\partial T_{j+1}}$
1	4620407.948	6164642.145	7644112.623	29781.427	9196.685
2	4767857.105	6311018.603	7914431.251	37998.528	11883.521
3	4924962.898	6473907.56	8187894.951	36888.214	11629.961
4	5090491.11	6651959.388	8462502.5	48133.532	15984.536

j	$\dfrac{\partial G_{1,j}^{\mathrm{M}}}{\partial V_{j+1}}$	$\dfrac{\partial G_{2,j}^{\mathrm{M}}}{\partial V_{j+1}}$	$\dfrac{\partial G_{3,j}^{\mathrm{M}}}{\partial V_{j+1}}$	$\dfrac{\partial G_{1,j}^{\mathrm{M}}}{\partial y_{1,j+1}}$	$\dfrac{\partial G_{2,j}^{\mathrm{M}}}{\partial y_{2,j+1}}$	$\dfrac{\partial G_{3,j}^{\mathrm{M}}}{\partial y_{3,j+1}}$
1	0.7	0.2	0	150	150	150
2	0.5	0.4	0.1	150	150	150
3	0.3	0.5	0.1	150	150	150
4	0.1	0.5	0.4	150	150	150

（5）由式（4-72）、式（4-73），取 $s=0.1$，计算出下一个近似值：

$w_1 = [0.97351, 0.03816, -0.011668, 20.7464, 278.8376, 84.4169, 0.74152, 0.18121,$
$0.077264]^{\mathrm{T}}$

$w_2 = [0.74017, 0.17768, -0.0078568, 150.9188, 301.3031, 75.302, 0.42298, 0.41796,$
$0.069061]^T$

$w_3 = [0.52919, 0.3715, 0.099312, 146.5589, 318.1089, 86.4042, 0.21387, 0.47654,$
$0.3096]^T$

$w_4 = [0.33505, 0.47517, 0.099788, 144.5024, 331.3316, 88.4691, 0.11408, 0.48785,$
$0.39807]^T$

$w_5 = [0.11846, 0.50512, 0.37642, 144.7843, 345.1339, 78.6146, 0.0079664, 0.31454,$
$0.58749]^T$

$$w = [w_1, w_2, w_3, w_4, w_5]^T$$

根据第 1 次迭代值计算余差：

j	G_j^H	$G_{1,j}^M$	$G_{2,j}^M$	$G_{3,j}^M$	G_j^{SY}	G_j^{SX}	$G_{1,j}^E$	$G_{2,j}^E$	$G_{3,j}^E$
1	1609250.2849	0.4845	-3.1819	-9.7882	-0.0227	0.0000	-0.5395	-0.0564	-0.0056
2	299425.4127	-3.4080	11.4487	15.8858	-0.0821	-0.0900	-0.1970	-0.0815	-0.0135
3	2552235.4401	14.2345	34.5254	18.3088	0.0000	0.0000	-0.0132	-0.0638	-0.0027
4	1051444.2149	-22.9490	2.4794	31.6080	-0.0899	0.0008	-0.0087	-0.1188	-0.0903
5	-6498826.1777	-7.6129	-54.6996	-65.4635	0.0000	-0.0901	0.0903	0.0223	-0.0002

进而计算余差的欧氏范数 $\sigma_1 = 7248.7 \gg 10^{-4}$，仍需继续迭代。

反复迭代，直到结果满足要求为止，最终结果见附表 2。

[例 4-6] 附表 2　收敛结果温度、流率、组成

级(j)	$V_j/(\text{mol/h})$	$L_j/(\text{mol/h})$	T_j/K	Q_j/W
1	100	0	300.5451	-804.2568
2	89.62363	150	321.12135	0
3	188.1913	138.3984	336.71143	0
4	188.0713	138.1913	349.26502	0
5	50	138.0713	360.8183	856.46998

级(j)	液相组成 $x_{i,j}$			汽相组成 $y_{i,j}$		
	C_3	$n\text{-}C_4$	$n\text{-}C_5$	C_3	$n\text{-}C_4$	$n\text{-}C_5$
1	0.58668	0.36831	0.04501	0.85637	0.13932	0.04308
2	0.26119	0.53343	0.20538	0.58668	0.36831	0.04501
3	0.12796	0.46149	0.41056	0.37504	0.47654	0.14842
4	0.04703	0.38737	0.56559	0.16943	0.54461	0.28596
5	0.01332	0.23169	0.75499	0.05924	0.44375	0.49701

4.5　平衡级模型与实际塔板

　　本章前几节所介绍的分离塔的解法是基于平衡级模型即塔板均为理论板的情况。通常，由于液相在塔板上不能完全混合或停留时间不够，离开某一塔板的气相和液相未达到气液平

衡状态，故板效率是关联实际板和理论板性能的参数。将 Murphree 板效率代入模型方程的相平衡关系，可计算实际塔的性能。显然，模拟的准确性依赖于板效率的可靠性。

对于平衡级，离开某级的气相和液相均处于该级温度下的饱和状态；而对于非平衡级，离开该级的气相和液相，其饱和温度是不相同的。在模型中假设气相和液相均处于饱和状态，因此它们的温度是不同的。

j 板的气相 Murphree 板效率定义为

$$E_{\text{MV}j} = \frac{y_{i,j} - y_{i,j+1}}{K_{i,j}x_{i,j} - y_{i,j+1}} \tag{4-76}$$

式中，j 为塔板顺序号，自上向下数；$y_{i,j}$ 为离开 j 板气相中 i 组分的摩尔分数。注意，它是实际的气相组成，不一定等于 $K_{i,j}x_{i,j}$，上述板效率方程重排后代替相平衡关系式(4-2)，用于分离塔的模拟计算：

$$E_{\text{MV}j}K_{i,j}x_{i,j} - y_{i,j} + (1-E_{\text{MV}j})y_{i,j+1} = 0 \tag{4-77}$$

因为非平衡级离开一块板气相和液相的温度不相同，故热量衡算式也必须修改，每一相的焓值应按自身温度计算。

通过本节的原则介绍，只是将板效率引入到平衡级模型中，可使该模型扩展至实际塔板数的模拟计算。

4.6 反应精馏过程的模拟

4.6.1 模拟方法简介

由于反应精馏特有的复杂性，在反应精馏过程的设计、放大、操作和控制等方面均有一定的难度，研究反应精馏过程的数学模拟方法是解决上述问题的重要途径。反应精馏模型分平衡级模型和非平衡级模型。

反应精馏塔的平衡级模拟计算方法尽管有多种，但所用模型基本上是相同的。反应精馏塔一般由三部分组成，即精馏段、反应段和提馏段。反应段是同时进行反应和分离的区域，假设该反应段塔板的液相为全混反应器，反应仅发生于液相，而离开塔板的气液两相处于平衡，即过程为稳态。与一般精馏类似，反应精馏数学模型包括物料平衡方程、气液平衡方程、归一化方程、焓平衡方程。模型还包括气液相焓和相平衡常数计算式，增加了反应动力学方程。对于缺少动力学方程的快速液相可逆反应可用化学平衡方程代替动力学方程。

理论上，反应精馏的模型与普通精馏模型相比，只是增加了反应项，然而正是由于反应项的加入，使得模型方程的非线性程度大为增强，大大增加了计算难度。常用算法如下：

① 方程解离法　三对角矩阵法是应用广泛的方程解离法，该法计算过程简单，无需计算导数值，占用内存少。适用于非理想性不强，反应级数等于或小于 1 的系统。另一种方程解离法是内-外法，能用于二级反应的反应精馏过程，计算速度比同时校正法还快。

② 同时校正法　是目前应用最广泛的一种方法，收敛速度快，适用于非理想性较强和反应级数大于 1 的系统，经改进后通用性更好。该法的主要缺点是要求较准确的初值。

③ 同伦连续法　该法用于反应精馏过程，计算时间比同时校正法长，但收敛性好。

4.6.2 反应精馏的同时校正法

NS-SC 同时校正法适用于带有化学反应的分离过程的计算，如反应精馏和催化精馏。

同时校正法首先将 MESH 方程用泰勒级数展开，并取其线性项，然后用 Newton-Raphson 法联解。Naphtali 提出按各级位置来集合这些方程，构成块状三对角矩阵。这种计算方法保留了 Newton-Raphson 法收敛速度快的优点，且所需计算机内存也比较小。

同时校正法假设，每一级上只有气液两相，化学反应仅发生于液相，并为全混型反应器。MESH 方程如下：

(1) 物料衡算式

$$G_{i,j}^{M} = L_{j-1}x_{i,j-1} + V_{j+1}y_{i,j+1} + F_j z_{i,j} - L_j[1+(SL)_j]x_{i,j} -$$
$$V_j[1+(SV)_j]y_{i,j} + R_{i,j} = 0 \tag{4-78}$$
$$i = 1,2,\cdots,c$$

(2) 热量衡算式

$$G_j^{H} = L_{j-1}h_{j-1} + V_{j+1}H_{j+1} + F_j H_{Fj} - L_j[1+(SL)_j]h_j -$$
$$V_j[1+(SV)_j]H_j - Q_j + (QR)_j = 0 \tag{4-79}$$

式中，$R_{i,j}$ 表示 j 级上由化学反应所引起的组分 i 的增加率；$(QR)_j$ 表示 j 级上总的反应放热速率。

其他 MESH 方程还有相平衡方程和摩尔分数加和归一方程。辅助关系式除相平衡常数、液相摩尔焓和气相摩尔焓外，尚有由于化学反应引起的组分增加率的关系式：

$$R_{i,j} = R_{i,j}(T_j, p_j, x_{i,j}, E_j)$$

因辅助关系式均不列入 MESH 方程，因此也不把 $R_{i,j}$ 列为变量。

如果已知平衡级数 N，全部 F_j、$z_{i,j}$、T_{Fj}、p_{Fj}、p_j、$(SL)_j$、$(SV)_j$、Q_j 和各级持液量 E_j，则由 MESH 方程构成的 $N(2c+3)$ 个非线性方程可求解 $y_{i,j}$、V_j、T_j、L_j 和 $x_{i,j}$（$i=1,\cdots,c$；$j=1,\cdots,N$）。具体解法略。

注意，由于级上有化学反应发生，部分子矩阵的非零元素的表达式有所变化，它们是：

$$\frac{\partial G_j^{H}}{\partial T_j} = -L_j[1+(SV)_j]\frac{\partial h_j}{\partial T_j} - V_j[1+(SV)_j]\frac{\partial H_j}{\partial T_j} + \frac{\partial (QR)_j}{\partial T_j} \tag{4-80}$$

$$\frac{\partial G_j^{H}}{\partial x_{k,j}} = -L_j[1+(SV)_j]\frac{\partial h_j}{\partial x_{k,j}} + \frac{\partial (QR)_j}{\partial x_{k,j}} \tag{4-81}$$

$$\frac{\partial G_j^{M}}{\partial T_j} = \frac{\partial R_{i,j}}{\partial T_j} \tag{4-82}$$

$$\frac{\partial G_{i,j}^{M}}{\partial x_{k,j}} = -L_j[1+(SL)_j]\delta_{k,i} + \frac{\partial R_{i,j}}{\partial x_{k,j}} \tag{4-83}$$

式中，$i=1,2,\cdots,c$；$k=1,2,\cdots,c$；$j=1,2,\cdots,N$。当 $i=k$ 时，$\delta_{k,i}=1$；否则 $\delta_{k,i}=0$；$L_0 = V_{N+1} = 0$。

由于反应精馏过程过于复杂，平衡级模型对过程的描述与实际相差较远。平衡级模型的某些稳态计算结果，受塔板液泛或漏液的限制不能实现。应用平衡级模型对实际过程进行模拟计算时，需要给定塔板效率。由于影响反应精馏塔板效率的因素很多，难以准确估算塔板效率，使得平衡级模型存在一定的缺陷。基于上述原因，建议在反应精馏过程开发的初级阶段选用平衡级模型。

4.7 多组分分离非平衡级模型

对于精馏或吸收等多级分离过程的模拟计算，普遍采用的是平衡级模型。该模型假设离开某一级的气相与液相物流达到相平衡。在实际过程中这一假设是不成立的，因此，一般在相平衡方程中还需加入板效率参数，用以补偿因平衡级假设所引起的与实际非平衡状态之间的偏差。对于塔设备来说，影响板效率的因素很多，板效率不仅取决于所处理混合物的物性、操作条件、塔板结构等诸因素，而且混合物中各个组分的板效率也各不相同。在模拟计算中，过于繁琐的板效率计算是不适宜的，甚至是不可行的。通常采用形式简单的 Murphree 板效率，即在相平衡方程的 K 值前乘以一个大于 0 小于 1 的板效率常数，其值是根据经验或参考相近物系实际过程的数据确定的。

对于填料塔的模拟计算，一般是按等板高度或按传质单元数与传质单元高度，将填料分成若干个平衡级。然而，多元混合物中每个组分的等板高度或传质单元高度实际上各不相同。

1985 年，Krishnamurthy 和 Taylor 提出了模拟多组分分离过程的非平衡级速率模型。该模型吸收了多元传质理论的最新研究成果，直接考虑传递速率对实际分离过程的影响，绕过了板效率或等板高度的概念，并将其成功地用于在板式塔和填料塔中进行气液传质过程的模拟，开创了分离过程设计和模拟的新阶段。1994 年非平衡级速率模型得到进一步发展，考虑了雾沫夹带效应、塔板及填料流体力学特性、传质传热以及填料塔的轴向扩散。目前速率模型已被很多大型计算机应用程序如 Aspen Tech 和 ChemSep 等采用。

非平衡级模型假设分离塔内进行接触的两相处于非平衡状态，把传质、传热速率方程与物料平衡、能量平衡和相平衡关系一起构成 MERQ 方程组，联立求解。它与平衡级模型相比具有的特点是：①以气液相界面为界，在气相和液相分别作物料平衡和能量平衡，上述两组方程通过传质、传热速率方程相联系；②气液两相在相界面处达到热力学平衡状态，而气相与液相主体之间不存在热力学平衡关系；③相界面两侧的传质、传热过程用传质、传热速率方程表达，相界面的阻力忽略不计，界面处没有质量和热量的累积。

一个非平衡级可代表一块板、几块板或一段填料，塔内第 j 级非平衡级如图 4-14 所示。来自下一级的气相与来自上一级的液体在第 j 级相接触，通过它们的界面进行质量和能量交换，每一

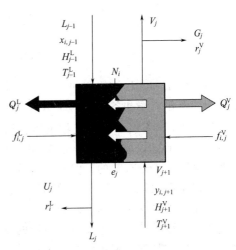

图 4-14　非平衡级模型（第 j 级）

级均有气相和液相进料、气相和液相侧线采出以及中间冷却器，整个塔由这样的级串联组成，级序号由上而下排列。第 j 级非平衡级相应的数学模型如下：

(1) 组分物料衡算（M 方程）

液相中组分 i
$$M_{i,j}^{\mathrm{L}} \equiv (1+r_j^{\mathrm{L}})L_j x_{i,j} - L_{j-1} x_{i,j-1} - f_{i,j}^{\mathrm{L}} - N_{i,j}^{\mathrm{L}} = 0 \quad (i=1,2,\cdots,c) \tag{4-84}$$

气相中组分 i
$$M_{i,j}^{\mathrm{V}} \equiv (1+r_j^{\mathrm{V}})V_j y_{i,j} - V_{j+1} y_{i,j+1} - f_{i,j}^{\mathrm{V}} + N_{i,j}^{\mathrm{V}} = 0 \quad (i=1,2,\cdots,c) \tag{4-85}$$

两相界面
$$M_{i,j}^{\mathrm{I}} = N_{i,j}^{\mathrm{V}} - N_{i,j}^{\mathrm{L}} = 0 \tag{4-86}$$

式中，$x_{i,j}$ 和 $y_{i,j}$ 分别为第 j 级液相和气相中组分 i 的摩尔组成；L_j 和 V_j 分别为第 j 级的液相和气相流率；$f_{i,j}^{\mathrm{L}}$ 和 $f_{i,j}^{\mathrm{V}}$ 分别为 j 级液相、气相组分 i 的进料流率；气相侧线采出分率

$r_j^V = G_j/V_j$，液相侧线采出分率 $r_j^L = U_j/L_j$；$N_{i,j}^V$ 和 $N_{i,j}^L$ 为组分 i 的相间传质速率。上标 V、L、I 分别表示气相、液相和界面。

（2）能量衡算（E 方程）

气相
$$E_j^V = (1+r_j^V)V_j H_j - V_{j+1} H_{j+1} + Q_j^V - F_j^V H_{Fj} + \varepsilon_j^V = 0 \tag{4-87}$$

液相
$$E_j^L = (1+r_j^L)L_j h_j - L_{j-1} h_{j-1} + Q_j^L - F_j^L h_{Fj} - \varepsilon_j^L = 0 \tag{4-88}$$

相界面
$$E_j^I = \varepsilon_j^V - \varepsilon_j^L = 0 \tag{4-89}$$

（3）传递方程（R 方程）

气相
$$R_{i,j}^V = N_{i,j} - N_{i,j}^V(k_{i,k,j}^V a_j, y_{k,j}^I, \overline{y}_{k,j}, \overline{T}_j^V, T_j^I, N_{k,j}) = 0 \tag{4-90}$$
$$i = 1, 2, \cdots, c-1; \quad k = 1, 2, \cdots, c$$

液相
$$R_{i,j}^L = N_{i,j} - N_{i,j}^L(k_{i,k,j}^L a_j, x_{k,j}^I, \overline{x}_{k,j}, \overline{T}_j^L, T_j^I, N_{k,j}) = 0 \tag{4-91}$$
$$i = 1, 2, \cdots, c-1; \quad k = 1, 2, \cdots, c$$

式中，$k_{i,k,j}$ 为 j 非平衡级中 i 和 k 两元传质系数；a_j 为比表面积；符号上的"—"表示平均值。

（4）界面相平衡方程（Q 方程）
$$Q_{i,j}^I = K_{i,j} x_{i,j}^I - y_{i,j}^I = 0 \quad (i = 1, 2, \cdots, c) \tag{4-92}$$

$$S_j^{LI} = \sum_{i=1}^{c} x_{i,j}^I - 1 = 0 \tag{4-93}$$

$$S_j^{VI} = \sum_{i=1}^{c} y_{i,j}^I - 1 = 0 \tag{4-94}$$

通过变量和方程式的合并，一个非平衡级的独立方程数减至 $5c+1$ 个，通过计算得到气液两相的摩尔流率和各组分的摩尔组成；相界面上气液两相各 $c-1$ 个浓度（$x_{i,j}^I$ 和 $y_{i,j}^I$）；c 个传质速率（$N_{i,j}$）以及气相主体、相界面和液相主体的温度（T_j^V，T_j^I 和 T_j^L）。

Taylor 等建议应用 Newton-Raphson 法对上述各独立方程联立求解，对于求解 MERQ 方程，该法是十分有效的。但其中有些方程是未知变量十分复杂的非线性函数（如平衡常数 $K_{i,j}$，传质系数 $k_{i,k,j}$ 等），一般不容易得到导数的解析式，若采用数值方法则耗时过多，因此常使用拟牛顿法计算近似导数。

非平衡级模型除用于多组分精馏的模拟外，也已应用于共沸精馏、萃取精馏等强非理想物系以及化学吸收、催化精馏的过程模拟；并且证明了非平衡级模型是模拟分离塔中真实情况的有效方法。然而，这类模型仍然保留"全混级"假设，因此，还不能真实地反映大型塔板上气液相流体流动和混合程度的复杂的分布状况。对于较大型的塔，准确性不很高；非平衡级模型虽然不采用板效率，但要预测组分的传质系数、传热系数和比表面积等，同样是十分困难的，而且有时也是很不准确的，这一点对于大型塔板尤为突出。所以，在使用非平衡级模型时应充分考虑到这些不准确因素可能导致的误差。

4.8 过程系统稳态模拟软件

4.8.1 Aspen Plus

Aspen Plus 起源于 20 世纪 70 年代后期，于 1981 年底完成，1982 年 Aspen Tech 公司成立并将其商品化，称为 Aspen Plus。Aspen Plus 是基于稳态化工模拟、优化、灵敏度分析和经济评价的大型化工流程软件，用于模拟各种操作过程，从单个操作单元到整个工艺流程的模拟。

Aspen Plus 解算方法为序贯模块方法，对流程的计算顺序可以由用户自定义，也可以由程序自动产生。对于有循环回路和设计规定的流程进行迭代收敛。Aspen Plus 采用先进的数值计算方法，能使循环物料和设计规定迅速而准确地收敛。这些方法包括直接迭代法、正割法、拟牛顿法、Broyde 法等。Aspen Plus 可以同时收敛多股断裂（tear）流股、多个设计规定，甚至收敛有设计规定的断裂流股。应用 Aspen Plus 的优化功能，可寻求工厂操作条件的最优值以达到任何目标函数的最大值。可以将任意工程和技术经济变量作为目标函数，对约束条件和可变参数的数目没有限制。

(1) Aspen Plus 的构成　Aspen Plus 主要是由物性数据库、单元操作模块和系统实现策略三个部分组成。

① 物性数据库。Aspen Plus 自身拥有两个通用的数据库：Aspen CD——Aspen Tech 公司自己开发的数据库；DIPPR——美国化工协会物性数据设计院设计的数据库。另外还有多个专用数据库。Aspen Plus 具有工业上最适用而完备的物料系统。其包含 1773 种有机物、2450 种无机物、3314 种固体物、900 种水溶电解质的基本物性参数。对 UNIQUAC 和 UNIFAC 方程的参数也收集在数据库中。计算时可自动从数据库中调用基础物性进行传递物性和热力学性质的计算。同时，Aspen Plus 还提供了几十种用于计算传递物性和热力学性质模型的方法。对于强的非理想液态混合物的活度系数模型主要有 UNIFAC、UNIQUAC 等。Aspen Plus 还提供灵活的数据回归系统，使用实验数据求得物性参数，可以回归实用中的任何类型的数据，计算任何数据参数，包括用户自编的程序。

② 单元操作模块。Aspen Plus 中有五十多种单元操作模型，如混合、分割、换热、闪蒸、精馏、反应等，通过这些模型和模块的组合，能模拟用户所需的流程。除此之外，Aspen Plus 还提供了灵敏度分析和工况分析模块。利用灵敏度分析模块，用户可以设置某一变量作为灵敏度分析变量，通过改变此变量的数值模拟操作结果的变化情况。采用工况分析模块，用户可以对同一流程几种操作工况进行分析。

③ 系统实现策略（数据输入—计算—结果输出）。Aspen Plus 提供了操作方便、灵活的用户界面，以交互式图形界面（GUI）来定义问题，控制计算和灵活地检查结果。具有各种图形、文本操作和编辑功能，帮助和指导用户进行流程模拟。用户完成数据输入后，即可进行模拟计算，以交互方式分析计算结果，按模拟要求修改数据、调整流程，或修改或调整输入文件中的任何语句或参数。提供了包括拷贝、粘贴等目标管理功能，能方便地处理复杂的流程图。图例符号编辑器使用户能够建立新的设备及 PFD 图例符号，修改已存在的图例符号。

Aspen Plus 经过 20 多年来不断的改进、扩充和提高，已先后推出了十多个版本，成为举世公认的标准大型流程模拟软件，应用案例数以百万计。全球各大化工、石化、炼油等过程工业制造企业及著名的工程公司都是 Aspen Plus 的用户。

(2) Aspen Plus 中的分离单元操作　以表格的形式介绍简捷法和严格法模型，附有简要说明，见表 4-4、表 4-5。

表 4-4　Aspen Plus 简捷法计算模型

模　型	说　明	目　的	用　法
DSTWU	简捷法蒸馏设计	确定最小回流比、最小理论板数，以及利用 Winn-Underwood-Gilliland 方法得到的实际回流比或实际塔板数	带有一个进料物流和两个产品物流的塔

模　型	说　明	目　的	用　法
Distl	简捷法蒸馏核算	利用 Edmister 方法在回流比、理论板数和 D/F 比的基础上确定分离	带有一个进料物流和两个产品物流的塔
SCFrac	石油馏分的简捷法蒸馏	用分离指数确定产品的组成和流率、每段的塔板数、负荷	复杂塔,例如原油加工装置和减压塔

表 4-5　Aspen Plus 严格计算模型

模　型	说　明	目　的	用　法
RadFrac	严格分馏	单个塔的严格核算和设计	蒸馏、吸收、汽提、萃取和共沸蒸馏、反应蒸馏
MultiFrac	复杂塔严格分馏	多级塔和复杂塔的严格核算和设计	热集成塔,空气分离器,吸收塔/汽提塔结合,乙烯主分馏塔/急冷塔组合,石油炼制
PetroFrac	石油炼制分馏	石油炼制应用的严格核算和设计	预闪蒸塔,常压原油单元,减压单元,催化裂解塔或焦炭分馏塔,减压润滑油分馏塔,乙烯分馏塔和急冷塔
BatchFrac	严格间歇蒸馏	单个间歇塔严格核算	一般共沸蒸馏,3 相和反应间歇蒸馏
RateFrac	基于速率的蒸馏	单和多级塔的严格核算和设计,建立在非平衡计算的基础上	蒸馏塔,吸收塔,汽提塔,反应系统,热集成单元,石油应用
Extract	液-液萃取	液-液萃取塔的严格核算	液-液萃取

4.8.2　PRO/Ⅱ

PRO/Ⅱ是一款历史最久的、通用性强的化工稳态流程模拟软件,最早起源于 1967 年美国模拟科学公司(SimSci)开发的世界上第一个蒸馏模拟器 SP05。1973 年 SimSci 公司推出基于流程图的模拟器,1979 年又推出基于 PC 机的流程模拟软件 Process,即 PRO/Ⅱ的前身。

PRO/Ⅱ拥有完善的物性数据库、强大的热力学物性计算系统以及多种单元操作模块。PRO/Ⅱ在功能上具有以下特点:

① 拥有强大的物性数据库,其组分数超过 1750 种,此外,PRO/Ⅱ允许用户定义或覆盖所有组分的性质,亦可以自己定义库中没有的组分,自定义组分的性质可以通过多种途径得到或者生成。用户可以用 PRO/Ⅱ中 DATAPREP 程序查看和操作纯组分的性质数据,也可以用它生成自定义组分的性质数据,当然,还可以通过 DATAPREP 生成用户自己的纯组分库。

② 拥有丰富的单元操作模块。PRO/Ⅱ典型的化学工艺模型包括合成氨、共沸精馏和萃取精馏、结晶、脱水工艺、无机工艺、液-液萃取、苯酚精馏以及固体处理等工艺。较为常用的有:精馏模型,包括简捷模型、反应精馏和间歇精馏、两/三相精馏、四个初值估算器、电解质、液-液萃取以及填料塔的设计和核算、塔板的设计和核算、热虹吸再沸器;换热器模型,包括管壳式、简单式和 LNG 换热器,可以进行区域分析、加热/冷却曲线绘制;反应器模型,包括转化和平衡反应器、活塞流反应器、连续搅拌罐式反应器、在线 Fortran 反应动力学反应器、吉布斯反应器、变换和甲烷化反应器、沸腾釜式反应器、间歇反应器。对于聚合物反应,PRO/Ⅱ提供了连续搅拌釜反应器、活塞流反应器、刮膜蒸发器。对于固体

反应，PRO/Ⅱ提供了包括结晶/溶解器、逆流倾析器、离心分离器、旋转过滤器、干燥器、固体分离器、旋风分离器。

③ 图形界面友好、灵活。图形界面使用户很方便地搭建某个装置甚至是整个工厂的工艺过程，并允许以多种形式浏览数据和生成报表。其主要特点如下：灵活的流程搭建和数据输入，基于颜色的输入向导，用户可配置的缺省值，单元操作和物流的搜索功能，方便的数据查看窗口，先进的报表功能，强大的制图功能。

PRO/Ⅱ可用于流程的稳态模拟、物性计算、设备设计、费用估算、经济评价、环保评测等，并可以模拟整个生产厂从管道、阀门到复杂的反应以及分离过程在内的几乎所有的装置和流程。目前PRO/Ⅱ已经广泛用于各种化工过程的质量和能量平衡计算，提供了全面的、有效的、易于使用的解决方案。PRO/Ⅱ尤其在油气加工、炼油、化工、化学、工程和建筑、聚合物、精细化工和制药等行业得到了广泛的应用。

PRO/Ⅱ软件自20世纪80年代进入我国后，受到广大用户的好评，已成为各高校化工专业和科研机构最常用的流程模拟工具之一（表4-6）。

表4-6 PRO/Ⅱ分离软件

软件模型	说　明
典型的化学工艺模型	合成氨、共沸精馏和萃取精馏、结晶、脱水工艺、无机工艺、液-液抽提、苯酚精馏、固体处理
普通闪蒸模型	闪蒸塔、阀、压缩机/膨胀机、泵、管线、混合器/分离器
精馏模型	Inside/out、SURE、CHEMDIST算法，两/三相精馏，四个初值估算器，电解质，反应精馏和间歇精馏，简捷模型，液-液抽提，填料塔的设计和核算，塔板的设计和核算，热虹吸再沸器模型

近30年来，随着计算机硬件、软件和数据库技术的进步，化工设计软件进入了高速发展的时期。除上述两个大型软件之外，还有很多化工软件可以使用。现将分离塔模拟软件及网址列表，见表4-7。

表4-7 分离塔模拟软件及网址

供　应　商	网　站	平衡级模型	非平衡级模型
Aspen Tech	www.aspentech.com	是	是
Bryan Research & Engineering	www.bre.com	是	
ChemSep	www.chemsep.com	是	是
Chemstations	www.chemstations.net	是	是
Deerhaven Technical Software	www.deerhaventech.com	是	
Honeywell	www.honeywell.com	是	是
Process Systems Engineering	www.psenterprise.com	是	是
ProSim	www.prosim.net	是	
SimSci-ESSCOR	www.simsci-esscor.com	是	是
VMG	virtualmaterials.com	是	

平衡级模型和非平衡级模型的计算机软件可从许多供应商得到。更有很多其他模型主要用于研究目的。

本章符号说明

英文符号

A、B、C、D——式(4-19)~式(4-22)定义的物料平衡式参数；

$\tilde{A}$、$\tilde{B}$、$\tilde{C}$、$\tilde{D}$——式(4-50)~式(4-53)定义的热量衡算式参数；

A、B、C——经验气相焓方程常数；

$\boldsymbol{A}$、$\boldsymbol{B}$、$\boldsymbol{C}$——NS-SC法模型的偏导数字矩阵；

a——比表面积，m^2/m^3；

B——精馏塔釜液流率，kmol/h；

a、b、c——经验液相焓方程常数；

c——混合物中组分数；

D——精馏塔馏出液流率，kmol/h；

E——非平衡级模型能量衡算方程；塔板上持液量；

E_{MV}——气相 Murphree 板效率；

f——组分进料流率，kmol/h；

F——进料流率，kmol/h；

G——平衡级气相侧线采出流率，kmol/h；

G^E——式(4-2)定义的相平衡关系式；

G^H——式(4-5)、式(4-66)、式(4-79)定义的热量衡算式；

G^M——式(4-1)、式(4-65)、式(4-78)定义的物料衡算式；

G^{SY}、G^{SX}——分别为式(4-3)和式(4-4)定义的摩尔分数加和式；

$\boldsymbol{g}$——式(4-69)定义的向量表达式；

H——气（汽）相摩尔焓，kJ/mol；

h——液相摩尔焓，kJ/kmol；

K——汽液平衡常数；分配系数；

k——非平衡级模型二元传质系数；

L——精馏和吸收中液相流率；萃取中萃余相流率，kmol/h；

N——平衡级数；传质速率；

P——压力，Pa；

p——式(4-26)定义的参数；

Q——传热速率（热负荷），kJ/h；

QR——反应放热，kJ/h；

q——式(4-27)定义的参数；

R——传质速率方程；化学反应引起组分的增加量，mol/h；

r^L、SL——无量纲液相侧线采出流率；

r^V、SV——无量纲汽相侧线采出流率；

S^{LI}、S^{VI}——分别为界面液相、汽相和总和方程；

s——阻尼因子；

T——温度，K；

t——阻尼因子；

U——平衡级液相侧线采出流率，kmol/h；

V——精馏和吸收中气相流率，萃取中的萃取相流率，kmol/h；

W——精馏塔釜液流率，kmol/h；

w——式(4-68)定义的迭代变量向量；加权函数；

x——液相或萃余相摩尔分数；

y——气相或萃取相摩尔分数；

z——进料总组成，摩尔分数。

希腊字母

α——相对挥发度；

α、β、γ——式(4-37)~式(4-39)定义的热量衡算式参数；

α、β、γ、δ——经验 K 值方程中的常数；

γ——液相活度系数；

ε——收敛允许误差；

σ——式(4-75)定义的余差的欧氏范数；

τ——收敛偏差函数。

下标

b——参考组分；

B、W——釜液；

D——馏出液；

F——进料；

HK——重关键组分；

i——特定组分；

j——级序号；

L——液相；萃余相；

LK——轻关键组分；

LNK——轻非关键组分；

N——第 N 段；

OP——最适宜位置；

R——精馏段；

r——参考组分；

S——提馏段；

W——釜液。

上标

I——界面；

$'$——提馏段；

(r)——迭代次数；

(k)——迭代次数；

L——液相；

V——气相；

— ——平均值。

参 考 文 献

[1] 张建侯，许锡恩.化工过程分析与计算机模拟.北京：化学工业出版社，1989.

[2] Henley E J，Seader J D. Eqnilibrium-Stage Separation Operations in chemical Engineering. New York：John Wiley &

Sons，1981.

[3]　Wankat P C. Equilibrium-Stage Separations in Chemical Engineering. Elseviev，1988.

[4]　Smith B D. Design of Equilibrium Stage Processes. New York：McGraw-Hill，1963.

[5]　Lewis W K，Matheson G L. Ind Eng Chem，1932，24：496.

[6]　Thiele E W，Geddes R L. Ind Eng Chem，1933，25：290.

[7]　Holland C D. Multicomponent distillation. Englewood Cliffs，N J：Prentice-Hall，1963.

[8]　Amundson N R，Pontinen A J. Ind Eng Chem，1958，50：730.

[9]　Friday J R，Smith B D. AIchE J，1964，10：698.

[10]　Naphtali L M，Sandholm D P. AIchE J，1971，17：148.

[11]　Rose A，Sweeny R F，Schrodt V N. Ind Eng Chem，1958，50：737.

[12]　Ketchum R G. Chem Eng Sci，1979，34：387.

[13]　Wang J C，Henke G E. Hydrocarbon Processing，1966，45（8）：155.

[14]　Boston J F，Sullivan J. Can J Chem Eng，1972，50：663.

[15]　Burningham D W，Otto F D. Hydrocarbon Drocessing，1967，46（10）：163.

[16]　Tsuboka T，Katayama T J Chem Eng Japan，1976，9：40.

[17]　Seader J D，Henley E J，Poper D Keith. Separation Process Priciples-Chemical and Biochemical Operations. 3rd. ed. New York：John Wiley & Sons Inc，2011.

[18]　许锡恩，陈洪钫. 化工学报，1987（2）：165-175.

[19]　Seider W，Seader J，Lewin D. Process design principles，北京：化学工业出版社，2002.

[20]　刘家祺. 分离过程与技术. 天津：天津大学出版社，2001.

[21]　张卫东，孙巍，刘君腾. 化工过程分析与合成. 第 2 版. 北京：化学工业出版社，2011.

习　题

4-1. 画出恒摩尔流的逐级计算框图：（1）相对挥发度为常数；（2）每一级作露点计算；（3）每一级作泡点计算。

4-2. 分离苯(B)、甲苯(T)和异丙苯(C)的精馏塔，塔顶采用全凝器。分析釜液组成为：$x_B=0.1$（摩尔分数），$x_T=0.3$，$x_C=0.6$。蒸发比 $V'/W=1.0$。假设为恒摩尔流。相对挥发度 $\alpha_{BT}=2.5$，$\alpha_{TT}=1.0$，$\alpha_{CT}=0.21$，求再沸器以上一板的上升蒸汽组成。

4-3. 精馏塔及相对挥发度与习题 2 相同。进料板上升蒸汽组成 $y_B=0.35$（摩尔分数），$y_T=0.20$，$y_C=0.45$。回流比 $L/D=1.7$，饱和液体回流。进料板上一板下流液体的组成为 $x_B=0.24$（摩尔分数），$x_T=0.18$，$x_C=0.58$。求进料板以上第 2 板的上升蒸汽组成。

4-4. 分离苯（B）、甲苯（T）和异丙苯（C）的精馏塔，操作压力为 101.3kPa。饱和液体进料，其组成为 25%（摩尔分数）苯，35%甲苯和 40%异丙苯。进料量 100kmol/h。塔顶采用全凝器，饱和液体回流，回流比 $L/D=2.0$。假设恒摩尔流。相对挥发度为常数 $\alpha_{BT}=2.5$，$\alpha_{TT}=1.0$，$\alpha_{CT}=0.21$。规定馏出液中甲苯的回收率为 95%，釜液中异丙苯的回收率为 96%。试求：（1）按适宜进料位置进料，确定总平衡级数；（2）若在第 5 级进料（自上而下），确定总平衡级数。

4-5. 某精馏塔共有三个平衡级，一个全凝器和一个再沸器。用于分离由 60%（摩尔分数）的甲醇，20%乙醇和 20%正丙醇所组成的饱和液体混合物。在中间一级上进料，进料量为 1000kmol/h。此塔的操作压力为 101.3kPa。馏出液量为 600kmol/h。回流量为 2000kmol/h。饱和液体回流。假定恒摩尔流。用泡点法计算一个迭代循环，直到得出一组新的 T_j 值。

安托尼方程：$(T，K；P^s，Pa)$

甲醇：$\ln P_1^s=23.4803-3626.55/(T-34.29)$

乙醇：$\ln P_2^s=23.8047-3803.98/(T-41.68)$

正丙醇：$\ln P_3^s=22.4367-3166.38/(T-80.15)$

提示：为开始迭代，假定馏出液温度等于甲醇的正常沸点，而塔釜温度等于其他两个醇的正常沸点的算术平均值，其他级温度按线性内插。

4-6. 导出一个类似于式(4-18)的方程，但用 $v_{i,j}=y_{i,j}V_j$ 作为变量代替 $x_{i,j}$。

4-7. 用 SR 法计算具有如附图规定和 4 个平衡级的吸收塔的产品流率和组成、级温度、级间气和液相流率和组成（可作一个循环）。热力学性质见［例 4-4］。

4-8. 在 25℃下用甲醇（1）作溶剂以液-液萃取方法分离环己烷（2）和环戊烷（3）的混合物（见附图）。此系统的相平衡可用范拉尔方程预测，端值常数为：

$$A_{12}=2.61 \quad A_{13}=2.147 \quad A_{23}=0.0$$
$$A_{21}=2.34 \quad A_{31}=1.730 \quad A_{32}=0.0$$

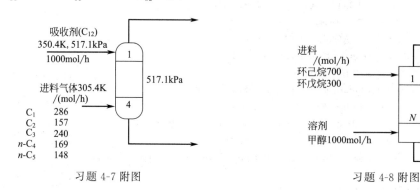

习题 4-7 附图　　　　　　　　　　　　习题 4-8 附图

用 ISR 法计算如下条件的产品流率和组成、级间流率和组成。

（1）$N=2$（平衡级）；（2）$N=5$。

4-9. 比较在逐级计算法和三对角线矩阵法中，以下各项有何异同：（1）方程的分组；（2）设计型和操作型；（3）变量规定；（4）给出初值；（5）级温度的确定。

4-10. NS-SC 法模型按平衡级组合，已知平衡级数 N，则构成 $N(2c+3)$ 个非线性方程，可求解 $y_{i,j}$、V_j、T_j、L_j 和 $x_{i,j}(i=1,\cdots,c;\ j=1,\cdots,N)$。这与按方程类型组合的三对角线矩阵法不同。试以三组分、三个平衡级的精馏塔为例，验证 NS-SC 法模型所导出的矩阵结构仍然是块状三对角形式的。

第5章

分离设备的性能和效率

本章之前所讨论的主要是平衡级分离过程。对操作型问题，按给定的平衡级数计算产品组成；对设计型问题，按给定的分离要求确定平衡级数。本章内容所涉及的是传质设备问题，重点讨论影响气液或液液传质设备性能和效率的各种因素，介绍确定效率的经验方法和理论模型，以及气液和液液传质设备的选型问题。本章不介绍各种传质设备系统的设计方法。

5.1 气液传质设备的性能和效率

5.1.1 影响气液传质设备流体力学性能的因素

气液传质设备的种类繁多，但基本上可分为两大类：板式塔和填料塔，无论哪一类设备，其分离性能的好坏、负荷的大小及操作是否稳定，在很大程度上决定于塔的设计。关于这一问题，在"化工原理"课程中已有详尽论述。本节就影响设备流体力学和传质性能的主要因素作简要定性分析。

（1）泡沫　在塔板上生成泡沫有利于汽液之间界面和传质的最大化。塔板上的泡沫是由于蒸汽流经液体时产生搅动和湍流而形成的。发泡量和它的稳定性与液体的物理性质有关。高发泡率限制了允许的蒸汽流率。高泡沫稳定性限制了允许的液相流率。显然，尽管泡沫的生成是可取的，但应避免料液的过度发泡性和泡沫过高的稳定性。在设计塔板时必须考虑物料的发泡性能。在某些情况下用加入表面活性剂的方法调节物料的发泡性能。

（2）蒸汽夹带和液体夹带　当液体沿降液管流向下一板时，一些泡沫被带下，还有些泡沫是由于湍流在降液管生成的。这些向下流动的泡沫在到达下一板之前会在降液管中破裂。任何流到下一板的泡沫都会携带一些蒸汽，导致蒸汽夹带。因此，降液管的容积应足够大，保证有充裕的停留时间使泡沫破碎掉。

当蒸汽从塔板上的泡沫层分离出来时可能夹带着液滴流向上一板。这种液滴夹带对于高发泡液体尤为严重，此时泡沫可能占据着大部分板间距。如果泡沫顶面已接近上一板，则液滴再没有足够的时间返回泡沫层。所以物料的发泡性限制了气相负荷。处理高发泡性液体应选择较大的板间距。

雾沫夹带是气液两相的物理分离不完全的现象。由于它对级效率有不利的影响以及增加了级间流量，在分离设备中雾沫夹带常常表现为处理能力的极限。在板式塔中，雾沫夹带程度用雾沫夹带量或泛点百分率表示。雾沫夹带随着板间距的减小而增加，随塔负荷的增加急剧上升。在低 L/V 或低压下，雾沫夹带是限制处理能力的更主要的因素。

(3) 液面梯度 在液体从上层塔板的降液管出口流经整个板面到达本层塔板的溢流堰过程中，为了克服液层与塔板的摩擦阻力和液层与上升蒸汽的摩擦阻力，液体需要一定的液面梯度。因此降液管出口液层高度大于溢流堰处液层高度。

如果设计和操作不到位，液面梯度会导致板上气体的分布出现问题。蒸汽流经液面较高处塔板上小孔时比流经液面较低处板上小孔时须克服更高的液压头，因此气体趋向于向液层较低的溢流堰一侧通过。蒸汽分布不均从总体上对塔板性能有不利的影响，它限制了汽液相互作用的范围，因而降低了板效率。

液面梯度产生的问题对大直径塔更严重，原因是液体的流程长，故大直径塔通常设计成多流程型式，减小流程长度，从而减小液面梯度。

(4) 漏液 漏液是由于液面梯度导致操作恶化的另一状况。漏液是液体过度经塔板上小孔流出。只要从小孔下流的液量没有造成板效率明显降低，被认为是正常的。如果蒸汽流率降低，这部分液体流率随之增大。当气体流率低于某数值时则发生漏液。对于有液面梯度的情况，在板上液层较高的地方即降液管出口处漏液更为严重。

(5) 液泛 任何逆流流动的分离设备的处理能力都受到液泛的限制。在气液接触的板式塔中，当达到液泛的汽液流率时，板与板之间被液体充塞，板效率急剧下降，压降突然增加，塔板失去了分离功能。

液泛或起因于某板上泡沫上升并到达上一板，或起因于液体和泡沫充满降液管，其液面超过溢流堰。一种情况是过度的液体夹带导致蒸汽流速急剧增高引起泡沫上升并充满板上空间。另一种情况是液体流率超过降液管的负荷造成降液管堵塞。上述任何一种情况的最终结果都是液泛，液体和泡沫充满整个塔。

显然，液泛是因为蒸汽流率或液相流率超过了某一极限而发生的。通常以气相流率为限制条件设计塔，然后用液相的处理能力进行校核。

与发生液泛相对应的蒸汽流速被称为泛点蒸汽流速。因通常以蒸汽流率考察液泛，故一般用泛点气速作为标志。塔操作的实际气速与泛点气速之比为泛点百分数。设计时通常取 $75\%\sim85\%$。泛点气速的关系是经验的，与塔板类型紧密相关。对于给定的塔板，泛点气速是液体流率、气相和液相密度以及板间距的函数。有的关系还包含对表面张力的修正。

液泛气速随 L/V 的减小和板间距的增加而增大。对于气液接触填料塔，规整填料塔的处理能力比具有相同形式和空隙率的乱堆填料塔要大。这是由于规整填料的流道具有更大连贯性的结果。此外，随着 L/V 的减小，液体黏度（膜的厚度）的减小、填料空隙率的增大和其比表面积的减小，液泛气速是增加的。液泛气速愈大，说明处理能力愈大。

(6) 压力降 与处理能力密切相关的另一因素是接触设备中的压力降。对真空操作的设备，压力降将存在某个上限，往往成为限制处理能力的主要原因。此外，在板式塔中，板与板之间的压力降是构成降液管内液位高度的重要组成部分，因此压力降大就可能引起液泛。

(7) 停留时间 对给定尺寸的设备，限制其处理能力的另一个因素是获得适宜效率所需的流体的停留时间。接触相在设备内停留时间愈长，则级效率愈高，但处理能力低。若处理能力过高，物流通过一个级的流速增加，则效率通常降低，表现在产品纯度达不到要求。

由于对处理能力的限制常指一个分离设备中所允许的流速上限，因此对影响适宜操作区域的一些其他因素不予讨论。

5.1.2 气液传质设备的效率及其影响因素

5.1.2.1 效率的表示方法

前述章节所讨论的都是有关平衡级（或理论板）的模拟和计算，假设板上相互接触的气、液两相完全混合，有足够长的停留时间使汽液达到平衡和分离，板上液相浓度均一，气相浓度均一，汽液具有相同的温度，即该板的汽液平衡温度。

当进行实际塔的模拟计算时，应重新评估这些假设。塔径较小的实际板比较接近这一假设。但当塔径较大时，板上混合不完全，溢流管出口处液相浓度比溢流堰处液相浓度要高；进入同一板的气相各点浓度不相同，离开该板的上升气相浓度也不均匀；离开该板的气、液两相不能达到汽液平衡。板上气、液两相存在不均匀流动，造成不均匀的停留时间；实际板存在有雾沫夹带、漏液和液相夹带气泡的现象。由于上述原因，需要引入效率的概念。板效率是关联实际板和理论板关系的参数。效率有多种不同的表示方法。在此只将广泛使用的几种简述如下。

(1) 全塔效率　全塔效率定义为完成给定分离任务所需要的理论塔板数（N）与实际塔板数（N_A）之比，即

$$E_T = \frac{N}{N_A} \tag{5-1}$$

全塔效率为全塔的平均效率，不能反映具体某一层塔板实际传质效果，同时由于放大效应，全塔效率也与塔设备密切相关，因此，应用全塔效率仅能提供在特定生产场合下，全塔传质的效果。全塔效率很容易测定和使用，但若将全塔效率与板上基本的传质、传热过程相关联，则相当困难。由于塔的分离程度依赖于回流比或汽液流率比以及塔板数，在应用全塔效率时要确保其他因素是可比的。

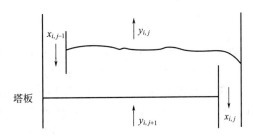

图 5-1　默弗里板效率模型

(2) 默弗里（Murphree）板效率　假定板间气相完全混合，气相以活塞流垂直通过液层。板上液体完全混合，其组成等于离开该板降液管中的液体组成。那么，定义实际板上的浓度变化与平衡时应达到的浓度变化之比为默弗里板效率。若以组分 i 的气相浓度表示（见图 5-1），则

$$E_{i,MV} = \frac{y_{i,j} - y_{i,j+1}}{y_{i,j}^* - y_{i,j+1}} \tag{5-2a}$$

式中，$E_{i,MV}$ 为以气相浓度表示的组分 i 的默弗里板效率；$y_{i,j}$，$y_{i,j+1}$ 为离开第 j 板及第 $j+1$ 板的气相中组分 i 的摩尔分数；$y_{i,j}^*$ 为与 $x_{i,j}$ 成平衡的气相摩尔分数。

默弗里板效率也可用组分 i 的液相浓度表示：

$$E_{i,ML} = \frac{x_{i,j} - x_{i,j-1}}{x_{i,j}^* - x_{i,j-1}} \tag{5-2b}$$

式中，$E_{i,ML}$ 为以液相浓度表示的组分 i 的默弗里板效率；$x_{i,j-1}$，$x_{i,j}$ 为离开第 $j-1$ 板及第 j 板的液相中组分 i 的摩尔分数；$x_{i,j}^*$ 为与 $y_{i,j}$ 成平衡的液相摩尔分数。

默弗里板效率是对给定组分定义的，不同组分有不同的数值。

由于默弗里板效率的经典性和直观的物理意义，是最常用的塔板效率定义，广泛应用于评价塔板的传质效果。

默弗里板效率不仅可以应用于二元体系，同时也可以应用于多元体系，但对一些严重非理想的多元体系，某些组分可能出现板效率小于 0 的情况。建议对于工业塔设备流程模拟过程中，采用全塔效率或理论级计算更好些。

按常规，塔板效率无论如何都应小于 100%，但默弗里板效率可能出现超过 100% 的情

况，其原因是 Murphree 效率定义中的各塔板浓度都是平均值，而平衡浓度 y^*，x^* 分别定义为与离开该塔板液相和气相平均浓度成平衡的气相和液相浓度。

一般说来 $E_{i,\mathrm{ML}} \neq E_{i,\mathrm{MV}}$，对二组分溶液，用易挥发组分或难挥发组分表示的 $E_{i,\mathrm{MV}}$（或 $E_{i,\mathrm{ML}}$）为同一数值，但对多组分溶液，不同组分的板效率是不相同的。

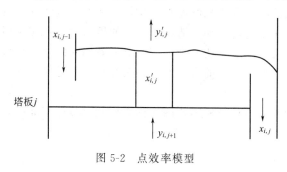

图 5-2　点效率模型

（3）点效率　塔板上的气液两相是错流接触的，实际上在液体的流动方向上，各点液体的浓度可能是变化的。因为液体沿塔板流动的途径比板上的液层高度大得多，所以在液流方向上比在气流方向上更难达到完全混合。若假定液体在垂直方向上是完全混合的，如图 5-2 所示，在塔板的某垂直线上，进入液相的蒸汽浓度为 $y_{i,j+1}$，离开液面时的蒸汽浓度为 $y'_{i,j}$，该垂直线上液相浓度为 $x'_{i,j}$，与其成平衡的气相浓度为 $y^*_{i,j}$，则

$$E_{i,\mathrm{OG}} = \frac{y'_{i,j} - y_{i,j+1}}{y^*_{i,j} - y_{i,j+1}} \tag{5-3}$$

式中，$E_{i,\mathrm{OG}}$ 为 i 组分在该板某点处的点效率。

（4）填料塔的等板高度（HETP）　尽管填料塔内气液两相连续接触，也常常采用理论板及等板高度的概念进行分析和设计。一块理论板表示由一段填料上升的蒸汽与自该段填料下降的液体互成平衡，等板高度为相当于一块理论板所需的填料高度，即

$$\mathrm{HETP} = 填料高度/理论板数$$

HETP 依赖于填料的类型、材料和尺寸、塔径、流体性质、操作条件等。也依赖于填料在塔中是乱堆的还是规整的。HETP 数据通常由填料的供货商提供或根据实验数据或经验关系估计。

5.1.2.2　影响塔板效率的因素

影响气液传质设备板效率的因素是错综复杂的，板上发生的两相传质情况、气液两相分别在板上和板间混合情况、气液两相在板上流动的均匀程度、气相中雾沫夹带量和溢流液中泡沫夹带量等均对板效率有影响，而它们又与塔板结构、操作状况和物系的物性有关。

影响塔板上传质过程的因素大体上可分为三大类，即操作条件（气、液负荷，温度，压力）、体系物性和塔设备结构。这三类影响因素对塔板上传质过程的作用并非单独的贡献，而是体现在制约塔板上传质效果的综合作用结果，涉及有利和不利两方面，对于不同的操作体系和实际塔内件，这些影响因素的贡献是不同的。

（1）操作条件的影响　操作条件对塔板效率的影响因素主要是温度、压力和塔内气液负荷。温度和压力主要影响物系的汽液平衡性质。如果操作物系一定，操作条件对塔板效率的影响主要是塔板上的气液负荷。

在正常操作范围内，液相负荷对塔板效率的影响主要体现在对塔板上持液量的影响。毫无疑问，塔板上持液量增加，塔板上气液两相接触时间增加，塔板上传质效率是增高的，但过大的液相负荷将引起塔内气液接触不良，从而制约了塔板效率。

气相负荷的大小是影响塔板效率的主要因素之一。图 5-3 显示出典型的塔板效率与空塔动能因素的关系。由图中可以看出，随着气相负荷的增加，塔板效率的变化出现了三个阶段。当操作气速小于 a 点，塔板的操作气速（F_S）较低，处于泄漏状态，气液接触不充分，

传质相界面较小，造成塔板效率较低。但随着操作气速的增加，塔板上气液湍动变得剧烈，传质相界面积增加，从而引起塔板效率增加。随着操作气速的增加，塔板上的返混程度也增加，对塔板效率的增加起到抑制作用。塔板上的返混和相界面积的共同作用使得塔板上的板效率出现最高值，并随着操作气速的增加，板效率处于恒定的效率数值。但随着操作气速的增加，雾沫夹带逐渐增加。当操作气速越过 b 点后，塔板上的返混和塔板间的雾沫夹带返混造成塔板效率的明显降低，此时操作状况接近于喷射液泛上限。

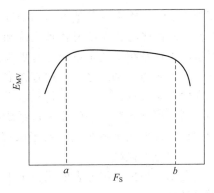

图 5-3　操作气速对板效率的影响

图 5-3 中 a 与 b 之间区域的塔板效率基本上恒定，接近最高值，是塔设备可行操作范围，a 与 b 之间区域的宽度表明塔板的操作弹性和操作适应能力的大小。

液气比的影响　Ellis 和 Hardwick 曾在 Oldershaw 实验筛板塔中研究过液气比对板效率的影响规律。对甲基环己烷和甲苯的等摩尔浓度二元混合物的实验结果表明：在液气比小于 0.4 时，精馏段板效率随液气比的减小急剧降低，他们认为这是由于液膜阻力增加所致；当液气比大于 1.0 时，提馏段板效率又随液气比的增加迅速降低，这是由于气液相际传质面积减小之故；当液气比在 0.4～1.0 范围内变化时，精馏段板效率变化不大。

（2）物性的影响　物性是制约塔设备传质效率的主要因素之一，物系性质是影响传质系数的主要因素。涉及气液密度、液相黏度、表面张力、扩散系数、起泡性质以及相平衡常数（相对挥发度）等物性。限于当前传质领域研究和应用水平，准确地描述物性对传质过程的影响尚存在很大的困难。此处仅对部分物性影响效率的机理作简要介绍。

液相黏度对板效率有着显著的影响，一些常用于估算板效率的纯经验关联式中都将液相黏度作为一个主要参数。液相黏度越大，板上液体的分布和混合就越不易均匀，两相接触差，同时使液相扩散系数变小，导致传质速率降低。气流通过黏度较大的液体时产生的气泡尺寸较大，也不易将液体分散成细小的液滴，总的气液相际传质面积较小。黏度较大的液体其扩散系数也较小。以上这些都对传质效率产生不利影响，黏度较大的液体因而对应着较低的效率。温度升高，液体黏度降低，板效率增大。精馏过程一般在较高温度下进行，液体黏度降低，因此效率较高。窄沸点混合物的精馏一般有比较高的效率，因为塔内操作温度接近于各组分的沸点，黏度较低。反之，吸收塔、汽提塔和减压精馏塔的效率低，因为操作温度远远低于一些组分的沸点，液体黏度较低。

密度梯度对传质系数的影响表现在传质界面上是否形成混合旋涡。例如密度小的易挥发物质（例如水）从密度大而挥发度较小的溶剂（例如乙二醇）中解吸，进入液相上面的气相中去。由于易挥发物质汽化，在靠近界面处形成一个密度较大的区域，其结果为一个高密度液体区域出现在低密度液体之上，构成了不稳定系统，于是在密度差的推动下，产生了较重的界面液体向下流和较轻的主体液体向上流的环流，提高了液相传质系数。

根据难挥发组分和易挥发组分表面张力的相对大小，可将分离物系分成表面张力正系统、负系统和中性系统三类。表面张力正系统是指易挥发组分比难挥发组分的表面张力小的物系。此类物系中的轻组分从塔顶向塔釜浓度逐渐降低，液相表面张力则逐渐增大。表面张力负系统与上述情况相反，从塔顶向塔釜，其表面张力逐渐减小。表面张力中性系统是指易挥发组分和难挥发组分的表面张力相近的物系。此类物系的表面张力沿塔变化不大。

对于不同表面张力系统的传质效率，人们曾给予较多的关注。文献指出，表面张力对效率的影响要比物系的其他性质如密度、黏度、扩散系数等明显得多。总体来说，泡沫状态下操作时表面张力正系统要比负系统和中性系统具有更高的效率；喷射态下操作时表面张力负系统和中性系统要比正系统具有更高的效率，而且此时效率对表面张力的依赖性要比泡沫态强。表面张力正系统之所以适宜在泡沫态下操作，是因为正系统的规则蜂窝状泡沫要比负系统和中性系统的活动泡沫来得稳定，相应的气液相际传质面积要比负系统和中性系统大，从而有利于提高效率。表面张力负系统和中性系统之所以适宜在喷射态下操作，是因为两者的液滴稳定性要比正系统差，易于破碎成更细小的液滴，相应的气液相际传质面积比正系统大，效率也就提高。

可见，易挥发组分表面张力小于难挥发组分的物系宜采用泡沫接触状态，反之宜采用喷射接触状态。

分离物系的相对挥发度对板效率有着较显著的影响。预测板效率的关联图中就是用相对挥发度和液相黏度的乘积作为参数来关联精馏塔全塔效率的，关联图显示效率随相对挥发度和液相黏度乘积值的增大而减小。对于吸收塔则用气体溶解度系数和系统总压的乘积与液相黏度之比作为参数来关联全塔效率，关联图显示效率随参数值的减小而减小。组分的相对挥发度越大，在液相中的溶解度就越低，传质阻力大，无论是精馏还是吸收，对应的板效率低。

(3) 塔结构因素 塔板的有效截面、开孔直径、开孔间距、塔板厚度、孔的排列方式、堰的形式、溢流堰高、进口堰高、板上汽液流动方式、降液管面积、板间距、降液管的布局和塔板的液体流程和流道长度、塔径以及塔板的安装水平度都对塔板效率有着不同程度的影响。

以筛板塔为例，孔径对板效率的影响主要通过影响板上气液流态、漏液和雾沫夹带等流体力学性能来实现。塔板处于泡沫态操作时，孔径减小有利于提高传质效率。泡沫态下板上气液两相混合物中存在两个区域，接近塔板处的气泡形成区和它上面的泡沫主体区，强化传质主要在气泡形成区。小筛孔能产生随液体循环的小气泡，对传质有利。有作者对筛板在喷射态时的传质效率作过较为系统的研究。研究结果表明，孔径对喷射态时的传质有重大影响，孔径大则板效率高。通过对空气-氨-水吸收系统的实验考察，筛板的孔径增大 3 倍时，板效率将相应增加 $15\%\sim25\%$，表观 F 因子越大，效率增幅也越大。

孔径对板效率的影响规律可归纳为：泡沫态时一般是孔径大则板效率低，但影响较弱；喷射态时孔径大则板效率高，且影响明显。

开孔率对板效率的影响规律要比孔径简单。研究表明，无论是在泡沫态还是喷射态下操作的筛板，开孔率的减小均有利于提高板效率。例如，美国精馏研究公司在 1.2m 直径的筛板塔中对异丁烷-正丁烷、环己烷-正庚烷进行的减压和加压实验中测得，开孔率从 14% 降至 8%，分离效率可相应提高 $5\%\sim15\%$。

溢流堰高的影响与筛板的操作状态有关。在泡沫态或乳化态下操作时，溢流堰增高意味着板上液层增厚，气液相界面积和接触时间增加，有利于提高效率。堰高对吸收和解吸操作的板效率有较大影响。筛板在喷射态下操作时，板上持液量几乎与堰高无关，堰高对效率也几乎没有影响。考虑到操作条件变化时流态有可能转变为泡沫态，故宜采用稍低的堰。

较长的液体流程可以减少液流的返混，增加气液两相的接触时间，从而可提高板效率。据报道，当液流长度由 280mm 增至 560mm 时，液流长度每增加 25mm，效率约增加 0.5%。

5.1.3 气液传质设备效率的估计方法

由于影响塔板效率的因素极其复杂，长期以来，对于塔板效率的预测进行了大量的研究工作，是近代化学工程研究最重要的热点方向。除了从机理分析着手、进行理论或半理论关联以外，仍有采用经验关联的办法或统计学的关联方法。

5.1.3.1 经验法

(1) 直接测定法

1）板式塔。现有塔的全塔效率由直接测定工业塔的实验数据确定。所要收集的数据包括：实际塔板数；原料和产品的流率和组成；塔的操作压力；回流比和塔内液气比。在塔的操作条件下达到测得关键组分分离状况所需的理论板数用第4章的严格计算方法计算。由于大部分严格计算法假设已知理论板数，故理论板数的计算需多次试差，每次固定不同的理论板数。一旦实验数据与特定的理论板数契合，全塔效率即可用式(5-1)求得。

塔效率最好的确定方法是实测在相同的物系和相同类型和尺寸的塔内、在相同操作气速下的效率数据。美国分离研究所（FRI）已掌握大量效率数据，但到最近，大部分数据仅为其成员使用。大多数大的化学公司和炼油公司都属于FRI。第二个好方法是从相同物系不同类型塔板上获取效率数据。文献中可利用的很多数据都是从泡罩塔板或筛板塔板得到的。通常，浮阀塔板的效率等于或高于筛板塔板的效率，后者又等于或高于泡罩塔板的效率。因此，如果泡罩塔板的效率用于浮阀塔，设计是保守的。

效率也能从Oldershaw塔（一种实验室规模的筛板塔）取得的实验数据按比例放大。在Oldershaw塔测取的全塔效率很接近于在大型工业塔中实测的点效率。然后由点效率转换成默弗里板效率和全塔效率。对于很复杂的混合物，整个精馏设计能够使用Oldershaw塔完成。通过改变塔板数和回流比，寻找达到预期目标的工艺数据。由于工业塔具有等于或大于Oldershaw塔的全塔效率，故这些工艺数据将适合于工业塔。这种方法不需要测定汽液平衡数据，节约开发费用，同时也避免了烦琐的计算。Oldershaw塔还能用于观察塔内的流体力学状况。

通常塔效率实验数据经收集、储存和积累，用于估计相似塔的效率和用于开发预测效率的经验关系式。当试图根据可用的数据估计另一个塔的板效率时，重要的问题是将影响板效率的因素考虑周全。例如塔设备的尺寸的可比性，其中特别重要的是塔板直径，板间距，板上流程数，板上液层高度。另外也要考虑流体的物理性质，最重要的是黏度，相对挥发度和表面张力。

2）填料塔。填料塔等板高度的大小不仅取决于设备结构、填料的类型与尺寸，而且还与物系性质和操作气速有关。一般通过实验测定或取工业设备的经验数据。

HETP值通常在全回流条件下进行测定。Ellis和Brooks发现，在L/V低于1的情况下，HETP有所增加，但直至$L/V \approx 1/2$，HETP一般增加很小，故测定结果能直接用于设计。

HFTP随填料尺寸的增大而增大，因物系不同而变化。具有相同尺寸的大多数填料具有相近的HETP，若给定物系和填料尺寸，HETP在较宽的气速范围内大致是恒定的。而在很低气速的区域HETP通常增加，其原因为填料未完全润湿。

若无可用数据，Ludwig建议乱堆填料的平均HETP值为0.45～0.6m。Eckert提出，对于25mm、38mm和50mm的鲍尔环，HETP分别为0.3m、0.45m和0.6m。目前广泛流行的规整填料，如金属丝网波纹填料（Sulzer填料），CY型的HETP为0.125～0.166m，BX型的HETP为0.2～0.25m；麦勒派克（Mellapak）填料的HETP为0.25～0.33m。

(2) 经验关联法

1）板式塔。最简便可行的方法是应用经验关联式。使用最广泛的是奥康奈尔（O'Connell）关联式，将全塔效率作为进料组成下关键组分的相对挥发度与液相黏度乘积的函数，如

图 5-4 所示。α 和 μ_L 为在全塔平均温度和压力下的数值。因为传质速率随黏度的增高而降低，故效率随黏度的增高而降低。效率随相对挥发度的增高而降低，其原因是在该情况下达到平衡需要的传质量增加。奥康奈尔的数据大都来自泡罩塔。因此其结果对筛板塔板和浮阀塔板偏于保守。有些学者考查了各种塔板的大量板效率数据，近期报告指出，很多石油化工分离塔的板效率在 75%～80% 之间，虽然这些塔大都是浮阀塔板，但其效率数值的范围与奥康奈尔的关联是一致的。Seider 推荐初步设计选择效率为 70%，最近有作者评论 FRI 数据并指出，对于低挥发度物系 VLE 数据的误差对实测的全塔效率有巨大影响。图 5-4 中未包括在减压下分离的物系，其效率为 15%～20%。

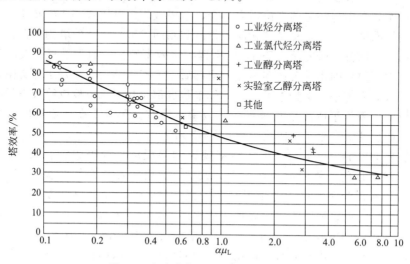

图 5-4　奥康奈尔（O'Connell）关系

当使用电子计算机拟合奥康奈尔的数据点时发现，拟合结果与奥康奈尔的曲线不完全吻合，因为奥康奈尔曲线是目测手工画出的，偏差较大。1997 年 Ludwig 提出了另外一个效率关联式：

$$E_0 = 0.52782 - 0.27511\lg(\alpha\mu) + 0.044923[\lg(\alpha\mu)]^2 \tag{5-4}$$

【例 5-1】　估算全塔效率。

某筛板精馏塔分离正己烷(1)和正庚烷(2)混合物，进料组成 $x_1 = 0.5$（摩尔分数），饱和液体进料。板间距 0.6096m，平均塔压 101.325kPa，馏出液组成 $x_{D1} = 0.999$（摩尔分数），塔釜组成 $x_{W1} = 0.001$（摩尔分数）。进料流率 $F = 0.4536\text{kmol/h}$，液气比 $L/V = 0.8$，塔顶设置全凝器。汽液平衡数据如下：

x_1	0	0.341	0.398	0.500	1.0
y_1	0	0.545	0.609	0.700	1.0
$T/℃$	98.4	85.0	83.7	80.0	69.0

相对挥发度计算公式为：

$$\alpha_{1,2} = \frac{y_1/x_1}{(1-y_1)/(1-x_1)}$$

解　平均温度有以下两种求法：

全塔算术平均值 $T = (98.4+69)/2 = 83.7$，用上式计算得到 $\alpha_{1,2} = 2.36$

在进料组成的泡点温度条件下计算得到 $\alpha_{1,2} = 2.33$

二者差别不大，取平均数 $\alpha_{1,2}=2.35$，相应的近似温度为 82.5℃。

进料混合物的液体黏度计算公式为：

$$\ln\mu_{\text{mix}}=x_1\ln\mu_1+x_2\ln\mu_2$$

纯组分的黏度用下式计算：

$$\lg\mu=A\left(\frac{1}{T}-\frac{1}{B}\right)$$

式中，T 为温度，K；μ 为黏度，mPa·s。

组分 1 $A=362.79$，$B=207.08$

组分 2 $A=436.73$，$B=232.53$

代入纯组分的黏度公式得到：$\mu_1=0.186$，$\mu_2=0.224$，$\mu_{\text{mix}}=0.204$，则 $\alpha\mu_{\text{mix}}=0.48$

由式(5-4)计算 $E_0=0.62$

查图 5-4 得 $E_0=0.59$

为安全起见，选用较低的效率值。

在很多情况，设计板式塔和填料塔最困难的事情是确定物系的物理性质。若手算需要参阅物性数据手册。

2）填料塔。填料塔效率与填料类型、填料层内流体力学状况、物系性质及塔工艺参数等因素密切相关。Norton 公司从大量数据回归，得到如下常压蒸馏时 HETP 的关联式

$$\ln(\text{HETP})=h-1.292\ln\sigma+1.47\ln\mu_{\text{L}} \tag{5-5a}$$

式中，HETP 为等板高度，mm；σ 为表面张力，N/m；μ_{L} 为液体黏度，mPa·s；h 为常数，其值见表 5-1。

表 5-1 式(5-5a)中的常数值

填料类型	h/mm	填料类型	h/mm
DN25 金属环矩鞍	6.8505	DN50 金属鲍尔环	7.3781
DN40 金属环矩鞍	7.0382	DN25 瓷环矩鞍	6.8505
DN50 金属环矩鞍	7.2883	DN38 瓷环矩鞍	7.1099
DN25 金属鲍尔环	6.8505	DN50 瓷环矩鞍	7.4430
DN38 金属鲍尔环	7.0779		

式(5-5a)中考虑了液体黏度及表面张力的影响。其使用范围是常压蒸馏下，满足 $4\times10^{-3}\leqslant\sigma\leqslant36\times10^{-3}\text{N/m}$ 及 $0.08\times10^{-3}\leqslant\mu_{\text{L}}\leqslant0.83\times10^{-3}\text{Pa·s}$，并假定填料层内气液均匀分布。

用于 15 块理论板以下的分离时，应将算得的 HETP 值增加 20% 的安全系数。用于 15～25 块理论板时，增加 15% 的安全系数。用于大于 25 块理论板时，可不考虑安全系数。

对于金属环矩鞍填料，Norton 公司还给出了如下关联式。它适用于非水溶液、塔内无反应且组分相对挥发度小于 3.0 的场合。

$$\text{HETP}=A_0\left(\frac{10^3\sigma}{20}\right)^{-0.16}(1.78)\mu_{\text{L}}\times10^3 \tag{5-5b}$$

$$\text{HETP}=B_0\left(\frac{10^3\sigma}{20}\right)^{-0.19}\left(\frac{10^3\mu_{\text{L}}}{0.2}\right)^{0.21} \tag{5-5c}$$

式中，若 $\sigma>27\times10^{-3}$，则取 $\sigma=27\times10^{-3}$；A_0，B_0 为常数，见表 5-2。其他符号同式(5-5a)。

式(5-5b)适用于 $\mu_{\text{L}}\leqslant0.4\times10^{-3}\text{Pa·s}$，式(5-5c)适用于 $\mu_{\text{L}}>0.4\times10^{-3}\text{Pa·s}$。

表 5-2　式(5-5b) 和式(5-5c) 中的常数值

常数 \ 型号	15#	25#	40#	50#	70#
A_0/mm	272	351	412	550	758
B_0/mm	296	383	452	599	827

5.1.3.2　理论模型

根据塔板上气液两相传质过程的机理建立预测板效率的数学模型,一直是塔设备领域的重要研究内容。因为只有机理模型才能精确地体现各种因素对板效率的内在影响规律。但由于塔板上气液两相传质过程的机理十分复杂,涉及塔板上的气液接触方式,塔板上的液相返混情况、塔板间气相混合、塔板间的液体返混、非理想的塔内流动,塔板结构和塔设备规模以及不同操作工况下体系特性的影响等,虽然历经了半个多世纪的研究开发,到目前为止尚未达到可靠地指导工业生产的效果。其主要原因是化学工程是一门强经验科学,其技术发展受到自身理论发展水平的限制和相关支撑学科发展的限制。对于影响因素极为复杂、具有极强非线性特性的塔板效率而言,实现准确描述是完全不可能的,起码在当今是如此。

半个多世纪以来,从传质理论估算板效率的国外文献资料很多,也提出和发展了若干理论模型。国内方面研究也很活跃。在余国琮院士主持下,天津大学化工研究所长期以来致力于大型塔板效率放大研究。在涡流扩散连续性方程的基础上,相继开发描述塔板效率的二维定数混合池模型、三维定数混合池模型、三维非平衡混合池模型、停留时间模型等等,处于世界领先水平。

限于篇幅,本章仅介绍由美国化学工程师协会在 20 世纪 50 年代提出的 AIChE 模型,该模型虽然提出较早,但却有代表性,其脉络清晰,又有例题,从教学角度上更为合适。该模型考虑了系统的物性、操作条件和塔板结构尺寸等近 20 个板效影响因素。模型以双膜理论为基础,通过气、液相传质速度的计算而求得气液相的传质单元数和点效率,然后用湍流扩散模型来描述塔板上液体混合程度,从而算出 Murphree 板效率,再通过雾沫夹带对板效率的影响进行校正而求得湿板效率,最后,根据平衡曲线和操作线的斜率算出全塔效率。以下介绍 AIChE 法。

(1) 传质速率　参考图 5-2。设该塔在稳态下操作。假定板上空间的气体完全混合,故进入液相的气相组成与板上的位置无关。令板上液层高度为 Z,液体在板上流动路程的长度为 l。假定液相组成在垂直方向上与 Z 无关,在水平方向上是 l 的函数。当气相通过板上液层高度为 $\mathrm{d}Z$ 的微元时,组分 i 的传质量为:

$$G\,\mathrm{d}A\,\mathrm{d}y_i = K_y a(y_i^* - y_i)\,\mathrm{d}A\,\mathrm{d}Z \tag{5-6}$$

式中,G 为单位截面积上的气相摩尔流率,$\mathrm{mol/(m^2 \cdot s)}$;$a$ 为鼓泡层中的气液接触比表面积,$\mathrm{m^2/m^3}$;$\mathrm{d}A$ 为微元截面积,$\mathrm{m^2}$;Z 为液层高度,m;y_i 为气相中组分 i 的浓度,摩尔分数;K_y 为气相传质总系数,$\mathrm{mol/(m^2 \cdot s)}$;$y_i^*$ 为与液相浓度 x_i' 成平衡的气相浓度,摩尔分数。

将式(5-6) 积分,可得

$$\frac{K_y a Z}{G} = \int_{y_{i,j+1}}^{y_{i,j}'} \frac{\mathrm{d}y_i}{y_i^* - y_i} = -\ln \frac{y_{i,j}^* - y_{i,j}'}{y_{i,j}^* - y_{i,j+1}}$$

或

$$\frac{K_y a Z}{G} = -\ln \frac{y_{i,j}^* - y_{i,j}'}{y_{i,j}^* - y_{i,j+1}} = N_{\mathrm{OG}} \tag{5-7}$$

式中，N_{OG} 为气相总传质单元数。

由点效率定义，得

$$1 - E_{OG} = \frac{y_{i,j}^* - y_{i,j}'}{y_{i,j}^* - y_{i,j+1}}$$

故 N_{OG} 与 E_{OG} 的关系是

$$E_{OG} = 1 - e^{-N_{OG}} = 1 - e^{-\frac{K_y a Z}{G}} \tag{5-8}$$

由式(5-8) 可以看出，当气相流率 G 一定时，点效率的数值是由两相接触状况决定的，随 Z、a 和 K_y 的增大而增大。因此，塔板上液层愈厚，气泡愈分散，表面湍动程度愈高，点效率愈高。

根据双膜理论可知：

$$\frac{1}{N_{OG}} = \frac{1}{N_G} + \frac{1}{\lambda N_L} \tag{5-9}$$

式中，N_G 为气相传质单元数；N_L 为液相传质单元数；$\lambda = \dfrac{L}{mV}$，其中 L，V 分别为液相和气相流率，m 为平衡常数。

对于大多数普通精馏系统，式(5-9) 中气相项占优势，属气膜控制，对于很多吸收系统，λ 值较小或液相中有慢速化学反应时，液相阻力对传质变得重要了。由式(5-9) 还可看出，只要知道鼓泡层的气液相传质单元数 N_G 和 N_L，即可求得塔板上的点效率。

公开发表的文献，对此问题的研究作过比较全面概括的是美国化工学会（AIChE）关于板效率研究计划所取得的结果。按该研究结果，对泡罩塔和筛板塔提出了下列经验式：

$$N_G = \left[0.776 + 4.567 h_W - 0.2377 F + 104.84 \left(\frac{L_V}{l_f} \right) \right] \Big/ (Sc)^{1/2} \tag{5-10}$$

式中 h_W——溢流堰高，m；

     $F(=u\sqrt{\rho_G})$——F 因子，等于操作气速（u，m/s）与气体密度（ρ_G，kg/m³）平方根的乘积；

         L_V——液相的体积流率，m³/s；

         l_f——液体流程的平均宽度，m；

$Sc(=\mu_G / \rho_G D_G)$——气相施密特（Schmide）数，无量纲；μ_G 为气相黏度；ρ_G 为气相密度；D_G 为气相扩散系数。

$$N_L = (4.127 \times 10^8 D_L)^{1/2} (0.213 F + 0.15) t_L \tag{5-11}$$

其中

$$t_L = \frac{Z_C l}{L_V / l_f} \tag{5-12}$$

式中，D_L 为溶质在液相中的扩散系数，m²/h；t_L 为液体在板上的平均停留时间，s；l 为板上液体流程长度（内外堰之间的距离），m；Z_C 为板上的持液量，m³/m² 鼓泡面积，可按下式计算

$$Z_C = 0.0419 + 0.19 h_W + 2.454 \left(\frac{L_V}{l_f} \right) - 0.0135 F \tag{5-13}$$

式中各符号的意义和单位与式(5-10) 中的相同。

(2) 流型和混合效应   通过对工业规模的筛板塔板上停留时间分布和流动形式的测定表明，液体在板上的停留时间分布很宽，流型如图 5-5 所示。沿塔板中心的液体流速要比靠壁处快，而靠近塔壁处有反向流动和出现环流旋涡趋势，并随液体流程的增长（即塔径增大）

变得更加显著。已提出一些数学模型描述液体流经塔板的流型对效率的影响。

1）板上液体完全混合。如果板上液体在流动方向和塔板垂直方向上都是完全混合的，则板上各点液相组成均相同并等于该板出口溢流液的组成，即 $x'_{i,j}=x_{i,j}$。如果进入 j 板的气相组成 $y_{i,j+1}$ 是均一的，则当液体为完全混合时，j 板气相中的所有点的组成相同，即 $y'_{i,j}=y_{i,j}$。由式(5-2a) 和式(5-3) 得

$$E_{i,\text{OG}}=\frac{y_{i,j}-y_{i,j+1}}{y^*_{i,j}-y_{i,j+1}}=E_{i,\text{MV}}$$

省略下标 i，于是

$$E_{\text{MV}}=E_{\text{OG}}=1-e^{-N_{\text{OG}}} \tag{5-14}$$

该式表明，塔板的气相默弗里板效率等于点效率。

2）液体完全不混合（活塞流）且停留时间相同。Lewis 研究了板上液相完全不混合且停留时间相同的情况下，E_{MV} 和 E_{OG} 之间的关系。设一微分气流通过沿液体流程上某个点的微元，从对微元作物料衡算进而推导出：

$$E_{\text{MV}}=\lambda\left[e^{(E_{\text{OG}}/\lambda)}-1\right] \tag{5-15}$$

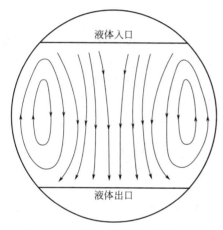

图 5-5　液体经过塔板的不均匀流动

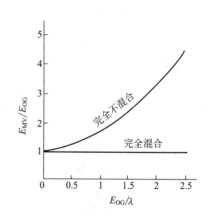

图 5-6　液体在流动方向上完全混合，
完全不混合时 E_{MV} 和 E_{OG} 的关系

图 5-6 是按式(5-14) 和式(5-15) 标绘的 $E_{\text{MV}}/E_{\text{OG}}$ 对 E_{OG}/λ 的关系。它表明在液体流动方向上没有混合并且液体停留时间均一的情况下，E_{MV} 总是大于 E_{OG} 的。与式(5-14) 比较可知，当 N_{OG} 一定时，液体混合作用的减弱使 E_{MV} 增大，而且 λ 愈小，则 E_{MV} 愈大。

式(5-15) 和图 5-6 中的曲线相当于进入塔板的蒸气具有均一组成的情况，即塔板之间的蒸气应是充分混合的。当液体在相邻板上按相反方向流动时，若气相在板间不完全混合，则造成板效率降低。此外，气相通过塔板的不均匀流动也影响塔板上各点传质接触情况和停留时间，从而对板效率产生不利的影响。

液体完全混合与完全不混合是流动和混合的两种极端情况。而实际情况总是处于两者之间的，即有部分返混发生。

3）液体部分混合。在与板上液流总方向平行的和垂直的方向上都会发生液体混合现象。前者称为纵向混合，后者称为横向混合。这两种混合形式以不同的方式影响 $E_{\text{MV}}/E_{\text{OG}}$ 值。纵向混合促使沿流程的液体浓度差减小，使得所有位置上的液体组成更接近于液体出口组成。从图 5-6 中体现出来的趋向是由完全不混合曲线向完全混合曲线方向移动，致使 $E_{\text{MV}}/E_{\text{OG}}$ 比值降低。另一方面，横向混合减少了由于停留时间不均一和返混所造成的不利影响，在没有纵

向混合的情况下，E_{MV}/E_{OG} 将要增加，从而超过按停留时间不均一而预计的数值，接近停留时间均一的情况。同理，在存在部分纵向混合时，横向混合也应该增加 E_{MV}/E_{OG}。

AIChE 模型仅仅考虑了液相停留时间均一条件下的纵向混合的影响，用扩散方程描述混合造成的易挥发组分由高浓度处向低浓度处的转移，引入涡流扩散系数 D_E 作为模型参数，使得扩散模型造成的结果与实际混合的结果等效。按扩散机理来考虑混合时，在对板上微元所作的物料衡算中，应包括通过扩散获得或失去的组分 i 的量。推导过程从略，推导结果为

$$\frac{E_{MV}}{E_{OG}}=\frac{1-e^{-(\eta+Pe)}}{(\eta+Pe)\left[1+(\eta+Pe)/\eta\right]}+\frac{e^{\eta}-1}{\eta\left[1+\dfrac{\eta}{\eta+Pe}\right]} \tag{5-16}$$

$$Pe=\frac{l^2}{D_E t_L} \tag{5-17}$$

式中，t_L 的意义见式(5-12)；D_E 为涡流扩散系数，m^2/s；Pe 为彼克来（Peclet）数。

$$\eta=\frac{Pe}{2}\left[\left(1+\frac{4E_{OG}}{\lambda Pe}\right)^{1/2}-1\right] \tag{5-18}$$

假设整个塔板的 N_{OG} 亦即 E_{OG} 是常数，以 Pe 为参数将式(5-16) 中的 E_{MV}/E_{OG} 对 E_{OG}/λ 作图（见图 5-7）。注意图中 $Pe=0$ 表示完全混合，$Pe=\infty$ 表示完全不混合，相应于图 5-6 所示的两种情况，分别为 E_{MV}/E_{OG} 的下限和上限曲线。部分混合均介于此两线之间。由此可见，不完全混合的状态使 $E_{MV}>E_{OG}$。

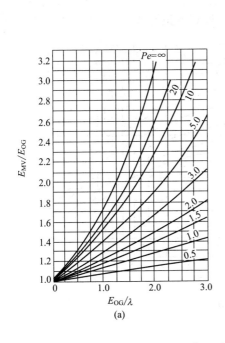
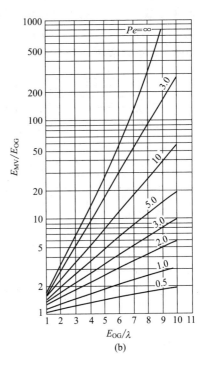

图 5-7　求 E_{MV}/E_{OG} 值的图解线

关于涡流扩散系数的计算方法，目前还只对某些形式的塔板有可用的经验式。例如美国化工学会对泡罩塔板和筛孔板提出了下列关联式。

$$(D_E)^{0.5}=0.00378+0.0171u_G+3.68\left(\frac{L_V}{l_f}\right)+0.18h_W \tag{5-19}$$

式中，u_G 为气相鼓泡速率，$m^3/(s \cdot m^2$ 鼓泡面积$)$。

Bell 和 Solari 从理论上分析了在不存在液体混合效应时，停留时间分布不均一和返流分别对 E_{MV}/E_{OG} 的影响。这两个因素都使得 E_{MV}/E_{OG} 低于式(5-16) 的预测值。返流的影响格外严重。

综上所述，液相纵向不完全混合对板效率起明显的有利影响；不均流动、尤其是环流会产生不利影响；横向混合能消弱液相不均匀流动的不利影响；而且随塔径的增大纵向不完全混合的有利影响将减弱，不均匀流动则趋于严重。

(3) 雾沫夹带 以上在讨论板效率 E_{MV} 时，只考虑了传质的因素，而未考虑塔板上雾沫夹带的影响。雾沫夹带使一部分重组分含量较高的液相直接随同气相进入上一层塔板，从而降低了上一层塔板上轻组分的浓度，抵消了部分分离效果，降低了板效率。

Colburn 曾推导了雾沫夹带对板效率的影响关系：

$$E_a = \frac{E_{MV}}{1 + [eE_{MV}/(1-e)]} \tag{5-20}$$

式中，E_a 为有雾沫夹带下的板效率；e 为单位液体流率的雾沫夹带量。

对于不同形式的塔板，可用经验关系计算 e 值。

上述对板效率影响因素的分析和计算公式是以泡沫状态模型为基础的，它构成了预测板效率的 AIChE 法。

(4) 计算步骤和举例 首先按式(5-10) 及式(5-11) 计算出板上的气相传质单元数 N_G 和液相传质单元数 N_L，从而求出气相总传质单元数 N_{OG}。并按式(5-8) 将传质单元数转换成点效率 E_{OG}。再由式(5-17) 计算板上液相返混程度，查图 5-7 得干板效率 E_{MV}。最后，从图 5-8 和图 5-9 求得雾沫夹带量和按式(5-20) 得到校正雾沫夹带影响后的板效率 E_a。

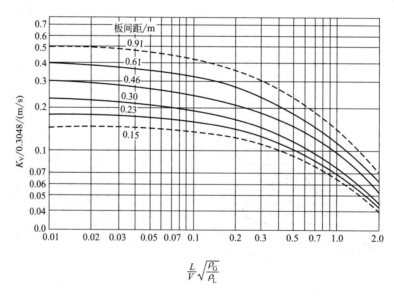

图 5-8　泡罩塔板和筛板塔板的液泛极限 $\left[K_V = u_F \left(\dfrac{\rho_G}{\rho_L - \rho_G} \right)^{0.5} \right]$

AIChE 法考虑的因素比较全面，在一定程度上反映了塔径放大后对效率的影响，所以可供预测放大后的板效率之用。但它的计算比较繁复，而且只对泡罩塔和筛板塔有经验计算公式可用，因此使用上有局限性。然而，近年来进一步深入研究的成果并没有改变 AIChE 法的基本计算方法。改进之处是，不同作者提出了多种混合模型，使之更准确地反映液体混

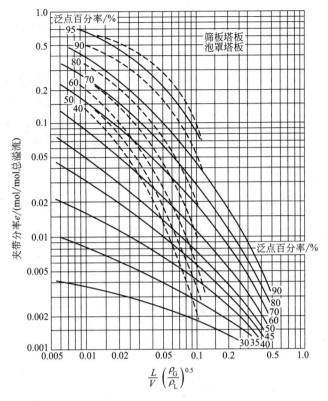

图 5-9　雾沫夹带关联图

合对 E_{MV} 的影响。另外也研究了筛板和浮阀塔板上泡沫状态和喷雾状态固有的区别。

【例 5-2】 用精馏法从含有 0.0143%（原子）重氢的天然水中分离重水 D_2O。由于该装置建立较早，采用泡罩塔。设计时取默弗里板效率为 80%，但实测效率只有 50%～75%。试用 AIChE 法计算板效率。操作条件摘要如下：

项　目	条　件	项　目	条　件
压力/Pa	16798.6	齿缝宽度/m	2.38×10^{-3}
塔径/m	3.2	齿缝高度/m	0.0206
气体流率/(kg/h)	9616.16	缝顶到堰顶距离/m	9.525×10^{-3}
板间距/m	0.3048	堰高/m	0.0508
塔板类型	泡罩	有效鼓泡面积占塔横截面积的比例/%	65
泡罩外径/m	0.0762	液流路程长度对塔径的比例/%	75

由于该物系相对挥发度低（约 1.05），塔在非常接近全回流的条件下操作。与塔压相应的操作温度是 56℃。重水（D_2O）的性质可以认为与水基本相同。45℃ 时 D_2O 的扩散系数为 $4.75 \times 10^{-9} m^2/s$。假定蒸气混合物的施密特数约为 0.50。

解　(1) 计算 F 因子

气相密度 $\rho_G = \dfrac{MP}{RT} = \dfrac{18 \times 16798.6}{8314 \times 329} = 0.1106$（$kg/m^3$）

鼓泡区面积 $= \dfrac{\pi}{4}(3.2)^2(0.65) = 5.23$（$m^2$）

$$蒸汽速度 = \frac{9616.16}{0.1106 \times 3600 \times 5.23} = 4.62 \ (m/s)$$

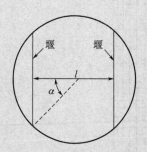

[例5-2] 附图　塔板几何图形

$$F = (4.62)(0.1106)^{1/2} = 1.53$$

（2）计算单位液体流程平均宽度的液相体积流率（L_V / l_f）　液体流程的平均宽度可从附图的分析得到。最大液体流程宽度＝塔径＝3.2m，由图得 $\cos\alpha = 0.75$，故 $\alpha = 41.5°$。最小液体流程宽度＝$\sin\alpha \cdot$（塔径）＝$0.662 \times 3.2 = 2.12$（m）。液体流程平均宽度 $l_f \approx 0.85 \times 3.2 = 2.72$（m）（0.85 为经验数）因接近全回流操作，取 $L = V = 9616.16$（kg/h）

液体密度　　　　　　　　　$\rho_L = 982.6 kg/m^3$

$$L_V = 9616.16 / (982.6 \times 3600) = 2.718 \times 10^{-3} \ (m^3/s)$$

$$(L_V / l_f) = 2.718 \times 10^{-3} / 2.72 = 9.99 \times 10^{-4} \ [m^3/(s \cdot m)]$$

（3）计算气相传质单元数 N_G　按式（5-10）得

$$N_G = [0.776 + 4.567(0.0508) - 0.2377(1.53) + 104.84(9.99 \times 10^{-4})] / (0.5)^{0.5} = 1.06$$

（4）计算塔板上持液量 Z_c　按式（5-13）得

$$Z_c = 0.0419 + 0.19(0.0508) + 2.454(9.99 \times 10^{-4}) - 0.0135(1.53)$$
$$= 0.0332 \ (m^3/m^2 \text{ 鼓泡面积})$$

（5）计算液体在板上平均停留时间　按式（5-12）得

$$t_L = \frac{0.0332(0.75)(3.2)}{9.99 \times 10^{-4}} = 80 \ (s)$$

（6）计算液相传质单元数 N_L　按温度每增加 1℃ 液相扩散系数约增加 2.5% 的经验规则，计算操作温度下的扩散系数

$$D_L = (4.75 \times 10^{-9})[1 + (56 - 45)(0.025)] = 6.056 \times 10^{-9} \ (m^2/s)$$

按式（5-11）得

$$N_L = (4.127 \times 10^8 \times 6.056 \times 10^{-9})^{1/2}(0.213 \times 1.53 + 0.15)(80) \approx 61$$

（7）计算气相总传质单元数 N_{OG}　首先确定 λ，由于相对挥发度接近于 1.0，故需要非常高的回流比，即 L 近似于 V，又假定 $m = 1$，则 λ 可取为 1.0。该简化处理使 λ 的误差在 2% 之内。由式（5-9）可得

$$\frac{1}{N_{OG}} = \frac{1}{1.06} + \frac{1}{61}，所以 N_{OG} = 1.04$$

该系统 N_{OG} 基本上等于 N_G，属气膜控制。

（8）计算 E_{OG}　按式（5-8）得

$$E_{OG} = 1 - e^{-1.04} = 0.646$$

（9）计算 E_{MV}　计算涡流扩散系数

$$(D_E)^{0.5} = 0.00378 + 0.0171 \times 4.62 + 3.68(9.99 \times 10^{-4}) + 0.18(0.0508) = 0.0956$$

$$D_E = 9.14 \times 10^{-3} \ (m^2/s)$$

由式（5-17）　　　　　　$$Pe = \frac{(0.75 \times 3.2)^2}{9.14 \times 10^{-3}(80)} = 7.88$$

由 E_{OG}/λ 和 Pe 值查图 5-7 得 $E_{MV}/E_{OG}=1.29$，$E_{MV}=0.833$

（10）估计操作过程中雾沫夹带的影响

$$\frac{L}{V}\left(\frac{\rho_G}{\rho_L}\right)^{1/2}=\left(\frac{0.1106}{982.6}\right)^{1/2}=0.0106$$

从图 5-8，由 $\dfrac{L}{V}\left(\dfrac{\rho_G}{\rho_L}\right)^{1/2}$ 和板间距查得 K_V，假定 $\rho_G/(\rho_L-\rho_G)\approx\rho_G/\rho_L$，则

$$K_V=u_F\left(\frac{\rho_G}{\rho_L}\right)^{1/2}=0.07\ (\text{m/s})$$

$$u_F=\frac{0.07}{0.0106}=6.6\ \text{m/s}$$

泛点百分率 $=\dfrac{4.62}{6.6}=70\%$，由图 5-9 查得 $e=0.25$，由式（5-20）得

$$E_a=\frac{0.833}{1+[(0.25)(0.833)/(1-0.25)]}=0.65$$

对于多组分系统，如果有 c 个组分，则每块板的分离情况必须用 $c-1$ 个默弗里板效率来描述。这些效率并不一定都相等，在基于 AIChE 法（两组分）的各个方程式中，λ 是重要的参数，而 λ 又决定于相平衡常数 m，不同组分有不同的 m 和 λ 值，因此将有不同的 E_{OG} 和 E_{MV} 值。多组分扩散原理也指出，不同物质的混合物中各组分的 E_{OG} 应该是不同的。通过用塔板混合模型计算，也已论证了在三组分系统中即使 E_{OG} 值相等，也会导出在不同塔位置上不同组分有不同的 E_{MV}，通过对多组分物系中 E_{OG} 和 E_{MV} 的测定同样证实了这一结论。

目前对多组分系统效率的研究还很不够，已提出的经验规律有很大的局限性。对大多数多组分精馏问题，由于所关心的是关键组分的分离，非关键组分在塔内的分布的准确性常常不是很重要的，因此，通常多是以分离关键组分的板效率作为多组分精馏塔的板效率，可按两组分的情况计算相应的数值。

5.2 萃取设备的处理能力和效率

萃取设备的类型很多，根据两相接触方式，萃取设备可分为逐级接触式和微分接触式两类，而每一类又可分为有外加能量和无外加能量两种。表 5-3 列出几种常用的萃取设备。

表 5-3　萃取设备的分类

型　式		逐级接触式	微分接触式
无外加能量		筛板塔	喷洒塔 填料塔
具有外加能量	搅动	混合澄清器 搅拌填料塔	转盘塔 搅拌挡板塔
	脉冲	脉冲筛板塔 脉冲混合澄清器	脉冲填料塔
	离心力	逐级接触离心萃取器	连续接触离心萃取器

本节讨论主要类型萃取设备的处理能力和塔径的计算；影响效率的因素和塔高的计算。

5.2.1　萃取设备的处理能力和塔径

由于有许多重要变量存在，萃取设备的塔径计算比气液传质设备复杂得多，并且不够准确。这些变量包括：各相的流率，两相的密度差，界面张力，传质方向，连续相的黏度和密度，旋转和震动速度以及隔板的几何形状等。

5.2.1.1　设备的特性速度

以喷洒塔为例进行分析。假定密度较小的相为连续相，密度较大的相为分散相。分散相液滴在连续相中自由沉降，而连续相向上运动。

设分散相空塔速度为 u_d，连续相空塔速度为 u_c，分散相在塔内液体中所占的体积分数，即分散相的滞液分率为 ϕ_d，则分散相和连续相相对于塔壁的实际速度分别为 u_d/ϕ_d 和 $u_c/(1-\phi_d)$，两相的相对速度为

$$u_s = \frac{u_d}{\phi_d} + \frac{u_c}{1-\phi_d} \tag{5-21}$$

如果忽略液滴间的相互影响，相对速度必然等于单个液滴在混合液中的自由沉降速度，根据斯托克斯定律

$$u_s = \frac{g d_p^2 (\rho_d - \rho_m)}{18\mu_c} \tag{5-22}$$

式中，d_p 为分散相液滴的平均直径，m；μ_c 为连续相液体黏度，Pa·s；ρ_d 为分散相液体密度，kg/m^3；ρ_m 为液体混合物的平均密度，可由下式计算：

$$\rho_m = \rho_d \phi_d + \rho_c (1-\phi_d) \tag{5-23}$$

将式(5-23) 代入式(5-22) 得

$$u_s = \frac{g d_p^2 (\rho_d - \rho_c)}{18\mu_c}(1-\phi_d) = u_t(1-\phi_d) \tag{5-24}$$

式中，u_t 为单液滴在纯连续相中的自由沉降速度。可见，u_t 与操作条件即空塔速度 u_d、u_c 和分散相滞液分率 ϕ_d 无关，是由物性和液滴尺寸决定的常数。将式(5-21) 和式(5-24) 合并，得

$$\frac{u_d}{\phi_d(1-\phi_d)} + \frac{u_c}{(1-\phi_d)^2} = u_t \tag{5-25}$$

式(5-25) 揭示了空塔速度 u_d、u_c 与分散相滞液分率 ϕ_d 的内在联系。若固定一相流速，改变另一相流速，则必然导致滞液分率 ϕ_d 的变化。

对于其他类型的萃取设备，由于液滴的受力和运动情况比较复杂，式(5-24) 和式(5-25) 不是严格成立的，因此可引入特性速度 u_k 取代 u_t，使

$$\frac{u_d}{\phi_d(1-\phi_d)} + \frac{u_c}{(1-\phi_d)^2} = u_k \tag{5-26}$$

注意，u_k 不是单液滴自由沉降速度 u_t，但具有 u_t 的性质，它与两相空塔速度 u_d、u_c 无关，而决定于萃取物系的物性和设备特性。按照 u_k 的定义，u_t 即为喷洒萃取塔的特性速度。

对于填料塔的特性速度，考虑到填料占据了塔的有效体积，故在式(5-26) 中引入填料的空隙率 ε，得

$$u_k = \frac{u_d}{\varepsilon \phi_d(1-\phi_d)} + \frac{u_c}{\varepsilon(1-\phi_d)^2} \tag{5-27}$$

转盘塔特性速度由下式表示

$$\frac{u_d}{\phi_d} + K \frac{u_c}{1-\phi_d} = u_k(1-\phi_d) \tag{5-28}$$

式中，当 $(D_S - D_R)/D > 1/24$ 时，$K=1$；当 $(D_S - D_R)/D \leqslant 1/24$ 时，$K=2.1$；D_R 为转盘直径；D_S 为固定环内径；D 为塔径。

当用式(5-26)关联脉冲筛板塔的特性速度时发现计算值和实验值之间有一定偏差。其原因为，式(5-26)仅适用于液滴间不发生凝聚，以及液滴大小的分布在达到液泛前不随流速变化的情况。在实际萃取塔中，分散相液滴间不断发生着分散—凝聚—再分散的过程。物系的界面张力愈大，滞液分率愈高，这种液滴凝聚的倾向也愈大，用式(5-26)计算结果的偏差就愈大。汪家鼎等提出如下公式关联实验数据

$$\frac{u_d}{\phi_d} + \frac{u_c}{1-\phi_d} = u_k(1-\phi_d)^n \tag{5-29}$$

设备的特性速度可通过冷模流体力学实验测定。不少研究者对各类设备的特性速度进行了测定，并关联成经验式供设计使用。

转盘塔的特性速度由塔结构、转速和物系性质所决定，Logsdail，Thornton 和 Pratt 提出如下的关联式：

$$\frac{u_k \mu_c}{\sigma} = 0.012 \left(\frac{\Delta\rho}{\rho_c}\right)^{0.9} \left(\frac{g}{D_R n^2}\right)^{1.0} \left(\frac{D_S}{D_R}\right)^{2.3} \left(\frac{H_T}{D_R}\right)^{0.9} \left(\frac{D_R}{D}\right)^{2.6} \tag{5-30}$$

式中，u_k 为特性速度，m/s；μ_c 为连续相液体黏度，Pa·s；σ 为表面张力，N/m；ρ_c 为连续相液体密度，kg/m³；$\Delta\rho$ 为两相液体密度差，kg/m³；n 为转盘转速，1/s；D_R 为转盘直径，m；D_S 为固定环内径，m；H_T 为转盘间距，m；D 为塔径，m。

Kung 等将系数 0.012 修正为系数 β，其数值根据以下情况确定

当 $(D_S - D_R)/D > 1/24$ 时，$\beta = 0.012$

当 $(D_S - D_R)/D \leqslant 1/24$ 时，$\beta = 0.0225$

对脉冲筛板塔，u_k 随物系物性、塔的结构及脉冲条件的变化而变化，一种采用量纲分析关联成无量纲数群的半经验公式为：

$$\left(\frac{u_k \mu_c}{\sigma}\right) = 0.60 \left(\frac{\Psi_f \mu_c^5}{\rho_c \sigma^4}\right)^{-0.24} \left(\frac{d_0 \rho_c \sigma}{\mu_c^2}\right)^{0.9} \left(\frac{\mu_c^4 g}{\rho_c \sigma^3}\right)^{1.01} \left(\frac{\Delta\rho}{\rho_c}\right)^{1.8} \left(\frac{\mu_d}{\mu_c}\right) \tag{5-31}$$

式中，d_0 为筛孔直径；μ_d 为分散相黏度；Ψ_f 为输入能量因子，它包含了脉冲强度及筛板结构尺寸的影响，对于正弦脉冲

$$\Psi_f = \frac{\pi^2 (1-\varepsilon_0^2)(fa_f)^3}{2H_T \varepsilon_0^2 C_0^2} \tag{5-32}$$

式中，ε_0 为开孔率；f 为脉冲频率；a_f 为脉冲振幅；C_0 为锐孔系数。以上两式中其他符号意义同式(5-30)。

5.2.1.2 临界滞液分率与液泛速度

分析式(5-25)可知，u_d/u_k（或 u_c/u_k）是 ϕ_d 的三次方程。方程式的解如图 5-10 所示。当 u_c 固定时，增加 u_d，则滞液分率 ϕ_d 随之增加直至泛点。此时的滞液分率被称为临界滞液分率 ϕ_{dF}。若继续增大 u_d，则由式(5-25)解不出 ϕ_d。此时，设备内将发生液滴的合并，从而使特性速度 u_k 增加；或者部分分散相液滴被连续相带走，使实际通过设备的分散相流量减少。所以，液泛时两相的空塔速度是操作的极限速度，称液泛速度。连续相液泛速

度 u_{cF} 与临界滞液分率 ϕ_{dF} 的关系可由 $(\partial u_d/\partial \phi_d)_{u_c}=0$ 求得，即

$$u_{cF}=u_k(1-2\phi_{dF})(1-\phi_{dF})^2 \tag{5-33}$$

同理，由 $(\partial u_c/\partial \phi_d)_{u_d}=0$ 可求得分散相液泛速度 u_{dF} 与 ϕ_{dF} 的关系为

$$u_{dF}=2u_k\phi_{dF}^2(1-\phi_{dF}) \tag{5-34}$$

由以上两式消去 u_k，可求得

$$\phi_{dF}=\frac{[(u_{dF}/u_{cF})^2+8(u_{dF}/u_{cF})]^{0.5}-3(u_{dF}/u_{cF})}{4(1-u_{dF}/u_{cF})} \tag{5-35}$$

该式中不含特性速度 u_k，表明临界滞液分率与系统物性、液滴尺寸、设备类型等无关，只与两相空塔速度之比（即流量比）有关。

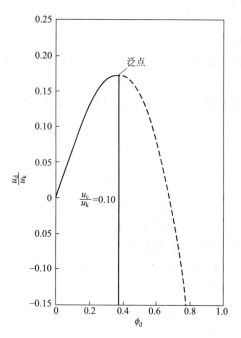

图 5-10　液-液萃取塔中典型滞液分率曲线

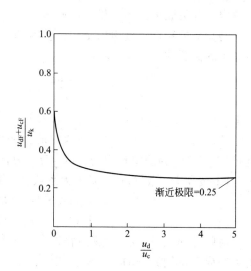

图 5-11　液-液萃取塔中相流比对总容量的影响

　　根据式(5-33)～式(5-35)，由液泛速度可计算液泛时的滞液分率。反之，由液泛时的滞液分率与特性速度可计算液泛速度。若联立求解该三方程，可得出图 5-11 所示的总容量 $(u_{dF}+u_{cF})/u_k$ 与 u_d/u_c 的关系曲线。可见，分散相与连续性流率之比很小时，能达到较大的总容量，随着 u_d/u_c 的增大，总容量趋于极限值。

　　有关填料塔的液泛速度，已提出许多经验与半经验公式，其中以 Crawfond 的关联式既简单又较符合实验数据，已绘制成图 5-12。由图可知，当填料比表面积减少、空隙率增加、两相密度差增加以及表面张力减小时，液泛速度相应增大。

　　在转盘塔中，由于转盘的转动使得运动很复杂，而转盘的转速有一个临界值。该临界转速把转盘塔的操作分成三个区域（见图 5-13），在区域 I，转速较低，转盘并没有使液滴产生明显的分散作用。在区域 II，随转速的增加，液体的湍动也增加，液滴进一步被分散，并增加了液滴游动的行程。在区域 III 内，区域 A 的滞液分率增加比较慢，而区域 B，滞液分率急剧增加。一般，操作范围选择在区域 III 中，如果转速继续增加，塔就产生液泛。

　　转盘塔的液泛速度可由特性速度的概念计算。由式(5-31) 计算 u_k，再由式(5-35) 计算 ϕ_{dF}，然后由式(5-33) 计算液泛时的空塔速度。

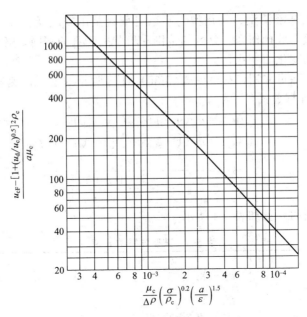

图 5-12　填料塔的液泛速度

图中符号意义和单位：

u_{cF}—连续相泛点表观速度，m/s；u_d、u_c—分散相和连续相的表观速度，m/s；ρ_c—连续相的密度，kg/m³；

$\Delta\rho$—两相密度差，kg/m³；σ—界面张力，N/m；a—填料的比表面积，m²/m³；

μ_c—连续相的黏度，Pa·s；ε—填料层空隙率

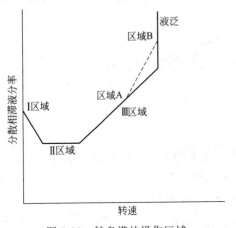

图 5-13　转盘塔的操作区域

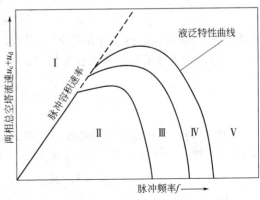

图 5-14　脉冲筛板塔的操作特性曲线
（脉冲振幅 a_f 为一定值）

　　脉冲筛板塔的操作特性与物系性质（流体的黏度、密度差及两相界面张力）、设备结构（筛板孔径、自由截面及板间距）以及操作条件（脉冲频率、脉冲振幅及两相流速）有关。对于确定的物系及设备，脉冲筛板塔的操作特性可用图 5-14 所示的操作特性曲线表示。Ⅰ区为由于脉冲强度不足所引起的液泛区，Ⅱ区为混合澄清区。此时操作虽很稳定，但传质效率很低；Ⅲ区为乳化区，在此区内，由于两相流量较大和脉冲强度较高，分散相液滴较小，并在连续相中分散得十分均匀；Ⅳ区为不稳定区，是由乳化区向液泛区过渡的操作区；Ⅴ区为由于脉冲强度过大而引起的液泛区。

　　当两相总流速一定，逐渐增大脉冲强度；或当脉冲强度一定，逐渐增大两相总流速时，

塔的操作一般经过混合澄清型、乳化型、不稳定型直至出现液泛。Ⅱ、Ⅲ、Ⅳ区为可操作区，其中以Ⅲ区为最有效操作区。分区的范围和形状随物系的不同，筛板塔的结构、尺寸以及脉冲振幅等条件的变化而变化。

对脉冲筛板塔，除可采用(5-33)～式(5-35)计算两相的液泛流速和滞液分率外，尚可利用式(5-29)导出计算公式：

$$u_{dF} = u_k(n+1)\phi_{dF}^2(1-\phi_{dF})^n \tag{5-36}$$

$$u_{cF} = u_k(1-\phi_{dF})^{n+1}\left[1-(n+1)\phi_{dF}\right] \tag{5-37}$$

和

$$\phi_{dF} = \frac{2}{n+2+\left[n^2+\dfrac{4(n+1)}{u_d/u_c}\right]^{0.5}} \tag{5-38}$$

对于某些系统，实测的 n 值如表 5-4 所示。

表 5-4 某些体系的 n 值

塔 结 构	体 系	实测 n 值
内径 25mm 标准板	煤油～水	2.20±0.2
内径 50mm 标准板	煤油～水	2.13±0.16
内径 41mm 标准板	煤油～水	2.04
内径 50mm 标准板	10%TBP(煤油)～水	1.79±0.09
内径 41mm 标准板	10%TBP(煤油)～水	1.68
内径 41mm 标准板	20%D₂EHPA(煤油)～水	1.44
内径 41mm 标准板	MIBK～水	1.63

5.2.1.3 塔径的计算

确定了两相的液泛速度之后，取其 60%～75% 作为设计速度，由下式计算所需的塔径。

$$D = \sqrt{\frac{4V_c}{\pi u_c}} = \sqrt{\frac{4V_d}{\pi u_d}} \tag{5-39}$$

式中，V_c 为连续相液体的体积流率，m^3/s；V_d 为分散相液体的体积流率，m^3/s。

若由两相流体的操作速度计算塔径，则

$$D = \sqrt{\frac{4(V_c+V_d)}{\pi(u_c+u_d)}} \tag{5-40}$$

【例 5-3】 在转盘塔中有极性溶剂萃取烃类混合物中的芳烃。原料处理量 1000 吨/天，溶剂∶进料＝5∶1（质量）。取溶剂相为连续相。有关物性数据为

溶剂 $\rho_c = 1200kg/m^3$，$\mu_c = 1.0 \times 10^{-3} Pa \cdot s$

烃 $\rho_d = 750kg/m^3$，$\mu_d = 0.4 \times 10^{-3} Pa \cdot s$，$\sigma = 5.924 \times 10^{-3} N/m$

转盘塔转速 $n = 0.5s^{-1}$。结构尺寸的比例为：$D_S/D = 0.7$，$D_R/D = 0.6$，$H_T/D = 0.1$。试计算所需塔径。

解 为计算塔径，必先求特性速度 u_k，而 u_k 的计算式中含有待定的塔径，故应试差。

假设：$D = 2.1m$，则

$$D_S = D(D_S/D) = 1.47m, \quad D_R = 1.26m, \quad H_T = 0.21m$$

由式(5-30) 得

$$u_k = 0.012\left(\frac{1200-750}{1200}\right)^{0.9}\left(\frac{9.81}{1.26\times0.5^2}\right)^{1.0}\left(\frac{1.47}{1.26}\right)^{2.3}\left(\frac{0.21}{1.26}\right)^{0.9}\left(\frac{1.26}{2.1}\right)^{2.6}\left(\frac{5.924\times10^{-3}}{1.0\times10^{-3}}\right)$$

$$= 0.069 \ (m/s)$$

$$V_d = \frac{1000}{0.75 \times 86400} = 1.543 \times 10^{-2} \ (\text{m}^3/\text{s})$$

$$V_c = \frac{5 \times 1000}{1.2 \times 86400} = 4.823 \times 10^{-2} \ (\text{m}^3/\text{s})$$

$$u_d / u_c = 0.32$$

由式(5-35)

$$\phi_{dF} = \frac{(0.32^2 + 8 \times 0.32)^{0.5} - 3 \times 0.32}{4(1-0.32)} = 0.25$$

由式(5-33)

$$u_{cF} = 0.069(1 - 2 \times 0.25)(1 - 0.25)^2 = 0.0194 \ (\text{m/s})$$

设计速度取液泛速度的75%

$$u_c = 0.75 \times 0.0194 = 0.01455 \ (\text{m/s})$$

由式(5-39)

$$D = \sqrt{\frac{4 \times 4.823 \times 10^{-2}}{3.1416 \times 0.01455}} = 2.05 \ \text{m}$$

由于 $D = 2.05$ 可直接圆整成2.1m，故不再继续试差。

5.2.2 影响萃取塔效率的因素

为了获得较高的萃取塔效率，期望在塔内有较高的传质速率。影响传质速率的因素很多，本节就主要影响因素讨论如下。

(1) 分散相液滴尺寸 萃取塔内两液相之间的相际传质面积是影响传质速率的主要因素之一，而单位容积的相际传质表面 a 取决于滞液分率和液滴尺寸，其关系为

$$a = \frac{6\phi_d}{d_p} \tag{5-41}$$

可见，相际接触表面积与 d_p 成反比，液滴尺寸愈小，相际接触表面愈大，传质效率愈高。然而过小的液滴会因其内环流消失，使传质系数降低。所以液滴尺寸对传质的影响必须同时考虑这两方面的因素。

液滴的分散可以通过多种途径实现：①对喷洒塔和筛板塔，是借助于喷嘴或孔板等分散装置分散液滴，分散装置的开孔尺寸对液滴大小有着决定性的作用，其他影响因素有表面张力、密度、分散相液体与喷嘴或孔板材料之间的润湿性等；②对填料塔，借助于填料分散液滴，除物性和操作条件外，填料的材质、形状、尺寸和空隙率影响液滴的大小；③转盘塔、脉动塔和离心萃取器是借助于外加能量分散液滴。液滴的大小与设备的类型、物系的分散与凝聚特性以及外加能量的大小有关。

(2) 液滴内的环流 除相际表面外，传质速率还与相际传质系数的大小有关。按双膜理论。总的传质阻力为滴外和滴内传质阻力之和。通常，液滴外侧的连续相处于湍动状态，传质分系数较大，而滴内传质分系数比较小。若滴内没有流体流动，则滴内的传质阻力是比较大的。实际上当液滴对连续相液体作相对运动时，界面上的摩擦力会诱导出如图5-15所示的滴内环流。正是由于滴内流体的环状流动大大提高了滴内传质分系数，使其不至于低到没有工业应用价值的程度。但是，并不是在任何情况下都有

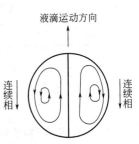

图 5-15 滴内环流

滴内环流的。液滴尺寸过小或少量表面活性剂的存在都会抑制这种环流。应予以注意。

（3）**液滴的凝聚和再分散**　如上所述，液滴内侧的传质系数很低，往往成为传质过程的控制步骤。如果在萃取塔内促进液滴间发生凝聚和再分散，滴内传质分系数可大为提高。从表面更新理论，不难理解液滴的凝聚和再分散对传质的重要意义，因为两个液滴凝聚之后再分散，必然伴有充分的表面更新。

促进液滴凝聚和再分散的重要措施是在设备内造成凝聚的有利条件。只要发生凝聚过程，必有大液滴生成；大液滴易于破碎，因而必然会有再分散过程。

在筛板塔内，由于筛孔的阻力，液滴在筛板附近积聚并合并成清液层，该清液层又经筛孔分散成液滴。这样，每一块筛板造成一次凝聚和再分散，因而筛板本身就是强化传质的手段。

在转盘塔中，液滴在盘外环形空间凝聚成较大的液滴，待其回到转盘区时又被粉碎成较小的液滴，这里同样发生着液滴的凝聚和再分散。

（4）**界面现象**　在液液传质设备内，液滴外侧的连续相处于湍动状态。由于湍流运动所固有的不规则性，连续相向表面传递或从表面向连续相传递的速度也是不规则变化的。因此在同一时刻液滴表面不同点或不同时刻液滴表面同一点的溶质浓度不相同。界面上不稳定的

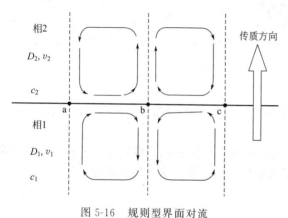

图 5-16　规则型界面对流

浓度变化引起了不稳定的界面张力的变化。正是界面张力的随机变化导致了界面湍动。根据物系的物质和操作条件的不同，界面湍动可以分为两大类型：规则型和不规则型界面对流。

规则型界面对流　图 5-16 表示了静止的两层液体沿着平界面相互接触的情况，这种模型可适用于液滴。由于传质速率不同，在界面上 a 点的浓度可能比 b 点的高。若物系的界面张力随溶质的浓度减小而升高（即 $\partial\sigma/\partial c < 0$），根据 Marangoni 效应，界面附近的液体就从 a 点向 b 点运动，主液体就向 a 点补充，这样就形成了旋转的流环，产生了规则运动。当传质方向是从相 1 到相 2时，若两相的扩散系数 $D_1 > D_2$ 或两相的运动黏度 $\gamma_1 > \gamma_2$，则这种运动会继续下去。

不规则型界面骚动　是伴随湍流或强制对流而出现的界面骚动。如图 5-17 所示。若一个湍流微团从相 1 主体冲到界面，则在界面处溶质浓度突然变化很大。当 $\partial\sigma/\partial c > 0$ 时，就引起局部张力的下降，造成这部分界面的扩展。随后从相界面附近来补充的是浓度进一步降低的流体，以至界面张力梯度反过来了，当运动方向相反的液体质点在表面上该点处碰撞时，产生迸发并使局部界面破裂。

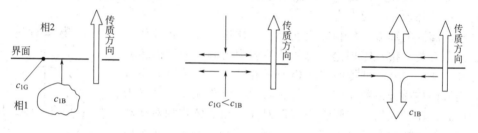

(a) 湍动微团传向相界面　　　(b) 湍动微团冲击区域的扩展, 低浓度流体的返回　　　(c) 返向流动和迸发

图 5-17　不规则型界面骚动

界面张力梯度对液滴大小的影响因溶质传递方向和界面张力随溶质浓度变化梯度的正负而异。当溶质从液滴向连续相传递时，对于 $\partial\sigma/\partial c > 0$ 的系统，液滴稳定性较差，容易破碎，而液膜的稳定性较好，液滴不易合并。此时形成的液滴群平均直径较小，相际接触表面较在。当溶质从连续相向液滴传递时，情况刚好相反。在设计萃取设备时，根据系统性质正确选择作为分散相的液体，可在同样条件下获得较大的相际传质表面积，强化传质过程。

界面骚动现象可以从两个方面影响传质过程：①由于界面张力不同所产生的界面液体质点的抖动和迸发，增强了两相在界面附近的湍动程度，减小了传质阻力，提高了传质系数；②界面张力不均匀可影响液滴合并和再分散的速率，从而改变液滴的尺寸和抑制传质表面的大小。

除了界面张力梯度会导致流体不稳定性外，一定条件下密度梯度的存在，界面处的流体在重力场的作用下也会产生不稳定。例如，乙酸由水相向甲苯相扩散，就得到图 5-18(a) 中所示的密度分布。这时密度梯度是自上而下递增，所以在重力场的作用下，流体是稳定的。反之，乙酸从甲苯向水中扩散，由于乙酸的密度比两种溶剂都大，所以得到图 5-18(b) 所示的密度分布。在界面处密度自上往下反而减小，在重力场的作用下，这种状态显然是不稳定的，必然会造成对流。这种现象对界面张力导致的界面对流也有很大的影响。稳定的密度梯度会把界面对流限制在界面附近的区域。而不稳定的密度梯度会产生离开界面的旋涡，并且使它渗入到主体相中去。

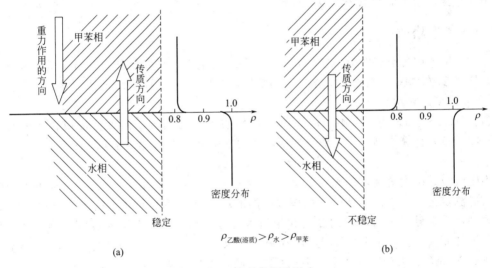

图 5-18　密度梯度的影响

表面活性剂是降低液体界面张力的物质。只要很低的浓度，它就会积聚在相界面上，使界面张力下降。使得该物系的界面张力和溶质浓度的关系就比较小了，或者几乎没有什么关系。所以，只要少量的表面活性剂就可抑制界面不稳定性的发展，制止界面湍动。另外，表面活性剂在界面处形成吸附层时，有时会产生附加的传质阻力。当液滴在连续相中运动时，表面活性剂会抑制滴内的流体循环，降低液滴的沉降速度，同时也减小了传质系数。

（5）轴向混合　在微分逆流萃取过程中，两相逆流流动的情况是比较复杂的。即便是无搅拌的萃取塔，两相的实际流动状况与理想的活塞流动已有很大差别：①连续相在流动方向上速度分布不均匀；②连续相内流动速度的不同造成涡流，当局部速度过大时，可能夹带分散相液滴，造成分散相的返混；③分散相液滴大小不均匀，因而它们上升或下降的速度不相同，速度较大的那部分液滴造成了分散相的前混；④当分散相液滴的流速较大时，也会引起液滴周围连续相返混等。通常，把导致两相流动非理想性，并使两相停留时间分布偏离活塞流动的各种现象，统称为轴向混合，它包括返混、前混等各种现象。

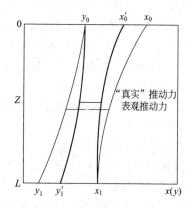

图 5-19　萃取塔内的轴向混合
粗线为轴向混合存在时的浓度剖面，
细线为理想活塞流动时的浓度剖面

对于流动状况更为复杂的机械搅拌萃取塔或脉冲萃取塔，外界输入的能量固然有粉碎液滴和强化传质的作用，但会促进轴向混合的加剧，特别当输入能量过度时，轴向混合往往相当严重。

轴向混合在一定程度上改变了两相浓度沿轴向的分布，从而大大降低了传质的推动力，对萃取塔的传质速率产生不利的影响。图 5-19 示出了作理想的活塞流动时及存在轴向混合时萃取塔内浓度分布曲线。通常把活塞流动下的传质推动力称为表观推动力；轴向混合存在情况下的传质推动力称为真实推动力，由图可以看出，真实推动力要比表观推动力小得多。

与气液传质过程相比，由于萃取过程中两相的密度差小，黏度和界面张力大，因此轴向混合对传质过程的不利影响更为严重。据报道，对于大型工业萃取塔，多达 90% 的塔高是用来补偿轴向混合的不利影响的。如果不考虑轴向混合，则模型小塔内测得的传质数据不能直接用于工业萃取塔的放大设计。

5.2.3　萃取塔效率

尽管萃取塔内部有多级分隔空间，并有机械搅拌装置，但其操作更接近于微分接触设备而不是梯级接触设备。因此萃取塔的效率常以 HETS（一个理论级的当量高度）和 HTU（传质单元高度）表示。

(1) HETS　HETS 虽不像 HTU 那样以传质理论为基础，但可直接用它从平衡级数（见第 3、4 章）计算塔高。设逆流萃取所需要的平衡级数为 N_T，则塔高 H 为

$$H = N_T(\text{HETS}) \tag{5-42}$$

由于液液系统太复杂，影响接触效率的变量太多，HETS 的一般关系尚未得到，必须通过实验测定之。对于设计良好、操作效率高的塔，已有的实验数据指出，影响 HETS 的主要物理性质有界面张力、相的黏度和相间密度差。此外，由于轴向返混影响，HETS 随着塔径增加而增大。假定 HETS 与塔径的某一指数次方成正比，则可将在实验室小型装置上得到的 HETS 放大到工业塔中。根据系统不同，指数可从 0.2 变化至 0.4。

当无实验数据时，图 5-20 可用于初步设计。该图适用于 RDC（转盘塔）和 RPC（震动

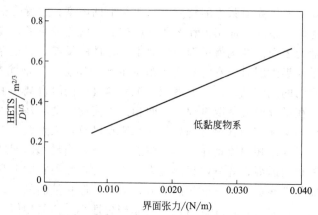

图 5-20　界面张力对 RDC 和 RPC 的 HETS 的影响

塔）。物系的黏度不大于 $10^{-3}\mathrm{Pa \cdot s}$。塔径指数规定为 1/3。实测数据分别取自直径为 0.0762m 的实验室塔和直径为 0.9144m 的工业塔，前者的实验物系的界面张力和黏度都较低，如甲基异丁基酮-醋酸-水系统，后者的实验物系具有较高的表面张力和较低的黏度，如二甲苯-醋酸-水物系。

【例 5-4】 计算用水从甲苯-丙酮稀溶液中萃取丙酮的 RDC 塔的 HETS。塔径为 1.2m，操作温度为 20℃。

解 查 20℃水及甲苯的黏度分别为 $10^{-3}\mathrm{Pa \cdot s}$ 和 $0.6\times10^{-3}\mathrm{Pa \cdot s}$，所以该物系为低黏度物系。查界面张力为 0.032N/m。由图 5-20 查得

$$HETS/D^{1/3}=0.59 （\mathrm{m}^{2/3}）$$

已知 $D=1.2\mathrm{m}$，所以

$$HETS=0.59(1.2)^{1/3}=0.63\ \mathrm{m}$$

（2）HTU 为便于分析微分逆流萃取过程，首先假定两相在塔内作活塞流流动，这是塔内流动过程的一种近似的和粗略的描述，通常称为活塞流模型。长期以来，该模型在工程设计中得到了广泛应用，但其计算结果往往与实际过程偏差很大，特别是在放大设计中偏差更大。因此，随着人们对萃取塔内的轴向混合的大量研究，又提出了多种模型，如级模型、返流模型和扩散模型等。详见本章参考文献 [1] 介绍的内容。本小节仅介绍活塞流模型和扩散模型，重点讨论传质单元高度的计算。

1）活塞流模型。假定两相在塔内作活塞流动。轻相为萃取相，在自下而上的流动过程中溶质浓度不断上升；重相是萃余相，在自上而下流动的过程中溶质浓度不断下降。相间的传质仅在水平方向上发生，在轴向方向上每一相内都不产生传质。如图 5-21 所示。

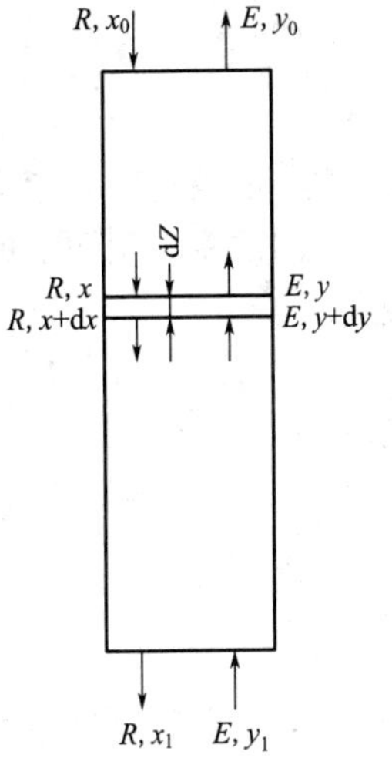

以塔顶为基准面计算塔高 L。设塔内任意高度处萃取相和萃余相的浓度分别为 y 和 x，萃取相和萃余相的流率分别为 E 和 R，在高度为 dZ 的微元塔段内作物料衡算，被萃物质在 dZ 内的传质速率为：

$$dN=Rdx=Edy \tag{5-43}$$

根据传质速率方程又可表示为：

$$dN=K_{x}(x-x^{*})dF=K_{y}(y^{*}-y)dF \tag{5-44}$$

若塔的横截面积为 A_{t}，传质比表面积为 a，则 $dF=aA_{t}dZ$，得

图 5-21 萃取塔物流示意图

$$dN=K_{x}aA_{t}(x-x^{*})dZ=K_{y}aA_{t}(y^{*}-y)dZ \tag{5-45}$$

对于稳态的传质过程，传质速率等于单位时间内每一相中溶质的增量，于是由前式可以得到：

$$Rdx=K_{x}aA_{t}(x-x^{*})dZ \tag{5-46}$$

及

$$Edy=K_{y}aA_{t}(y^{*}-y)dZ \tag{5-47}$$

即

$$dZ=\frac{R}{K_{x}aA_{t}}\times\frac{dx}{(x-x^{*})} \tag{5-48}$$

$$dZ=\frac{E}{K_{y}aA_{t}}\times\frac{dy}{(y^{*}-y)} \tag{5-49}$$

若萃余相进口和出口的浓度分别为 x_{0} 和 x_{1}，萃取相进口和出口的浓度分别为 y_{1} 和 y_{0}。为

了完成此分离任务所需要的塔高可从上列两式积分得到。对于两相互不相溶的稀溶液（溶质浓度很小），R 和 E 可视为常数，则塔高 L 可用下列两式计算：

$$L = \frac{R}{K_x a A_t} \int_{x_1}^{x_0} \frac{\mathrm{d}x}{(x - x^*)} \tag{5-50}$$

$$L = \frac{E}{K_y a A_t} \int_{y_1}^{y_0} \frac{\mathrm{d}y}{(y^* - y)} \tag{5-51}$$

整个积分式综合表示了分离要求和分离难易程度两方面的因素，其数值由体系的平衡关系、工艺要求等所决定，称为传质单元数，是一个无量纲数，以 NTU 表示。即

$$(\mathrm{NTU})_x = \int_{x_1}^{x_0} \frac{\mathrm{d}x}{(x - x^*)} \tag{5-52}$$

$$(\mathrm{NTU})_y = \int_{y_1}^{y_0} \frac{\mathrm{d}y}{(y^* - y)} \tag{5-53}$$

式(5-50) 和式(5-51) 中积分号外的代数式包含了反映塔内传质动力学特性的参数。体积总传质系数 $K_x a$（或 $K_y a$）愈大，传质速率愈高；空塔流速 R/A_t（或 E/A_t）愈大，完成一定分离任务所需的传质量也愈大。通常把积分号外的代数式称为传质单元高度，用 HTU 表示。对于用萃余相参数和萃取相参数进行计算，分别为

$$(\mathrm{HTU})_x = \frac{R}{K_x a A_t} \tag{5-54}$$

$$(\mathrm{HTU})_y = \frac{E}{K_y a A_t} \tag{5-55}$$

在一般情况下，萃取平衡关系不是直线，而且萃取相和萃余相的流率在萃取过程中由于溶质量的改变发生明显的变化，则传质单元高度的表达式为

$$(\mathrm{HTU})_x = \frac{R}{K_x a (1-x)_{\mathrm{ln,m}} A_t} \tag{5-56}$$

式中

$$(1-x)_{\mathrm{ln,m}} = \frac{(1-x_0)_{\mathrm{ln}} + (1-x_1)_{\mathrm{ln}}}{2} \tag{5-56a}$$

$$(1-x)_{\mathrm{ln}} = \frac{(1-x^*) - (1-x)}{\ln \dfrac{(1-x^*)}{(1-x)}} \tag{5-56b}$$

同理，对萃取相也可写出类似的公式。

传质单元数有多种计算方法：①当两相不互溶且平衡关系为直线的情况下，用对数平均推动力计算法比较方便；②当平衡关系为曲线时，推动力 $(x-x^*)$ 或 (y^*-y) 随萃取塔中浓度变化的规律比较复杂，相的流率可能发生明显变化。在这种情况下，可用图解积分法或多种近似方法计算。

2）扩散模型　扩散模型假定，在连续逆流传质过程中，除了相际传质以外，每一相还存在由于轴向混合所引起的塔高方向的溶质传递，该物质传递量可用描述分子扩散过程的费克（Fick）定律的形式来表达。

$$N_x = -E_x \frac{\mathrm{d}x}{\mathrm{d}z} \tag{5-57}$$

$$N_y = -E_y \frac{\mathrm{d}y}{\mathrm{d}z} \tag{5-58}$$

式中，比例系数 E_i 称为某一相的轴向扩散系数，可以通过实验测定得到。

根据扩散模型，萃取塔内的传质过程可以用图 5-22 来表示。

作微元体积 dZ 的物料衡算，得：

$$E_x \frac{d^2 x}{dz^2} - u_x \frac{dx}{dz} - K_x a(x - x^*) = 0$$

$$(5-59)$$

同理可得：

$$E_y \frac{d^2 y}{dz^2} + u_y \frac{dy}{dz} + K_x a(x - x^*) = 0$$

$$(5-60)$$

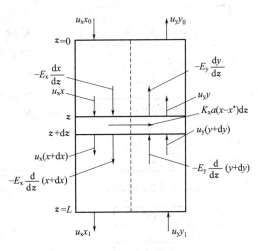

图 5-22　扩散模型示意图

式中，u_x 和 u_y 分别表示萃余相和萃取相的空塔流速；E_x 和 E_y 分别表示两相的轴向扩散系数。以上二式为用扩散模型描述塔内传质情况的微分方程组。

为了便于计算，把一些变量变换为无量纲量：

① 描述塔内轴向扩散的无量纲数——彼克来数，$Pe_i = \dfrac{d_F u_i}{E_i}$，其中 d_F 为塔的特性尺寸（如填料塔中填料的当量直径等）；

② 无量纲参数 $B = L / d_F$，因此，$Pe_i B = L u_i / E_i$；

③ 无量纲高度参数 $Z = z / L$；

④ 无量纲浓度 $C_x = x / x_0$，$C_y = y / y_0$。

将它们代入上二式后，重新整理得到：

$$\frac{d^2 C_x}{dZ^2} - Pe_x B \frac{dC_x}{dZ} - N_{0x} Pe_x B (C_x - C_x^*) = 0 \qquad (5-61)$$

$$\frac{d^2 C_y}{dZ^2} + Pe_y B \frac{dC_y}{dZ} + N_{0y} Pe_y B (C_x - C_x^*) = 0 \qquad (5-62)$$

式中，N_{0x} 和 N_{0y} 分别为两相真实的总传质单元数，即

$$N_{0x} = \frac{K_x a L}{u_x}, \qquad N_{0y} = \frac{K_y a L}{u_y}$$

方程组的边界条件为（参见图 5-19）

$$\left. \begin{array}{l} Z = 0 \text{ 时}, -\left(\dfrac{dC_x}{dZ}\right) = Pe_x B (C_{x0} - C_{x'0}) ; -\left(\dfrac{dC_y}{dZ}\right) = 0 \\[2mm] Z = 1 \text{ 时}, -\left(\dfrac{dC_x}{dZ}\right) = 0, -\left(\dfrac{dC_y}{dZ}\right) = Pe_y B (C_{y1'} - C_{y1}) \end{array} \right\} \qquad (5-63)$$

扩散模型的数学模型是一个二阶微分方程组，求解比较复杂，为了利用它解决有关的工程设计问题，常用以下的近似解法。

为了描述有轴向混合情况下的传质单元高度引入有效的（或表观的）传质单元高度的概念，$(\text{HTU})_{\text{eff}}$。它由两部分构成：真实传质单元高度（即按活塞流处理）HTU 和由于轴向混合而附加的传质单元高度（称为扩散单元高度）HDU

$$(\text{HTU})_{\text{eff}} = \text{HTU} + \text{HDU} \qquad (5-64)$$

这样，先测定或估算 HTU，然后计算 HDU，两者相加就可得到 $(\text{HTU})_{\text{eff}}$。若乘以按活塞流模型计算的传质单元数 NTU，就可得到所需要的塔高。

近似解法的计算程序见图 5-23。计算步骤说明如下：

设计计算的原始数据为：两相进、出口浓度 x_0、x_1、y_0 和 y_1；两相空塔流速 u_x 和

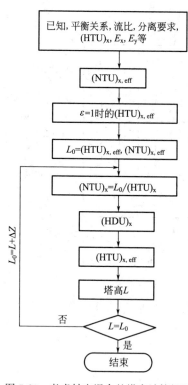

图 5-23　考虑轴向混合的塔高计算框图

框图中文字（流程图内）：

已知,平衡关系,流比,分离要求,(HTU)$_x$,E_x,E_y等

(NTU)$_{x,\text{eff}}$

ε=1时的(HTU)$_{x,\text{eff}}$

L_0=(HTU)$_{x,\text{eff}}$,(NTU)$_{x,\text{eff}}$

(NTU)$_x$=L_0/(HTU)$_x$

(HDU)$_x$

(HTU)$_{x,\text{eff}}$

塔高 L

$L=L_0$　否　是

结束

$L_0=L+\Delta Z$

u_y；平衡关系，$y=mx$；由实验测定或关联式计算的轴向扩散系数 E_x、E_y 以及真实传质单元高度（HTU）$_x$。

两相按活塞流模型的假定，用上一小节的方法计算 (NTU)$_{x,\text{eff}}$。

根据扩散模型微分方程组的解析解，当萃取因子 $\varepsilon = mE/R = 1$ 时，真实传质单元高度之间有以下简单关系

$$(\text{HTU})_{x,\text{eff}} = (\text{HTU})_x + \frac{E_x}{u_x} + \frac{E_y}{u_y} \qquad (5\text{-}65)$$

这样，用已知条件可以估算出当 $\varepsilon = 1$ 时的有效传质单元高度作为计算的初值，则萃取塔塔高的初值为：

$$L_0 = (\text{HTU})_{x,\text{eff}}(\text{NTU})_{x,\text{eff}} \qquad (5\text{-}66)$$

真实的传质单元数根据已知的真实传质单元高度和塔高求得：

$$(\text{NTU})_x = L_0/(\text{HTU})_x \qquad (5\text{-}67)$$

由扩散模型，可推导出扩散单元高度的计算公式

$$(\text{HDU})_x = \frac{L_0}{\dfrac{\ln\varepsilon}{1-\dfrac{1}{\varepsilon}}\phi + (Pe)_0 B} \qquad (5\text{-}68)$$

式中，$(Pe)_0$ 为综合考虑两相轴向混合程度的彼克来数，它与各相彼克来数之间的关系为：

$$(Pe)_0 = \left(\frac{1}{f_x Pe_x \varepsilon} + \frac{1}{f_y Pe_y}\right)^{-1} \qquad (5\text{-}69)$$

Pe_x 与 Pe_y 为萃取相及萃取相的彼克来数，而系数 f_x，f_y 与 ϕ 可分别按下列经验式计算。

$$f_x = \frac{(\text{NTU})_x + 6.8\varepsilon^{0.5}}{(\text{NTU})_x + 6.8\varepsilon^{1.5}} \qquad (5\text{-}70)$$

$$f_y = \frac{(\text{NTU})_x + 6.8\varepsilon^{0.5}}{(\text{NTU})_x + 6.8\varepsilon^{-0.5}} \qquad (5\text{-}71)$$

$$\phi = 1 - \frac{0.05\varepsilon^{0.5}}{(\text{NTU})_x^{0.5}(Pe)_0^{0.25}B^{0.25}} \qquad (5\text{-}72)$$

用式(5-67)～式(5-72)可计算出 (HDU)$_x$，进而由式(5-64)求得 (HTU)$_{x,\text{eff}}$ 的第一次试算值，则塔高 L 的第一次计算值为：

$$L = (\text{HTU})_{x,\text{eff}}(\text{NTU})_{x,\text{eff}} \qquad (5\text{-}73)$$

与塔高的初值 L_0 比较，若两者相等，则计算结束，L 即为计算所求的塔高；若两者相差较大，则令 $L_0 = L + \Delta Z$，再回到式(5-67)，重复计算，直到 L 的计算值满足误差要求。

【例 5-5】　在中间试验已经确定的操作条件下，某萃取塔的萃余相空塔速度 $u_x = 2.5 \times 10^{-3}$ m/s，萃取相空塔速度 $u_y = 6.2 \times 10^{-3}$ m/s。平衡关系为 $y = 0.58x$。经测定，在此条件下真实传质单元高度（HTU）$_x = 1.1$ m，轴向扩散系数 $E_x = 1.52 \times 10^{-3}$ m²/s，$E_y = 3.04 \times 10^{-3}$ m²/s，根据分离要求和平衡关系计算出所需的有效传质单元数（NTU）$_{x,\text{eff}} = 6.80$。试求此萃取塔所需的有效高度。

解 按图 5-23 的计算步骤进行计算，先假定 $\varepsilon = 1$，由式(5-65)得：

$$(NTU)_{x,eff} = 1.1 + \frac{1.52 \times 10^{-3}}{2.5 \times 10^{-3}} + \frac{3.04 \times 10^{-3}}{6.2 \times 10^{-3}} = 2.198 \text{ m}$$

由式(5-66)　　　　$L_0 = 2.198 \times 6.80 = 14.95 \text{ m}$

由式(5-67)　　　　$(NTU)_x = \dfrac{14.95}{1.1} = 13.59$

为了计算 $(NDU)_x$ 先计算有关的中间变量

$$\varepsilon = \frac{mu_y}{u_x} = \frac{0.58 \times 6.2 \times 10^{-3}}{2.5 \times 10^{-3}} = 1.438$$

设初值　　　　　　$B = Z/L = 1$

$$Pe_x = \frac{u_x L}{E_x} = \frac{2.5 \times 10^{-3} \times 14.95}{1.52 \times 10^{-3}} = 24.59$$

$$Pe_y = \frac{u_y L}{E_y} = \frac{6.2 \times 10^{-3} \times 14.95}{3.04 \times 10^{-3}} = 30.49$$

由式(5-70)　　　　$f_x = \dfrac{13.59 + 6.8 \times 1.438^{0.5}}{13.59 + 6.8 \times 1.438^{1.5}} = 0.8589$

由式(5-71)　　　　$f_y = \dfrac{13.59 + 6.8 \times 1.438^{0.5}}{13.59 + 6.8 \times 1.438^{-0.5}} = 1.129$

由式(5-69)　　$(Pe)_0 = \left(\dfrac{1}{0.8589 \times 24.59 \times 1.438} + \dfrac{1}{1.129 \times 30.49} \right)^{-1} = 16.135$

由式(5-72)　　　　$\phi = 1 - \dfrac{0.05 \times 1.438^{0.5}}{13.59^{0.5} \times 16.135^{0.25}} = 0.9919$

则按式(5-68)　　　$(HDU)_x = \dfrac{14.95}{\dfrac{\ln 1.438}{1 - \dfrac{1}{1.438}} \times 0.9919 + 16.135} = 0.8633 \text{ m}$

由式(5-64)　　　　$(HTU)_{x,eff} = 1.1 + 0.8633 = 1.963 \text{ m}$

$$L = (HTU)_{x,eff}(NTU)_{x,eff} = 1.963 \times 6.8 = 13.35 \text{ m}$$

L 为塔高的第一次试算值，与初值有较大偏差，需重设 L_0 继续迭代。采用直接迭代法，则经三次迭代后得到 $L = 13.31 \text{ m}$。即此塔的高度需 13.31 m。

5.3　传质设备的选择

5.3.1　气液传质设备的选择

5.3.1.1　板式塔和填料塔型的选择

近 20 年来，随着性能优良的新型填料和填料塔相继问世，以及填料塔放大技术取得了重大突破，特别是规整填料及新型塔内件的不断开发应用和基础理论研究的进一步深入，使填料塔技术取得了长足进展。与板式塔相比，填料塔具有通量大、效率高、压降低、持液量小等诸多优点，其应用范围越来越广，装置规模也越来越大，显示出增产、节能、提高产品质量、改善环境保护和减少投资等明显优势，改变了工业上塔设备长期以板式塔为主的局面。但是，填料塔也有不完善之处。例如，填料塔整体造价高；当液体负荷较小时不能有效地润湿填料表面；不能直接用于有悬浮物或容易聚合的物料；对需要安装中间再沸器或多侧线出料等复杂精馏工艺也不适合等。此外，填料塔用于加压精馏，往往由于轴向返混而导致效率低。

板式塔与填料塔的选择应从下述几方面考虑：

① 系统的物性　当被处理的介质具有腐蚀性时，通常选用填料塔，以便选用耐腐蚀性能好的非金属材质，比相应的板式塔造价便宜。

对于易发泡的物系，填料塔更适合，因填料对泡沫有限制和破碎作用。

填料塔不宜处理易聚合或含有固体悬浮物的物料，但大尺寸的开孔环形填料，对堵塞不太严重的物料也有一定的适应能力。

对热敏性物质或真空下操作的物系宜采用填料塔。因填料塔滞液量少，压降低，物料在塔内的停留时间短。

进行高黏度物料的分离宜用填料塔，因高黏度物料在板式塔中鼓泡传质的效果差。

分离有明显吸热或放热效应的物系以采用板式塔为宜，因为塔板上的滞液量大，便于安装加热或冷却盘管。

② 塔的操作条件　板式塔直径一般不小于 0.6m，填料塔的直径不受限制。填料塔在小直径时较经济，随着塔径的增大，填料塔的设备费用增加很快，因此对大直径填料塔的选用应该慎重。

填料塔的操作弹性小，特别是对于液体负荷的变化更为敏感。当液体负荷较小时，填料表面不能很好地润湿，传质效果急剧下降；当液体负荷过大时，则容易产生液泛。设计良好的板式塔具有较大的操作弹性。

新型填料的填料塔具有较大的通量和较低的 HETP 值。

③ 塔的操作方式　对间歇精馏过程，由于填料塔的滞液量较板式塔小得多，采用填料塔可以减少中间馏分的采出量，节省能耗。

对多进料口和有侧线采出的精馏塔，板式塔更简便。

塔型的选择和评价见表 5-5。

表 5-5　塔型的选择和评价

对比条件	板式塔		散装填料塔	规整填料塔
	浮阀、筛板、泡罩	多降液管筛板		
腐蚀性介质	良	良	优	中
易发泡物料	差	差	良	优
热敏性物料	差	差	良	优
高黏性物料	中	中	优	良
含有固体颗粒的物料	优	优	中	良
难分离或产品纯度要求高的物料	中	中	良	优
气膜控制的吸收	中	差	良	优
液膜控制的吸收	中	良	优	差
真空精馏	中	差	良	优
常压精馏	优	差	中	良
高压精馏	良	优	中	差
液相负荷较高	良	优	中	差
液相负荷较低	良	差	中	优
液气比波动大	优	差	中	差
塔直径小	中	差	优	良
塔直径大	优	优	良	优
塔内换热多	优	良	中	差
间歇精馏	中	差	良	优
节能操作	差	差	良	优
旧塔改造	差	良	中	优
多股侧线精馏	优	良	中	中

5.3.1.2 填料的选择

填料的性能对填料塔的操作性能及应用范围有很大影响。近年来开发了许多新型结构、新材质的填料，在工业生产中取得了很好的应用效果。

(1) 填料种类的选择　对填料性能的基本要求是：①填料的传质效率要高；②填料的通量要大，在同样的液体负荷条件下，填料的泛点气速要高；③具有相同传质效能的填料层压降要低；④单位体积填料的表面积要大，传质的表面利用率要高；⑤填料应具有较大的操作弹性；⑥填料的单位质量强度要高；⑦填料要便于塔的拆装、检修，并能重复使用。总之，塔填料的选择一般需综合考虑：生产能力、分离效率、操作弹性、成本和压降，尚须考虑物料的腐蚀性、工作温度、填料的制造和来源等。最终取决于经济核算。

目前，塔填料的开发和应用基本上是散装填料与规整填料并重。

工业用散装填料分：①环形填料，如拉西环、鲍尔环、阶梯环填料等；②鞍形填料，如弧鞍型填料、矩鞍填料等；③鞍环填料，如金属环矩鞍填料、共轭环填料及环球填料等。环形和鞍形填料结构上的改进，在完善填料性能上取得了显著的进展。然而，环形类填料的布液能力和鞍形类填料的通量提高都受到它们自身结构的制约。因此，综合两类填料优点，开发新式结构的填料，成为近年来散装填料研究与应用的主方向。

散装填料一般比表面积较小，流体阻力要大一些，但目前仍然被大量的使用，这主要是由于散装填料具有价格便宜、易拆装清洗、较耐堵塞等一些特有的性能，是规整填料所不具有的。又由于散装填料的气液流道曲折，折返路径长，填料层内的滞液量大，气液接触时间长，使气液接触面的湍动程度增加，加快化学反应的速度，这些都特别有利于一些伴有化学反应的吸收过程。所以不但现在、即使在可预见的将来，散装填料也不会被规整填料完全取代。

规整填料是一种在塔内按均匀几何结构排布，整齐堆砌的填料。它规定了填料层内的气液接触路径，避免了沟流和壁流出现；这种填料具有比表面积大、空隙率高、压降很小、通量大、效率高、操作弹性大、持液量低、放大效应小等优点。因此，近二十年来，以波纹填料为代表的各种通用规整填料在精细化工、炼油、石油化工、化肥、空分、环保、同位素分离等领域得到广泛的应用。显然，与散装填料和塔板相比较，规整填料的发展具有明显优势。规整填料按结构特点可按图 5-24 分类。

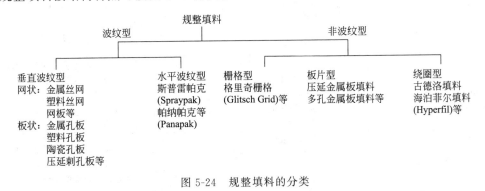

图 5-24　规整填料的分类

(2) 填料材质的选择　瓷质填料具有很好的耐腐蚀性能，能耐各种酸（氢氟酸除外）、碱和有机溶剂的腐蚀。瓷质填料可在一般的高温、低温场合下操作。瓷质填料价格便宜，为不锈钢填料的十几分之一，为塑填料的 1/2～1/30，所以瓷质填料应是优先选用的填料材质。缺点是质脆、易碎。

金属填料的材质主要包括碳钢、铝、铝合金、0Cr13、1Cr13 低合金钢和 1Cr18Ni9Ti 不锈钢等，根据物料的腐蚀性选用。金属填料的特点是壁薄、空隙率大，比瓷质填料的通量大、压降小。别适用于真空精馏。

塑料填料材质主要包括聚乙烯、聚丙烯、聚氯乙烯等。塑料填料的耐腐蚀性能极好、质轻、有良好的韧性、耐冲击、不易破碎，可以制成薄壁结构。塑料填料的通量大、压降低，但耐高温能差。多用于吸收塔。

(3) 填料尺寸的选择 填料尺寸对塔的操作和设备投资有直接的影响。同类填料，尺寸减小，分离效率增大，但塔的阻力增加，通量减小，填料费用也增加很多。而大尺寸填料应用于小直径塔中，又会产生液体分布不良及严重的壁流，使塔的分离效率降低。因此，对塔径与填料尺寸大小的比值要有一限定。一般推荐塔径与填料公称尺寸的比值 D/d_p 为：

$$拉西环填料 \qquad D/d_p > 8 \sim 10$$
$$鲍尔环，矩鞍填料 \qquad D/d_p > 8$$

在选择填料尺寸时，除非塔径很小，不宜选用小于 $20 \sim 25mm$ 的填料。这些小尺寸的填料比表面虽大，但效率不见增高，压力降却较大。25mm 填料的效率几乎是两倍于 50mm 的填料效率，而且完全和尺寸更小的填料效率相当，并且有足够的能力。若塔高未受到限制（如气相总传质单元数少），而且要求低压降和高处理量，50mm 大小的填料是比较满意的。

亦有资料推荐以下关系：

塔　　径	建议采用的填料尺寸
$<0.3m$	$<25mm$
$0.3 \sim 0.9m$	$25 \sim 40mm$
$>0.9m$	$50 \sim 75m$

5.3.2 萃取设备的选择

萃取设备的类型已表示在表 5-3 中。各类萃取设备的优缺点见表 5-6。

表 5-6　各类萃取设备的优缺点

设备类型	优　点	缺　点
混合-澄清器	两相接触好 流量比范围大 建筑高度小 效率高 可用于多级 放大可靠	液存量大 动力消耗大 投资费高 占地面积大 级间可能需要泵输送
无外加能量的萃取塔	投资费低 操作费低 结构最简单	对密度差小的系统通过能力有限 不能处理流比大的系统 建筑高度高 有时效率低 放大困难
具有外加能量的萃取塔	两相分散好 费用合理 可用于多级 放大较易	对密度差小的系统通过能力有限 不能处理乳化系统 不能处理流比大的系统
离心萃取器	可处理两相密度差小的系统 液存量少 物料停留时间短 需要空间小 溶剂储存量少	投资费高 操作费高 维修费高 单一设备级数有限

5.3.2.1 萃取设备的选择

设备选型应同时考虑系统性质和设计特性两方面的因素，选择原则如下：

(1) 所需的理论级数　对某一萃取过程，当所需的理论级数为 2～3 级，各种萃取设备均可选用。当所需的理论级数 4～5 级时，一般可选择转盘塔、往复振动筛板塔和脉冲塔。当需要的理论级数更多时，一般只能采用混合—澄清器。

(2) 处理量　处理量较大，可选用转盘塔、筛板塔甚至混合—澄清器。如果处理量较小，可选用填料塔、脉冲塔以及离心萃取器。

(3) 停留时间　停留时间短可选用离心萃取器；若要求有足够长的停留时间，选混合—澄清器是合适的。

(4) 两相流量比（简称流比）　如果流比过大，不宜采用喷洒塔、填料塔和筛板塔。而混合—澄清器和离心萃取器基本上不受流比大小的影响。

(5) 系统的物理性质　不同的物系对萃取设备的类型有不同的选择，若物系的密度差小，黏度高，界面张力大，则采用喷洒塔、填料塔和筛板塔等无外加能量的设备是不合适的。选离心萃取器是最合适的。其他有外加能量的萃取设备也可选用。

腐蚀性大的物系首先考虑结构简单的喷洒塔和填料塔，而离心萃取器和混合—澄清器不适用。

为避免有固体悬浮物的物系堵塞设备，一般可选用转盘塔或混合—澄清器。

(6) 设备费用　无外加能量的设备的制造、操作和维修费用均低，离心萃取器的设备费用最高。

(7) 设备安装场地　若安装面积有限，不适宜采用混合—澄清器。若安装高度有限，不适宜采用塔式设备。

Luwa 根据物系的密度差和界面张力构成的参数 $\Delta\rho^a\sigma^b$ 与所需理论级的关系指出萃取器的经济操作范围，如图 5-25 所示。

5.3.2.2 分散相的选择

萃取设备内的分散相按以下原则选择：

① 当两相流量比相差较大时，为增加相际接触面积，一般应将流量大者作为分散相。

② 当两相流量比相差很大，而且所选用的设备又可能产生严重的轴向混合，为减小轴向混合的影响，应将流量小者作为分散相。

③ 为减小液滴尺寸并增加液滴表面的湍动，对于 $\partial\sigma/\partial c>0$ 的系统，分散相的选择应使溶质从液滴向连续相传递；对于 $\partial\sigma/\partial c<0$ 的系统，分散相的选择应使溶质从连续相传向液滴。

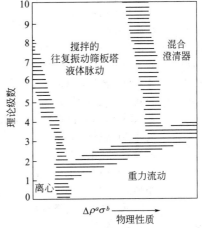

图 5-25　萃取器的经济操作范围

④ 为提高设备能力，减小塔径，应将黏度大的液体作为分散相。因为连续相液体的黏度愈小，液滴在塔内沉降或浮升速度愈大。

⑤ 对于填料塔、筛板塔等传质设备，连续相优先润湿填料或筛板是极为重要的，此时应将润湿性较差的液体作为分散相。

⑥ 从成本和安全考虑，应将成本高和易燃易爆的液体作为分散相。

本章符号说明

英文字母

A——塔板（或塔）截面积，m^2；

a——传质比表面积，m^2/m^3；

C——无量纲浓度；

c——浓度；

D——扩散系数，m^2/s 或 m^2/h；直径；

d_F——塔的特性尺寸（如填料当量直径），m；

d_p——分散相液滴的平均直径，m；

d_0——筛孔直径，m；

E——萃取相流率，m^3/s；轴向扩散系数，m^2/s；

E_a——有雾沫夹带下的板效率；

E_{MV}——以气相浓度表示的默弗里板效率；

E_{ML}——以液相浓度表示的默弗里板效率；

E_{OG}——塔板上某点处的点效率；

E_T——全塔效率；

e——单位液体流率的雾沫夹带量，mol/mol 液流；

F——F 因子（$=u\sqrt{\rho_G}$）；传质表面积，m^2；进料流率；

G——单位塔截面积上的气相流率，$mol/(m^2 \cdot s)$；

g——重力加速度，m/s^2；

H——塔高，m；

HDU——扩散单元高度，m；

H_T——转盘间距，m；

HTU——传质单元高度，m；

h_W——板式塔溢流堰高，m；

L——萃取塔高，m；液相流率，mol/h；

L_V——液体的体积流率，m^3/s；

l——塔板上液体流程长度，m；

l_f——液体流程的平均宽度，m；

m——相平衡常数；

N——传质单元数；理论塔板数；

NTU——传质单元数；

N_0——萃取中某相真实的总传质单元数；

N_{OG}——气相总传质单元数；

Pe——彼克来数；

R——萃余相流率，m^3/s；

Sc——气相施密特数（$=\mu_G/\rho_G D_G$）；

t_L——液体在塔板上的平均停留时间，s；

u——气速萃取中某相空塔流速，m/s；

u_k——特性速度，m/s；

u_t——单液滴在纯连续相中的自由沉降速度，m/s；

V——气相流率，mol/h；萃取塔内体积流率，m^3/s；

x——液相组成；萃余相浓度；

y——气相组成；萃取相浓度；

Z——板上液层高度；萃取塔高变量；m；

Z_C——塔板上持液量，m^3/m^2 鼓泡面积。

希腊字母

ε——填料层的空隙率；萃取因子；

η——由式(5-18)定义；

λ——定义为 L/mV；

μ——黏度，$Pa \cdot s$；

ρ——密度，kg/m^3；

σ——表面张力，N/m；

ϕ_d——分散相的滞液分率；

Ψ_f——式(5-32)定义的输入能量因子。

上标

$*$——平衡状态；

$'$——塔板上某一点。

下标

A——实际（塔板数）；

c——连续相；

d——分散相；

E——涡流；

eff——有效；

F——液泛；

G——气体，气相；

i——组分；

j——塔板序号；

L——液体，液相；

ln——对数平均值；

m——平均；

R——转盘塔中的转盘；

S——转盘塔中固定环；

x——萃余相；

y——萃取相。

参 考 文 献

［1］《化学工程手册》编辑委员会.化学工程手册：第14篇萃取及浸取.北京：化学工业出版社，1985.

[2] Henley E J, Seader J D. Equilibrium Stage Separation Calculation in Chemical Engineering. New York: John Wiley & Sons, 1981.

[3] King C J. Separation Processes. 2nd ed. New York: Mc Graw-Hill, 1980.

[4] Wankat P C. Eqnilibrium Staged Separations in Chemical Engineering. New York: Elsevier, 1988.

[5] AIChE. Bubble-tray Design Manual. New York: American Institute of Chemical Engineers, 1958.

[6] Bell R L. AIChE J, 1972, 18: 491; Solari R B. AIChE J, 1974, 20: 688.

[7] O'Connell H E. Trans Amer Inst Chem Eng, 1946, 42: 741.

[8] Ellis S R M, Brooks F. Birmingham Univ Chem Eng, 1971, 22: 113.

[9] Ludwig E E. Applied Process Design for Chemical and Petrochemical Plants: Vol. 2. 2nd ed. Houston, TX: Gulf Pub Co, 1979.

[10] Schweitzer P A. Handbook of Separation Techniques for Chemical Engineers: Section 1. 7. New York: McGraw-Hill, 1979.

[11] Logsdil D H, Thornton J D, Pratt H R. Trans Inst Chem Eng, 1957, 36: 301.

[12] 汪家鼎, 沈忠耀, 汪承藩. 化工学报, 1965, 4: 215.

[13] Kung E Y, et al. AIChE J, 1961, 7: 319.

[14] Wankat, Phillip C. Separation Process Engineering. 3rd ed. New York: Pearson Education Inc, 2011.

[15] Khoury Fouad M. Mutistage Separation Processes. 3rd ed. Boca Raton: CRC Press, 2005.

[16] 兰州石油机械研究所. 现代塔器技术. 第2版. 北京: 中国石化出版社, 2005.

[17] Perry's Chemical Engineer's Handbook: Section 1 Physical and Chemical Data. 8th ed. New York: McGraw-Hill, 2008.

习　题

5-1. 一种精馏塔塔板性能测定如下：空气向上穿过单块塔板，塔板上横向流过大量的纯乙二醇。进料及整个塔板上的温度是均匀的，即 53℃。在该温度下乙二醇的蒸气压力为 133Pa。实测表明，出口气体中乙二醇的摩尔分数为 0.001，操作压力是 101.3kPa。(1) 塔板的 Murphree 气相效率是多少？(2) 如果利用同样的塔板，以及同样的乙二醇和空气流速建立一个塔，使得出口气体中乙二醇饱和到 99%，需要多少块塔板？忽略塔内的压降，并假设在 53℃ 和 101.3kPa 下操作。(3) 在 (2) 中塔效率是多少？(4) 在 (2) 中，如果塔板上乙二醇的返混程度明显地增加，对所需的塔板数有何影响？

5-2. Hay 和 Johnson 在 0.2032m 直径 5 块塔板的设备中研究了用筛板塔精馏甲醇-水混合物的操作性能。由全回流时所作的测量推知气相 Murphree 效率 E_{MV} 和点效率 E_{OG} 的数值与平均气相组成的关系，结果如下：

项　目	甲醇在气相中的平均摩尔分数/%				
	10	20	30	40	60
E_{OG}	0.66	0.69	0.72	0.73	0.74
E_{MV}	1.04	0.95	0.87	0.83	0.82

根据这些数据解释：(1) 为何 E_{MV} 大于 E_{OG}；(2) 为何 E_{OG} 随甲醇摩尔分数的增加而增大；(3) 为何 E_{MV} 随甲醇摩尔分数的增加而减小。

5-3. 通过对丙烯-丙烷分离塔现场试验考察 AIChE 预计效率的方法对高压下轻质烃类系统的适用性以及关于传质单元的关联式对泡罩塔板以外的塔板有多大的适应性。

现场提供的数据为：平均操作压力＝1.86MPa，塔顶温度＝44℃，塔釜温度＝55℃，回流比＝21.5，丙烯纯度＝96.2%，丙烷纯度＝91.1%，原料中丙烯含量＝50.45%（均为摩尔分数），进料速率＝84. m^3/天（饱和液体）。

塔径为 1.22m，有 90 块筛板塔板，进料加入到第 45 块板。板间距 0.457m。如附图所示，详细结构如下：

堰长＝0.932m，降液管底部宽度＝0.165m，堰高＝0.0508m，孔径 4.76mm，三角形排列中心距 11.11mm，4970 个孔/板，对于给定的进料位置和所得到的分离效果，需要 85 块理论板。

项 目	丙 烯	丙 烷
临界温度/℃	91.4	96.9
临界压力/MPa	4.60	4.25
49℃时饱和液体的相对密度	0.458	0.453
饱和液体的黏度/Pa·s	0.086(45℃)	0.08(55℃)
在49℃和1.86MPa下的蒸汽黏度/Pa·s	1.08×10^{-5}	1.08×10^{-5}
在49℃和1.86MPa下的蒸汽扩散系数/(m²/s)	3.9×10^{-7}	3.9×10^{-7}
液相扩散系数的数量级为1×10^{-8}m²/s		
进料温度下的液体相对密度	0.522	0.508

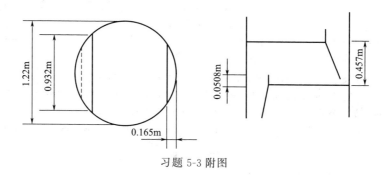

习题 5-3 附图

试用 AIChE 泡罩塔设计方法预测级效率,并与观测值比较。

5-4. 计算 20℃时用水从甲苯-丙酮稀溶液中萃取丙酮的转盘塔的直径。有机分散相的流率为 12247kg/h,连续相水溶液的流率为 11340kg/h。物性数据 $\mu_c = 10^{-3}$ Pa·s;$\rho_c = 1000$kg/m³;$\Delta \rho = 140$kg/m³;$\sigma = 32 \times 10^{-3}$N/m。

中试提供设计参数为:$D_S/D = 0.7$;$D_R/D = 0.45$;$H_T/D = 0.125$;单位体积能耗 $n^3 D_R^5/(H_T D^2) = 0.4$,按单位体积能耗相等的原则确定工业塔的转速。

5-5. 绘制萃取塔在 $u_c/u_k = 0.05$ 和 0.3 时的 $u_c/u_k \sim \phi_d$ 曲线,并分别求出临界滞液分率 ϕ_{dF}。

5-6. 在直径为 1.7m 的转盘塔中用溶剂从水溶液中回收溶质 A,水相为连续相,溶剂为分散相。原料水溶液含溶质 A 10%(质量分数),萃取后的水溶液含溶质 A 的浓度低于 0.5%(质量分数),水相流率 20t/h,溶剂流率 34t/h。按活塞流测定的 HTU=1.05m,NTU=6.78。有关设备和操作参数为 $D_R/D = 1/2$,$D_S/D = 3/4$,$H_T/D = 1/7$;转速 $n = 47.7$min^{-1}。

物性数据 $\rho_c = 1010$kg/m³,$\rho_d = 710$kg/m³。平衡关系 $y = 0.654x - 1.45 \times 10^{-3}$($y$ 和 x 分别为萃取相和萃余相浓度)。

连续相的轴向扩散系数 $E_c = 0.5u_c H_T + 0.012D_R n H_T (D_S/D)^2$,分散相的轴向扩散系数 E_d 根据经验可取为 $3E_c$,试计算塔高。

第6章

分离过程的节能

分离过程是化工过程中耗能很大的操作。所有的分离过程都需要以热和（或）功的形式加入能量，其能量费用与设备折旧费相比，前者占首要地位。由于世界能源日趋紧张，化工节能问题显得愈来愈重要。因此，确定完成一个分离所需的理论最小能量，寻求接近此极限的实际过程或减小使用昂贵能量的实际过程是很有意义的。

6.1 分离的最小功和热力学效率

不管用什么方法完成分离过程，达到一定分离目的所需的最小功总可以通过一个假想的可逆过程计算出来。因为由热力学第二定律得出结论，完成同一变化的任何可逆过程所需的功均相等。而实际过程所需的功一定大于可逆过程时的值。最小功的数值决定于要分离的混合物的组成、压力和温度以及分离所得产品的组成、压力和温度。

6.1.1 等温分离的最小功

参考图 6-1 所示的连续稳定分离系统。

在此系统中，将若干流入的单相物流 j 在无化学反应的情况下，分离成多股单相物流 k，这些流出物流的组成与流入物流不同，且彼此也不相同。设物流的摩尔流率为 n，摩尔组成为 z_i，摩尔熵为 H，摩尔熵为 S，传入系统的总热量流率为 Q，系统对环境做功 W。若忽略过程引起的动能、位能、表面能和其他能量的变化，则按热力学第一定律：

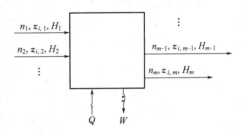

图 6-1 普通的分离过程

$$\sum_{\text{进}} n_j H_j + Q = \sum_{\text{出}} n_k H_k + W \tag{6-1}$$

对于等温可逆过程，进出系统的物流与环境的温度均为 T，根据热力学第二定律：

$$Q = T\left[\sum_{\text{出}} n_k S_k - \sum_{\text{进}} n_j S_j\right] \tag{6-2}$$

式中，$\sum_{\text{进}} n_j S_j$ 和 $\sum_{\text{出}} n_k S_k$ 分别为进入和流出系统的物流的熵总和。将式(6-2)代入式(6-1)，可得到 $(-W_{\text{min,T}})$，即在等温条件下稳定流动的分离过程所需最小功的表达式

$$-W_{\text{min,T}} = \sum_{\text{出}} n_k H_k - \sum_{\text{进}} n_j H_j - T\left(\sum_{\text{出}} n_k S_k - \sum_{\text{进}} n_j S_j\right) \tag{6-3}$$

即
$$-W_{\min,T} = \Delta H - T(\Delta S) \tag{6-4}$$

由自由焓的定义 $G = H - TS$，式(6-3) 也等于物流的自由焓增量：

$$-W_{\min,T} = \sum_{出} n_k G_k - \sum_{进} n_j G_j \tag{6-5}$$

一个混合物的摩尔自由焓由各组分的偏摩尔自由焓即化学位加和得到：

$$G = \sum_j z_i \mu_i \tag{6-6}$$

在温度 T 时，化学位与组分逸度的关系式为

$$\mu_i = \mu_i^\circ + RT[\ln \hat{f}_i - \ln \hat{f}_i^\circ] \tag{6-7}$$

若进、出物流中同一组分具有相同的基准态，则将式(6-5)、式(6-6) 和式(6-7) 相结合，得到用逸度表示的最小功：

$$-W_{\min,T} = RT\left[\sum_{出} n_k \left(\sum z_{i,k} \ln \hat{f}_{i,k}\right) - \sum_{进} n_j \left(\sum z_{i,j} \ln \hat{f}_{i,j}\right)\right] \tag{6-8}$$

分离的最小功表示了分离过程耗能的最低限。在大多数情况下，实际分离过程所需能量是最小功的若干倍。最小分离功的大小标志着物质分离的难易程度。为了使实际分离过程更为经济，要设法使能耗尽量接近于最小功。在综合评价不同的设计方案时，最小功具有重要的意义。

6.1.1.1 分离理想气体混合物

对于遵循理想气体定律的气体混合物，$z_i = y_i$ 和 $\hat{f}_i = y_i P$，则式(6-8) 简化为

$$-W_{\min,T} = RT\left[\sum_{出} n_k \left(\sum_i y_{i,k} \ln y_{i,k}\right) - \sum_{进} n_j \left(\sum_i y_{i,j} \ln y_{i,j}\right)\right] \tag{6-9}$$

此式表明，最小功与压力以及被分离组分的相对挥发度无关；对于由混合物分离成纯组分的情况，上式可进一步简化。例如将组分 A 和 B 构成的二元气体混合物在进料温度和压力下分离成纯 A 和纯 B 气体产品，式(6-9) 简化为如下的无量纲最小功

$$\frac{-W_{\min,T}}{n_F RT} = -[y_{A,F} \ln y_{A,F} + y_{B,F} \ln y_{B,F}] \tag{6-10}$$

式中，下标 F 表示进料。在等摩尔进料的情况下，从式(6-10) 得到无量纲最小功的最大值是 0.6931。不难证明，若双组分混合物的分离产品不是两个纯组分，而只是浓度与原料不同的两个双组分混合物时，则需要的最小功必定小于分离成纯组分产品时所需的最小功。

【例 6-1】 用附图所示的连续过程将环境条件下含丙烯 60%（摩尔分数）的丙烯和丙烷混合气体分离成也处于环境温度和压力下的 (1) 含丙烯 99%（摩尔分数）和含丙烷 95%（摩尔分数）的两个产品；(2) 纯丙烯和纯丙烷两个产品。确定所需的最小功。

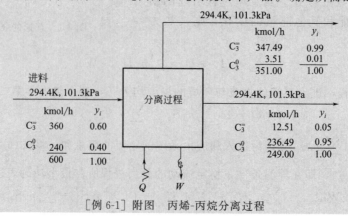

[例 6-1] 附图 丙烯-丙烷分离过程

解 两个产品的温度和压力与进料的温度和压力相等。因为这两个组分在分子结构上相似，且压力为常压，故进料和产品均可看作是理想气体。环境温度 $T = 294.4K$。

（1）由式(6-9)

$-W_{min,T} = 8314 \times 294.4 \times \{351 \times [0.99\ln(0.99) + 0.01\ln(0.01)] + 249 \times [0.05\ln(0.05) + 0.95\ln(0.95)] - 600 \times [0.60\ln(0.60) + 0.40\ln(0.40)]\} = 8.19 \times 10^8 (J/h)$

（2）由式(6-10)

$$-W_{min,T} = -8314 \times 294.4 \times 600 \times [0.60\ln(0.60) + 0.40\ln(0.40)]$$
$$= 9.88 \times 10^8 (J/h)$$

可见，分离成非纯产品时所需最小功小于分离成纯组分产品时所需的最小功。

6.1.1.2 分离低压下的液体混合物

对于在接近或者低于环境压力下等温分离液体混合物的情况，式(6-8)中 $z_i = x_i$ 和 $\hat{f}_i = \gamma_i x_i P_i^s$，其中 γ_i 是液相活度系数，P_i^s 是饱和蒸气压。于是式(6-8)简化为

$$-W_{min,T} = RT \left\{ \sum_{出} n_k \left[\sum_i x_{i,k} \ln(\gamma_{i,k} x_{i,k}) \right] - \sum_{进} n_j \left[\sum_i x_{i,j} \ln(\gamma_{i,j} x_{i,j}) \right] \right\} \quad (6-11)$$

由该式可看出，$-W_{min,T}$ 也不受压力和相对挥发度的影响，但与活度系数有关。

对于二元液体混合物分离成纯组分液体产品，式(6-11)简化为

$$-W_{min,T} = -RTn_F[x_{A,F}\ln(\gamma_{A,F}x_{A,F}) + x_{B,F}\ln(\gamma_{B,F}x_{B,F})] \quad (6-12)$$

除温度以外，最小功仅决定于进料组成和性质，γ_i 大于 1 的混合物比 γ_i 小于 1 的混合物需较小的功。从式(6-12)，当 $\gamma_{A,F}x_{A,F} = 1$ 和 $\gamma_{B,F}x_{B,F} = 1$ 时，因进料中两组分不互溶，已经达到了完全分离，故 $-W_{min,T} = 0$。

【例6-2】 附图规定了甲醇(M)-水(W)的分离过程，确定过程需要的最小功。

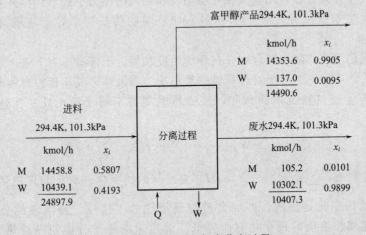

[例6-2] 附图　甲醇-水分离过程

解 在此条件下全部流体为液体。在 294.4K 下液相活度系数可由 Van Laar 方程计算

$$\lg\gamma_M = \frac{0.25}{\left[1 + 1.25\dfrac{x_M}{x_W}\right]^2}, \qquad \lg\gamma_W = \frac{0.20}{\left[1 + 0.8\dfrac{x_W}{x_M}\right]^2}$$

对附图中的组成，用以上方程计算的活度系数为

组　　分	活度系数, γ		
	进　料	富甲醇产品	废　　水
甲醇(M)	1.08	1.00	1.75
水(W)	1.20	1.57	1.00

为计算最小功，可将式(6-11)分解为一个理想溶液部分和一个由于与理想溶液的偏差而产生的过剩部分之和。最终方程为

$$-W_{\mathrm{min},T}=RT\left\{\sum_{出}n_k\left[\sum_i x_{i,k}\ln x_{i,k}\right]-\sum_{进}n_j\left[\sum_i x_{i,j}\ln x_{i,j}\right]\right\}$$
$$+RT\left\{\sum_{出}n_k\left[\sum_i x_{i,k}\ln\gamma_{i,k}\right]-\sum_{进}n_j\left[\sum_i x_{i,j}\ln\gamma_{i,j}\right]\right\} \tag{6-13}$$

代入数据

$$\begin{aligned}-W_{\mathrm{min},T}=&8314\times294.4\times[14490.6\times(0.9905\ln0.9905+0.0095\ln0.0095)\\&+10407.3\times(0.010\ln0.0101+0.9899\ln0.9899)\\&-24897.9\times(0.5807\ln0.5807+0.4193\ln0.4193)]\\&+8314\times294.4\times[14490.6\times(0.9905\ln1.00\\&+0.0095\ln1.57)+10407.3\times(0.0101\ln1.75+0.9899\ln1.00)\\&-24897.9\times(0.5807\ln1.08+0.4193\ln1.20)]\\=&3.8\times10^{10}-7.086\times10^9=3.101\times10^{10}\ (\mathrm{J/h})\end{aligned}$$

由于与理想溶液呈正偏差，使最小功比理想溶液小 18.6%。

在图 6-1 和［例 6-1］、［例 6-2］中的分离过程指出，传热是系统与环境之间另外一种能量传递方式。一旦确定了最小功，就可用式(6-1)给出的能量衡算式来计算相应的传热速率。对于理想气体分离过程，此气流在环境温度和相同的压力下进入和离开系统，由于混合热为零，故不发生焓变。由式(6-1)，从过程向环境的传热速率等于环境对系统所做的最小功。

对于形成理想溶液的液相混合物，在环境温度和接近于环境压力下进入和离开过程，则从过程到环境的传热速率也等于对过程做的最小功。当液体形成非理想溶液时，因为出口物流焓的总和不等于进口物流焓的总和，故传热速率将不等于最小功。在这种情况下，式(6-1)变成

$$Q=-(-W_{\mathrm{min},T})+\sum_{出}n_k H_k^{\mathrm{E}}-\sum_{进}n_j H_j^{\mathrm{E}} \tag{6-14}$$

式中，H^{E} 为过剩焓；$\sum_{出}n_k H_k^{\mathrm{E}}-\sum_{进}n_j H_j^{\mathrm{E}}$ 为过剩焓的变化。对于与理想情况表现正偏差的溶液，过剩焓的变化是正的，即混合过程是吸热的。这样一种溶液的分离过程，净混合热使最小功比理想溶液的最小功有所降低。放热速率等于分离的净放热与最小功之和。［例 6-2］中，分离的净放热为 $7.086\times10^9\mathrm{J/h}$，从过程向环境的传热速率是 $3.8\times10^{10}\mathrm{J/h}$。

6.1.2　非等温分离和有效能

当分离过程的产品温度和进料温度不同时，不能用自由焓的增量来计算最小功，而应根据有效能（㶲）的概念计算最小功。对于类似于图 6-1 的连续稳态过程，从热力学第一定律得到类似于式(6-1)的能量衡算式

$$\sum_{出} n_k H_k - \sum_{进} n_j H_j = Q - W_s \tag{6-15}$$

式中，Q 是从温度为 T 的热源向过程传递的能量；W_s 为过程对环境所做的轴功。

根据热力学第二定律建立上述过程的熵平衡，它可以精确地衡量过程的能量效用：

$$\sum_{进} n_j S_j - \sum_{出} n_k S_k + \frac{Q}{T} + \Delta S_{产生} = 0 \tag{6-16}$$

式中，$\Delta S_{产生}$ 是由于不可逆过程而引起的熵变。设 T_0 是环境温度，可以任意从它取出或给它热量。通常规定海洋、河水或大气的温度为环境温度。用 T_0 乘式(6-16) 并与式(6-15)合并，得

$$\sum_{出} n_k (H_k - T_0 S_k) - \sum_{进} n_j (H_j - T_0 S_j) + T_0 \Delta S_{产生} = \left(1 - \frac{T_0}{T}\right) Q - W_s \tag{6-17}$$

根据流动系统物流有效能的定义 $B = H - T_0 S$，得稳态下的有效能平衡方程：

$$\sum_{出} n_k B_k - \sum_{进} n_j B_j + T_0 \Delta S_{产生} = \left(1 - \frac{T_0}{T}\right) Q - W_s \tag{6-18}$$

式中，有效能 B 是温度、压力和组成的函数。由卡诺循环可知，等式右侧第一项是热量 Q 自温度 T 的热源向温度为 T_0 的环境传热所产生的等当功。即：

$$W_c = \left(1 - \frac{T_0}{T}\right) Q \tag{6-19}$$

由式(6-18) 可知，系统的净功消耗 $-W_净$ （总功）为等当功和环境对系统所作轴功之和：

$$-W_净 = W_c - W_s = \sum_{出} n_k B_k - \sum_{进} n_j B_j + T_0 \Delta S_{产生} = \Delta B_{分离} + T_0 \Delta S_{产生} \tag{6-20}$$

当过程可逆进行时，$\Delta S_{产生} = 0$，可得最小分离功：

$$-W_{\min, T_0} = \Delta B_{分离} \tag{6-21}$$

该式表明，稳态过程最小分离功等于物流的有效能增量。由有效能定义，有效能增量可表示为：

$$-W_{\min, T_0} = \Delta B_{分离} = \Delta H - T_0 \Delta S \tag{6-22}$$

按式(6-22) 计算分离过程的最小功时，可先分别计算出 ΔH 及 ΔS。例如把理想气体混合物分离为纯组分时，式(6-22) 中的 ΔH 及 ΔS 可按下列公式计算：

$$\Delta H = \sum_i x_{i,F} \int_{T_F}^{T_i} C_{p,i} \mathrm{d}T \tag{6-23}$$

$$\Delta S = \sum_i x_{i,F} \left(\int_{T_F}^{T_i} \frac{C_{p,i}}{T} \mathrm{d}T - R \ln \frac{P_i}{x_{i,F} P_F} \right) \tag{6-24}$$

式中，$C_{p,i}$ 为组分 i 的比热容；T_F，P_F 为进料混合物的温度和压力；T_i，P_i 为分离后纯组分 i 的温度和压力。

6.1.3 净功消耗和热力学效率

通常，进行分离过程所需的能量多半是以热能的形式，而不是以功的形式提供的。在这种情况下，最好是以过程所消耗的净功来计算消耗的能量。

参照图 6-2，精馏过程依靠从再沸器加入热量 Q_R（温度为 T_R）和从冷凝器移出热量 Q_c（温度为 T_c）。该过程所消耗的净功是

$$-W_净 = Q_R \left(1 - \frac{T_0}{T_R}\right) - Q_c \left(1 - \frac{T_0}{T_c}\right) \tag{6-25}$$

若分离过程产生的焓与原料的焓差别极小而可以忽略时，则 $Q_R = Q_c = Q$，此时净功

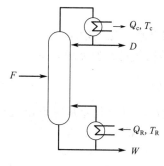

图 6-2 普通精馏塔

$$-W_净 = QT_0\left(\frac{1}{T_c}-\frac{1}{T_R}\right) \qquad (6\text{-}26)$$

对实际分离过程，式（6-20）中的 $T_0\Delta S_{产生} > 0$，故 $(-W_净) > \Delta B_{分离}$。把任何分离过程中系统有效能的改变与过程所消耗的净功之比，定义为分离过程的热力学效率，即

$$\eta = \Delta B_{分离}/(-W_净) \qquad (6\text{-}27)$$

因为实际的分离过程是不可逆的，所以热力学效率必定小于 1。不同类型的分离过程，其热力学效率各不相同。一般来说，只靠外加能量的分离过程（如精馏、结晶、部分冷凝），热力学效率可以高些；具有能量分离剂和质量分离剂（如共沸精馏、萃取精馏、萃取和吸附等）热力学效率较低；而速率控制的分离过程（如膜分离过程）则更低。但这都是指理想情况。在实际情况下，因为还有很多别的因素，情况较为复杂，必须具体进行分析计算才行。

【例 6-3】 某丙烯-丙烷精馏塔按附图中条件操作。假设环境温度 $T_0 = 294K$，计算（1）再沸器负荷（冷凝器负荷给定）；（2）有效能变化；（3）净功消耗；（4）热力学效率。

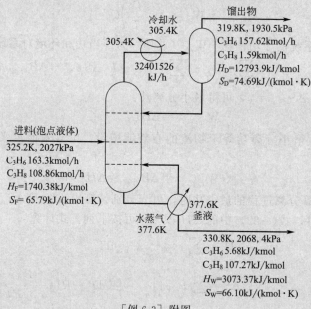

[例 6-3] 附图

解 计算基准：1h。
（1）由图得：
$$D = 157.62 + 1.59 = 159.21 \ (\text{kmol/h})$$
$$W = 5.68 + 107.27 = 112.95 \ (\text{kmol/h})$$
$$F = 163.3 + 108.86 = 272.16 \ (\text{kmol/h})$$
作全塔热衡算：
$$FH_F + Q_R = DH_D + WH_W + Q_c$$
得 $Q_R = 159.21 \times 12793.9 + 112.95 \times 3073.37 + 32401526 - 272.16 \times 1740.38$
$$= 34311918.14 \ (\text{kJ/h})$$
（2）已知 $T_0 = 294K$
$$B_D = H_D - T_0 S_D = 12793.9 - 294 \times 74.69 = -9164.96 \ (\text{kJ/kmol})$$

同理
$$B_W = H_W - T_0 S_W = -16360.03 \ (\text{kJ/kmol})$$
$$B_F = H_F - T_0 S_F = -17601.88 \ (\text{kJ/kmol})$$

故
$$\Delta B_{\text{分离}} = \sum_{\text{出}} n_k B_k - \sum_{\text{进}} n_j B_j$$
$$= 159.21(-9164.96) + 112.95(-16360.03) - 272.16(-17601.88)$$
$$= 1483509 \ (\text{kJ/h})$$

(3) 由式(6-25)
$$-W_{\text{净}} = 34311918.14\left(1 - \frac{294}{377.6}\right) - 32401526\left(1 - \frac{294}{305.4}\right) = 6387113.3 \ (\text{kJ/h})$$

(4) 由式(6-27)
$$\eta = \frac{1483509}{6387113.3} = 23.23\%$$

6.2 精馏节能技术

6.2.1 精馏过程的热力学不可逆性分析

如前所述，分离过程所需最小功即 $\Delta B_{\text{分离}}$ 是由原料和产物的组成、温度和压力所决定的。由式(6-27)可知，要提高热力学效率只能采取措施降低过程的净功消耗，使过程尽量接近可逆过程。精馏过程热力学不可逆性主要由以下原因引起：①通过一定压力梯度的动量传递；②通过一定温度梯度的热量传递或不同温度物流的直接混合；③通过一定浓度梯度的质量传递或者不同化学位物流的直接混合。可见，如果降低流体流动过程产生的压力降，减小传热过程的温度差，减小传质过程的两相浓度与平衡浓度的差别，都将使精馏过程的净功消耗降低。

在精馏塔中上升蒸汽通过塔板产生压力降，塔板数较多时，压力降也要加大。对板式塔而言，减低气速、降低每块塔板上的液位高度都可减小压力降。然而，减低气速意味着在同等生产能力下需增大塔径，即增加投资。降低塔板上的液层高度会使塔板效率降低。所以，必须根据各种影响因素选择合适的塔径和液层高度。此外，改变板式塔为高效填料塔也是提高生产能力、降低压力降的主要途径。例如，30 万吨乙烯/年装置的脱甲烷塔由浮阀塔改成 Intalox 填料塔，压降由 0.42×10^5 Pa 降至 0.12×10^5 Pa。负荷提高 10% 后塔的压降仅为 0.123×10^5 Pa。

在精馏过程中，再沸器和冷凝器分别以一定的温差加入和移走热量。若使传热温差减小，则传热面积需增大，而这又会使投资费用增大，因此要选用高效换热器及改进操作方式，例如采用降膜式再沸器、热虹吸式再沸器或强制循环式换热器等。由式(6-26)可见，如果冷凝器冷却水温度过低，净功消耗必定增加，故从冷凝器中释放热量的回收利用也是精馏过程降低净功消耗的一个重要方面。

进出每块塔板的气液相在组成与温度上的相互不平衡是使精馏过程热力学效率下降的重要因素。由下一块板上升的蒸汽与上一块板下流的液体相比较，温度要高些，易挥发组分的含量小于与下流液体成平衡时之数值。要降低净功消耗就必须减小各板传热和传质的推动力。这可以归结为应尽量使操作线与平衡线相接近。可用图 6-3 来讨论这个情况。由图 6-3(a)代表在大于最小回流比下操作的一般二元精馏。进入任一块板 N 上的液体与蒸汽间的传热过程推动力（$T_{N+1}-T_{N-1}$）和传质过程推动力（$K_{i,N-1}x_{i,N-1}-y_{i,N}$）将因操作线向平衡线靠拢而减小。图 6-3(b) 代表最小回流比时的情况。此时，精馏段操作线和提馏段操作线都已经和平衡线相交。最小回流比下操作所需的净功当然小于较大回流比下的数值。但由图 6-3(b) 可以看出，即使在最小回流比下操作，除了在进料板附近处，其他各板仍有较大的传热和传质推动力。如果将操作线分成不同的几段，就可以减小这些板上的热力学不可逆性。图 6-3(c) 就是将精馏段操作线和提馏段操作线各分为两段时的情况。此时在精馏段用了两个不同的回流比，上一段的回流比小于下一段的回流比；提馏段也用了两个不同的蒸发比，上一段的蒸发比大于下一段的蒸发比。这相当于在精馏段中间加了一个冷凝器，在提馏段中间加了一个再沸器。在加料板处的气液流率，图 6-3(c) 和图 6-3(b) 的情况是一样的，故图 6-3(b) 所示的塔顶冷凝器负荷必为图 6-3(c) 所示情况即两个冷凝器负荷之总和。再沸器负荷的情况也类似。所以，图 6-3(c) 的情况与图 6-3(b) 相比，其热力学效率得以增大并不是由于总热量消耗减少，而是由于所用热能的品位不同。在中间再沸器所加入的热量其温度低于塔底再沸器所加入者；由中间冷凝器引出的热量其温度高于由塔顶冷凝器所引出者。图 6-3(d) 的情况则是图 6-3(c) 的进一步延伸，操作线与平衡线已完全重合，即所谓"可逆精馏"。要达到图 6-3(d) 这样的情况，就要有无限多个平衡级，无限多个中间再沸器和中间冷凝器。此时，精馏段的回流量是越往下越大，提馏段的蒸汽上升量是越往上越大，塔径应是两头小，中间大。当然，实际上不可能使用"可逆精馏"，它只是代表一个极限情况。

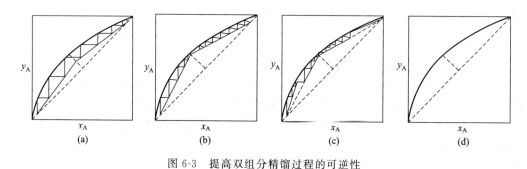

图 6-3　提高双组分精馏过程的可逆性

6.2.2　多股进料和侧线采出

6.2.2.1　多股进料

当分离两种或多种组分相同、组成不同的原料时，一般有两种进料方式：一是将不同组成的原料混合在一起，以平均组成的原料在塔的同一进料口进料；另一种是不同组成的原料在同一塔的不同位置进料。以二组分精馏为例。两种原料的进料量分别为 F_1 和 F_2，相应组成为 x_{F1} 和 x_{F2}。混合进料的组成为 x_{Fav}。将两种进料工况的操作线画在 y-x 图上，如图 6-4 所示。R1 和 S1 分别表示混合进料时的精馏段和提馏段操作线；R2、I2、S2 分别表示单独进料时的精馏段、中间段和提馏段操作线。

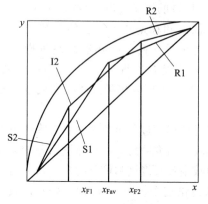

图 6-4　y-x 图和操作线

可见，采用二段进料时，操作线较接近平衡线，不可逆损失降低，因而热能消耗降低。这是因为精馏分离是消耗能量的，而混合是分离的逆过程。在分离过程中的任何具有势差的混合过程，都意味着能耗的增加。采用二段进料复杂塔，由于精馏段操作线斜率减小，回流比减小，所需塔板数要增加。

现以两种浓度的甲醇-水二组分原料液精馏为例，进料和塔底、塔顶产品的浓度和流量如下：

$x_{F1}=0.8$（摩尔分数）CH_3OH；$x_{F2}=0.2$（摩尔分数）CH_3OH

$F_1=15kmol/h$；$F_2=15kmol/h$

$x_{Fm}=0.5$（摩尔分数）CH_3OH；$F_m=30kmol/h$

$x_D=0.98$（摩尔分数）CH_3OH；$x_W=0.0005$（摩尔分数）CH_3OH

$q_1=1$；$q_2=1$；$q_m=1$

两种精馏进料方式比较

方式	混合进料	分别进料
最小回流比	0.7629	0.5652
操作回流比	1.00	0.75
热量比	1.00	0.873

无论进料状态如何，塔中精馏段操作线的斜率必小于中间段，中间段的斜率必小于提馏段。各股加料的 q 线方程仍与单股进料时相同。

减小回流比时，三段操作线均向平衡线靠拢，所需的理论塔板数将增加。当回流比减小到某一极限即最小回流比时，夹点可能出现在精馏段操作线与中间段操作线的交点，也可能出现在中间段操作线与提馏段操作线的交点。对非理想性很强的物系，夹点也可能出现在某个中间位置。

6.2.2.2 侧线出料

当需要组成不同的两种或多种产品时，可在塔内相应组成的塔板上开侧线抽出产品。侧线抽出的产品可以是液体或蒸气。这种出料方式既减少了塔数，也减少了所需热量，是一种节能的方法。

具有一股侧线出料的系统如图 6-5（a）所示。侧线出料组成为 x_D' 的饱和液体的工况见图 6-5（b），侧线出料为 y_D' 的蒸气的工况见图 6-5（c）。但无论哪种情况，中间段操作线斜率必小于精馏段。在最小回流比下，恒浓区一般出现在 q 线与平衡线的交点处。

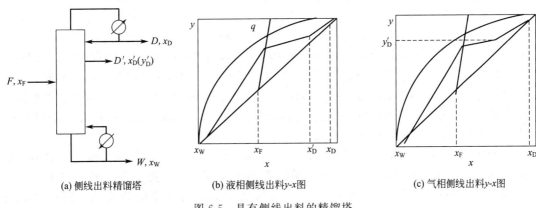

(a) 侧线出料精馏塔　　(b) 液相侧线出料 y-x 图　　(c) 气相侧线出料 y-x 图

图 6-5　具有侧线出料的精馏塔

侧线出料同样适用于多组分精馏，只是出料组成更复杂了。增加侧线出料后，并没有增加设计变量数，故只能对侧线出料组成中的关键组分进行质量监控。

6.2.3 中间再沸器和中间冷凝器

在精馏塔中增设中间再沸器和中间冷凝器最简单的流程是如图 6-6(a) 所示的中间再沸和中间冷凝精馏塔，即在提馏段设置中间再沸器，在精馏段设置中间冷凝器，则精馏段和提馏段各增加两条操作线，如图 6-6(b) 所示。此时，靠近进料点的精馏段操作线斜率大于更高处的精馏段操作线，靠近进料点的提馏段操作线斜率小于更低处的提馏段操作线，与没有中间再沸器和中间冷凝器的精馏塔相比，操作线靠近平衡线 [如图 6-6(b) 中的虚线所示]，所以使精馏过程的有效能损失减少。

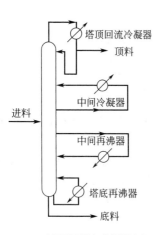

(a) 中间再沸器和冷凝器流程

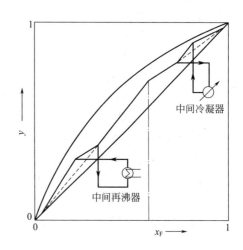

(b) 中间再沸器和冷凝器 y-x 图

图 6-6　带有中间再沸器和中间冷凝器的精馏塔

这种流程，既然在进料点处两条操作线的斜率保持不变，则说明总冷凝量和总加热量就没有变，即两个蒸馏釜的热负荷之和与原来一个蒸馏釜相同，两个冷凝器的热负荷之和与原来一个冷凝器相同。但是，与原蒸馏釜相比，第二蒸馏釜可使用较低温度的热源，与原冷凝器相比，第二冷凝器可以在较高温度下排出热量，从而降低了能量的降级损失。

中间再沸器和中间冷凝器有其应用准则。利用设置中间再沸器和中间冷凝器来降低分离过程的有效能损失，不是靠降低总热能消耗量来达到的，而是借助所用热能的品位不同而实现的。因此，增设中间再沸的条件是要有不同温度的热源供应，增设中间冷凝器的条件是中间回收的热能要有适当的用户，或者是可以用冷却水冷却，以减少塔顶所需制冷量负荷。如果中间再沸器与塔底再沸器使用同样热源，中间冷凝器与塔顶冷凝器使用同样冷源，则这种流程就毫无实际意义，只不过是把一部分㶲损失从塔内移到中间再沸器和中间冷凝器，没有任何节能效果而且还浪费了设备投资。因此，在生产过程中必须要有适当温度品位的加热剂和冷却剂与其相配，并需有足够大的热负荷值得利用，再加上塔顶和塔底的温度差相当大，以及进料浓度低时，才能获得大的经济效益。

由 Mah Nicholas 和 Wodnik 开发和评价的 SRV 精馏是产生二次回流和再沸的另一种方法。在图 6-7 所示的原理示意图中，精馏段的操作压力高于提馏段，此压差可导致足够的温差，致使精馏段和提馏段的每一对塔板之间能进行希望的热交换。沿全塔布置的换热元件能大大降低塔顶冷凝器和塔底再沸器的负荷。这样，液相回流量在精馏段中自上而下稳定地增加，而蒸汽流率在提馏段中自下而上稳定地增加，SRV 精馏流程示意图见图 6-8。

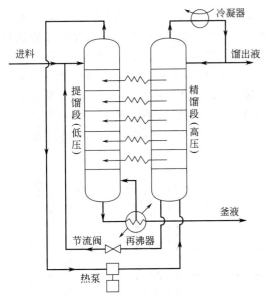

图 6-7　SRV 精馏原理示意图　　　　图 6-8　SRV 精馏流程示意图

对于沸点相近的混合物的冷冻分离，SRV 精馏可以减少公用费用，很有吸引力。例如，乙烯精馏塔采用 SRV 精馏后，一般能耗可降低 50%～70%，因此低温精馏领域中采用 SRV 精馏是值得注意的一个发展方向。

6.2.4　多效精馏

6.2.4.1　多效精馏的原理

多效精馏是通过扩展工艺流程，来节减精馏操作能耗的一种途径。其基本原理是重复使用供给精馏塔的能量，以提高热力学效率，是以多塔代替单塔，即将一个分离任务分解为由若干操作压力不同的塔完成，将前级塔顶蒸汽作为次级塔再沸器的加热蒸汽，以此类推直至最后一个塔，如图 6-9 所示。在多效精馏过程中，各塔的操作压力不同，前一效压力高于后一效压力，前一效塔顶蒸汽冷凝温度略高于后一效塔釜液沸点温度。因此，多效精馏充分利用了冷热介质之间过剩的温差，尽管其总能量降级和单塔一样，但它不是一次性降级的，而是逐塔逐级降低的。这样，每个塔的塔顶、塔底温差减小了，降低了有效能损失，从而节省了能量消耗。

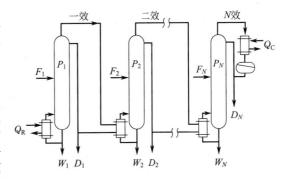

图 6-9　多效精馏原理示意图

6.2.4.2　多效精馏流程

多效精馏的效数越多，所需加热的蒸汽就越少。但是，效数的增加受到第一级加热蒸汽压力、末级冷却介质种类（一般应以用常规冷却水冷凝末级塔顶蒸汽为原则）以及设备投资大幅度增加的限制，故一般多采用由两塔组成的双效精馏。根据进料方式及气液间相互流动方向的不同，可把双效精馏分成五种基本方式，见图 6-10。此外，按操作压力的组合有加压-常压、加压-减压、常压-减压、减压-减压四种。由甲醇-水体系的五种双效精馏流程能耗情况得到的结果是：双效精馏的能耗随着进料组成浓度的降低而降低。当进料组成一定时，并流型、混流 I 型和逆流型的能耗比单塔低 30% 左右，而混流 II 型和分流型的能耗与单塔接近。在各流程方案中，逆流型能耗最低。但当进料组成浓度高时（$z_F = 0.8$），混流 I 型再沸器温度比逆流型低 26℃，混流 I 型为最佳方案。当进料组成浓度低时，逆流型为最佳方案。当甲醇产品浓度 $x_D = 0.99$ 时，并流型、逆流型及混流 I 型双效精馏的能耗基本相同，均比单塔低 35% 左右。

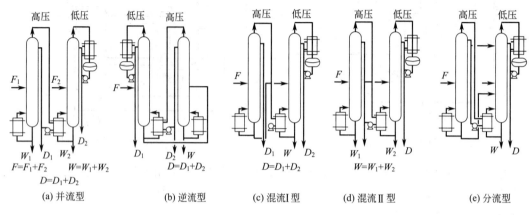

图 6-10　双效精馏五种基本方式

6.2.4.3　多效精馏节能效果与效数关系

当冷热介质间温差一定时，随着效数的增加，各效之间热交换器的温差减小，因而传热面积增加，且每增加一效，需要增加塔和换热设备各一台，从而增加了设备费用。每增加一效所需增加的设备费用基本相同，但节能效果的增加却相差很大。如从一效增加到二效时，节能效果增加 50%；而从四效增加到五效时，节能效果只增加 5%。故效数越大，则节能效果增加得就越小，如图 6-11 所示。

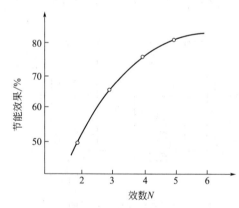

图 6-11　节能效果与效数的关系

6.2.4.4　多效精馏应用准则

在实际应用中，多效精馏一般适用于非热敏性物料的分离，并且只要精馏塔塔底和塔顶温差比实际可用的加热剂和冷却剂间温差小得多，就可以考虑采用多效精馏。但是，实际上多效精馏要受到许多因素的影响和限制。

①　效数的增加受到第一级加热蒸汽压力及末级冷却介质种类的限制，第一塔的最高压力必须低于临界压力；

②　再沸器的温度不得超过可用热源的最高温度；

③　塔的最低压力通常要根据冷却水能使塔顶气体冷凝而定；

④　各塔之间必须有足够的压差和温差，以便有足够的冷凝器-再沸器推动力；

⑤　效数的增多使操作困难，两塔之间的热偶合，需配备更高级的控制系统。

另外，还需考虑体系相对挥发度、进料组成及热状态、板效率以及现有塔的利用等因素。总之，在考虑多效精馏节能方案时，要从系统的全过程进行分析、评估，以便选择最佳方案满足工艺要求。

在发达国家，多效精馏已成为一种规范性节能途径，并广泛应用在工业生产中。

【例6-4】 一种分离甲醇-水体系的双效精馏流程如附图所示。采用蒸汽和液体逆流方式的双效精馏工艺，只向低压塔进料，把低压塔釜液作为高压塔的进料，高压塔釜排放废水。根据物料衡算，低压塔塔釜约含一半甲醇，因此低压塔塔釜温度比主要是水的情况更低。这样，作为低压塔加热源的高压塔塔顶蒸汽温度就可以降低，高压塔可以在比较低的压力下操作。

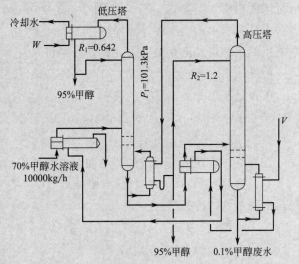

计算采用单效精馏和双效精馏所需热量之差别。工艺条件标于附图上。浓度为质量分数。进料及回流均为饱和液体。

[例6-4] 附图 甲醇-水体系逆流双效精馏法

解 （1）计算单效时所需热量

基准：1h
$$F = W + D$$
$$Fx_F = Wx_W + Dx_D$$

将 $F = 10000$，$x_D = 0.95$，$x_F = 0.70$ 和 $x_W = 0.001$ 代入以上二式求得 $D = 7365$，$W = 2635$

取操作回流比等于双效精馏之低压塔回流比，即 $R = R_1 = 0.642$。

故
$$V = 7365(1 + 0.642) = 12093。$$

根据操作压力（101.3kPa）和馏出液组成、进料组成、釜液组成作泡、露点温度计算，确定塔顶温度 $T_D = 65℃$，进料温度 $T_F = 69℃$ 和塔釜温度 $T_W = 100℃$（计算部分略）。

以 0℃ 液相焓值为零，求各温度下的液相平均比热容为：

$(C_p)_D = 2.554kJ/(kg·℃)$ $(C_p)_F = 2.973kJ/(kg·℃)$ $(C_p)_W = 4.187kJ/(kg·℃)$

塔顶温度下的气相焓 $H_V = 1325.75kJ/kg$

故再沸器所需热量为：

$$\begin{aligned}
Q_单 &= VH_V - T_D(C_p)_D DR + T_W(C_p)_W W - T_F(C_p)_F F \\
&= 12093 \times 1325.75 - 65 \times 2.554 \times 7365 \times 0.642 + 100 \times 4.187 \times 2635 - 69 \times 2.973 \times 10000 \\
&= 1.43 \times 10^7 \ (kJ/h)
\end{aligned}$$

（2）计算双效时所需热量

已知：$F_1 = 10000$，$x_{D,1} = x_{D,2} = 0.95$，$x_{F,1} = 0.70$，$x_{W,2} = 0.001$

因 $F_1 = D_1 + D_2 + W_2$，故 $10000 = D_1 + D_2 + W_2$

又因 $F_1 x_{F,1} = D_1 x_{D,1} + D_2 x_{D,2} + W_2 x_{W,2}$，故

$$10000 \times 0.70 = (D_1 + D_2) \times 0.95 + W_2 \times 0.001$$

联立求解得：$D_1 + D_2 = 7365$，$W_2 = 2635$

设低压塔之馏出液比高压塔的多一些，取 $D_1=4010$，则 $D_2=7365-4010=3355$。

$$由 F_1=W_1+D_1，得 W_1=5990$$

由 $F_1x_{F,1}=W_1x_{w,1}+D_1x_{D,1}$，得

$$10000\times0.70=5990x_{w,1}+4010\times0.95 \qquad x_{w,1}=0.533$$

低压塔为常压操作，根据 $x_{w,1}=0.533$，作泡点温度计算，得塔釜温度 $T_{w,1}=76℃$。取低压塔再沸器温差 $\Delta t=30℃$，则 $T_{D,2}=76+30=106℃$。由该温度及 $x_{D,2}=0.95$，作露点压力计算，求出高压塔计算操作压力 364.68kPa，取操作压力为 405.2kPa。重作高压塔顶露点温度和塔釜泡点温度的计算，分别得 $T_{D,2}=110℃$，$T_{w,2}=143℃$。

由低压塔之回流比，得 $V_1=1.642\times4010=6584$

求得低压塔釜液温度下的液相平均比热容 $(C_p)_{w,1}=3.266$，由低压塔热衡算求得：

$$Q_1=6584\times1325.75-65\times2.554\times4010\times0.642+76\times3.266\times5990-69\times2.973\times10000$$
$$=7.737\times10^6 \text{（kJ/h）}$$

计算高压塔顶上升蒸汽的热焓和馏出液的平均比热容分别为：

$$H_{V,2}=1426.4\text{kJ/kg}，\quad (C_p)_{D,2}=3.224\text{kJ/(kg}\cdot℃)$$

高压塔顶蒸汽的冷凝热为：

$$Q_{冷}=V_2[H_{V,2}-(C_p)_{D,2}T_{D,2}]=(1.2+1)\times3355\times(1426.4-3.224\times110)$$
$$=7.91\times10^6(\text{kJ/h})$$

此值较 Q_1 大 2.24%。因有热损失，故可认为 D_1 和 D_2 的分配是合理的。

同理，由二塔的热衡算求得 $Q_2=9.19\times10^6$ kJ/h 此即双效时所需之热量。故

$$Q_{双}/Q_{单}=9.19\times10^6/1.43\times10^7=0.643$$

即由单效改为双效可节约热量 35%。由低压塔釜送料至高压塔需要液体泵，但由此而消耗的能量是很小的，可以忽略不计。

6.2.5　热泵精馏

任何精馏塔操作上都是塔顶温度低，塔底温度高。塔顶冷凝器需要用冷剂移出热量，塔底再沸器需要加热介质供热。如果把塔顶上升蒸汽的热量传给塔底物料，则热能可充分利用，但因温差倒置而不能自动进行。

按照热力学第二定律，为了从温度较低的塔顶冷凝器中取出热量，而同时又把这部分热量送入到温度较高的塔釜再沸器中，外界必须向精馏系统做功，这相当于用泵或压缩机把热量从温度较低的塔顶送到温度较高的塔釜，这种将精馏塔与制冷循环结合起来就构成了热泵精馏系统。

热泵精馏按制冷方式分为四种类型。第 1 类为一般制冷精馏过程，如图 6-12 所示。制冷循环对精馏塔顶冷凝器提供冷剂，制冷剂的循环自成系统。第 2 类为精馏塔闭式热泵流程，如图 6-13 所示。冷凝器是制冷循环制冷剂的蒸发器，反之再沸器是制冷剂的冷凝器。闭式热泵的特点是塔内物料与制冷循环系统的工质是被隔开的，自成系统。

最后两类是开式热泵。图 6-14（a）所示为精馏塔 A 型开式热泵。以乙烯精馏塔为例，塔顶出料为气态乙烯，经压缩机 1 增压升温后送到再沸器 2，乙烯间接对再沸器加热，本身冷凝，部分凝液作为塔顶出料，其余部分经节流阀 4 降压降温后作为塔顶回流。A 型开式热泵从制冷循环的角度看，可理解为砍掉了制冷剂蒸发器，节流后的乙烯返回塔顶，既是被分

离的物料又是制冷剂；从精馏的角度看，可理解为塔顶冷凝器与塔底再沸器合二为一。因此，既节约了能量，又省去了昂贵的低温换热设备。但对操作要求比较严格。采用 A 型开式热泵，原塔顶冷凝器的传热温差为零，故提高了热力学效率。

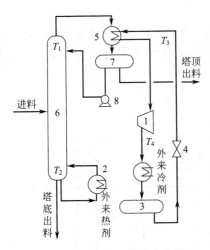

图 6-12　精馏塔一般制冷流程

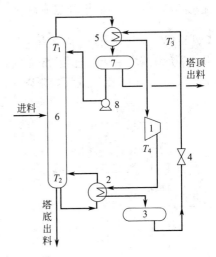

图 6-13　精馏塔闭式热泵流程

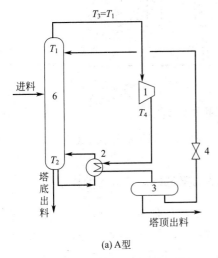

(a) A 型

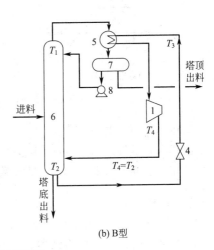

(b) B 型

图 6-14　精馏塔开式热泵流程

1—压缩机；2—再沸器；3—制冷剂贮罐；4—节流阀；5—塔顶冷凝器；6—精馏塔；7—回流罐；8—回流泵

图 6-14(b) 所示为精馏塔 B 型开式热泵。以乙烯/乙烷塔为例，塔底出料为乙烷，而制冷循环的制冷剂也采用乙烷。从精馏过程的角度看，可理解为塔底再沸器与塔顶冷凝器结合为一个设备；从制冷循环的角度看，可理解为砍掉了制冷剂冷凝器，将间接换热改为直接传热，塔釜温度等于压缩机的排气温度，降低了传热的不可逆性。采用 B 型开式热泵时，塔釜再沸器的传热温差为零，故可提高热力学效率。

对比闭式和开式流程：闭式流程所选用的工作流体在压缩特性、汽化热等性质上可以更优良，但需要两台换热器，且为确保一定的传热推动力，要求压缩升温较高；当塔顶蒸汽或釜液蒸汽有较好的压缩特性和较大汽化热时，宜选用开式流程。一般当塔顶产品是一个很好的冷剂时，可以考虑采用 A 型开式热泵；反之，当塔釜产品是一个很好的冷剂时，可考虑采用 B 型开式热泵。

热泵是精馏过程有效的节能手段，使用热泵不仅使能量费用急剧下降，而且冷却介质的温度不再是关键性因素。精馏塔可在较低塔压下操作，从而提高了组分的相对挥发度，降低了回流比和塔板数，因而塔径也有减小，使设备费用降低。

【例 6-5】 以丙烯-丙烷精馏塔为例说明热泵的应用和效益。某大型炼油厂气体分馏装置丙烯-丙烷精馏塔由年处理量 15 万吨扩建到 20 万吨，对采用常规流程和 B 型开式热泵流程两种方案进行了对比，流程如附图所示。

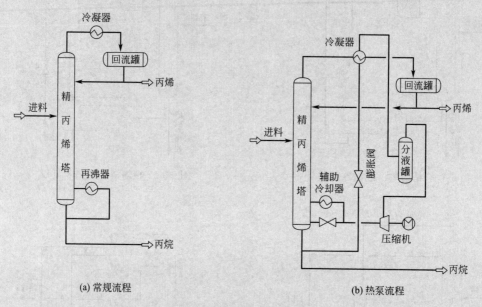

[例 6-5] 附图　丙烯-丙烷精馏塔两种流程比较

该塔进料组成（体积分数）：C_2 0.02%，丙烷 20.5%，丙烯 79.4%，C_4 0.08%。产品要求：丙烯纯度为 99.5%，丙烷纯度为 90%。

设备条件：塔径 ϕ2600mm，塔盘数 187，丙烯塔为降低标高，分为两段串联。

在方案比较中，采用美国 Aspen Tech 公司的化工流程软件 Aspen Plus 对流程进行了模拟，模拟结果见表 6-1～表 6-3。由表 6-1 可以看出：如果采用常规流程，原塔已不能满足要求，必须扩建，而且扩建后再沸器和冷凝器负荷增大，原有的换热面积已不够，需要加大或更新。若采用热泵流程，不仅原塔可以利用，而且取消了庞大的塔底再沸器。由于塔底液态丙烷节流膨胀后温度较低，而且随着回流比的减少，再沸器-冷凝器的热负荷也略有减小，因而原冷凝器换热面积能满足要求。由表 6-2 和表 6-3 可以看出：采用热泵流程改造丙烯-丙烷精馏塔与采用常规流程一次性投资相差不多，而采用热泵流程每年节约的操作费用却在千万元以上，可见其经济效益是非常明显的。

表 6-1　两种流程操作条件比较

操作条件	常规流程	热泵流程	操作条件	常规流程	热泵流程
塔顶压力/MPa	1.65	1.1	计算塔径/mm	2.92	2.56
塔顶温度/℃	40	23	塔盘数	201	187
回流温度/℃	30	23	再沸器负荷/(GJ/h)	41.8	37.2
回流比	15	13	冷凝器负荷/(GJ/h)	43.0	38.5

表 6-2 两种流程操作费用比较

项　　目	常规流程	热泵流程	项　　目	常规流程	热泵流程
蒸汽/(t/h)	21	—	能源费用/(万元/年)		
电/kW·h	—	1500	蒸汽	1276.8	—
冷却水/(t/h)	1285	160	电	—	648.0
			冷却水	822.4	102.4
			合计	2099.2	750.4

注：能源费用的计算依据为：蒸汽 76 元/吨，电 0.54 元/度；冷却水 0.8 元/吨，操作时间 8000h/a。

表 6-3　两种流程设备投资比较

新增主要设备	常规流程/万元	热泵流程/万元	新增主要设备	常规流程/万元	热泵流程/万元
塔	580	—	冷换设备	16.2	10.8
压缩机	—	640	合计	596.2	650.8

6.2.6　热偶合精馏和隔壁塔

(1) 热偶合精馏　在单个精馏塔中，靠冷凝器和再沸器分别提供液相回流和塔釜上升蒸汽，但在多个精馏塔设计时，设想如果能从某个塔引出一股液相物流直接作为另一个精馏塔的液相回流，或是引出一股气相物流直接作为另一精馏塔的上升蒸汽，则在这些塔中可以省略冷凝器或再沸器，从而实现通过物流直接接触来提供所需要的热量，称为热偶合。热偶合精馏塔（thermally coupled distillation，TCD）就是这样一种流程结构，它是一种新型的节能精馏方式，以主塔和副塔组成的复杂塔系代替常规精馏塔序列，在热力学上是最理想的系统结构，可同时节省设备投资与能耗，但是这种精馏方式在设计和操作控制上还比较困难。

图 6-15 所示为直接序列热偶合流程。第一塔的再沸器通过热偶合由第二塔的返回气相物流所取代，第一塔塔釜液仍然为第二塔进料，四个塔段分别为 1、2、3、4。在图 6-16 中，四个塔段重新排列形成侧线精馏式结构。

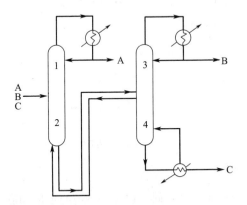

图 6-15　直接序列热偶合流程

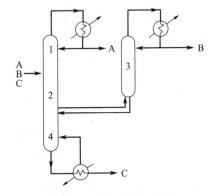

图 6-16　侧线精馏式流程

类似地，图 6-17 所示为简单塔间接序列热偶合流程。第一塔的冷凝器由热偶合代替，四个塔段仍分别为 1、2、3、4。在图 6-18 中，四个塔段重新排列，形成侧线提馏式结构。

和简单两塔流程相比，侧线精馏式流程和侧线提馏式流程更节省能量，这是因为主塔（即第 1 塔）中减少了物料混合造成的能量损失。在简单塔中，第一塔内出现中间组分组成的峰值，而现在，具有中间组分峰值的物料直接进到侧线精馏塔或侧线提馏塔，变不利为有利。

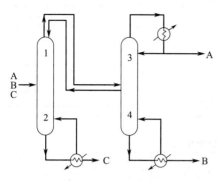

图 6-17　间接序列热偶合流程

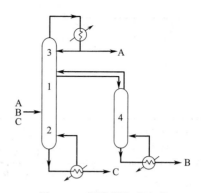

图 6-18　侧线提馏式流程

侧线精馏式和侧线提馏式热偶合流程有一些重要的优化参数，它们是：四个塔段每一段的塔板数；对精馏式，两个塔的回流比；对提馏式，两个塔的再沸比；对精馏式，主塔与侧线塔的蒸汽分配；对提馏式，主塔与侧线塔的回流液分配；进料状态。所有这些变量必须同时优化才能得到最好的设计。

图 6-19(a) 所示预分离塔流程中预分离塔有一再沸器和一分凝器。图 6-19(b) 所示为热偶合预分离流程，又称 Petyluk 塔。为使图 6-19 的两种结构等效，只需在预分离塔顶和塔底增加一些塔板以代替冷凝器和再沸器即可。

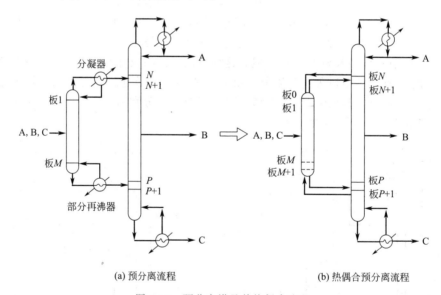

(a) 预分离流程　　　　　　　　　　(b) 热偶合预分离流程

图 6-19　预分离塔及其热偶合流程

图 6-19(a) 和图 6-19(b) 相比较，总热负荷和冷负荷几乎相同，但两个主塔的顶部和底部的气、液流率不同，其原因是图 6-19(a) 所示的预分离塔有冷凝器和再沸器，而图 6-19(b) 所示的没有。另外，供给热量和移出热量的温度有比较大的差别。在图 6-19(a) 所示的情况，两个再沸器的供热温度不同，两个冷凝器的冷凝温度也不同。而图 6-19(b) 所示各只有一个情况。综合比较，热偶合流程可节约能耗 30%。

(2) 隔壁塔　图 6-20 所示为热偶合的另一结构。用一垂直挡板将塔内分成两部分，这种塔称为隔壁塔（dividing wall column）。如果挡板是隔热的，隔壁塔等价于图 6-19(b) 所示的热偶合预分离流程。

隔壁精馏塔的工作原理可以用三元混合物的分离加以解释。对于三元混合物的分离，可采用双塔 6 种常规分离方式实现。而隔壁塔为单塔，塔中隔壁将其分割为两部分，可取代两塔的功能及实现三元混合物的分离。在隔壁塔内，进料侧为预分离段，另一端为主塔，混合物 A、B、C 在预分离段初步分离为 AB 和 BC 两馏分，分别进入主塔上部和下部，塔上部将 A、B 分离，塔下部将 B、C 分离，塔顶得到产物 A，塔底得到产物 C，中间组分 B 在主塔中部采出。同时，主塔中又引出液相流股和气相流股分别返回进料侧顶部和底部，为预分离段提供回流和上升蒸汽。

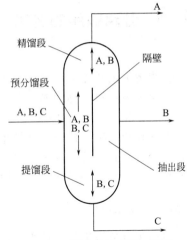

图 6-20　隔壁塔示意图（省略冷凝器和再沸器）

从以上分析可以看出，隔壁塔的设计本身就是一个分离序列综合优化的过程，隔壁塔的技术特点可以总结如下：

- 隔壁塔是中间带有垂直隔板的精馏塔；
- 塔内既可以采用塔板，也可以采用填料，或二者混用；
- 塔内进料侧为预分馏段，产品出料侧为主塔；
- 隔壁塔可以将一个三元混合物用单塔分离成三个纯组分，同时还可节省 1 个精馏塔及其附属设备，如再沸器、冷凝器、塔顶回流泵等，且占地面积相应减少；
- 隔壁塔在热力学上更有效，降低了进料板上的混合影响，与传统的两塔分离序列相比，隔壁塔的能耗及设备投资均可降低 30% 左右；
- 隔壁塔可以处理三个以上的组分，其中比组分 A 轻的组分由塔顶馏出，比组分 C 重的组分作为塔底产品馏出。

从 Wright（1949）提出隔壁塔的设想后，1985 年 BASF 才实现了第一个相关工业应用。目前隔壁塔已经有超过 90 个工业应用的报道，其中 BASF 一家就超过 60 个。

热偶精馏流程的适用范围　热偶精馏流程并不适用于所有化工分离过程，它的应用有一定的限制，这是因为，虽然此类塔从热力学角度来看具有最理想的系统结构，但它主要是通过对输入精馏塔的热量的“重复利用”而实现的，当再沸器所提供的热量非常大或冷凝器需将物料冷至很低温度时，此工艺会受到很大限制。此外，热偶精馏流程对所分离物系的纯度、进料组成、相对挥发度及塔的操作压力都有一定的要求。

① 产品纯度　热偶精馏流程所采出的中间产品的纯度比一般精馏塔侧线出料达到的纯度更高。因此，当希望得到高纯度的中间产品时，可考虑使用热偶精馏流程。如果对中间产品的纯度要求不高，则直接使用一般精馏塔侧线采出即可。

② 进料组成　若分离 A，B 和 C 三组分混合物，且相对挥发度依次递增，采用热偶精馏时，进料中组分 B 的量应最多，而组分 A 和 C 数量上应相当。

③ 相对挥发度　当组分 B 是进料中的主要组分时，只有当组分 A、B 之间的相对挥发度与组分 B、C 之间的相对挥发度的比值相当时，采用热偶精馏具有的节能优势最明显。如果组分 A 与 B（与组分 B 与 C 相比）非常容易分离时，从节能角度来看就不如使用常规的双塔流程了。

④ 操作压力　整个分离流程的压力不能改变。当需要改变压力时，则只能使用常规的双塔流程。

6.3 分离顺序的选择

多组分分离顺序的选择是化工分离过程常遇到的问题。目前广泛采用的是有一个进料和两个产品的分离塔，称为简单分离塔。当用这类塔构成的塔系分离多组分混合物时，就涉及先分离哪个组分，后分离哪个组分的问题，因而除了分离方法的选择外，还必须对分离塔的排列顺序作出决策。此外，在简单分离塔功能的基础上采用多段进料、侧线采出、侧线气提和热偶合等方式所构成的复杂塔及其塔系也在多种化工工艺中采用。它与简单塔相比，在操作和控制上较复杂，但在节能和热能综合利用上有明显优点。

6.3.1 分离顺序数

将简单分离塔进料中各组分按相对挥发度的大小顺序排列，当轻、重关键组分为相邻组分，且二者的回收率均很高时，可认为是清晰分割。为使问题简化，假设分离顺序中各塔均为清晰分离塔，并且进料的某一组分只出现在一个产品流中。对于分离四组分混合物为四个纯的单一组分产品的情况，则需要三个塔和可有五种不同的分离流程，如图 6-21 所示。若将含有 C 个组分的混合物分离成 C 个产品，就需要 $C-1$ 个塔。由 $C-1$ 个塔可能构成的顺序数 S_C 的计算公式可以这样导出：对顺序中的第一个分离塔，其进料含有 C 个组分，可以有 $C-1$ 种不同的分法。若第一个塔的塔顶产品含有 j 个组分，将这一产品继续进行分离可能有的分离顺序数用 S_j 表示。塔底产品有（$C-j$）个组分，用 S_{C-j} 表示其分离顺序数，S_j 与 S_{C-j} 相乘而得第一分离塔一种分离法的分离顺序数为 $S_j S_{C-j}$。故对 $C-1$ 种不同分法的分离顺序总和为

$$S_C = \sum_{j=1}^{C-1} S_j S_{C-j} \tag{6-28}$$

各 S 值由逐步推算获得：对 $C=2$，已知只能有一个分离顺序，从式(6-28) 可得 $S_2 = S_1 S_1 = 1$ 和 $S_1 = 1$。对 $C=3$，$S_3 = S_1 S_2 + S_2 S_1 = 2$，依此类推，可得表 6-4 中对于 $C \leqslant 11$ 的顺序数。

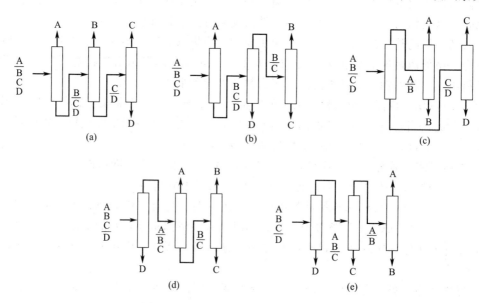

图 6-21　分离四组分混合物的五种流程

可以看出，顺序数随组分数或产品流的增加而急剧增加。顺序数也可从如下的公式得到

$$S_C = \frac{[2(C-1)]!}{C!\,(C-1)!} \tag{6-29}$$

表 6-4　用简单分离塔分离时的分离塔数和分离顺序数

组分数,C	各顺序中的分离塔数	顺序数,S_C	组分数,C	各顺序中的分离塔数	顺序数,S_C
2	1	1	7	6	132
3	2	2	8	7	429
4	3	5	9	8	1430
5	4	14	10	9	4862
6	5	42	11	10	16796

以上是就一种简单分离方法而说的，若要考虑多于一种方法的分离情况，例如考虑采用质量分离剂的萃取精馏或共沸精馏，上述式（6-28）或式（6-29）所代表的问题就大为复杂化。例如在一定情况下，总顺序数 S 可按下式估算：

$$S = T^{C-1} S_C \tag{6-30}$$

式中，T 为所考虑的不同分离方法数。例如若 $C=4$，所考虑的分离方法为普通简单精馏、用苯酚的萃取精馏、用苯胺的萃取精馏及用甲醇的萃取精馏、一共四种方法，则从式（6-29）和式（6-30）得到可能的顺序数 $S = 4^{4-1}(5) = 64(5) = 320$ 种，即可能的顺序数为只考虑普通简单精馏时的 64 倍。如果还要考虑由于采用分离剂而引起的其他问题，如分离剂的回收和循环使用，以及对分离塔产品进行混调以得最后产品所需要的浓度等，都会使可能的顺序数增加更多。

【例 6-6】 用普通精馏将 C_2^0、$C_3^=$、C_3^0、$1\text{-}C_4^=$ 和 $n\text{-}C_4^0$ 组成混合物（其相对挥发性按排列顺序递减）分离成三个产品：C_2^0；（$C_3^=$、$1\text{-}C_4^=$）；（C_3^0、$n\text{-}C_4^0$）。确定可能的分离顺序数。

解 按题意，除 C_2^0 外混合烯烃和混合烷烃分别为所要求的产品，由于同一馏分中两个组分的相对挥发度不相邻，故首先必须将混合物完全分离成纯品。然后再将它们混合得到产品。因此，由表 6-4，当 $c=5$ 时，$S=14$（注：用普通精馏分离本例产品不合理）。

6.3.2　理想多组分精馏塔序的合成

本节将讨论接近理想的物系的偶合分离。图 6-22 给出不生成共沸物的三组分混合物精馏的 9 种方案。组分 A、B、C 不形成共沸物，其相对挥发度顺序为 $\alpha_A > \alpha_B > \alpha_C$。方案 A 和 B 为简单分离塔序，在第一塔中将一个组分（分别为 A 和 C）与其他两个组分分离，然后在后继塔中分离另外两个组分。图 6-22 中收入这两个方案（A、B）的目的是便于与其他方案比较。方案 C 中第一塔的作用与方案 A 的相似，但再沸器被省掉了，釜液送往后继塔作为进料，上升蒸汽由后继塔返回气提塔，该偶合方式可降低设备费，但开工和控制比较困难。方案 D 为类似于方案 C 的偶合方式对方案 B 的修正。方案 E 为在主塔（即第一塔）的提馏段以侧线采出中间馏分（B+C），再送入侧线精馏塔提纯，塔顶得到纯组分 B，塔釜液返回主塔。方案 F 与方案 E 的区别在于侧线采出口在精馏段，故中间馏分为 A 和 B 的混合物，侧线提馏塔的作用是从塔釜分离出纯组分 B。方案 G 为热偶合系统（亦称 Petyluk 塔）第一塔起预分馏作用。由于组分 A 和 C 的相对挥发度大，可实现完全分离。组分 B 在塔顶、釜均存在。该塔不设再沸器和冷凝器，而是以两端的蒸汽和液体物流与第二塔沟通起来。在第二塔的塔顶和塔釜分别得到纯组分 A 和 C。产品 B 可以按任何纯度要求作为塔中侧线

得到。如果 A-B 或 B-C 的分离较困难，则需要较多的塔板数。热偶合塔的能耗是最低的，但开工和控制比较困难。有时该过程能在一个单独的"隔壁塔"中完成，如图 6-22(h) 所示。全塔分四段，中间两段为被垂直挡板分割而成。原料从隔壁的左侧进塔。隔壁左侧的塔段起着与图 6-22(g) 中第一塔相同的分离作用。在隔壁顶端，A 和 B 的混合物溢流过隔壁而进入精馏段和上中段。在隔壁底部，B 和 C 的混合物向壁下方流动，进入提馏段和下中段。这样，隔壁右侧的两个中段起着与图 6-22(g) 中第二塔中间两段相同的分离作用。与图 6-22(g) 比较，隔壁塔节能 30％，节约投资 25％。隔壁塔也能用于四组分分离和萃取精馏。方案 I 与其他流程不同，采用单塔和提馏段侧线出料。采出口应开在组分 B 浓度分布最大处。该法虽能得到一定纯度的 B，却不能得到纯 B。方案 H 与方案 I 的区别为方案 I 从提馏段侧线采出。

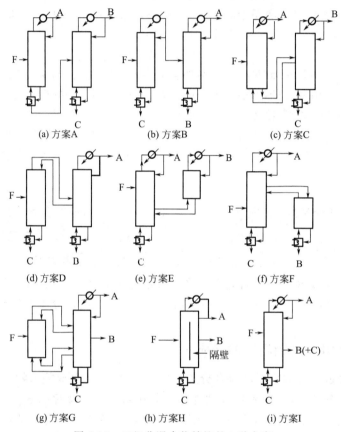

图 6-22　三组分混合物精馏的 9 种方案

　　根据研究和经验可推断，当 A 的含量少，同时（或者）A 和 B 的纯度要求不是很严格时，方案 J 是有吸引力的。同理，当 C 的含量少，同时（或者）C 和 B 的纯度要求不是很严格时，则方案 I 是有吸引力的。当 B 的含量高，而 A 和 C 两者的含量相当时，则热偶合方案 G 常是可取的。当 B 的含量较少而 A 和 C 的含量较大时，侧线提馏和侧线精馏（方案 F 和方案 G）可能是有利的。而当 A 的含量远低于 C 时，则方案 F 会更有吸引力；若是 A 的含量远大于 C，则方案 E 优先。这些方案还必须与方案 B（C 的含量远大于 A 时）和方案 A（C 的含量比 A 少或相近时）加以比较。

　　应该指出，上述分析不限于一个分离产品中只含有一个组分的情况，它也适用于将不论多少组分的混合物分离成三种不同产品的分离过程。此外，对于具有更多组分的系统，可能的分离方案数量是按几何级数增加的，选择塔序的问题变得十分复杂。

这些塔序方案仅仅是所做工作的开始，因为热交换和能量集成的问题与流程的选择交织在一起。

流程的初步设计可采用启发法。启发法不一定得到优化的分离流程，但能得到接近优化的流程。启发法的开发依据了大量的模拟工作，然后寻找与最好流程相关联的规则。启发法规则按重要性的顺序排列如下：

①首先分出有危险性的、有腐蚀性的和易发生反应的组分；

②如果 $\alpha_{LK-HK} < \alpha_{min}$，而 α_{min} 在 $1.05 \sim 1.10$ 之间，则不能使用精馏操作；

③首先分出需要很高或很低温度或压力操作条件的组分；

④首先分离很容易分开的组分（α 很大）；

⑤接着分出含量大的组分；

⑥接着分出最易挥发度组分；

⑦最难分离的两组分设计为二组分分离；

⑧更希望切割分离塔顶和塔釜出料量接近 1:1 的混合物（可以是多元）；

⑨如果可能的话，最终产品均以馏出液的形式采出；

⑩对于要求不高的分离，可考虑侧线采出；

⑪若能源昂贵，可考虑热偶合和多效精馏。

启发法的每一条规则都有其合理的理由。第 1 条是将不安全因素降至最小，排除不稳定化合物，减小后续塔器对昂贵材料的需求。第 2 条是避免使用过高的塔。第 3 条的目的是控制投资和成本，因为要求很高和很低的温度和压力条件必将提高塔的造价和操作费用。第 4 条指的是在多组分和大处理量的情况。第 5 条建议尽可能降低进料流率。第 6 条分离出最易挥发度组分就是分离出难冷凝的组分，有利于降低塔顶操作压力。第 7 条使进料流率最低，从而减小最难分离组分的大塔的塔径至最小。第 8 条的目的是使流程中各塔较平衡，避免流率有突然的变化。第 9 条适于得到纯产品，因为难挥发度产品容易热降解。

【例 6-7】 设计分离多种醇混合物的精馏系统。原料组成及相对挥发度如下：

组分	乙醇(E)	异丙醇(iP)	正丙醇(nP)	异丁醇(iB)	正丁醇(nB)
摩尔分数	0.25	0.15	0.35	0.10	0.15
相对挥发度	2.09	1.82	1.0	0.677	0.428

要求每一个醇产品的纯度均为 98%。用启发法确定适宜的分离流程。

解

(1) 确定相邻组分的相对挥发度 $\alpha_{E-iP} = 2.09/1.82 = 1.15$

同理 $\alpha_{iP-nP} = 1.82$；$\alpha_{nP-iP} = 1.48$；$\alpha_{iB-nB} = 1.58$。

由于最容易分离的异丙醇-正丙醇二元系并不比其他组分的分离容易很多，故启发法第 4 条可不考虑。

(2) 用启发法求解

方案 1. 从启发法第 6 条和第 9 条得到直接塔序。该方案毫无疑问是可行的，但无创意。

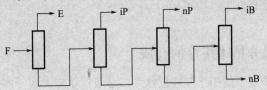

方案 2.启发法第 7 条通常是很重要的。从相邻组分的相对挥发度数据可见，乙醇和异丙醇是最难分离的组分。如果同时对 A 塔使用第 8 条，对 B 塔使用第 7 条，对 C 塔使用第 5 条和第 8 条，则得到如下所示流程。

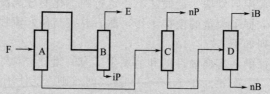

方案 3.应用启发法第 11 条可设计全热偶合系统，但操作困难。然而若应用第 7、8 和 11 条，得到情况 2 的修正方案，如下所示。

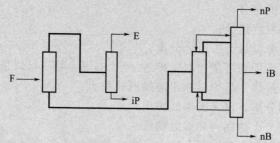

方案 4.启发法第 11 条也能应用于开发具有一个或更多多效塔的系统。如果应用启发法第 7 条单独分离乙醇和异丙醇，一种选择是对情况 2 的 D 塔进料加压，使 D 塔在较高压力下操作，构成多效精馏系统，如下所示。当然，对于使用多效分离技术，还有很多其他可能的选择。

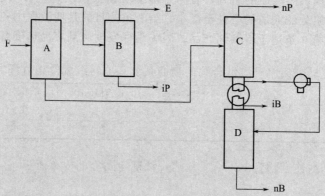

对于该流程的设计，还有其他方案选择，但上述四种方案之一或许是接近最优流程。

（3）核对 寻找优化流程方案需要对每一种选择进行模拟。对于方案 1 和方案 2，可以使用简捷法计算。对于方案 3 和方案 4，热偶合和多效塔更为复杂，应通过数学模拟比较之。

（4）结论 这些设计方案之一是接近最优的。因为乙醇和异丙醇之间的相对挥发度低，启发法第 7 条是重要的。应用启发法可避免审查几百种其他方案。

上述的启发法适用于非共沸物系。

6.3.3 非理想多组分精馏塔序的合成

上述启发法的很多条款不适用于非理想物系，必须建立新方法处理这类问题。首先设计一个可行方案，然后再完善它。非理性物系的启发法还不够完善，达不到与理想物系相同的程度。

操作建议一：准备

① 对所研究物系，找到可靠的平衡数据和（或）关系。

② 开发所研究物系的剩余曲线或精馏曲线。

③ 对物系分类：a.接近理想；b.非理性但不生成共沸物；c.有一个二元均相共沸物，没有精馏边界；d.有一个二元均相共沸物和一条精馏边界；e.有两个或更多二元均相共沸物，可能有一个三元共沸物；f.有非均相共沸物，可以有几个二元和三元共沸物。尽管 d~f 的求解已超出本书范围，还是作简单介绍。

操作建议二：按情况处理

① 接近理想如果物系接近理想，则用前一小节的启发法。

② 非理性但不生成共沸物这些物系通常类似于理想物系，多种塔序都是合适的。然而，含有非关键组分的最难分离组分之间的分离与前述推荐理想混合物的二组分分离相比较可能更容易些。

a. 画各对二元系的 y-x 图。如果所有分离都相当容易，则使用理想的启发法。

b. 如果各对二元系中有一对组分的相对挥发度很小，那么确定是否在第三组分存在下容易分离，通过作蒸馏曲线或作在第三组分不同恒定浓度下的假二元 y-x 图可以作出判断。如果第三组分的存在有助于分离，则首先分离该难分离的组分。塔中第三组分的浓度通过提纯该组分的塔循环回来得到调整。这个方法类似于分离近沸点组分的萃取精馏，第三组分作为溶剂。

③ 有一个二元均相共沸物，无精馏边界。剩余曲线如图 6-23(a) 和图 6-23(b) 所示。

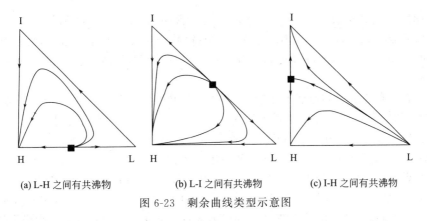

(a) L-H 之间有共沸物　　　(b) L-I 之间有共沸物　　　(c) I-H 之间有共沸物

图 6-23　剩余曲线类型示意图

a. 如果在轻组分和中间组分之间有二元共沸物 ［图 6-23(b)］，该情况很类似于使用萃取精馏分离二元共沸物，此处重组分代替了加入的溶剂。所采用的流程也类似于萃取精馏流程，只是重组分产品从溶剂补充口采出。如果进料中有足够多的重组分，则不需要重组分循环。

b. 如果二元共沸物在轻组分和重组分之间 ［图 6-23(a)］，则通过中间组分的循环可以实现组分的分离，如图 6-24 所示。如果进料中有足够多的中间组分，则不需要中间组分循环。采用图 6-24(a) 流程的分离在 ［例 6-8］ 中说明。

④ 有一个二元均相共沸物和精馏边界，可以是最高共沸物或最低共沸物 ［图 6-23(c)］。

a. 如果精馏边界是直线，不加质量分离剂是不可能实现三组分进料完全分离的。

b. 如果精馏边界是曲线，三组分进料完全分离是可能的。经原料与循环物料混合能穿过精馏边界。

⑤ 存在有两个或多个二元共沸物，还可能有三元共沸物。这些系统是复杂的，有一个

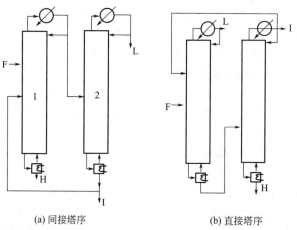

(a) 间接塔序   (b) 直接塔序

图 6-24　轻组分（L）和重组分（H）之间有二元共沸物的三组分分离流程

或多个精馏边界。如果有一个单独的曲线精馏边界，那么可能开发一个流程分离该混合物，不需要加任何质量分离剂。如果仅仅有两个二元共沸物而没有三元共沸物，那么寻找一个分离方法（例如萃取）分离出在两个共沸物中都存在的组分。

⑥ 不仅有非均相共沸物，还包含几个二元和三元共沸物。通过过程模拟，作剩余曲线图并且要标绘出两液相区。由于液-液平衡能够穿越精馏边界，有可能在不加额外的质量分离剂的情况下实现分离。精馏边界能通过混合、分层和反应实现穿越。如果可能，使用进料中已有的组分作为萃取精馏的溶剂或共沸精馏的共沸剂。

【例 6-8】　分离复杂三元混合物过程开发。含甲醇 50.0％（摩尔分数）、丁酸甲酯 10％（摩尔分数）和甲苯 40％（摩尔分数）的原料欲分离成三个纯度为 99.7％ 的产品。进料量为 100.0 kmol/h，饱和液体进料。开发一个可行的精馏流程并证明是正确的。

解

（1）规定　打算开发包括循环的精馏塔序，要求得到甲醇、丁酸甲酯和甲苯的纯度均大于 99.7％ 的产品。通过数学模拟证明所选流程是可行的，但不需要优化。

（2）探讨　Aspen Plus 数据库中有这些组分，选用 NRTL 模型作剩余曲线，如［例 6-8］附图所示。由于在甲醇（轻组分）和甲苯（重组分）之间有一个二元最低共沸物并且没有精馏边界，剩余曲线类似于图 6-23（a）。预计图 6-24 的流程可能是合适的。

（3）计划　将新鲜原料的组成标注在［例 6-8］附图上面（F 点）。由于新鲜原料中丁酸甲酯的浓度低，该点接近二元甲醇-甲苯边，如果不循环中间组分（丁酸甲酯），则绕不开二元共沸物。这样，为使设计可行，从循环中间组分入手是比较保险的。图 6-24(a) 和图 6-24(b) 哪一个更好呢？比较组分的沸点可以看出，从丁酸甲酯中分离甲醇比从甲苯中分离丁酸甲酯更简单些。这样，如果使用图 6-24(a) 的流程，第 2 塔可能相当小，当然第 1 塔比较大。

（4）设计　使用图 6-24（a）的流程，循环中间组分。任意假设一个循环速率 100 kmol/h。由于丁酸甲酯的纯度要求是 99.7％，故假设循环物料是纯丁酸甲酯。将新鲜原料与循环物料混合，根据杠杆原理找到［例 6-8］附图上的 M 点。然后该混合物被分离成基本不含甲苯的馏出液和含甲苯大于 99.7％ 的釜液。这一过程是可行的，因为从 D 到 MB 再到 BT 走向的直线总是温度升高的方向。这表示剩余曲线是合理的和适宜的。第 1 塔的馏出液送进第 2 塔分离，塔顶得到 99.7％ 以上的甲醇馏分，塔釜得到大于 99.7％ 的丁酸甲酯，达到预期的分离目标。

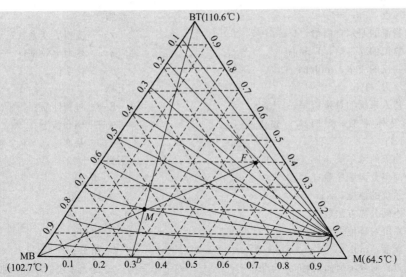

[例 6-8] 附图　甲醇（M）、丁酸甲酯（MB）和甲苯（BT）精馏的剩余曲线和物料衡算

证明：精馏塔的混合进料为：丁酸甲酯 55%；甲苯 20%；甲醇 25%。进料流率是 200kmol/h，假设为饱和液体进料。图 6-24(a) 的流程用 Aspen Plus 软件模拟，平衡关系选用 NRTL 方程。对于可行性研究，纯丁酸甲酯与新鲜原料混合，在第 1 塔的同一级进料。经试差得到下列结果。

第 1 塔：$N = 81$（包括全凝器和再沸器）；进料板 $N_F = 41$，馏出液 $D = 160$kmol/h，$L/D = 8$，操作压力 $P = 1.0$ atm（1.0atm＝101325Pa）。

馏出液组成（摩尔分数）：甲醇 0.3125；丁酸甲酯 0.686907；甲苯 0.00050925

塔釜液组成（摩尔分数）：甲醇 6.345×10^{-35}；丁酸甲酯 0.002037；甲苯 0.997963

第 2 塔：$N = 20$（包括全凝器和再沸器）；进料板 $N_F = 10$，馏出液 $D = 50$ kmol/h，$L/D = 1.5$，操作压力 $P = 1.0$ atm。

馏出液组成（摩尔分数）：甲醇 0.99741；丁酸甲酯 0.002315；甲苯 0.0002753

塔釜液组成（摩尔分数）：甲醇 0.0011751；丁酸甲酯 0.998207；甲苯 0.00061559

（5）核对　首先从 [例 6-8] 附图的物料平衡计算预测第 1 塔馏出液组成为：甲醇 31%；丁酸甲酯 69%。这个结果与模拟计算相当一致。文献已证实图 6-24(a) 流程分离这种类型混合物是成功的。因此可以确信该流程是可行的。

（6）结论　可行过程的开发是设计的第一个重要步骤。也应对图 6-24(b) 作初步设计，弄清楚该流程不够好。还必须对所选择的流程作优化，以便找到适宜的循环速率以及每个塔适宜的 N、N_F 和 L/D 数据。还将试一下没有 MB 循环的情况，考察有没有可行的过程。对于第 1 塔，还要考察新鲜原料和循环料分别进料的情况。如果两个最好的过程不相上下，则通过优化确定哪个过程更经济，最终取舍。

本章符号说明

英文字母

B——有效能，J/mol；

c——组分数；

C_p——比热容，J（mol·K）；

D——馏出液，mol/h；

F——进料，mol/h；

f——逸度，Pa；

G——物流的摩尔自由焓，J/mol；

H——物流的摩尔焓，J/mol；

n——物流的流率，mol/h；

P——压力，Pa；

Q——传入系统的热量流率，J/h；

R——气体常数，8.314J/（mol·K）；

S——物流的摩尔熵，J/（mol·K）；

S_C——简单分离顺序数；

T——系统的温度，K；

不同分离方法数；

W——系统对环境做功，J/h；

釜液，mol/h；

W_s——过程对环境所做的轴功，J/h；

$W_{min,T}$——等温分离的最小功，J/h；

x——液体混合物组成，摩尔分数；

y——气体混合物组成，摩尔分数；

z——物流的组成，摩尔分数。

希腊字母

γ——液相活度系数；

η——热力学效率；

μ——化学位。

上标

E——过剩性质；

s——饱和状态；

°——基准态。

下标

A、B——组分；

c——冷凝器；

D——馏出液；

F——进料；

i——组分；

j——流入系统的单相流股序号；

k——流出系统的单相流股序号；

o——环境；

R——再沸器；

W——釜液。

参 考 文 献

[1] Henly E J，Seader J D. Equilibrium Stage Separation Calculation in Chemical Engineering. New York：John Wiley & Sons，1981.

[2] Wankat P C. Equilibrium Staged Separations in Chemical Engineering. New York：Elserier 1988.

[3] King C J. Separation Processes. 2nd ed，New York：Mc Graw-Hill，1980.

[4] Petterson W C，Wells T A. Chem Eng，1977，84（20）：78.

[5] Freshwater D C. Brit Chem Eng，1961，6：388.

[6] Mah R S H，Nicholas J J，Wodnik R B. AIChE J，1977，23：651.

[7] 冯霄. 化工节能原理与技术. 第3版. 北京，化学工业出版社，2009.

[8] 兰州石油机械研究所. 现代塔器技术. 第2版. 北京：中国石化出版社，2005.

[9] Wankat，Phillip C. Separation Process Engineering. 3rd ed. New York：Pearson Education Inc，2011.

[10] 张卫东，孙巍，刘君腾. 化工过程分析与合成. 第2版. 北京：化学工业出版社，2011.

习 题

6-1.通过计算，考察在 T_0 下二元理想气体混合物在下述各种情况的无量纲最小功函数与产品组成的关系：①完全分离；②分离得到纯度为90％的产品。说明此分离的最小功如何随产品纯度而敏感地变化？

6-2.在环境状态下，将含有35％（摩尔分数）丙酮（1）的水（2）溶液在液相分离成99％（摩尔分数）的丙酮和98％（摩尔分数）的水。①若丙酮和水生成理想溶液，计算以 W/kmol 进料为单位的最小功；②在环境状态下的液相活度系数用 Van Laar 方程联立，其常数 $A_{12}=2.0$，$A_{21}=1.7$。计算最小功。

6-3.对如下闪蒸操作计算：①有效能改变（$T_0=311$K）；②净功消耗。

习题 6-3　附表

组成	流　率/（kmol/h）		
	物　流1	物　流2	物　流3
H_2	0.44	0.43	0.014
N_2	0.10	0.095	0.0045
苯	0.036	0	0.036
环己烷	41.69	0.31	41.38

操作条件	物 流 1	物 流 2	物 流 3
温度/K	322	322	322
压力/kPa	2068	103.4	103.4
焓/(kJ/h)	−3842581.27	−15055.7	−3827525.57
熵/[kJ/(h·K)]	2885.6	55.1	2848.66

6-4. 试证明: 等温分离二元理想气体混合物为纯组分, 其最小功函数的极大值出现在等摩尔组成进料的情况。

6-5. 苯-甲苯常压精馏塔, 进料、馏出液及釜液的流率和温度如附表所示, 各组分的平均摩尔比热容也列于附表中, 设环境温度为20℃, 求各股物流的有效能和苯-甲苯精馏塔的最小分离功。

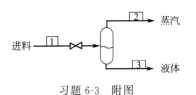

习题 6-3 附图

习题 6-5 附表

物 流	流率/(kmol/h)	苯的摩尔分数	温度/℃
进 料	100.00	0.44	92
馏出液	43.78	0.95	82
釜 液	56.22	0.05	108

各温度下苯、甲苯的平均热容 $C_{p,m}$/[J/(mol·K)]			
组 分	365K	355K	381K
苯	144.0	143.3	146.2
甲 苯	167.4	164.9	168.2

6-6. 试求习题 5 苯-甲苯精馏塔的热力学效率。除原已知条件外, 塔顶冷凝器热负荷为 997kW (用水冷却), 塔釜再沸器热负荷为 1025kW (用 130℃的蒸汽加热)。

6-7. 有效能的损失是什么原因引起的? 如何减小有效能损失?

6-8. 用普通精馏塔分离来自加氢单元的混合烃类。进料组成和相对挥发度数据如附表所示, 试确定两个较好的流程。

习题 6-8 附表

组分	进料流率/(kmol/h)	相对挥发度	组分	进料流率/(kmol/h)	相对挥发度
丙烷(C_3)	10.0	8.1	丁烯-2(B2)	187.0	2.7
丁烯-1(B1)	100.0	3.7	正戊烷(C_5)	40.0	1.0
正丁烯(nB)	341.0	3.1			

6-9. 某反应器的流出物是 RH_3 烃的各种氯化衍生物的混合物、未反应的烃和 HCl。根据附表数据, 用经验法设计两种塔序并作必要的解释。注意: HCl 具有腐蚀性。

习题 6-9 附表

组分	流率/(kmol/h)	相对挥发度	纯度要求	组分	流率/(kmol/h)	相对挥发度	纯度要求
HCl	52	4.7	80%	RH_2Cl	30	1.9	95%
RH_3	58	15.0	85%	$RHCl_2$	14	1.2	98%
RCl_3	16	1.0	98%				

第7章
新型分离技术和过程集成

　　新型分离技术近二三十年来进展迅速，应用范围越来越广泛，涉及石油、化工、医药、食品、生物、冶金、原子能、环境保护等许多工业领域。

　　在本书第1章绪论中曾提及，传质分离过程分为平衡分离过程和速率分离过程。前者所包括的绝大多数分离过程都属于传统分离过程，它们的历史悠久，应用成熟程度高。而后者所包括的绝大多数分离过程都属于新型分离技术，其应用成熟程度相对较低，但过程开发和工业应用日新月异，不断创新。

　　新型分离技术也有不同类别：一类是在原传统分离过程基础上的改进、延伸和创新。例如基于液-液萃取的超临界流体萃取、双水相萃取分离技术；另一类是基于相关学科发展而形成的创新性分离技术，例如膜分离；还有一类则是膜技术与传统分离相结合派生出来的分离技术，例如膜萃取、膜吸收等。

　　随着分离过程应用深度和广度的增加，一种分离过程单独应用的情况较少，而不同传统分离方法组合在一起；传统分离过程与新型分离技术组合在一起；不同新型分离技术组合在一起以及反应单元和分离操作组合在一起，构成一个流程，实现特定的分离和（或）反应目标，正成为技术开发的热点，这种组合技术叫做"过程集成"。集成的目的有多种：使原不能实现的过程变为可能；提高产品的纯度和收率；降低整体过程的能耗和操作费用；简化工艺流程，降低基建投资；减少或消除三废，使生产过程成为绿色工艺等。集成的结果可能达到上述至少一种或同时达到多种目的。过程集成是近些年来化工科技进步的亮点之一。

　　由于新型分离技术种类繁多，过程集成不胜枚举，篇幅所限，只能对部分新型分离技术进行介绍，并且侧重于基本概念、过程原理和应用情况。对于过程集成，也不能面面俱到，仅介绍一些应用实例而已。

7.1 膜分离

　　膜分离是以天然或合成薄膜为质量分离剂，以压力差、化学位差等为推动力，根据液体或气体混合物的不同组分通过膜的渗透率的差异实现组分的分离、分级、提纯或富集的过程。原料混合物经分离膜透过的为透过物，未透过的为截留物。通常膜原料侧被称为膜上游，透过侧被称为膜下游。膜多为固体，也可以是液体或者气体。膜可以是致密的，也可以是有孔的。膜材料可以是高分子材料，也可以是无机材料。膜应能达到预期的分离目的，且具有足够的物理化学和机械稳定性，保证一定运转周期。

7.1.1　概述

膜分离是新兴的分离技术。从 20 世纪 30 年代开始，先后研制和开发了微滤、电渗析和反渗透过程以及相应的微滤膜、离子交换膜和反渗透膜，并且付诸工业应用。此后膜分离技术受到了广泛关注，各种新型膜材料、膜工艺、膜装置、膜过程和应用技术不断涌现，膜分离技术从此走上了快速发展的新阶段。

7.1.1.1　膜分离过程分类

膜分离可以说是个大家族，它包含很多不同过程特征、不同分离目的和不同适用范围的膜过程。表 7-1 列出了膜分离过程及其特性。

表 7-1　膜分离过程及其特性

分离过程	分离目的	截留物性质(尺寸)	透过物性质	推动力	过程机理	原料、透过物相态
气体分离(GS)	气体的浓缩或净化	大分子或低溶解性气体	小分子或高溶解性气体	浓度梯度(分压差)	溶解扩散	气相
渗透汽化(PV)	液体的浓缩或提纯	大分子或低溶解性物质	小分子或高溶解性或高挥发性物质	浓度梯度、温度梯度	溶解扩散	进料:液相透过物:气相
蒸汽渗透(VP)	液体或蒸汽混合物的分离	对膜低溶解性物质	对膜高溶解性物质	浓度梯度(分压差)	溶解扩散	进料:气相透过物:气相
渗析(D)	大分子溶液脱除低分子溶质，或低分子溶液脱除大分子溶质	>0.02μm，血液透析中 >0.005μm	低分子和小分子溶剂	浓度梯度	筛分、阻碍扩散	液体
电渗析(ED)	脱除溶液中的离子或浓缩溶液中的离子成分	大尺寸离子和水	小分子离子	电势梯度	反离子传递	液体
反渗透(RO)	脱除溶剂中的所有溶质或溶质浓缩	>1~10 相对分子质量的溶质	溶剂	静压差	溶解-扩散优先吸附/毛细管流	液体
纳滤(NF)	脱除低分子有机物或浓缩低分子有机物	>200~3000 相对分子质量的溶质	溶剂和无机物及小于 200 相对分子量的物质	静压差	溶解扩散及筛分	液体
超滤(UF)	脱除溶液中大分子或大分子与小分子溶质分离	>10000~200000 相对分子质量的溶质	低分子	静压差	筛分	液体

分离过程	分离目的	截留物性质（尺寸）	透过物性质	推动力	过程机理	原料、透过物相态
微滤（MF）	脱除或浓缩液体中的颗粒	$>0.02\sim10\mu m$ 的物质	溶液或气体	静压差	筛分	液体或气体
膜蒸馏（MD）	水溶液浓缩	溶质	水	温度差（蒸气压差）	蒸汽透过	液体
渗透蒸馏（OD）	水溶液浓缩	溶质	水	浓度差（渗透压差）	蒸汽透过	液体
膜基吸收（MA）	气体溶解吸收	溶剂或不被吸收气体	被吸收气体	分压差	扩散溶解	进料：气体 透过侧：气体溶解
膜基萃取（ME）	溶液萃取	萃取剂或不被萃取的物质	被萃取的物质	浓度差，分配系数	扩散溶解	进料：液体 透过侧：液体溶解

各种膜分离过程尽管具有不同的机理和适用范围，但有许多共同的特点：

① 多数膜分离过程无相变发生，能耗通常较低。

② 膜分离过程一般无需从外界加入其他物质，可节约资源和保护环境。

③ 膜分离过程可使分离与浓缩、分离与反应同时实现，大大提高了分离效率。

④ 膜分离过程通常在温和条件下进行，因而特别适用于热敏性物质的分离、分级、浓缩与富集。

⑤ 膜分离过程应用范围广。

⑥ 膜分离过程的规模和处理能力可在很大范围内变化，而它的效率、设备单价、运行费用等都变化不大。

⑦ 膜组件结构紧凑，操作方便，可在频繁的启停下工作，易自控和维修。而且膜分离可以直接插入已有的生产工艺流程。

7.1.1.2 膜材料和膜的结构形态

膜是膜分离过程的"心脏"，膜材料的物理化学性质和膜的结构形态对膜分离的效率起着决定性影响。

(1) 分离膜材料 对膜材料的一般性要求是：具有适宜的渗透通量和选择性，良好的成膜性、热稳定性和化学稳定性，耐微生物侵蚀等。不同膜过程对膜又有些特殊要求，例如反渗透、超滤、微滤用膜最好为亲水性，以得到高水通量和抗污染能力。电渗析对膜的耐酸、耐碱和热稳定性要求较突出。气体分离和渗透汽化要求膜材料对透过组分选择性强，若用于有机溶剂分离，还要求膜材料耐溶剂。为使某种膜满足膜分离过程的要求，常采用膜材料改性或膜表面改性的方法，使膜具有某些需要的性能。

纤维素类膜材料是应用最早，也是目前应用最多的膜材料。聚酰亚胺是近年开发应用的耐高温、抗化学试剂的优良膜材料。表 7-2 列出了常用的高分子膜材料、性能和应用。

表 7-2　常用高分子膜材料

材料类型	主 要 聚 合 物	性 能	应 用
纤维素衍生物类	二醋酸纤维素(CA),三醋酸纤维素(CTA),醋酸丙酸纤维素(CAP),再生纤维素(REC),硝酸纤维素(CN)	优点:亲水性好,膜污染较轻;通量高、成本低、无毒。缺点:操作温度范围窄,最高为30℃;pH值应用范围窄,为3～8;耐氯性较差;耐化学试剂、耐温和抗菌能力都很差;易压实,可保存性差	RO膜、MF膜和UF膜、D膜
多糖类	壳聚糖	天然高分子,亲水性好	PV和VP膜
聚酰胺类及杂环含氮高聚物	聚酰亚胺(PI),聚苯砜对苯二甲酰胺(PSA),芳香聚酰胺类(APA),芳香聚酰胺-酰肼(APAH),聚苯并咪唑(PBI),聚苯并咪唑酮(PBIL),聚酯酰亚胺和聚醚酰亚胺	良好的透过性能和分离选择性,耐高温、耐酸碱、耐有机溶剂,良好的力学强度。但抗氯离子性能差,pH＞12水解	制气体分离膜;制RO复合膜超薄皮层;PSA制超滤膜;PI制RO膜,制亲水MF膜、UF膜、PV膜、VP膜
聚砜类	聚砜(PS),荷电聚砜,聚芳醚砜(PES),磺化聚醚砜(PSES),聚醚酮(PEK),聚醚醚酮(PEEK)	高机械强度、优异的化学稳定性,较高的抗氧化和抗氯性能,pH使用范围宽,耐热性好,长期运行温度可达75℃;疏水性。缺点:易被溶质污染、耐有机溶剂的性能差	RO膜、MF膜、多种复合膜(RO膜、GS膜)的支撑层;D膜;GS膜;PSES可制造均相离子交换膜
聚烯烃类,乙烯类高聚物	聚乙烯(PE),聚丙烯(PP),聚4-甲基-1-戊烯(PMP),聚乙烯醇(PVA),聚丙烯腈(PAN),聚丙烯酸(PAA),乙烯和醋酸乙烯共聚物(EVA),乙烯和乙烯醇共聚物(EVAL)	聚乙烯、聚丙烯和聚丙烯腈为疏水性材料,聚乙烯醇、聚丙烯酸为亲水性材料	PAN用于制MF膜、UF膜、D膜、PV复合膜的支撑层;PVA、PAA制PV膜、VP膜和GS膜;PE、PP制MD膜和疏水MF膜,液膜的多孔支撑膜;PVA、PAA、EVA和EVAL制透析膜;PMP制氧、氮气体分离膜
含硅高聚物类	聚二甲基硅氧烷(PDMS),聚三甲基硅丙炔(PTMSP),聚乙烯基三甲基硅烷(PVT-MS)	具有高渗透系数,选择性较低	制PV膜、VP膜和GS膜
含氟高聚物	聚全氟磺酸,聚偏氟乙烯(PVDF),聚四氟乙烯(PTFE)	PVDF耐溶剂、耐游离氯较强,疏水性、可改性好;PTFE疏水性、化学稳定性好,膜不易被污染	含氟聚合物制PV膜和GS膜;PVDF制MF膜和UF膜、液膜的多孔支撑膜;PTFE制MD膜和疏水MF膜,液膜的多孔支撑膜
聚酯类	聚碳酸酯(PC),聚四氟碳酸酯,聚酯	强度高,结构稳定,优良的耐热、耐溶剂和耐化学品的性能。聚四氟碳酸酯透气速率高,氧、氮透过选择性高	制PV膜和GS膜,聚碳酸酯制亲水MF膜,聚四氟碳酸酯制富氧气体分离膜。聚酯制多种卷式膜组件的支撑层
液膜载体	肟,叔胺,冠醚		液膜
离子交换剂	二乙烯苯和聚苯乙烯或聚乙烯吡啶的交联共聚物	高电导、高选择性和高离子渗透性	电渗析基底膜

制备无机膜的膜材料包括金属、氧化物、陶瓷、玻璃、沸石、分子筛等。

金属及其合金膜，如钯膜、银膜以及钯-镍、钯-金、钯-银合金膜均为致密膜，其特点是对某种气体具有高选择性，只是渗透率较低。钯及钯合金膜对氢有极高的溶解度，在氢气分压作用下，氢气可渗透通过钯膜，透过气不含杂质，该膜用于加氢或脱氢膜反应器的制造以及超纯氢的制备。银膜表面对氧有吸附溶解作用，溶解的氧以原子形式扩散透过膜，故银膜为透氧膜。金属膜也可制成多孔膜，包括银膜、镍膜、钛膜及不锈钢膜等。这类膜的孔结构均匀，孔径较大，其范围一般为 $200\sim500nm$，孔隙率可达 60%，渗透率很大。工业上可用作微滤膜的载体。基于多孔金属膜具有的催化、分离双重性能，可用于制造新型的膜反应器。

固体氧化物是另一类无机膜材料。致密的 ZrO_2 膜对氧具有很高的渗透选择性，可用于制造氧化反应的膜反应器以及传感器。近年来为改进 ZrO_2 膜渗透通量低的问题，研制了具有较高选择渗透性的钙钛矿型超导材料致密膜，使无机致密膜的应用更加广阔。

陶瓷可制造多孔膜，常用的多孔陶瓷膜有 Al_2O_3、SiO_2、ZrO_2、TiO_2 膜等。这类膜材料的特点是耐高温和耐化学及生物腐蚀。除玻璃膜外，大多数陶瓷膜可在 $1000\sim1300℃$ 高温下使用，并且比一般金属膜更耐酸的腐蚀。微孔陶瓷膜是当前最重要的一类无机膜材料，可制成不对称复合结构，用作微滤膜和超滤膜。

分子筛膜是近年来无机膜研究的热点，它是在多孔材料上附着一层超薄分子筛，或在载体上原位合成厚度仅为纳米级的笼形分子筛。由于分子筛的孔径在 $1nm$ 以下，使气体分离的选择性大大提高。若将催化活性组分引入分子筛膜，便可使该类无机膜具有催化、分离双重性能。

无机膜与聚合物膜相比较有以下优点：①化学稳定性好，耐酸、耐有机溶剂；②机械强度高，担载无机膜可承受几兆帕的外压；③抗微生物能力强；④耐高温，一般可在 $<400℃$ 下操作，最高可达 $800℃$ 以上；⑤无机膜孔径大小的可控性好，孔径分布窄，分离效率高。无机膜的不足之处是造价较高，不耐强碱，并且无机材料脆性大，弹性小，给膜的成型加工及组件装备带来很大困难。

（2）膜的结构形态 聚合物膜按结构与作用特点分有如下三类：

① 均质膜或对称膜 微孔膜的平均孔径为 $0.02\sim10\mu m$，分多孔膜和核孔膜。前者呈海绵状，膜孔大小有一较宽的分布范围，孔道曲折，膜厚 $50\sim250\mu m$，目前这种微孔膜应用较普遍，见图 7-1(a)；核孔膜用 $10\sim15\mu m$ 的致密的塑料薄膜制造，人为制成一定尺寸的孔，它的特点是膜孔为圆柱形直孔，孔径较均匀，开孔率小。

荷电膜含有高度溶胀胶载着固定的正电荷或负电荷。主要用于电渗析，有阳离子交换膜和阴离子交换膜两类，工业上使用的都是均质膜，厚 $200\mu m$ 左右，其结构见图 7-1(b)。

液膜也是均质膜，其中一种是乳状液膜，以表面活性剂稳定的薄膜；另一种是支撑液膜，即将液膜填充于微孔高分子结构中。后者比前者稳定，其结构见图 7-1(c)。

② 非对称膜 它的特点是膜的断面不对称，故称非对称膜。它由表面活性层与支撑层两层组成，表面活性层很薄，厚度 $0.1\sim1.5\mu m$，膜的分离作用主要取决于这一层，表面活性层致密无孔或孔径小于 $1nm$ 的用于反渗透、气体分离等。表面活性层有孔径 $1.0\sim20nm$ 的膜为超滤膜。支撑层厚 $50\sim250\mu m$，起支撑作用，它决定膜的机械强度，呈多孔状。孔有不同形式，有指状孔，强度较差，用于超滤，另一种是海绵状，强度较好，用于反渗透。非对称膜结构见图 7-1 (d)。

③ 复合膜 复合膜是具有复合结构的膜。复合结构一般是指在多孔的支撑膜上加 $0.25\sim15\mu m$ 厚的致密活性层构成很薄的有特种功能的另一种材料的膜层。复合膜的性能不

仅取决于有选择性的表层，而且受支撑层微孔支撑结构、孔径、孔分布和孔隙率的影响。如图 7-1(e) 所示。

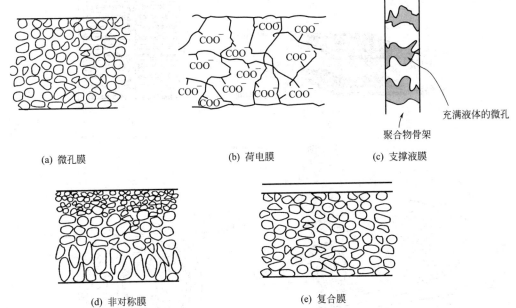

(a) 微孔膜　　　　　　　　(b) 荷电膜　　　　　　　　(c) 支撑液膜

(d) 非对称膜　　　　　　　(e) 复合膜

图 7-1　膜的断面结构形态的类型

　　无机膜是固态膜的一种，它是由无机材料制成的半透膜。无机分离膜可以分为致密膜和多孔膜两大类。致密膜主要有各类金属及其合金膜。多孔无机膜按孔径范围可分为三大类：孔径大于 50nm 为粗孔膜，孔径介于 2～5 nm 为过滤膜，孔径小于 2 nm 的为微孔膜。目前已经工业化的无机膜均为粗孔膜和过滤膜，处于微滤和超滤之内。

7.1.1.3　膜组件和膜系统

　　任何一个膜分离过程，不仅需要具有优良分离特性的膜，还需要结构合理、性能稳定的膜分离装置。膜分离装置的核心是膜组件，它是将膜、固定膜的支撑材料、间隔物或管式外壳等通过一定的黏合或组装构成的一个单元。膜组件可以有多种型式，工业上应用的膜组件主要有板框式、卷式、管式、中空纤维式等四种型式，它们均根据膜形状设计而成。板框式、卷式膜组件均使用平板膜，板框式膜组件又可细分为圆形板式和长方形板式等，根据具体需要，还可以组装成旋转式、振动式等动态或静态装置。管式和中空纤维膜组件均使用管式膜，它们可以分为内压式和外压式两种。对于不同目的的膜分离过程，将采用不同型式的组件及装置。

　　(1) 膜组件分类

　　① 板框式膜组件　板框式是最早使用的一种膜组件，如图 7-2 所示，其设计类似于常规的板框过滤装置。两张膜为一组构成夹层结构，两张膜的原料侧相对，由此构成原料腔室和渗透物腔室。在原料腔室和渗透物腔室中安装适当的间隔网。采用密封环和两个端板将一系列这样的单元安装在一起满足对膜面积的要求，于是构成板框式叠放结构。板框式也可设计成由圆板单元叠加成的圆柱形板框结构。

　　② 螺旋卷式膜组件　螺旋卷式膜组件是适用于平板膜的另一种形式，图 7-3(a)、(b)所示为螺旋卷式膜组件的基本构型及料液与渗透液在膜组件内的流向。它是将两个以上的

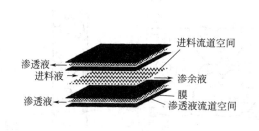
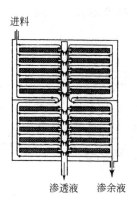

图 7-2 板框式膜组件

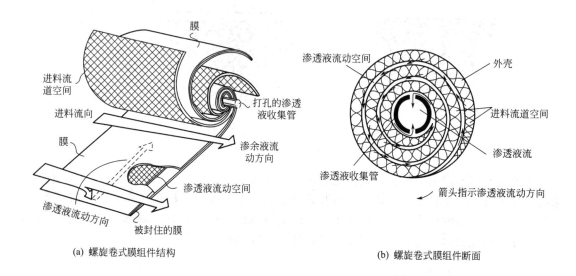

(a) 螺旋卷式膜组件结构

(b) 螺旋卷式膜组件断面

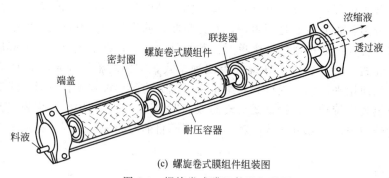

(c) 螺旋卷式膜组件组装图

图 7-3 螺旋卷式膜组件及组装图

"膜袋"和隔网相间叠放，卷在一个中心收集管外，成圆柱状。"膜袋"由两层膜构成，膜的三边密封，两膜中间夹着多孔塑料网，敞开的第四边接于带有通孔的中心管。"膜袋"外隔网提供原料液通道，同时也起到湍流促进器的作用。原料沿着平行于中心管的轴向流过圆柱状膜组件，而渗透物沿径向旋转流向中心管。为了减少膜组件的持液空间，料液通道高度应尽可能小，但由此会导致沿流道的压降增大；为了减少透过侧的压降，膜袋不宜太长。

当需要增加膜组件的面积时，可以将多个膜袋同时卷在中心管上，形成多个单元串联于同一个压力容器内，如图 7-3(c) 所示。

③ 管式膜组件　管式膜组件见图 7-4，有外压式和内压式两种。对内压式膜组件，加压的料液从管内流过，透过膜所得的渗透溶液在管外侧被收集。对外压式膜组件，加压的料液从管外侧流过，渗透溶液则由管外侧渗透通过膜进入多孔支撑管内。管式膜装置的优点是对料液的预处理要求不高，可用于处理高浓度悬浮液。料液流速可以在很宽范围内进行调节，这对于控制浓差极化非常有利。当膜面上生成污垢时，不需要将组件或装置拆开，可以很方便地用海绵球擦洗法来进行清洗，也便于用化学清洗法清洗。其缺点是投资和操作费用都相当高，单位体积内的装填密度一般比较低。

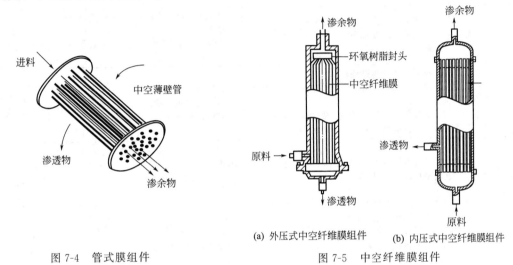

图 7-4　管式膜组件

图 7-5　中空纤维膜组件

(a) 外压式中空纤维膜组件　　(b) 内压式中空纤维膜组件

④ 中空纤维膜组件　中空纤维膜组件是装填密度最高的一种膜组件型式。中空纤维膜的内径通常在 $40 \sim 100 \ \mu m$ 范围内，膜在结构上是非对称的。与管式膜不同，中空纤维膜的抗压强度靠膜自身的非对称结构支撑，故可承受 6MPa 的静压力而不致压实。中空纤维膜组件也有外压式和内压式两种如图 7-5 所示。一般状况下，用于反渗透的中空纤维膜为外压式，纤维外侧具有致密的表皮层。将大量的中空纤维安装在一个管状壳体内，中空纤维的末端与环氧树脂封头相连，原料从膜组件壳体的一端流入，沿纤维外侧平行于纤维束流动，渗透物通过中空纤维壁进入内腔，汇集于封头流出，渗余物则从膜组件的另一端流出，如图 7-5(a) 所示。内压式中空纤维膜组件类似于单程列管式热交换器，管程走原料，渗透物从壳方引出，如图 7-5(b) 所示。中空纤维组件常用于反渗透、纳滤、气体分离、渗透汽化等过程。

（2）膜组件的选择　表 7-3 比较了四种常用膜组件的性能，表 7-4 对四种常用膜组件列出了各自的优缺点。

表 7-3　四种常用膜组件的性能比较

比较项目	螺旋卷式	中空纤维式	管式	板框式
填充密度/(m^2/m^3)	200~800	500~30000	30~328	30~500
料液流速/$[m^3/(m^2 \cdot s)]$	0.25~0.5	0.005	1~5	0.25~0.5
料液侧压降/MPa	0.3~0.6	0.01~0.03	0.2~0.3	0.3~0.6
抗污染	中等	差	非常好	好
易清洗	较好	差	优	好
膜更换方式	组件	组件	膜或组件	膜

比较项目	螺旋卷式	中空纤维式	管式	板框式
组件结构	复杂	复杂	简单	非常复杂
膜更换成本	较高	较高	中	低
对水质要求	较高	高	低	低
料液预处理	需要	需要	不需要	需要
相对价格	低	低	高	高

表 7-4　四种常用膜组件优缺点比较

类型	优 点	缺 点	使用状况
板框式	结构紧凑、简单、牢固、能承受高压；可使用强度较高的平板膜；性能稳定；工艺简便	装置成本高，流动状态不良，浓差极化严重； 易堵塞，不易清洗，膜的堆积密度较小	适于小容量规模；已商业化
管式	膜容易清洗和更换； 原水流动状态好，压力损失较小，耐较高压力； 能处理含有悬浮物的、黏度高的、或者能析出固体等易堵塞流水通道的溶液体系	装置成本高； 管口密封较困难； 膜的堆积密度小	适于中小容量规模；已商业化
螺旋卷式	膜堆积密度大，结构紧凑；可使用强度好的平板膜；价格低廉	制作工艺和技术较复杂；密封较困难； 易堵塞，不易清洗； 不宜在高压下操作	适于大容量规模；已商业化
中空纤维式	膜的堆积密度大； 不需外加支撑材料； 浓差极化可忽略； 价格低廉	制作工艺和技术复杂； 易堵塞，清洗不易	适于大容量规模；已商业化

（3）膜系统　为取得满意的分离效率，需要确定膜组件适宜的操作方式和优化的膜分离工艺流程。膜的操作方式可以分为死端操作和错流操作，见图 7-6。最简单的设计是死端操作，此时所有原料均被强制通过膜，原料中被截留组分的浓度随时间不断增加，因而渗透物量随时间而减少。在微滤中经常采用这种操作方式。在工业应用中更多地是选用错流操作，因为此种方式发生污染的趋势比死端操作低。在错流操作中，一定组成的原料进入膜组件并平行流过膜表面，沿膜组件内不同位置，原料组成逐渐变化。原料流被分为两股：渗透物流和截留物流。错流操作可以进一步分为并流、逆流、渗透物全混和完全混合四种方式，见图 7-7。一般来讲，逆流效果最好，其次是渗透物全混和并流，完全混合时效果最差。膜的操作方式还分单程系统和循环系统，如图 7-8 所示。以上各种膜组件的操作方式是级联的基础单元。

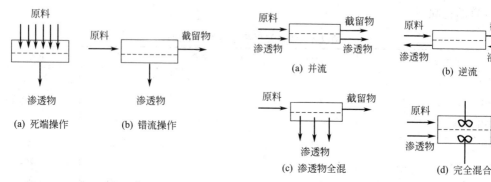

图 7-6　膜组件的基本操作方式　　　　图 7-7　几种错流操作方式示意图

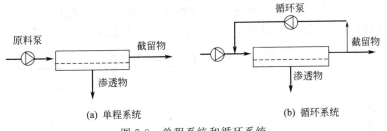

(a) 单程系统　　　　　　　　　　　(b) 循环系统

图 7-8　单程系统和循环系统

膜分离系统通常由多个膜组件组成，因为单个膜组件不足够大，无法满足所需要的进料速率。采用相同尺寸的膜组件并联排列，分别合并每一个膜组件的渗透物和渗余物。例如，从甲烷中分离氢需要膜面积 1200 m^2，如果最大的膜组件膜面积是 300 m^2，需要 4 个膜组件并联，如图 7-9(a) 所示。如果处理量更大，则并联的膜组件更多。但无论多少个组件并联，仅仅起到一级的分离作用。如果原料中的大部分经膜分离成为渗透物，且要求收率比较高，则需要膜组件多级串联，前一级的渗余物作为下一级的进料，依此类推。图 7-9(b) 所示为四级串联构型。级间需要压缩机或泵加压（图中未画出）。前一级每个组件流出的渗余物汇集起来作为后一级的进料。随着原料/渗余物流率的逐级减少，后续级的组件数也逐次减少。各级渗透物的组成不同，可按多个产品或混合为一种产品处理。

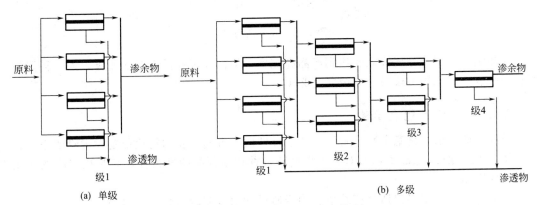

(a) 单级　　　　　　　　　　　　　　　(b) 多级

图 7-9　膜分离器的单级和多级构型

由于单级膜分离达到的分离程度是有限的，在一些情况，得到高纯度产品是以低回收率为代价的，另有的情况，既得不到高纯度产品，又得不到高回收率。表 7-5 给出了单级气体膜分离的两个实例，它们应用的是工业使用的膜。

表 7-5　单级气体膜分离实例

原料的摩尔组成	易渗透组分	产物的摩尔组成	回收率
85%H_2,15%CH_4	H_2	99%H_2,1%N_2（渗透物）	原料中 H_2 的 60%
80%CH_4,20%N_2	N_2	97%CH_4,3%N_2（渗余物）	原料中 CH_4 的 57%

第一例中，原料中含量最大的组分是最易渗透的组分，渗透气纯度相当高，但回收率不高。第二例中，原料中含量最大的组分不是易渗透组分，渗余气的纯度比较高，但回收率同样不高。为了进一步提高产品的纯度和主要组分的回收率，膜分离装置设计成带循环的级联型。例如，有研究论文报道了如图 7-10 所示的三级膜分离系统，采用氧优先透过膜的气体分离过程，以空气为原料生产高纯氮，渗余气是高纯度氮。图中给出三种流程：第一种仅是

单级；第二种是两级级联，第二级渗透气循环到第一级作为部分进料；第三种是三级级联，第 3 级和第 2 级的渗透气分别循环到前一级进料。典型计算结果列于表 7-6。

表 7-6 膜分离系统典型计算结果

膜分离系统	渗余气中 N_2 的摩尔分数/%	N_2 的回收率/%
单级	98	45
两级级联	99.5	48
三级级联	99.9	50

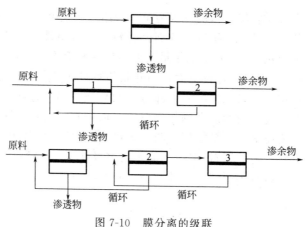

图 7-10 膜分离的级联

这些结果表明膜分离级联能达到产品高纯度，但回收率并没有明显改善，为了得到高纯度和高回收率，采用多段膜分离级联是必须的。

7.1.1.4 膜性能表示法

膜的性能包括物化稳定性及膜的分离透过性两个方面。膜的物化稳定性指膜的强度、允许使用压力、温度、pH 值以及对有机溶剂和各种化学药品的抵抗性，它是决定膜的作用寿命的主要因素。

膜的分离特性主要包括分离效率、渗透通量和通量衰减系数三个方面。

（1）分离效率 对于不同的膜分离过程和分离对象可以有不同的表示方法。在微滤、超滤、纳滤、反渗透等过程，其分离的目的是脱除溶液中的微粒、某些高分子物质或盐类等，使用脱除率或截留率 R 表示分离程度

$$R = \left(1 - \frac{c_p}{c_m}\right) \times 100\% \tag{7-1}$$

式中，c_m、c_p 分别为高压侧膜表面处溶液的浓度和膜的透过液浓度。而通常实际测定的是溶质的表观分离率，定义为

$$R_{obs} = \left(1 - \frac{c_p}{c_b}\right) \times 100\% \tag{7-2}$$

式中，c_b 为高压侧主体溶液浓度。c_b 和 c_m 的差别取决于浓差极化的程度，将在后面有关章节介绍。

对于由两个或多个组分构成的混合物的膜分离过程，其分离程度更通用的表示方法是使用分离系数（分离因子）α 或 β：

$$\alpha = \frac{y_A}{1 - y_A} \bigg/ \frac{x_A}{1 - x_A} \tag{7-3}$$

$$\beta = \frac{y_A}{x_A} \tag{7-4}$$

式中，x_A，y_A 表示原料液（气）与透过液（气）中组分 A 的摩尔分数。

（2）渗透通量 通常用单位时间内通过单位膜面积的透过物量 J 表示：

$$J = \frac{V}{St} \tag{7-5}$$

式中，V 为透过液的体积或质量；S 为膜的有效面积；t 为运转时间。

实验室 J 通常以 $cm^3/(cm^2 \cdot h)$ 为单位，工业生产常以 $L/(m^2 \cdot d)$ 为单位。

（3）通量衰减系数 膜的渗透通量由于过程的浓差极化、膜的压密以及膜孔堵塞等原因将随时间而衰减，可用下式表示：

$$J_t = J_1 t^m \tag{7-6}$$

式中，J_t、J_1 分别为膜运转 th 和 1h 后的渗透通量；t 为运转时间；m 为通量衰减系数，将式（7-6）两边取对数，得到线性方程，在双对数坐标系上作直线，其直线斜率即为 m。

对于任何一种膜分离过程，总希望分离效率高，渗透通量大，而实际上这两者往往不能兼得。一般来说，渗透通量大的膜，分离效率低，而分离效率高的膜渗透通量小。故常常需在两者之间寻找最佳的折衷方案。

7.1.2 微滤、超滤、纳滤和反渗透

微滤（MF）、超滤（UF）、纳滤（NF）与反渗透（RO）都是以压力差为推动力的膜分离技术，当膜两侧施加一定压差时，可使大部分溶剂及小于膜孔径的组分透过膜，而微粒、大分子、盐等被膜截留下来，从而达到分离的目的。四个过程的主要区别在于被分离物质粒子或分子的大小不同，所用膜的结构与性能不同。

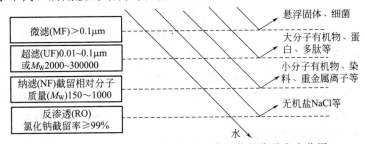

图 7-11　微滤、超滤、纳滤和反渗透截留分子大小范围

微滤、超滤、纳滤与反渗透应用范围如图 7-11 所示。微滤膜截留的是粒径 $>0.1\mu m$ 以上的微粒。在微滤过程中，通常采用对称微孔膜，膜的孔径范围为 $0.05 \sim 10\mu m$，所施加于过程的压差范围为 $0.05 \sim 0.2MPa$；超滤分离的组分是大分子或直径不大于 $0.2\mu m$ 的微粒。反渗透常被用于截留溶液中的盐或其他小分子物质。溶液的渗透压不能忽略。反渗透的操作压差通常依被处理溶液的溶质大小及其浓度而定，通常压差在 2MPa 左右，也可高达 10MPa，甚至 20MPa。在反渗透和超滤过程中所采用的大多为致密的非对称膜或复合膜。介于反渗透与超滤之间为纳滤过程，其膜的脱盐率取决于膜性质及被分离物质的大小，纳滤的操作压差通常比反渗透低，为 $0.5 \sim 3.0MPa$，因其截留的组分为纳米级大小，故称纳滤，用于分离溶液中相对分子质量为几百至几千的物质。

7.1.2.1 超滤和微滤

超滤和微滤分离的范围处于纳滤与常规过滤之间。它们的操作原理都是筛分作用，通过

膜的筛分作用将溶液中大于膜孔的微粒或大分子溶质截留，使小分子溶质和溶剂透过，从而实现分离的目的。膜孔的大小和形状对分离起主要作用，但膜表面的物化性质对分离性能也有重要影响。

超滤和微滤具有无相变，无需加热，设备简单，占地少，能耗低等优点。此外，由于操作压力低、对输送泵与设备管道材质的要求相对较低。在食品、医药、环保和生物等领域均有广泛应用。

(1) 超滤

1) 超滤膜及其性质　目前，商品化的超滤膜多为非对称膜，膜的表层是超薄活化层，通常厚度为 $0.1\sim1\mu m$，孔径为 $5\sim20nm$，对溶液的分离起主要作用；支撑层为多孔结构，厚度为 $75\sim125\mu m$，孔径约为 $0.4\mu m$，具有很高的透水性。

超滤膜的分离特性主要指膜的渗透通量和截留率，它们与膜的孔径有关。因为超滤膜主要用于分离大分子物质，所以切割分子量能够反映超滤膜孔径的大小，表征超滤膜的截留性能。切割分子量定义为 90% 能被膜截留的物质的分子量。如某膜的截留分子量为 20000，说明相对分子质量大于 20000 的所有溶质有 90% 能被该膜所截留。超滤膜的切割分子量和纯水通量反映膜的分离能力和透水能力，须通过实验测定。

已经商品化的超滤膜材料有十几种，超滤膜材料可分为有机高分子材料的有：醋酸纤维素、聚砜、芳香聚酰胺、聚丙烯腈-聚氯乙烯共聚物、聚偏氟乙烯等。无机材料主要包括多孔金属、多孔陶瓷、分子筛等。无机膜的主要优点是热稳定性很高，耐有机溶剂性能好。

2) 超滤的传质模型　分离膜的传质模型大致可分为以传质机理为基础的模型和以不可逆热力学为基础的模型。前者又可分非多孔膜模型及多孔膜模型。很多膜分离过程都可同时用几个传质模型来描述。

由孔模型可推导出：

$$J = \left(\frac{A_k r_F^2}{8\mu\tau\delta}\right)\Delta p' \tag{7-7}$$

式中，J 为渗透通量或渗透速率；A_k 为孔隙率；r_F 为毛细管半径；μ 为液体的黏度；τ 为弯曲因子；δ 为膜厚；$\Delta p'$ 为超滤过程的推动力，$\Delta p' = \Delta p - \Delta\pi$；$\Delta p = p_F - p_p$；$\Delta\pi = \pi_F - \pi_p$；$p_F$ 和 p_p 分别为超滤膜原料侧和透过侧静压力；π_F 和 π_p 分别为超滤膜原料侧和透过侧表面浓度下的渗透压。溶剂的渗透通量与膜的孔隙率、孔径、溶液的黏度、溶剂在膜中的扩散曲折途径、膜厚和膜两侧的推动力等因素有关。

溶质和溶剂的渗透通量也可以由非平衡热力学模型建立的现象论方程式来表征。如膜的溶剂透过通量 J_V 和溶质透过通量 J_S 可分别用下列公式表示：

$$J_V = L_p(\Delta p - \sigma\Delta\pi) \tag{7-8}$$

$$J_S = -(P\Delta x)\left(\frac{dc}{dx}\right) + (1-\sigma)J_V c \tag{7-9}$$

式中，J_V 为溶剂透过通量，$m^3/(m^2\cdot s)$；J_S 为溶质透过通量，$mol/(m^2\cdot s)$；σ 为膜的反射系数；P 为溶质透过系数，m/s；L_p 为纯水透过系数，$m^3/(m^2\cdot s\cdot Pa)$；Δp 为膜两侧的操作压力差，Pa；$\Delta\pi$ 为膜两侧的溶质渗透压力差，Pa；Δx 为膜厚，m；c 为膜内溶质浓度，mol/m^3。

将式（7-9）沿膜厚方向积分可以得到膜的真实截留率

$$R = 1 - \frac{c_p}{c_m} = \frac{(1-F)\sigma}{(1-\sigma F)} \tag{7-10}$$

式中

$$F = \exp[-J_V(1-\sigma)/P] \tag{7-11}$$

非平衡热力学模型适合于描述反渗透、纳滤、超滤和微滤等膜分离过程。膜的反射系数、溶质透过系数和纯水透过系数均为膜的特征参数，它们可以通过实验数据进行关联而求得，即根据式（7-8）由纯水透过实验确定膜的纯水透过系数，根据式（7-11）对某组分的截留率随膜的溶剂透过通量的实验数据进行关联确定膜反射系数、溶质透过系数。

3）浓差极化

① 浓差极化与凝胶极化概念　超滤分离中，由于筛分作用，原料液中的大分子溶质被膜截留，溶剂及小分子溶质透过膜，导致截留物在膜表面累积，膜表面料液溶质浓度逐渐上升。在浓度梯度作用下，接近膜表面的溶质反方向向料液主体扩散，当达到平衡状态时膜表面形成一定的溶质浓度分布边界层，对溶剂等小分子的运动起阻碍作用，这种现象称为浓差极化，如图7-12（a）所示。浓差极化对超滤膜性能有很大影响，由于膜表面的溶质浓度$c_m > c_b$，表观截留率小于真实截留率。当膜面上截留溶质的浓度增加到一定数量时，在膜面上会形成一层凝胶层，该凝胶层对料液流动产生很大阻力，因而使得膜透过通量急剧下降，如图7-12（b）所示。

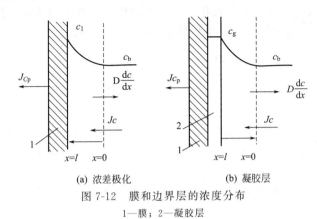

图 7-12　膜和边界层的浓度分布
1—膜；2—凝胶层

② 浓差极化关系式　在稳态条件下对图7-12(a) 中的浓差极化边界层和膜之间进行物料衡算

$$Jc = D\left(\frac{dc}{dx}\right) + Jc_p \tag{7-12}$$

式中，J 为溶液的渗透通量，$m^3/(m^2 \cdot s)$；D 为溶质的扩散系数，m^2/s；c 为溶质的浓度，$kmol/m^3$；其边界条件为：

$$x = 0 \text{ 时} \quad c = c_b \quad ; \quad x = l \text{ 时} \quad c = c_m$$

代入边界条件，对式（7-12）积分，得到浓差极化关系式：

$$\frac{c_m - c_p}{c_b - c_p} = \exp(J/k) \tag{7-13a}$$

式中，k 为溶质在浓差极化边界层内的传质系数，定义为

$$k = D/l \tag{7-14}$$

在传质系数 k 已知时，从测得的 J、c_b 和 c_p 数据代入式(7-13)，可计算得到膜表面溶质浓度 c_m，再用 $R = \left(1 - \dfrac{c_p}{c_m}\right) \times 100\%$ 可计算真实脱除率。

由式(7-13a) 可进一步推导真实脱除率和表观脱除率的关系。

将式（7-1）变换为

$$\frac{1 - R}{R} = \frac{c_p}{c_m - c_p}$$

同理，将式（7-2）变换为

$$\frac{1-R_{obs}}{R_{obs}}=\frac{c_p}{c_b-c_p}$$

将以上二式同时代入式(7-13a)，得到

$$\ln\left(\frac{1-R_{obs}}{R_{obs}}\right)=\ln\left(\frac{1-R}{R}\right)+\frac{J}{k} \tag{7-13b}$$

在超滤中通常渗透通量较大，而大分子溶质的扩散系数小，故溶质的传质系数小，所以浓差极化现象比较严重，即 c_m/c_b 较大。当膜表面的溶质浓度 c_m 达到其饱和浓度 c_g （或称凝胶点）时，在膜面上形成凝胶层或滤饼，相当于增加了第二层膜，见图7-12（b），此时溶质被完全截留，即 $c_p=0$，式(7-13a)简化为：

$$\frac{c_g}{c_b}=\exp(J/k) \tag{7-15}$$

此时浓差极化阻力分为两部分：浓差极化层阻力和凝胶层阻力，且后者比前者大得多。

③ 溶质传质系数的计算　浓差极化边界层内的传质系数 k 可采用传质数关联式计算。

a. 当膜组件内的流动为层流时，可使用 Lèvêque 式传质系数。

管内流动：

$$Sh=1.62\left(\frac{ReScd_h}{L}\right)^{1/3} \tag{7-16a}$$

通道内流动：

$$Sh=1.85\left(\frac{ReSc\cdot d_h}{L}\right)^{1/3} \tag{7-16b}$$

式中，Sh 为舍伍德数；Re 为雷诺数；Sc 为施密特数；d_h 为膜室的当量直径；L 为膜的长度。式（7-16）的适用范围为 $100<ReScd_h/L<5000$。用该式得到的传质系数值是沿膜长 L 的平均值。

b. 当膜组件内的流动为湍流时，无论是管内流动还是通道内流动，均采用下列公式计算传质系数

$$Sh=0.04Re^{0.75}Sc^{0.33} \tag{7-17}$$

湍流时膜长度 L 对传质系数没有影响。

另外，Porter 等人分别提出了进料以错流方式流经膜表面作层流流动和作湍流流动的传质系数的计算公式。

当量直径 d_h 的计算与膜组件的流路形式有关：对高为 h，宽为 a 的矩形狭缝流路的膜组件 $d_h=4ah/2(a+h)$；对普通板框式、螺旋卷式膜组件（$h\ll a$）$d_h\approx2h$；对管式膜或中空纤维膜组件 $d_h=4(\pi/4)d^2/\pi d=d$。

分析上述公式可以看出，影响传质系数的主要因素是料液流速、溶质扩散系数、黏度、密度及膜组件的形式和规格。

实际应用中常在膜组件（除中空纤维以外）的流路中设置湍流促进器，以增加湍流程度，提高传质系数，此时式（7-16）和式（7-17）不适用，当流路形状比较复杂时，这两式也不适用，应通过实验测定溶质的传质系数。

④ 浓差极化的控制　浓差极化对超滤过程有严重的影响，必须设法控制。从前面的分析可以看出，影响浓差极化的因素很多，归纳起来包括：料液性质（如扩散系数，黏度），膜及膜组件性质（膜结构，膜的物化性质，膜组件形式和规格等）和操作条件（料液流速、操作温度等）。只有从影响浓差极化的主要因素入手，才能使其得到有效的控制，延长膜的有效工作时间，提高生产能力和效率。

由式(7-13a)可看出，通过降低渗透通量 J 和提高传质系数 k 可以减少浓差极化现象，主要措施如下：

a. 增大料液流速　工业超滤装置多采用错流操作（料液与膜面平行流动），料液流速影响浓度边界层的厚度。料液流速增高，则边界层厚度变小，传质系数增大，浓差极化减轻，膜面处的溶液浓度变低，有利于渗透通量的提高。但流速增加，料液流过膜器的压降增高，能耗增大。采用湍流促进器、脉冲流动等可以在能耗增加较少的条件下使传质系数有较大的提高。

b. 尽可能采用较高的操作温度　温度高，则料液黏度小，扩散系数大，传质系数高，有利于减轻浓差极化，提高渗透通量。因此只要膜与料液的物化稳定性允许，应尽可能采用较高的操作温度。

c. 选择合适的膜组件结构　当料液的固含量较低，且产品是透过液时，组件结构的选择余地较大。如浓缩液是产品时，组件结构的选择应慎重。一般来说，应尽量选择流道较窄的膜组件形式，如中空纤维式和薄流道式。这类膜组件的料液流速较高，剪切力大，能减弱浓差极化和防止凝胶层形成。

尽管通过多种措施能在一定程度上减少浓差极化，但并不能完全防止，所以还必须对膜组件进行定期的物理和化学清洗。

超滤主要用于脱除溶剂与小分子溶质中的颗粒物、胶体或大分子物质，在电子工业、食品工业、医药工业、环境保护和生物工程等领域有广泛应用。例如：①果汁的净化；②从发酵液中回收疫苗和抗生素；③油-水分离；④脱色等。

【例 7-1】　对溶质相对分子质量为 2000 的稀溶液进行超滤膜性能评价实验，得到特征参数：纯水透过系数 $L_p=2\times10^{-11}$ m³/（m²·Pa·s）、反射系数 $\sigma=0.85$、溶质透过系数 $P=10^{-6}$ m/s。使用与评价实验相同的物料，在操作压差 0.2MPa、料液温度 25℃、固定料液流量条件下进行超滤。所使用的膜组件为 $d=1.15$cm 的管式膜，管长 $L=200$cm。因料液浓度较低，其渗透压可忽略不计。已知液体黏度 $\mu=10^{-2}$P（25℃，1P=10^{-1}Pa·s），扩散系数 $D=2.3\times10^{-10}$ m²/s。试求：料液流量 $Q_1=2.5$ L/min 时的表观截留率为多少？

解　由于渗透压可以忽略不计，式（7-8）可简化为

$$J_V\approx L_p\Delta p=(2\times10^{-11})(2\times10^5)=4\times10^{-6}\ [\text{m}^3/(\text{m}^2\cdot\text{s})]$$

由式（7-11）

$$F=\exp[-J_V(1-\sigma)/P]=\exp[-(4\times10^{-6})(1-0.85)/(10^{-6})]=0.55$$

由式（7-10）计算真实截留率为

$$R=\frac{(1-F)\sigma}{(1-\sigma F)}=\frac{(1-0.55)(0.85)}{(1-0.55\times0.85)}=0.72$$

液体在管式膜中线速度的计算：

$$u=\frac{2.5\times1000}{60\times0.785(1.15)^2}=40\ （\text{cm/s}）$$

雷诺数计算：

$$Re=\frac{\rho u d_h}{\mu}=\frac{1\times40\times1.15}{10^{-2}}=4600$$

施密特数计算：

$$Sc=\frac{\mu}{\rho D}=\frac{10^{-2}}{1\times2.3\times10^{-10}\times10^4}=4348$$

将各特征数及参数代入流型判断式：

$$(ReScd_h/L)=\frac{4600\times4348\times1.15}{200}=115004.6（>5000，应在湍流范围）$$

含伍德数

$$Sh = \frac{kd_h}{D}$$

将其代入式(7-17) 计算 k

$$k = \frac{D}{d_h}(0.04Re^{0.75}Sc^{0.33}) = \frac{2.3 \times 10^{-10} \times 10^2}{1.15}(0.04 \times 4600^{0.75} \times 4348^{0.33}) = 7.09 \times 10^{-4}$$

变换式(7-13b)，表示成表观脱除率，并认为溶液透过通量等于溶剂透过通量，则

$$R_{obs} = \frac{1}{1 + [(1-R)/R]\exp(J_V/k)}$$

$$= \frac{1}{1 + [(1-0.72)/0.72] \times \exp(4 \times 10^{-6}/7.09 \times 10^{-4})} = 0.719$$

结论：$R_{obs} \approx R$，说明 $c_m \approx c_b$ 基本上无浓差极化现象。

(2) 微滤

1) 微滤膜及其性质　微滤是利用微孔膜的筛分作用，在静压差推动下，将滤液中大于膜孔径的微粒、细菌及悬浮物质等截留下来，达到除去滤液中微粒与澄清溶液的目的，微滤基本上属于固液分离，渗透通量远大于反渗透、纳滤和超滤。目前，在反渗透、纳滤、超滤和微滤这四种膜分离技术中，以微滤的应用最广，经济价值最大。

微滤膜的孔隙度较高，一般为 35 % ～ 90 %。孔径比较均匀，其最大孔径与平均孔径之比一般为 3～4，孔径基本呈正态分布。微滤膜厚度较薄，一般为 10～200 μm，过滤时对物料的吸附量小。用于制造微滤膜的膜材料分高分子材料和无机材料。按其疏水性能又可分为亲水性材料和疏水性材料。重要的微滤膜有硝酸纤维素膜（CN）、醋酸纤维素膜（CA）、混合纤维素膜（CA/CN）、亲水聚偏氟乙烯膜（PVDF）、聚四氟乙烯膜（PTFE）、亲水聚砜膜等。

2) 分离机理　一般认为 MF 的分离机理为筛分机理，膜的物理结构起决定性作用。此外，吸附和电性能等因素对截留也有影响。

膜表面层截留分三种情况：①膜表面的机械截留作用，即筛分作用；②膜表面的吸附和电性能对微粒起吸附截留作用；③微粒在膜表面微孔口的架桥作用在微孔的入口处，较小微粒因架桥作用也同样被截留。

膜内部网络结构也有筛分作用，一种情况是进入膜内的较小微粒堵住内孔而存留在膜内；一种情况是较小微粒与微孔壁之间相互作用使之附着于微孔中，二者均起截留和过滤作用。

由上述分离机理可以推论，随着微滤过程的进行，膜的通量将下降，其原因不外乎浓差极化或凝胶层的形成、孔堵塞和微粒的吸附。应采用有效的措施使膜的渗透通量在较长的时间内保持较高。

3) 微滤的应用　迄今为止，微滤在所有膜分离过程中应用最普遍、总销售额最大。制药行业的过滤除菌是其最大的市场，电子工业用高纯水制备次之。微滤还日益广泛地用于食品、水处理和生物等工业领域。

7.1.2.2　反渗透和纳滤

(1) 反渗透

1) 基本原理　反渗透是利用反渗透膜选择性透过溶剂（通常是水）而截留离子物质的性质，以膜两侧静压差为推动力，克服溶剂的渗透压，使溶剂通过膜而实现混合物分离的过程。

反渗透过程的操作压差一般为 1.5～10.5MPa，截留组分为（1～10）$\times 10^{-10}$ m 的小分子溶质，还可从液体混合物中除去全部悬浮物、溶解物和胶体。目前随着超低压反渗透膜的开发，已经可以在小于 1MPa 压力下进行部分脱盐，适用于水的软化和选择性分离。

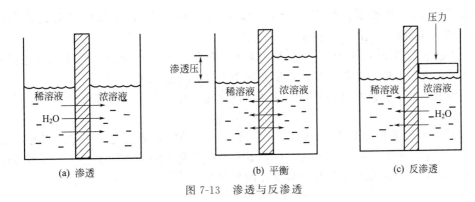

图 7-13　渗透与反渗透

反渗透的原理用图 7-13 说明。在图 7-13（a）中，溶质在溶剂中溶解成浓溶液与相同溶质和溶剂组成的稀溶液被一个致密半透膜分开，由于膜两侧存在浓度差，稀溶液中的水穿过膜到浓溶液一侧（注意，溶质不能透过膜），该过程称为"渗透"。渗透持续到平衡建立，如图 7-13（b）所示。在平衡状态，溶剂在两个方向上的流率相等，溶液浓度不再变化，膜两侧建立起压差，该压差为"渗透压"。尽管膜两侧发生浓度变化，但溶剂传递的方向不对，导致溶液的混合。然而，若向浓溶液一侧加压，则溶剂会在反方向上传递，从浓溶液穿过膜到稀溶液，如图 7-13（c）所示。该过程被称为"反渗透"，能用于从溶质-溶剂混合物分离出溶剂。

在反渗透过程的设计中，溶液的渗透压数据是必不可缺的。对于非电解质理想溶液，可用扩展的范特霍夫渗透压公式来计算。

$$\pi = RT \sum_{i=1}^{n} c_{Si} \tag{7-18}$$

式中，π 为渗透压，Pa；c_{Si} 为溶液中溶质 i 的摩尔浓度，mol/m^3 溶液；T 为温度，K；n 为溶液中的组分数。

在实际应用中，常用以下简化方程计算

$$\pi = Bx_S \tag{7-19}$$

式中，x_S 为溶质摩尔分数；B 为常数。某些溶质-水体系的 B 值可在文献中查到。

2）反渗透膜　反渗透膜一般应具备以下性能：高渗透通量和高脱盐率；高机械强度、耐压密性和良好的柔韧性；良好的化学稳定性，耐氯、酸、碱腐蚀和抗微生物侵蚀；强抗污染性，适用 pH 值范围广；可在较高温度下使用；制备简单，价格低廉，便于工业化生产。

目前主要的反渗透膜材料有：

① 醋酸纤维素类　该类反渗透膜为非对称膜，开发较早，尽管在水通量、耐碱性、耐细菌等方面不如聚酰胺膜，但因其具有优良的耐氯性、耐污染性而使用至今；

② 芳香族聚酰胺类　分线性芳香族聚酰胺与交联芳香族聚酰胺，前者为非对称膜，后者为复合膜。这类膜具有高交联密度和高亲水性，有优良的脱盐率和有机物截留率、高水通量、抗氧化等性能，可用于超纯水制造、海水淡化等方面；

③ 聚哌嗪酰胺类　又分为线性聚哌嗪酰胺膜与交联聚哌嗪酰胺膜。该膜具有产水量大、耐氯、耐过氧化氢等特点，可用于对脱盐性能要求高的净水处理和食品工业等行业。

3）渗透通量

① 溶剂（水）的通量 J_W　反渗透分离中，水通过膜孔的通量可表示为

$$J_W = A\Delta p' = A\{(p_1 - p_2) - [\pi(x_1) - \pi(x_2)]\} \tag{7-20}$$

式中，J_W 为水的渗透通量，kg/(m^2·h) 或 kmol/(m^2·h)；A 为纯水透过常数，kg/(m^2·h·Pa) 或 kmol/(m^2·h·Pa)。

纯水透过常数 A 反映了膜的纯水透过特性，即在没有浓差极化时的纯水的透过速度，它与膜材料和膜的结构形态以及操作温度和压力有关，与溶质无关。

A 的数值是基于用纯水测得特定反渗透膜的通量数据，由下式计算得到：

$$A = J_W/\Delta p \tag{7-21}$$

② 通过膜孔的溶质通量 J_S　在稳态操作条件下，膜两侧必然有浓度差，因此在反渗透过程中会有少量溶质透过膜，该种迁移可看成溶质在膜孔中的分子扩散过程，溶质通过膜孔的渗透通量由费克定律表示，将其沿膜厚方向积分得

$$J_S = \frac{D_{MS}}{\delta}(c_{Mi}x_{MSi} - c_{M2}x_{MS2}) \tag{7-22}$$

式中，J_S 为溶质的渗透通量，kmol/(m^2·h) 或 kmol/(m^2·s)；D_{MS} 为溶质 S 在膜中的扩散系数，m^2/h 或 m^2/s；x_{MSi}、x_{MS2} 为分别为原料侧和透过侧膜表面处膜相中溶质的摩尔分数；c_{Mi}、c_{M2} 为对应于 x_{MSi} 和 x_{MS2} 的膜相表面处的总摩尔浓度，kmol/m^3；δ 为膜厚，m。

x_{MSi} 和 x_{MS2} 分别与膜表面处的溶液成平衡状态，假设这种平衡关系为线性关系，即

$$cx_S = Kc_M x_{MS} \tag{7-23}$$

式中，K 为分配常数；c 为溶液的总摩尔浓度，kmol/m^3。则膜的两侧面处的平衡关系分别为

$$\left.\begin{array}{c} c_i x_{Si} = Kc_{Mi} x_{MSi} \\ c_2 x_{S2} = Kc_{M2} x_{MS2} \end{array}\right\} \tag{7-24}$$

将式（7-24）代入式（7-22）得

$$J_S = \frac{D_{MS}}{K\delta}(c_i x_{Si} - c_2 x_{S2}) = \frac{D_{MS}}{K\delta}(c_{Si} - c_{S2}) \tag{7-25}$$

式中，c_{Si} 为膜的料液侧表面处溶液中溶质 S 的摩尔浓度，kmol/m^3；c_{S2} 为透过液中溶质 S 的摩尔浓度，kmol/m^3。

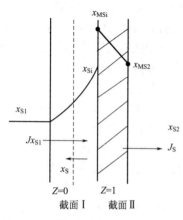

图 7-14　反渗透过程浓差极化示意图

透过液中溶质 S 的摩尔分数与水和溶质的渗透通量之间的关系为 $x_{S2} = \dfrac{J_S}{J_S + J_W}$。式（7-25）中 $D_{MS}/K\delta$ 表示溶质的渗透系数，它与溶质和反渗透膜的物化性质、膜的结构形态以及操作条件有关。当其他实验条件相同时，某参考溶质的（$D_{MS}/K\delta$）值较低表示膜表面的平均孔径较小。对于给定的膜，较低的（$D_{MS}/K\delta$）值意味着较少的溶质透过膜，反渗透分离率较高。膜结构和操作条件对溶质渗透系数的影响归纳为：a.当膜表面的平均孔径很小时，只要膜表面层足够坚硬，在一个很宽压力范围内（$D_{MS}/K\delta$）几乎为一常量；b.对于孔径较大的膜，随压力增加，（$D_{MS}/K\delta$）值趋于减小；c.给定压力下，温度升高，

$(D_{MS}/K\delta)$值也增加；d. 给定膜的$(D_{MS}/K\delta)$与料液的浓度和流速无关。

4）浓差极化　由于在反渗透过程中大部分溶质被截留，溶质在膜表面累积，因此从料液主体到膜表面建立起一层有溶质浓度梯度的边界层，溶质在膜表面的浓度c_{Si}高于在料液主体中的浓度c_{S1}，这种现象称为浓差极化。在溶质浓度梯度的作用下，溶质向原料主体方向即渗透的反方向扩散流动，经过一定时间后会达到稳态。溶质以对流方式流向膜表面的通量等于溶质通过膜的通量加上从膜表面扩散回主体的通量，此时在边界层中形成图7-14所示的浓度分布。

取边界层内任意平行于膜面的界面Ⅰ和膜的透过侧表面Ⅱ，作Ⅰ-Ⅱ两平面间溶质S的物料衡算：

$$J x_{S} - D_{WS} c \frac{\mathrm{d} x_{S}}{\mathrm{d} Z} = J x_{S2} \tag{7-26}$$

式中，J为透过液的总渗透通量，$kmol/(m^2 \cdot h)$；c为截面Ⅰ处料液的总摩尔浓度，$kmol/m^3$，该浓度可视为常数。从$Z=0(x_S=x_{S1})$到$Z=l(x_S=x_{Si})$积分得

$$\ln \frac{x_{Si} - x_{S2}}{x_{S1} - x_{S2}} = \frac{J}{ck} \tag{7-27}$$

或

$$\frac{x_{Si} - x_{S2}}{x_{S1} - x_{S2}} = \exp(\frac{J}{ck}) \tag{7-28}$$

式中，k定义为溶质S的传质系数

$$k = \frac{D_{WS}}{l} \tag{7-29}$$

溶质传质系数k是溶质性质、浓度及料液流速的函数，它决定着浓差极化的程度，k值大小也与实验条件有关。当$k \to \infty$时，$x_{Si}=x_{S1}$；当k为有限值时，$x_{Si} > x_{S1}$。故k值是膜高压侧浓差极化的量度，它与料液流速、温度和搅动条件有关。在实际应用时，k可看作与操作压力无关。

反渗透通常具有较高的截留率，即$x_{Si} > x_{S1} \gg x_{S2}$，故上式可简化为

$$\frac{x_{Si}}{x_{S1}} = \exp(\frac{J}{ck}) \tag{7-30}$$

式中，$\frac{x_{Si}}{x_{S1}}$称为浓差极化比，此值越大，说明浓差极化越严重。

浓差极化对反渗透过程中有着重要的不利影响：① 由于浓差极化现象使膜面处溶液中溶质的浓度升高，因而使溶液的渗透压升高，由式(7-20)可知，当操作压差Δp一定时，$(\Delta p - \Delta \pi)$降低，因而渗透通量J_W降低；若使J_W不变，需升高Δp；②由式(7-30)可知，当J升高则(x_{Si}/x_{S1})升高很多。例如在其他条件不变的条件下，J增加1倍，x_{Si}将增大1.7倍，溶质的渗透通量也将增加近1.7倍，所以溶质的截留率降低，说明浓差极化的存在对渗透通量的增加设置了限制；③当浓差极化严重，使得膜表面处溶质浓度高于其溶解度时，在膜表面上将形成沉淀，使透过膜的阻力增加，此时增加操作压力不仅不能提高渗透通量，反而会加速沉淀层的增厚，故J进一步下降。为了避免出现结晶沉淀，料液浓度x_{S1}不能高于一定值。因此在海水和苦咸水用反渗透法淡化时，水的利用率受到了限制。

减轻浓差极化的有效途径是提高溶质的传质系数，可采取以下措施：①提高料液流速，使边界层厚度减小，从而增大传质系数；②采取脉冲流动方式或设置湍流促进器，增强料液的湍流程度，达到增大传质系数的目的；③提高操作温度，一方面增大溶质的扩散系数，另

一方面降低了溶液的黏度，使边界层变薄，均使传质系数增大。在采取以上措施的同时要考虑能耗的增加。

5）反渗透的应用　反渗透的操作温度一般低于 50℃。目前反渗透广泛应用于水底脱盐，生产饮用水。其他的应用包括：①食品的脱水和浓缩；②血液细胞的浓缩；③工业废水的处理，除去重金属离子；④电镀过程液体的处理，得到金属离子浓缩液和用作冲洗水的渗透液；⑤从纸浆造纸工业废液分离硫酸盐和硫酸氢盐；⑥染料工业废水处理；⑦无机盐废水处理等。

【例 7-2】　测得 10.0MPa 压差和 25℃ 下，有效面积 5cm² 的醋酸纤维素膜的纯水透过流量为 0.1kg/h。对 NaCl 水溶液反渗透，料液浓度 $x_{S1} = 9 \times 10^{-3}$（摩尔分数），溶液透过总量为 0.07kg/h，测得透过液中 NaCl 浓度 $x_{S2} = 1 \times 10^{-3}$（摩尔分数），水溶液的密度近似于纯水。NaCl 水溶液渗透压：$\pi = Bx_S$，其中渗透压常数 $B = 0.255 \times 10^3$ MPa，x_S 为摩尔分数。

求：（1）纯水的透过常数 A；（2）膜表面料液侧 NaCl 浓度 x_{Si}；（3）溶液的传质系数 k；（4）溶质的渗透系数 $D_{WS}/K\delta$。

解：

（1）纯水通量 $J_W = \dfrac{0.1}{18 \times 5.0 \times 10^{-4} \times 3600} = 3.09 \times 10^{-3} [\text{kmol}/(\text{m}^2 \cdot \text{s})]$

$$A = J_W / \Delta p = \dfrac{3.09 \times 10^{-3}}{10 \times 10^6} = 3.09 \times 10^{-10} [\text{kmol}/(\text{m}^2 \cdot \text{s} \cdot \text{Pa})]$$

（2）$M_{H_2O} = 18$，$M_{NaCl} = 58$

$$x_{S2} = \dfrac{1.0 \times 10^{-3} \times 58}{1.0 \times 10^{-3} \times 58 + (1 - 1.0 \times 10^{-3}) \times 18} = 0.003215 （质量分数）$$

溶液透过通量中水的通量 $= 0.07 \times (1 - 0.003215) = 0.06977 （\text{kg/h}）$

$$J_W = \dfrac{0.06977}{18 \times 5.0 \times 10^{-4} \times 3600} = 2.15 \times 10^{-3} [\text{kmol}/(\text{m}^2 \cdot \text{s})]$$

$$J_W = A[(p_1 - p_2) - (Bx_{Si} - Bx_{S2})]$$

$$x_{Si} = x_{S2} + \dfrac{\Delta p - J_W/A}{B}$$

$$= 1 \times 10^{-3} + \dfrac{10 \times 10^6 - 2.15 \times 10^{-3}/3.09 \times 10^{-10}}{0.255 \times 10^9}$$

$$= 0.0129 （摩尔分数）$$

（3）料液摩尔浓度　$c = 1000/18 = 55.55 （\text{kmol/m}^3）$

NaCl 渗透通量 $= 0.003215 \times 0.07 = 2.25 \times 10^{-4} （\text{kg/h}）$

$$J_S = \dfrac{2.25 \times 10^{-4}}{58 \times 5 \times 10^{-4} \times 3600} = 2.155 \times 10^{-6} [\text{kmol}/(\text{m}^2 \cdot \text{s})]$$

$$J = J_W + J_S = 2.15 \times 10^{-3} + 2.155 \times 10^{-6} = 0.002152 [\text{kmol}/(\text{m}^2 \cdot \text{s})]$$

$$\dfrac{x_{Si} - x_{S2}}{x_{S1} - x_{S2}} = \exp(J/ck)$$

$$\dfrac{0.0129 - 0.001}{0.009 - 0.001} = \exp\left(\dfrac{0.002152}{55.55k}\right)$$

$$k = 9.75 \times 10^{-5} \ (\text{m/s})$$

(4)
$$c = 55.55 \ (\text{kmol/m}^3)$$

$$cx_{S1} = 55.55 \times 0.0129 = 0.7166 \ (\text{kmol/m}^3)$$

$$cx_{S2} = 55.55 \times 0.001 = 0.05555 \ (\text{kmol/m}^3)$$

$$\frac{D}{K\delta} = \frac{J_S}{cx_{S1} - cx_{S2}} = \frac{2.155 \times 10^{-6}}{0.7166 - 0.05555}$$

$$= 3.26 \times 10^{-6} \ (\text{m/s})$$

(2) 纳滤 纳滤是近年开发的介于超滤和反渗透之间的压力驱动膜分离过程,因其能够截留纳米级物质,故得名纳滤。由于纳滤膜的分离特性与反渗透类似,因此也被称为低压反渗透膜。此类膜为非对称膜,但有更多的微孔。例如皮层为聚(醚)酰胺或聚哌嗪酰胺。纳滤膜膜面或膜内一般带有负电基团,如—COOH、—SO₃H 等荷电载体,其荷电的密度约为 $0.4 \sim 2\text{meq/g}$。比较常用的反渗透膜和纳滤膜对某些有机物的截流性能可知,反渗透膜几乎可完全截留相对分子质量为 150 的有机物,而纳滤膜对相对分子质量大于 200 的有机物及二价离子才有较高截留作用。

纳滤膜用于分离多价离子和比较大的单价离子,例如重金属离子。较小的单价离子(例如 Na^+、K^+、Cl^-)大部分能够透过膜。对盐的渗透性主要取决于其阴离子的价态,通常单价阴离子的盐能大量渗透通过膜,其脱除率在 $30\% \sim 90\%$ 之间;而对 2 价或高价阴离子的盐则易于截留,可高达 90% 以上。对阴离子的截留率按 NO_3^-、Cl^-、OH^-、SO_4^{2-}、CO_3^{2-} 顺序递增;而阳离子的截留率按 H^+、Na^+、K^+、Ca^{2+}、Mg^{2+}、Cu^{2+} 顺序递增。例如纳滤膜可以脱除 50% 的 NaCl 和 90% 的 CaSO_4。

纳滤膜两侧的压降相对是比较低的,压降通常在 $0.5 \sim 2 \text{MPa}$ 之间。另外,纳滤膜的结垢速度也比反渗透膜来得低。然而,原料的预处理可以延缓膜的污染,定期清理是必要的。

纳滤过程的代表性应用包括:① 水的软化(脱除钙、镁离子);② 离子交换或电渗析之前的水预处理;③ 脱除水中重金属,使水再利用;④ 食物的浓缩;⑤ 食物的脱盐等。

7.1.3 气体分离

气体膜分离是一种以压力差为推动力的分离过程。虽然研究开发较早,但大规模工业化应用尚不足 40 年。气体膜分离技术具有能耗低、环境友好、操作简单、设备紧凑等优点,在能源和环境问题日趋严峻的今天,气体膜分离作为一种"绿色技术",在与吸附、吸收、深冷分离等传统分离技术的竞争中显示出独特的优势。

(1) 膜材料 气体分离膜是气体膜分离技术的核心,它决定着膜组件的分离性能、应用范围、使用条件和膜的寿命。气体分离膜有多种分类方法:按膜材料类型分为高分子材料、无机材料和有机-无机集成材料。

高分子膜材料有:①聚酰亚胺 这类材料具有透气选择性好,机械强度高,耐化学介质和可制成高通量的自支撑型不对称中空纤维膜等特点;②有机硅 主要包含聚二甲基硅氧烷(PDMS)及其改性材料,含有取代基团的聚乙炔膜〈例如聚 [1-三甲基硅烷基]-1-丙炔(PTMSP)〉,聚三甲基烷基乙烯(PVTMS)及其改性材料。

无机膜多由 Al_2O_3、TiO_2、SiO_2、C、SiC 等材料组成。热稳定性好、化学稳定性好、机械稳定性好等,在气体分离上有良好的应用前景。但目前制造成本相对较高、膜器结构、密封和安装有些困难。

有机-无机复合或杂化材料兼顾上述二者的优点。以耐高温聚合物材料为分离层，陶瓷膜为支撑层，既发挥了聚合物膜高选择性的优势，又解决了支撑层膜材料耐高温、抗腐蚀的问题。为实现高温、腐蚀环境下的气体分离提供了可能性。

总之，气体分离膜材料的发展方向是研制高渗透量、高选择性、耐高温、抗化学腐蚀的膜材料。另外，对二氧化碳、水蒸气及有机蒸气等可凝性气体组分分离应用领域扩大，膜材料的选择和制备也从扩散选择性逐步向溶解选择性方向发展。

(2) 气体分离原理　气体分离主要是根据混合原料气中各组分在压力的推动下，通过膜的相对传递速率不同而实现分离。由于各种膜材质的结构和化学特性不同，气体通过膜的传递方式不同，因而难以作出普适性很强的解释。目前常见的气体分离机理有两种：①气体通过多孔膜的微孔扩散机理；②气体通过致密膜的溶解-扩散机理。如图 7-15 所示。

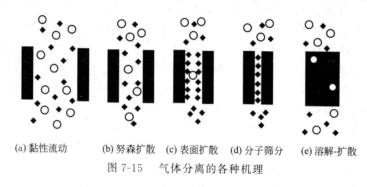

(a) 黏性流动　　(b) 努森扩散　(c) 表面扩散　(d) 分子筛分　(e) 溶解-扩散

图 7-15　　气体分离的各种机理

气体在多孔介质中传递机理包括黏性流动、努森扩散及表面扩散和分子筛分等。由于多孔介质孔径及内孔表面性质的差异使得气体分子与多孔介质之间的相互作用程度有所不同，从而表现出不同的传递特征。当气体分子与孔壁之间的碰撞概率远小于分子之间的碰撞概率，此时气体通过微孔的传递过程属黏性流动机理［见图 7-15(a)］；在微孔的直径比气体分子的平均自由程小很多的情况下，气体分子与孔壁之间的碰撞概率远大于分子之间的碰撞概率，此时气体通过微孔的传递过程属努森扩散［见图 7-15(b)］；当气体分子与介质表面发生相互作用吸附于表面之后，吸附分子沿内表面的浓度梯度向浓度递减的方向扩散称为表面扩散［见图 7-15(c)］；另外多孔介质的微孔在压力的作用下对不同大小的气体分子起筛分作用，小分子透过，大分子被截留［见图 7-15(d)］。

气体通过致密膜的传递过程一般可通过溶解-扩散机理来描述［见图 7-15(e)］。假设气体透过膜的传质过程由下列三步组成：

① 气体在膜的上游侧表面吸附溶解，是吸着过程；

② 吸附溶解在膜上游侧表面的气体在浓度差的推动下扩散透过膜，是扩散过程；

③ 膜下游侧表面的气体解吸，是解吸过程。

一般来讲，气体在膜表面的吸着和解吸过程都能较快地达到平衡。而气体在膜内的渗透扩散较慢，成为气体透过膜的速率控制步骤。

气体分离膜通常是致密的，如果传质的外部阻力可以忽略，则组分 i 透过膜的渗透通量 J_i

$$J_i = \frac{P_{M,i}}{\delta_M}(p_{F,i} - p_{p,i}) \tag{7-31}$$

式中，J_i 为组分 i 的摩尔通量，$kmol/(m^2 \cdot s)$；$P_{M,i}$ 为组分 i 的渗透率，$kmol \cdot m/(s \cdot m^2 \cdot kPa)$；$\delta_M$ 为膜厚，m；$p_{F,i}$ 和 $p_{p,i}$ 分别为组分 i 在进料侧和透过侧的分压，kPa。

低分子量气体和强极性气体具有高的渗透率，被称为"快气"。高分子量气体和对称分子被称为"慢气"。当被分离气体已经处于高压和仅仅需要部分分离时，膜气体分离是有效的。接近完全分离一般是做不到的。通过级联建立的膜网络可以实现深度分离。

气体分离典型的应用为：① 从甲烷中分离氢；② 空气分离；③ 从天然气中脱除CO_2和H_2S；④ 从天然气中回收氦；⑤ 调整合成气中H_2和CO的比例；⑥ 天然气和空气脱水；⑦ 从空气中脱除有机蒸气。

7.1.4 渗透汽化和蒸汽渗透

（1）过程原理 渗透汽化（pervaporation，简称PV）是分离液体混合物的一种新型膜分离技术。当液体混合物与选择性渗透膜的一侧相接触，而膜的另一侧抽真空或通以惰性气流把渗透组分的蒸气压减至很低时，以膜两侧的分压差作为传质推动力，利用膜对液体混合物中组分的溶解与扩散性能不同实现组分的渗透分离，这类膜过程称为渗透汽化过程。

目前公认的渗透汽化传质机理是溶解-扩散模型，传质过程可分成三步：①液体混合物在膜表面溶解并达到平衡；②溶解于膜内的组分以分子扩散方式从膜的液相侧表面透过膜的活性层传递到气相侧；③渗透组分在膜的气相侧汽化。由于气相侧的高真空度，第③步不构成传质阻力，因此传质速率受组分在膜中溶解度和扩散速率控制。前者是热力学性质，后者是动力学性质。

按照产生膜两侧蒸气压差的方法不同，渗透汽化分为多种类型（见图7-16）：

① 真空渗透汽化：膜透过侧用真空泵抽真空，造成膜两侧组分的蒸气压差。实验室一般采用这种方式。

② 热驱动式渗透汽化：通过原料液加热和透过侧液体冷却的方法形成蒸气压差，虽然传质推动力比第①类小，但操作比较简单，费用低。

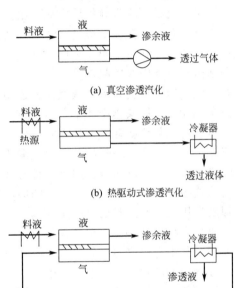

(a) 真空渗透汽化

(b) 热驱动式渗透汽化

(c) 惰性气体吹扫式渗透汽化

图 7-16　渗透汽化过程的类型

③ 惰性气体吹扫式渗透汽化：用惰性气体吹扫膜的透过侧，带走透过组分，经冷凝器回收透过组分，惰气循环使用。若透过组分无回收价值，可不用冷凝，直接放空。

根据物料性质还可以对上述方法做些变化，例如用渗透汽化脱除和回收原料中低碳烃时，使用汽油进行循环吸收；当透过组分与水不互溶时，可用低压水蒸气为吹扫气，冷凝分层后水经蒸发器蒸发循环使用。该方法适用于从水溶液中脱除低浓度甲苯、二氯乙烷之类非水溶性有机溶剂。

在一些文献中常把蒸汽渗透（vapor permeation）也归入与渗透汽化相关的过程。两过程使用的膜材料是相同的，但渗透汽化中物料有相变，而蒸汽渗透的物料均为气相、无相变发生、过程在等温下进行。

蒸汽渗透也是分离液体或蒸汽混合物的膜过程。实现分离的原理是膜材料对欲分离的原料混合物中不同组分的化学亲和力有差别，与物系的汽液平衡无关，所以在不加任何第三组分的情况下，能够有效地分离共沸物或沸点相近的混合物。选择合适的膜使含量较少的组分透过膜，而含量高的组分得到浓缩并留在截留物中。

蒸汽渗透的传质也用"溶解-扩散机理"描述。过程的推动力是膜上游（进料侧）和膜下游（渗透侧）之间的分压差。

蒸汽渗透操作条件的选择应遵循下列原则：①在满足膜组件和分离原料热稳定性的前提下，采用尽可能高的进料温度；②为保证进料侧渗透组分达到尽可能高的蒸气压，需要饱和蒸汽进料；③透过物在低压下冷凝，控制较低的冷凝温度。

近二十年来渗透汽化发展很快，在传统分离手段难以处理的共沸物、近沸点物系的分离及微量水、微量有机物的脱除等领域中显示出独特优越性，并具有分离程度高、实施简单和无污染、

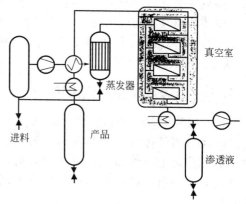

图 7-17　蒸汽渗透的原则流程

低能耗等优点，尤其与精馏、萃取、吸收、结晶等传统分离手段偶合显示出强大生命力，正成为分离过程家族中的后起之秀。

在蒸汽渗透中物料为饱和蒸汽，透过物也是蒸汽，与渗透汽化相比有以下优点：①因膜分离过程无相变，故操作中不需补充热量，不会出现因进料冷却造成传质推动力降低的问题；②对渗透汽化传质有影响的浓差极化问题可以忽略；③当用作精馏过程的后继单元操作时，气相进料更方便。尽管如此，蒸汽渗透尚有许多技术问题有待解决。

蒸汽渗透过程已成功地应用于各种分离过程，例如，从纯溶剂（醇、酯、醚、酮……）或混合溶剂中分离微量水。蒸汽渗透的原则流程如图 7-17 所示。

原料液用泵经换热器预热后送入蒸发器。根据具体情况，蒸发器底可排放少量物料，避免杂质累积和物料结垢。汽相进入膜组件，水蒸气透过膜被分离出去，或通过冷凝收集透过液以便回收其中有价值的组分。膜后由真空系统维持减压下操作。膜器的截留物以汽相形式出来，经冷凝和冷却，产品进入贮槽。

(2) 膜材料的筛选原则

1）优先透过组分的性质　由于渗透汽化通量一般较小，应以含量少的组分为优先透过组分，并根据透过组分的性质选用膜材料。一般可分三种情况：①有机溶液中少量水的脱除，可用亲水膜；②水溶液中少量有机物的脱除，可用弹性体聚合物；③有机液体混合物的分离，其中又可分三类：极性/非极性、极性/极性和非极性/非极性混合物的分离。对极性/非极性物系，透过组分为极性组分，应选用非极性聚合物。另外两类物系的分离更困难些。

2）膜材料的化学和热稳定性　渗透汽化分离的物料大多含有机溶剂，特别是有机混合物分离体系，因此膜材料应抗各种有机溶剂侵蚀。渗透汽化过程大多在较热的状态下进行，因此膜材料要有一定热稳定性。

3）膜的改进　膜分离性能的改进可通过两个途径：①膜结构改进，筛选膜材料时大多将聚合物制成致密均质膜，这种膜通量很小，若将其制成复合膜，通量会大得多；②对聚合物材料改性，一是交联，其目的是使聚合物不溶解在料液混合物中，并且减少聚合物的溶胀以保持它的选择性，交联方法有化学交联、光照射交联和物理交联；二是接枝，即通过化学反应或光照射等把某些低聚物链节作为支链接到聚合物主链上，例如化学稳定性好的聚合物常很难溶解，通过化学改性可提高其在某种溶剂中的可溶性，便于用溶液浇铸法制膜；三是

共混，它是聚合物改性中最方便和相当有效的方法，将具有不同性质的聚合物共混，使膜具有需要的特性。

（3）应用　渗透汽化和蒸汽渗透的应用可分为三种：①有机溶剂脱水，特别是乙醇、异丙醇的脱水，目前已有大规模的工业应用；②水中少量有机物脱除的应用有溶剂回收、环境保护、有机物溶液提浓、特殊有机物还原等；③有机/有机混合物的分离，已研究开发的物系有：苯/己烷、异辛烷/正己烷、戊烯/戊烷、二甲苯混合物、氯仿/己烷等。

有随着渗透蒸发技术的发展，三方面的应用会快速增长，特别是有机混合物的分离，作为某些精馏过程的替代和补充技术，在化工生产中有很大应用潜力。

7.1.5　电渗析

电渗析是在直流电场的作用下，水溶液中的离子选择性地透过离子交换膜达到离子的脱除或浓缩的电化学分离过程。

电渗析具有能量消耗低、应用灵活、操作维修方便、过程无污染，原水回收率高、装置使用寿命长等优点，越来越广泛地应用于食品、医药、化工、工业及城市废水处理等领域。

（1）电渗析的基本原理

1）电渗析过程描述　图 7-18 所示为除去水中 NaCl 的电渗析过程示意图。在正负两电极间交替地平行放置阳离子交换膜（简称阳膜）和阴离子交换膜（简称阴膜），并依次构成浓缩室与淡化室。

阳膜由带负电荷的阳离子交换树脂构成，它能选择性地使阳离子透过，而阴离子不能透过。阴膜由带正电荷的阴离子交换树脂构成，它能选择性地使阴离子透过，而阳离子不能透过。

在淡化室中通入含盐水，溶液中带正电荷的阳离子在电场作用下，向阴极方向移动到阳膜，受到膜上带负电荷的基团的异性相吸作用而穿过膜，进入右侧的浓缩室；带负电荷的阴离子，向阳极方向移动到阴膜，受到膜上带正电荷的基团的相吸作用穿过膜，进入左侧的浓缩室。这样，盐水中的 NaCl 被除去而得到淡水。在浓缩室中，阴离子

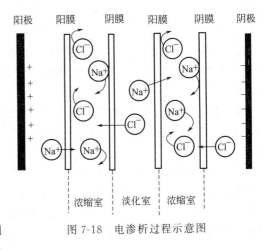

图 7-18　电渗析过程示意图

Cl⁻ 向阳极移动，碰到阳膜，由于受到膜上带负电荷基团的同性相斥作用，受阻而不能通过膜；阳离子 Na⁺ 向阴极移动，碰到阴膜，受到膜上带正电荷基团的相斥作用，受阻而不能通过膜，而浓缩室两侧室中的正负离子则可以分别通过阳膜和阴膜而进入浓缩室，因而 NaCl 在浓缩室中浓集。

综上所述，在电渗析过程中，由于与离子交换膜所带电荷相反的离子穿过膜的迁移（称为反离子迁移），NaCl 从淡化室进入浓缩室，使淡化室中的盐水淡化，并在浓缩室中得到浓缩的盐水。

2）电渗析中的迁移过程　在电渗析过程中不仅仅发生反离子的迁移，还存在其他一些有害的迁移过程。图 7-19 汇总了所有的迁移过程：

① 反离子迁移　淡化室中带正电荷的反离子 Na⁺ 和带负电荷的反离子 Cl⁻ 在电场力的作用下，分别透过阳膜和阴膜迁移到浓缩室中去，淡化室达到了除盐的目的，浓缩室的盐溶

液得到了浓缩。所以反离子的迁移是电渗析的主要过程。

② 同性离子迁移　根据 Donnan 平衡原理，离子交换膜对反离子的选择透过性不可能达到 100 %，浓缩室中的 Na^+ 离子和 Cl^- 离子也会分别透过阴膜和阳膜，即与膜中固定离子电荷符号相同的同性离子迁移透过膜。这样，进入浓缩室的正、负离子又部分地返回淡化室，当浓缩室溶液的浓度增高时，这种同性离子的迁移会加剧，影响除盐效果，降低电流效率。

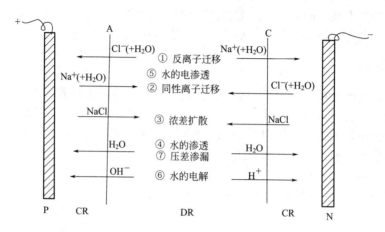

图 7-19　电渗析工作中发生的各种过程
A—阴膜；CR—浓缩室；DR—淡化室；C—阳膜；P—阳极；N—阴极

③ 浓差扩散　随着电渗析的进行，浓缩室的 NaCl 浓度高于淡化室中的浓度，因此，必然会出现浓差扩散现象，NaCl 从浓缩室扩散进入淡化室，从而影响除盐效果，降低电流效率。

④ 水的渗透　由于浓缩室和除盐室之间存在浓度差，因此会产生渗透压差，使水由淡化室向浓缩室渗透，降低了淡水产量，也就相当于增加了除盐的电耗和降低了电流效率。

⑤ 水的电渗透　电解质水溶液的阴、阳离子都是以水合状态存在的，称水合离子。一般阳离子的水合量大于阴离子的水合量，在电场力作用下，阴、阳反离子带着各自的水合水一起透过膜进入浓缩室，同时，同性离子也带着水合水进入淡化室，这就是水的电渗透。但由于反离子的迁移量大于同性离子的迁移量，所以总的结果是使淡化室中的水量减少，影响了电流效率。

⑥ 水的电解　在电渗析过程中，当电流密度增加到一定值时，膜液界面附近的离子浓度会降低至零，而主体溶液中的离子来不及补充到界面，导致膜液界面水分子在高电势梯度作用下被解离成 H^+ 和 OH^- 并参与传导电流。这种浓差极化现象不但会影响水的质量，而且也增加电耗、降低电流效率。

⑦ 压差渗漏　如果膜的两侧出现压力差时，溶液将由压力大的一侧向压力小的一侧渗漏。若浓缩室压力较大，则浓盐水会向淡水室渗透而影响产品水的质量；如淡化室压力大，就会损失淡水。但在实际电渗析操作中，一般淡化室的进水压力稍高于浓缩室的压力，以保证淡水的质量。

（2）离子交换膜　离子交换膜的选择透过性是实现电渗析过程的基本条件。离子交换膜是高分子电解质，它具有三维空间的网状骨架结构，在网状的高分子链上分布着可解离的活性基团，它们在水溶液中可解离成两个带电荷部分：固定在高分子骨架上的带电荷部分称固定离子；与固定离子所带电荷相反的可移动的离子称为反离子。膜的选择透过性就是由膜上的固定离子吸引反离子和排斥同性离子而产生的。

按膜中活性基团种类可分为阳离子交换膜、阴离子交换膜。前者含有酸性活性基团，按其酸性强弱又可分为：强酸性、中等酸性和弱酸性。后者含碱性活性基团，按其碱性强弱又可分为：强碱性、中等碱性和弱碱性。

电渗析过程对离子交换膜的基本要求是：离子选择透过性高，渗水性低，膜电阻小，物理稳定性、化学稳定性和机械稳定性好，膜的结构均一，价格低廉等。其中选择透过性是衡量膜性能的主要指标，它直接影响电渗析过程中电流的利用程度，即电流效率和脱盐效果。

(3) 电渗析器的基本构造 电渗析器多采用板框式。图 7-20 所示为板框式电渗析器组装排列方式。它的左右两端分别是阴电极室和阳电极室，中间部分自左向右为很多个依次由阳膜、淡化室隔板（构成淡化室）、阴膜、浓缩室隔板（构成浓缩室）构成的组件，使阴、阳离子交换膜与相应的浓缩室和淡化室交替排列，压紧后即构成电渗析器。要淡化的原水从右端的导水极水板进入，沿贯穿整个电渗析器诸膜对的淡水通道流入各淡化室，然后并联流过淡化室。在直流电场作用下水中的阴、阳离子分别通过两侧的阴、阳离子交换膜进入浓缩室，使水得到淡化。自淡化室流出的淡水汇总后由左端的导水极水板流出。浓水的流动情况与淡水类似，但由左端的导水极水板进入，沿浓水通道流动而后并联流过浓缩室，汇总后由右端极水板流出。

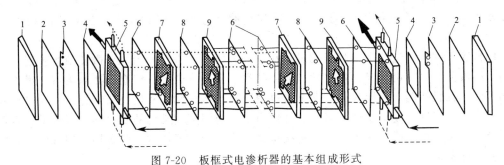

图 7-20 板框式电渗析器的基本组成形式

1—压紧板；2—垫板；3—电极；4—垫圈；5—导水极水板；6—阳膜；7—淡化室隔板；8—阴膜；9—浓缩室隔板
—极水；---浓水；⋯淡水

(4) 电渗析的应用 电渗析过程是溶液中离子与水分离的一种有效手段，并且也可利用这一特性实现某些化学反应，因此它的应用范围十分广泛。包括原料与产品的分离精制、废水废液处理和回收有用的物质等；海水、盐泉卤水浓缩制盐；医药工业脱除含盐有机物溶液中的盐分等。

7.1.6 其他膜分离过程

(1) 渗析 渗析是最早被发现和研究的一种膜分离过程，它是以浓度差为推动力，利用溶液中不同溶质透过膜的扩散速率的差异达到分离的过程。

渗析过程描述为：含有需分离溶质 A 与 B 的原液在膜的一侧，另一侧为渗析液（水或溶液）在原液与渗析液间存在溶质的浓度差，溶质就从原液侧通过膜向渗析液侧扩散。如两溶质的扩散速度不同，溶质 A 扩散快，则溶质 A 将更多地通过膜扩散到渗析液中，从而使溶质从原液中分离出来。显然，溶质 A 与 B 的扩散速度相差越大，A 与 B 的分离越完全，渗析液中溶质 B 的相对含量越少。另外，因为原液与渗析液间溶质的浓度差，在渗透压的作用下，水将通过膜向原液侧渗透。

渗析膜按材料性质可分为荷电膜与非荷电膜两类。荷电膜在膜上具有固定电荷，常用的是阴离子交换膜，这种膜上带有正的固定电荷，因为它对阳离子有排斥作用，故显示对阴离子有较高的渗透通量和选择透过性，另一方面，与其他阳离子比较，H^+在阴离子交换膜上的吸引量要高得多，因此当用阴离子交换膜作为渗析膜时，酸能顺利地通过膜，而盐则大部分被截留。所以应用阴离子交换膜作为渗析膜可以将溶液中的酸与盐分离。

非荷电膜不带固定电荷，是中性膜。过程原理是利用溶质分子大小的差异，小分子透过膜上微孔，大分子被截留。目前，凡借助外力驱动的渗析过程已被纳滤、超滤、微滤、电渗析等方法取代，难以使用外力的，例如血液透析仍在应用。

(2) 液膜分离　液膜过程于 1968 年首次用于碳氢化合物的分离，主要分为乳状液膜、支撑液膜与反萃支撑液膜三种。当两个互不相溶的液相组成的稳定乳液分散于连续的外部相中时，即形成了乳状液膜。外部相中的目标物质穿过液膜进入内部相，遵循两种传质机理：物质在膜中的扩散，以及依靠载体转运的载体促进运输。支撑液膜是将液膜相嵌入到固体多孔支撑体中作为分离的介质，其过程遵循载体促进运输的机理。有机液膜溶液用量少是支撑液膜的重要优点，然而有机溶液的逐渐渗漏会导致液膜的不稳定。反萃支撑液膜是对支撑液膜的进一步改进，其分离过程中有机溶液从膜孔中延伸出来，对支撑体孔中的溶液提供恒定速度的供给，从而解决了支撑液膜中溶液渗漏的问题，极大地提高了支撑液膜的稳定性。乳状液膜的应用包括废水中锌、苯酚、氰化物等物质的去除处理等，支撑液膜主要用于金属离子的去除、抗生素及一些生化药剂的回收以及核工业废水处理等。反萃支撑液膜的应用领域与支撑液近似，同时在生化过程中有很大的应用潜力。

(3) 膜蒸馏和渗透蒸馏　膜蒸馏过程在非等温条件下进行。当一张微孔疏水膜把温度不同的水溶液分开时，由于膜的疏水性，液态的水不会进入微孔，但高温侧水溶液在膜表面产生的蒸汽，在膜两侧蒸汽压差的推动下透过微孔进入低温侧，实现物质的分离。这要求膜材料应具有热稳定性、高疏水性、多孔性等性质，目前膜蒸馏常用的膜材料有聚丙烯、聚偏氟乙烯及聚四氟乙烯。膜蒸馏主要分为直接接触式膜蒸馏、气体吹扫膜蒸馏、空气间隙式膜蒸馏及真空膜蒸馏。

渗透蒸馏与膜蒸馏非常相似，微孔膜也起到使膜两侧溶液传质传热的作用，同时推动力都为膜两侧蒸汽压差。不同点在于膜蒸馏中蒸汽压差主要由膜两侧的温度差引起。而渗透蒸馏是由于使用具有较高渗透压的渗透液引起。膜蒸馏及渗透蒸馏可应用于纯水制备、污水处理、农产品及生物溶液的分离与纯化。

7.2 超临界流体萃取

超临界流体萃取是利用超临界流体（super critical fluid，简称 SCF）作为萃取剂从液体和固体中提取出某种高沸点的成分，以达到分离或提纯的新型分离技术。由于超临界流体萃取过程具有易于调节、萃取效率高、能耗低、产物易分离等特点，使其与传统分离方法相比具有一些技术优势。超临界流体萃取已逐步应用于生物、轻工、医药、化工、环保等领域。

(1) 超临界流体的性质　超临界流体是处于临界温度和临界压力以上区域的流体。图 7-21 所示为 CO_2 的 P-T 相图，图中表示出 CO_2 的超临界区域以及它与临界点、气相区、液相区和固相区的关系。流体在高于临界温度时，无论压力多高，流体都不会液化，但流体的密度随压力增高而增高。

表 7-7 是超临界流体与普通气体和液体基本性质的比较。从表中数据可以看出，超临界流体的密度比气体大数百倍，与液体的密度接近。其黏度则比液体小得多，仍接近气体的黏度。扩散系数介于气体和液体之间。因此，超临界流体既具有液体对物质的高溶解度的特性，又具有气体易于扩散和流动的特性。对于萃取和分离更有用的是，在临界点附近温度和压力的微小变化会引起超临界流体密度的显著变化，从而使超临界流体溶解物质的能力发生显著变化。通过调节温度和压力，就可以选择性地将样品中的物质萃取出来。

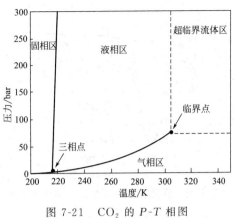

图 7-21　CO$_2$ 的 P-T 相图

（1bar = 100 kPa）

表 7-7　超临界流体与普通气体和液体基本性质的比较

性质	气体（常温常压）	超临界流体（T_c, p_c）	液体（常温常压）
密度/（g/cm^3）	0.006～0.002	0.2～0.5	0.6～1.6
黏度/[10^{-5}kg/（m·s）]	1～3	1～3	20～300
自扩散系数/（10^{-4}m^2/s）	0.1～0.4	0.7×10^{-3}	（0.2～2）×10^{-5}

注：表中数据只表示数量级关系。

溶质在超临界流体中的溶解度是温度和压力的复杂的函数。用萘在 CO$_2$ 中的溶解度说明之，见图 7-22。随压力的增高，溶解度首先下降然后上升。在低压段和高压段，温度对溶解度的影响规律相同，萘在高温下比在低温下更容易溶解。这是意料中的结果，因为奈的蒸气压随温度升高而增高。在压力稍高于临界压力的中间段，溶质变成在比较低的温度下更容易溶解。这是一个逆行现象。如果将萘的溶解度对 CO$_2$ 的密度作图，该现象不会出现。除了高溶解度以外，超临界流体对溶质的选择性也十分关键。溶质-溶剂的相互作用影响超临界流体的溶解度和选择性。所以，可利用向超临界流体中加入夹带剂的办法提高超临界流体的溶解度和选择性。图 7-22 也显示了溶质如何从 CO$_2$ 回收的问题。如果压力降低，萘的溶解度陡然降低，萘以细小的固体离子析出。

纯物质的临界温度、临界压力和临界密度数据是物质最基本的物性数据，单从临界数据看，很多物质具有超临界流体的溶剂效应。较高的临界密度有利于溶解其他物质，较低的临界温度有利于在更接近室温的温和条件下操作，较低的临界压力有利于降低产生超临界流体装置的成本和提高使用安全性。大多数溶剂的临界压力在 4 MPa 上下，符合选作超临界流体萃取剂的条件。然而，超临界流体萃取剂的选取，还需综合考虑对溶质的溶解度、选择性、化学反应可能性等一系列因素，因此，可用作超临界萃取剂的物质并不太多。例如乙烯的临界温度和临界压力适宜，但在高压下易爆聚；氨的临界温度和临界压力较高，且对设备有腐蚀性，均不宜作为超临界萃取剂。

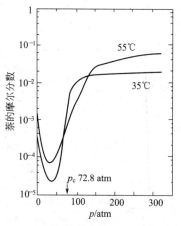

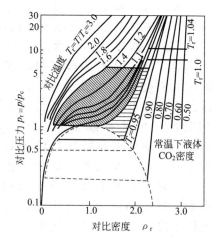

图 7-22　萘在超临界流体 CO_2 中的溶解度
（1atm = 98.0665 kPa）

图 7-23　CO_2 对比密度-对比温度-对比压力关系

CO_2 的临界温度在室温范围，临界压力也不算高，而密度较大，对大多数溶质具有较强的溶解能力。因此超临界 CO_2 是最常用和最有效的超临界流体。

图 7-23 表示 CO_2 的对比密度、对比温度与对比压力之间的关系。图中画有阴影部分的斜线和横线区域分别为超临界和近临界流体萃取较合适的操作范围。从图中可以看出，当二氧化碳的对比温度为 1.10 时，若将对比压力从 3.0 降至 1.5，其对比密度将从 1.72 降至 0.85。如维持二氧化碳的对比压力 2.0 不变，将对比温度从 1.03 升高至 1.10，其相应的密度从 $839kg/m^3$ 降至 $604\ kg/m^3$，由于超临界流体的压力降低或温度升高所引起明显的密度降低，使溶质从超临界流体中重新析出，这是实现超临界流体萃取分离的依据。

（2）液体-超临界流体的相平衡　超临界流体与液体所组成的物系的相平衡要比与固体所组成的物系的相平衡复杂，因为超临界流体在固体中的溶解度可以略去，而在液体中的溶解度却可以很大。这就增加了液相中溶质逸度计算的复杂性。

液体是介于气体和晶体两种状态之间的一种物态，对液态有两种处理方法：一种是把液体视为稠密的气体，可以用实际气体状态方程来描述液体的行为，计算液体和超临界流体所组成的物系相平衡的状态方程法，就是建立在这一基础上的；另一种是认为液体多少有点像晶体，构成液体的分子呈松散的晶格状排列，液体分子不能像气体分子那样可以作无规则的热运动，而只能在为相邻分子所包围的晶格内作前后左右的振动，描写液体的晶格模型就是这一液体模型的代表。

相平衡关系可用各种热力学模型来关联和计算，以获得平衡时的宏观热力学参数，如压力、温度、平衡组成等之间的关系。常见的热力学模型有立方型状态方程、微扰理论（pertubation theory）、晶格理论（lattice theory）及对应状态理论（conformal theory）等。

（3）超临界流体萃取过程

1）超临界流体的选定　超临界流体的选定是超临界流体萃取的关键。根据分离对象与目的不同，可选用不同的溶剂作为超临界流体，常用溶剂分为极性和非极性两类。表 7-8 列出了常见超临界流体的物理性质。

作为萃取溶剂的超临界流体必须具备以下条件：①萃取剂应具有化学稳定性，对设备无腐蚀性；②临界温度不能太高或太低，最好在室温附近；③操作温度应低于被萃取溶质的变性温度；④为减小能耗，临界压力不能太高；⑤选择性好，容易得到高纯产品；⑥溶解度要高，可减少溶剂的循环量；⑦萃取溶剂易得，价格便宜。

到目前为止，二氧化碳是最理想的超临界流体，由于它具有合适的临界性质，无毒，呈化学惰性，并且价格便宜，现已广泛应用于天然产物和生物活性物质的提纯与精制中。

表 7-8　常见超临界流体的物理性质

化合物	蒸发潜热(25℃)/(kJ/mol)	沸点/℃	临界参数		
			T_c/℃	p_c/ MPa	d_c/(g/cm³)
CO_2	25.25	−78.5	31.3	7.15	0.448
氨	23.27	−33.4	132.3	11.27	0.24
甲醇	35.32	64.7	240.5	8.1	0.272
乙醇	38.95	78.4	243.4	6.2	0.276
异丙醇	40.06	82.5	235.5	4.6	0.273
丙烷	15.1	−44.5	96.8	4.12	0.22
正丁烷	22.5	0.05	152.0	3.68	0.228
正戊烷	27.98	36.3	196.6	3.27	0.232
苯	33.9	80.1	288.9	4.89	0.302
乙醚	26.02	34.6	193.6	3.56	0.267

2) 典型的萃取流程　超临界流体的萃取过程由萃取阶段和分离阶段组成。在萃取阶段，超临界流体将所需组分从原料中提取出来。在分离阶段，通过变化某个参数或其他方法，使萃取组分再从超临界流体中分离出来，并使萃取剂循环使用。根据分离方法的不同，可以把超临界萃取过程分为三类：等温法、等压法和吸附法。典型流程见图 7-24。

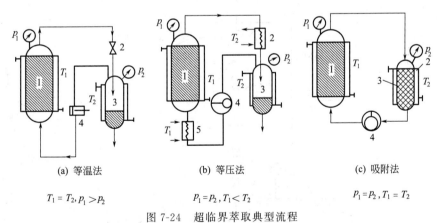

(a) 等温法　　　　　(b) 等压法　　　　　(c) 吸附法

$T_1 = T_2, p_1 > p_2$　　　$p_1 = p_2, T_1 < T_2$　　　$p_1 = p_2, T_1 = T_2$

图 7-24　超临界萃取典型流程
1—萃取槽；2，5—控温或控压装置；3—分离槽；4—压缩机或高压泵

① 等温法　该操作的特点是萃取槽和分离槽处于等温状态，萃取槽压力高于分离槽。利用高压下超临界流体对被萃取溶质溶解度高的特性，在萃取槽选择性溶解溶质。然后经减压阀降压至临界压力之下，在分离槽中析出成为产品。降压流体再通过压缩机或高压泵提升至超临界流体循环使用。

② 等压法　等压萃取操作的特点是萃取槽和分离槽处于相同压力状态，利用不同温度下超临界流体溶解能力的差异实现分离。萃取槽处于较低温度，进行萃取操作。分离槽控制

在较高的温度，使分离釜中的目标组分析出成为产品。

③ 吸附法　吸附萃取操作的特点是在分离槽中填充适当的吸附剂，在相同温度和压力条件下，使萃取出来的物质选择性地吸附在吸附剂上而分离出来。

在以上三种基本的超临界萃取流程中，吸附法理论上不需要压缩能耗和热交换能耗，应该是最节能的流程。但实际上，绝大多数天然产物的分离过程很难通过吸附剂来收集产品，所以吸附法通常只适合于能选择性地吸附分离目标组分的体系，如样品中少量杂质的脱除，咖啡豆中脱除咖啡因就是采用吸附法的成功实例。由于温度对超临界流体溶解能力的影响远小于压力的影响，因此，通过改变温度的等压法流程，虽然可以节省压缩能耗，但实际分离效果受到很多限制，使用价值不是很高。所以，通常的超临界流体萃取流程是改变压力的等温流程，或者是等温法和等压法的混合过程。

固体物料的超临界流体萃取只能采用间歇式操作，即萃取过程中萃取槽需要不断重复装料-充气、升压-运转-降压、放气-卸料-再装料的操作。所以，装置的处理量少，萃取过程中能耗和超临界流体消耗大，致使生产成本较高。对于一些液相混合物的超临界流体萃取分离则可采用如图 7-25 所示的逆流萃取塔。液体原料经泵连续进入分离塔中间的进料口，超临界流体（如 CO_2）经加压、调节温度后连续从分离塔底部进入。分离塔由多段组成，塔内填充高效填料，为了提高回流效果，从塔底到塔顶，各段温度依次升高。高压超临界流体与被分离原料在塔内逆流接触，被溶解组分随超临界流体上升，由于塔温升高形成内回流，提高分离效率。萃取了目标溶质的超临界流体从塔顶流出，经降压解析出萃取物，萃取残液从塔底排出。

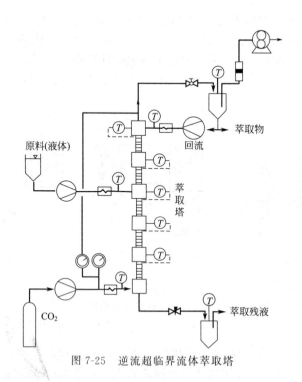

图 7-25　逆流超临界流体萃取塔

3）影响超临界流体萃取的因素

① 压力　压力是影响超临界流体萃取的关键因素之一。尽管压力对不同化合物的溶解度影响大小不同，但随着压力的增加，对所有物质的溶解度都显著增强。增加压力将提高超临界流体的密度，从而增加其溶解能力，在临界点附近这一影响尤为显著。

② 温度　温度对超临界流体溶解度影响要复杂得多。一般而言，温度升高，物质在超临界流体中的溶解度变化往往出现最低值。一方面随着温度升高，超临界流体的密度降低，导致其溶解度减小；另一方面，随着温度的升高，被萃取物质的蒸气压升高，使物质在超临界流体中的溶解度增加。由于主导因素的变化，超临界流体的溶解度随温度的升高先降低而后增加。

③ 超临界流体与被萃取物质的极性关系　一般规律是非极性超临界流体对非极性溶质的溶解性好，而极性超临界流体对极性溶质的溶解性好。例如，非极性的CO_2对极性弱的碳氢化合物和类脂有机化合物，如酯、醚、内酯、环氧化合物等的溶解性好，可在较低的压力下萃取这些化合物。

④ 提携剂　非极性的超临界CO_2对极性物质的萃取能力较差，如果在CO_2流体中加入极性溶剂（如甲醇），则可使CO_2对极性物质的萃取能力大大增强。加入的极性溶剂就称为提携剂（entrainer）。例如，氢醌在超临界CO_2流体中的溶解度极低，如果加入少量的磷酸三丁酯后，就可使氢醌的溶解度增加两个数量级以上。

⑤ 超临界流体的流速和接触时间　增加超临界流体的流速，传质系数增加，有利于溶质的萃取。流体与物料的接触时间不能太短，否则流体中的溶质浓度过低，流体就已经离开了物料。

⑥ 固体原料颗粒的粒度　在一定范围内，颗粒越细，越有利于超临界流体渗入物料内部，也有利于溶质进入超临界流体。但颗粒太细，会导致孔道堵塞，甚至无法进行萃取操作。而且，颗粒太细还会造成原料结块，出现沟流，不仅会使原料局部受热不均匀，而且在沟流处流体的线速度会显著增大，产生很大的摩擦热，严重时会使一些生物活性物质受到破坏。

(4) 超临界流体萃取的应用　超临界流体萃取自首次应用于化工行业以来，已得到了全面迅速的发展。目前它已深入应用到医药、食品、生物、化学工业等领域。

1) 中药有效成分的提取　中药的绝大部分为植物药。传统的中药提取方法主要是浸取，操作比较复杂，工艺流程长，而且常使用有毒溶剂。超临界流体萃取则能克服上述缺点，对于根茎、皮、果实的提取较易操作，应用潜力大。另外，萃取物中所含黏质成分较少，不易污染和堵塞管道，设备清洗容易。

2) 天然植物香料的提取　各种天然植物香料独特的香气是人工无法调制的，其结构组成也是相当复杂的。传统香料的提取方法主要是榨磨、水蒸气蒸馏、溶剂浸提和吸附等。由于传统方法提取香料对部分香料产生破坏或部分香料提取不完全，都会造成提取出来的香料与天然植物香气差别较大。超临界流体萃取是一种温和、破坏作用小的萃取方法，更适合天然植物香料的提取。

3) 食品功能成分的提取　超临界流体萃取在食品工业中的应用主要包括有害成分的脱去（如从咖啡中脱咖啡因，从奶油和鸡蛋中脱除胆固醇）和功能成分的提取（如啤酒花中有效成分、植物油脂、磷脂等的提取）两个方面。

4) 环境样品分析的预处理　超临界流体萃取可用于各种环境样品，如土壤、沉积物、颗粒物、水、大气中有机组分的分离。固体样品可以直接萃取，气体和液体样品需先将目标组分转移到固体吸附剂载体上。通常是为了富集有害物质，以便后续分析。超临界流体萃取用于环境样品分析的预处理速度快，选择性好，基本不使用有毒溶剂。

超临界流体萃取虽然具有鲜明的技术优势，但其昂贵的设备投资及维护费用使其发展受到一定限制。对于高经济价值的产品提取，该技术还是有很大的竞争力。比较成功而且已经商业化的工艺有以CO_2为超临界流体从咖啡中脱除咖啡因、从啤酒花中提取有效成分、从烟叶中萃取尼古丁等。随着对超临界流体性质及其混合物相平衡热力学的深入了解，超临界萃取工艺会得到更广泛的应用。

7.3 其他新型分离技术简介

（1）膜乳化技术 乳液是两种或两种以上不相容的溶剂所形成的混合物，其中一种相（分散相）分散在另一种相（连续相）中。采用膜制备乳液的过程被称为膜乳化过程，分散相经过膜孔进入连续相形成液滴。分散相通量、壁面剪切应力、跨膜压差、温度等参数会影响液滴的大小、均一度以及产率。膜乳化过程可分为直接膜乳化和预混膜乳化两种方式。直接膜乳化过程中，分散相通过膜孔进入连续相中形成乳液；预混膜乳化过程中，先将分散相与连续相预混，再经过膜孔作用形成乳液。膜乳化的操作过程可分为动态和静态两种方式。脱乳化技术在膜材料、模型、以及满足乳化应用要求的设备等方面还需要更多的改进。目前膜乳化过程可以制备油/水体系、水/油体系以及多相体系的乳液，通过微胶囊技术进一步制备颗粒，这种技术可应用于制备诸如墨粉、光热敏微胶囊（光记录）、除草剂、驱虫剂/杀虫剂、口服或注射药品、化妆品、食品添加剂、黏合剂、固化剂以及活细胞封装等。

（2）双水相萃取 双水相系统由两种聚合物或一种聚合物与无机盐水溶液组成，由于聚合物之间或聚合物与盐之间的不相容性，当聚合物或无机盐浓度达到一定值时，就会分成不互溶的两个水相，两相中水分所占比例都在 85%～95% 范围，被萃取物在两个水相之间分配。双水相系统中两相密度和折射率差别较小、相界面张力小，两相易分散，活性生物物质或细胞不易失活；可在常温、常压下进行，易于连续操作，具有处理量大等优点。

双水相萃取从原则上讲与一般的萃取有共同之处。在满足成相的条件下，待分离物质若在两个水相间存在分配的差异，就可能实现分离提纯。在常用的双水相萃取体系中，各种细胞、噬菌体等的分配系数或大于 100 或小于 0.01，蛋白质（如各类酶）的分配系数在 0.1～10 之间，无机盐的分配系数一般在 1.0 左右。不同物质的分配系数的差异构成了双水相萃取分离的基础。

在双水相萃取中，常采用的双聚合物系统为聚乙二醇（PEG）/葡聚糖（Dx），该系统的上相富含 PEG，下相富含 Dx；常用的聚合物/无机盐双水相系统有 PEG/磷酸钾、PEG/磷酸胺、PEG/硫酸钠等，其上相富含 PEG，下相富含无机盐。

要成功地应用双水相萃取系统，必须满足下列条件：①待提取物质和原料液应分配在不同的相中；②待提取物的分配系数应足够大，使其在一定的相体积比时，经过一次萃取，就能得到高的收率；③两相易于用离心机分离。

有机溶剂萃取系统用于某些活性物质或强亲水性物质的分离时，存在易使活性物质失活或溶解性差等不足，其应用面受到一定的限制。双水相萃取技术正好填补了这一空白。

当前双水相萃取技术主要应用于大分子生物质的分离，如蛋白质、核酸等，尤其是从发酵液中提取酶。对小分子生物质，如抗生素、氨基酸的双水相萃取分离的研究是近几年才开始的，并发现该技术对小分子生物质也可以得到较理想的分配效果。双水相萃取的工业规模应用也是近十几年才开始的，目前除酶的提取外，核酸的分离、人生长激素、干扰素的提取都已有工业规模应用。

从化学工程的角度看，有关溶剂萃取原理、设备和操作都可用于双水相萃取过程中，但由于两者在物化特性、热力学性质以及被分离物质在两相中的分配特性等方面的较大差异，还须对该技术进行深入的工程基础讨论。

(3) 凝胶萃取 凝胶是具有多孔网状结构的高聚物，它在一定条件下处于皱缩状态，当温度和 pH 值等条件改变时，会发生溶胀，可以吸收大于本身体积数倍乃至数十倍的溶剂，同时由于网孔的筛分作用，可以阻挡分子量较大的溶质，使它们不能进入凝胶内。凝胶萃取就是利用凝胶的这种皱缩和具有筛分作用的特性来进行大分子溶液的浓缩和具有不同分子量的物质的分离的。

凝胶的结构和孔径大小与凝胶的种类和制备过程有关，使用不同的原料和制备方法，可以得到不同结构的凝胶。

影响凝胶胀缩状态的主要因素有溶液的酸度、温度、组成以及外加电场等。

1）溶液的酸度　当溶液的酸度发生变化时，凝胶体积会发生显著的变化。例如，对于交联聚丙烯酰胺凝胶，在 pH 值为 5～6 的范围时，凝胶体积发生急剧的变化；对于葡聚糖凝胶，在 pH 值为 2～3 的范围时，凝胶体积发生急剧的变化。

2）温度　温度对凝胶吸液量的影响很大，在较窄的温度范围内，一些凝胶的体积会有急剧的变化。但对于不同的凝胶，体积发生急剧变化的温度不一定相同。例如非离子凝胶聚异丙基丙烯酰胺在 33℃ 左右体积发生突变；对于离子凝胶聚 N，N-二乙基丙烯酰胺，在 45℃ 左右体积发生突变。

3）溶液组成　溶液组成的改变也会引起凝胶体积的变化。例如，非离子型聚异丙基丙烯酰胺凝胶在二甲基亚砜（DMSO）水溶液中的体积随着 DMSO 的浓度而变。溶液中金属离子的浓度对凝胶的胀缩也有影响。

4）电场作用　在直流电场的作用下，聚电解质凝胶的体积可以发生较大的变化。

凝胶体积随着上述操作条件的变化而发生胀缩现象是凝胶萃取分离的基本依据。显然，为了经济地实现凝胶萃取分离，希望凝胶体积随条件变化有剧变，因为这样可以大大减少变更条件所花的费用。

对凝胶萃取分离中所用凝胶的基本要求：①溶涨量大；②对溶质的吸收有良好的选择性；③再生容易，即微小地变更温度和 pH 值等条件，就可以使凝胶皱缩，得以再生；④溶涨与皱缩的速率快，与溶液的分离容易实现；⑤强度高，寿命长；⑥不溶解，不污染溶液。

凝胶萃取分离过程由三个基本步骤组成：①干胶或经再生的皱缩凝胶与待分离液体混合，凝胶吸收溶剂后溶涨；②将溶涨后的凝胶与溶液分离，并对凝胶进行洗涤；③皱缩再生和释放吸收的溶剂。

凝胶萃取具有以下特点：①微小地改变温度或 pH 值等条件即可以使凝胶再生，因此，过程的能耗很低；②过程简单，设备费用低；③操作条件温和。

凝胶萃取分离应用于生化分离工程和大分子溶液的浓缩分离。例如：碱性蛋白酶浓缩；牛血清蛋白和牛血红蛋白的分离等。

(4) 分子蒸馏 分子蒸馏又叫短程蒸馏，是一种新兴的液-液分离技术。在高真空条件下，当蒸发面和冷凝面的间距小于或等于被分离组分蒸气分子运动的平均自由程时，由蒸发面逸出的分子，既不与残余空气的分子碰撞，自身也不相互碰撞，毫无阻碍地飞射并聚集在冷凝面上冷凝。从而达到分子运动自由程大的轻分子与分子运动自由程小的重分子的分离。分子蒸馏分离原理如图 7-26 所示。

通常，分子精馏在 10^{-3}～10^{-4} mmHg（1 mmHg＝133.322 Pa）的压力下操作。在工业生产中，操作压力为 10^{-2}～10^{-3} mmHg 是经济合理的。

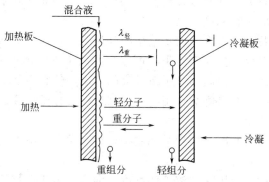

图 7-26　分子蒸馏分离原理示意图

由分子蒸馏原理可见，分子蒸馏应该满足两个基本条件：①轻重分子的平均自由程要有差异，并且差异越大越好；②蒸发面和冷凝面的间距要合适，应小于轻分子的平均自由程。

分子运动的平均自由程可以用下式计算：

$$\lambda = \frac{k}{\sqrt{2}\,\pi} \times \frac{T}{d^2 p}$$

式中，k 为玻耳兹曼常数；T 为温度；p 为压力；d 为分子的有效直径。由此可知，分子的有效直径越大，其分子运动自由程越小。

以空气为例，分子的有效直径可以取 3.11×10^{-10} m，在 0.133 Pa 的压力下，分子运动的平均自由程在 5.6cm 左右。

分子蒸馏中的相对挥发度一般用下式表示：

$$\alpha_\tau = \frac{p_1^0}{p_2^0} \sqrt{\frac{M_2}{M_1}}$$

式中，M_1 和 M_2 分别为轻重组分的相对分子质量；p_1^0 和 p_2^0 分别为轻重组分的饱和蒸气压。由此也可以进一步看出相对分子质量（分子大小）的差别对于分子蒸馏效果的影响。

分子蒸馏技术自 20 世纪 30 年代问世以来得到人们的广泛重视。20 世纪 60 年代，此项技术已成功地用于从浓缩鱼肝油中提炼维生素 A 的工业化中。近年来一些发达国家已在 150 余种产品的分离上成功地实现了分子蒸馏的工业化。具体的应用实例有：生产低蒸气压油品（如真空泵油）、高黏度润滑油、高碳醇、烷基多苷、精制鱼油、米糠油等。大量的工业化实践表明，分子蒸馏对于高沸点、热敏性、易氧化或者易聚合的物质特别适用。

分子蒸馏技术的应用领域有石油化工、食品工业、医药工业、农药工业、香精和香料工业及塑料工业等

(5) 泡沫分离　泡沫分离是基于表面活性物质能在气液界面浓集的性质使混合物分离的技术。泡沫分离的两个基本条件是：①有很大的气液接触表面；②欲分离的物质具有表面活性。

气液接触表面通常用鼓空气泡和搅拌来实现。也可以采用加压溶解减压释放和电解水的方法产生，这两种方法可以得到尺寸小而均匀的气泡。

泡沫分离的物理基础是溶液或悬浮液中各种物质表面活性的差别。表面活性物质分子结构的特点是不对称性，它由一个亲水的极性基和疏水的非极性基组成，因此在水中的表面活性物质有在界面吸附浓集的倾向，使表面张力降低。

当溶液中要分离的物质为表面活性物质时（例如洗涤剂），可以直接通空气泡进行分离。实际上多数物质不具有表面活性，此时可以加入适当的表面活性剂，使要分离的物质吸附在表面活性剂上或与之结合变成具有表面活性，用泡沫分离的方法实现分离。

基于上述原理，泡沫分离的一般操作步骤为：

① 加表面活性剂（如要分离的物质即被提物没有表面活性）和其他必要的助剂；

② 往溶液中吹气（或同时加搅拌）或用其他方法形成气泡与溶液的混合体，使被提物浓集在气泡表面上；

③ 分离出泡沫，并用化学、热或机械的方法破坏泡沫，将被提物分离出来。

泡沫分离的优点是提取率高，能耗较低，投资相对较少，操作与维护比较简单。此外在很多情况下可以回收被分离的物质和表面活性剂。

目前泡沫分离应用最广的领域是浮选法浓集矿物。此外，泡沫分离可用于分离多种物质，包括溶解的离子和分子物质、蛋白质、微生物等。根据这种方法适用于从极稀溶液中提取物质的特点，在废水处理领域也有广阔的应用前景。

7.4 分离过程的集成

为了减少设备费，特别是操作费用，使困难的分离成为可能或改进现有的分离程度，由两种或两种以上不同类型的分离过程组合而成的集成系统得到了广泛应用。虽然由膜分离过程与其他分离操作的集成最普通，但已发现还有其他一些集成也有独到之处。表7-9列举了得到工业应用的一部分集成系统，其中某些集成系统还包括了应用实例。而应用更广泛的大量集成系统，例如普通精馏与萃取蒸馏的集成、普通精馏与共沸蒸馏、普通精馏或共沸蒸馏与液-液萃取的集成等不一而足，这已在相关章节做过详细讨论。

表7-9 集成系统

集成系统	分离实例	集成系统	分离实例
模拟移动床吸附—精馏	用乙苯洗脱间-二甲苯—对-二甲苯	反渗透—蒸发	废水浓缩
层析—结晶		气提—气体膜分离	从酸水中回收氨和硫化氢
结晶—液-液萃取	碳酸钠—水	变压吸附—气体膜分离	氮—甲烷
精馏—吸附	乙醇—水	吸附—渗透汽化	渗透汽化用于吸附剂再生
精馏—结晶		吸收—渗透汽化	溶剂回收
精馏—蒸汽渗透	丙烯—丙烷；乙醇—水 等	反应精馏—渗透汽化	甲基叔丁基醚生产
气体渗透—吸收	天然气脱水	精馏—渗透汽化	乙醇—水；异丙醇—水 等
反渗透—精馏	羧酸—水	结晶—渗透汽化	

7.4.1 传统分离过程的集成

(1) 共沸精馏和萃取过程的集成

1）不加共沸剂的过程集成 二异丙基醚是重要化工产品，其生产过程的重要一步是从二异丙基醚与异丙醇和水的混合物中分离二异丙基醚。该物系可形成多个共沸物，如表7-10所示。

表 7-10　二异丙基醚-异丙醇-水三元物系的共沸物（101.3kPa）

共沸物	组成（质量分数）			共沸温度/℃
	水	异丙醇	二异丙基醚	
水／二异丙基醚	0.045	0.0	0.955	62.2
异丙醇／二异丙基醚	0.0	0.141	0.859	65.2
水／异丙醇／二异丙基醚	0.041	0.071	0.888	61.6

同时，水与二异丙基醚的互溶度较小，温度 30℃时，二异丙基醚在水中溶解 0.7％（质量分数），水在二异丙基醚中溶解 0.61％（质量分数），因而可以采用不加共沸剂的共沸精馏与萃取集成分离二异丙基醚。

原料组成（质量分数）：二异丙基醚 32.9％；异丙醇 64.6％；水 2.5％；欲得到含量 99.9％以上的二异丙基醚产品和含量大于 98.5％的异丙醇作为循环原料利用，可设计出如图 7-27 所示的流程。

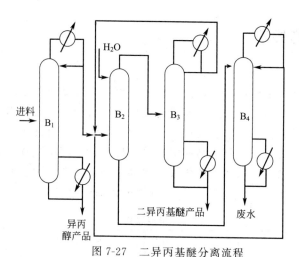

图 7-27　二异丙基醚分离流程

B₁—共沸精馏塔；B₂—萃取塔；B₃—精馏塔；B₄—提馏塔

B_1 为共沸精馏塔，塔顶得到三元共沸物或三元共沸物与二元共沸物的混合物，塔釜得到满足要求的异丙醇；B_2 塔为萃取塔，用水作萃取剂，萃取进料中的异丙醇，塔顶得到高浓度的二异丙基醚，再进精馏塔 B_3 精制二异丙基醚。B_3 塔实际上也是一个均相共沸精馏塔，塔釜得二异丙基醚产品，塔顶为三元共沸物或与二元共沸物的混合物。萃取塔底为含少量二异丙基醚的稀溶液，送入提馏塔 B_4 回收二异丙基醚，B_1，B_3 和 B_4 塔顶均为共沸物，经混合返回萃取塔。

该流程的特点是，利用进料中各组分能生成二元和三元均相共沸物的特性和通过萃取操作有效地越过共沸点的过程集成达到预期的分离目标。萃取剂——水又是原料中的一个组分，使总的组分数没有增加，分离流程大大简化。

2）加入共沸剂的共沸精馏和萃取的集成　要求在常压下分离环己烷（沸点 80.8℃）和苯（沸点 80.2℃）。环己烷与苯形成二元最低共沸物，共沸组成为含苯 0.54（摩尔分数），共沸点 77.4℃。分离该物系较好的共沸剂是丙酮（沸点 56.4℃），它仅与环己烷形成最低共沸物（沸点 53.1℃），共沸组成含丙酮 0.746（摩尔分数），分离流程如图 7-28 所示。

环己烷-苯混合物和丙酮一起送入共沸精馏塔 D_1，纯苯从塔釜得到，丙酮-环己烷二元均相共沸物从塔顶馏出，冷凝后进入萃取塔 D_2，以水为萃取剂回收丙酮。萃取塔顶出环己烷产品，塔底出丙酮-水溶液，送入 D_3 塔，塔顶得纯丙酮循环使用，塔釜为纯水，作为萃取剂循环到 D_2 塔。

若系统有两个二元共沸物，则共沸精馏流程要复杂些。图 7-29 所示是甲醇为共沸剂从沸点与甲醇相近的烷烃中分离出甲苯的流程。共沸精馏塔 D_1 塔顶产品（甲醇-烷烃共沸物）冷凝以后，甲醇与烷烃完全互溶，需用萃取塔 D_2 回收甲醇。再经普通精馏塔 D_3 分离水与甲醇。共沸塔釜液则送入脱甲醇塔 D_4，该塔塔釜出甲苯，塔顶出甲醇-甲苯共沸物，该共沸物再返回到 D_1 塔的进料中。

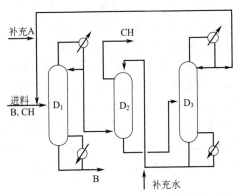

图 7-28　分离环己烷-苯混合物共沸精馏流程
D_1—共沸精馏塔；D_2—萃取塔；D_3—丙酮精馏塔；
A—丙酮；B—苯；CH—环己烷

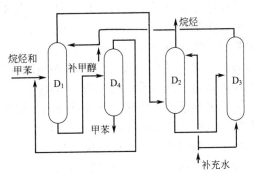

图 7-29　分离甲苯-烷烃的共沸精馏流程
D_1—共沸精馏塔；D_2—萃取塔；
D_3—甲醇精馏塔；D_4—脱甲醇塔

（2）共沸精馏与萃取精馏的集成　使用极性和非极性溶剂从丙酮、甲醇、四亚甲基氧化物和其他氧化物的混合物中分离丙酮和甲醇。该分离流程的核心部分是共沸精馏和萃取精馏，如图 7-30 所示。丙酮、甲醇和四亚甲基氧化物三元共沸物首先进萃取精馏塔分离，以高度极性的水作为溶剂，塔釜采出甲醇水溶液，进一步送去提纯甲醇。塔顶馏出丙酮和四亚甲基氧化物的共沸物，进入共沸精馏塔，共沸剂为非极性溶剂戊烷。丙酮和戊烷形成二元最低共沸物，共沸点是 32℃，从塔顶采出，该共沸物进分层器加水分层得到分离，形成戊烷相与丙酮-水相，前者返回共沸精馏塔进料，后者送丙酮精制，得到纯丙酮。

共沸精馏和萃取精馏集成的另一个例子是从含甲基四氢呋喃、乙醛缩二乙醇和氧化物杂质的粗甲乙酮原料中分离回收甲乙酮。主要流程如图 7-31 所示。原料首先进入共沸精馏塔，共沸剂己

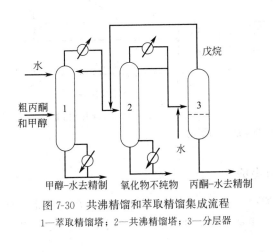

图 7-30　共沸精馏和萃取精馏集成流程
1—萃取精馏塔；2—共沸精馏塔；3—分层器

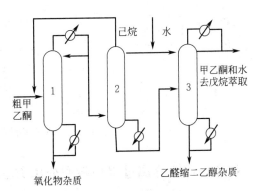

图 7-31　甲乙酮回收流程
1—共沸精馏塔；2—萃取塔；3—萃取精馏塔

烷与原料混合进塔，氧化物杂质从塔釜分出。共沸物从塔顶馏出，进入萃取塔，水为萃取剂，萃余相为己烷返回共沸精馏塔进料，萃余相为甲乙酮和剩余杂质的水溶液，再进入萃取精馏塔，水为溶剂，水的加入量要保证塔板上水的浓度大约为 60％（质量分数），极性溶剂水降低了乙醛缩二乙醇等杂质的相对挥发度，使之从塔釜排出，甲乙酮和水的共沸物从塔顶采出，再经戊烷萃取、精馏得到甲乙酮产品。整个流程由一个共沸精馏塔、一个萃取精馏塔、两个萃取塔和一个精馏塔构成。水即是一个萃取塔的萃取剂又是萃取精馏塔的溶剂。

（3）结晶和精馏集成　在表 7-9 中对结晶和精馏集成系统未列实例。有作者指出，这种系统能够克服结晶中的共熔和精馏中的共沸对分离的限制。进而，虽然加工含有固体的物流比流体更加困难，但是结晶操作仅需要一级就能得到高纯度的晶体。图 7-32 给出精馏与结晶集成系统示意流程和相图。原料是 A 和 B 的混合物，如相图所示，此混合物在气-液相区域有共沸物，又在较低温度的液-固相区域存在共熔点。混合物的组成按组分 B 计，原料组成位于共熔点和共沸组成之间，如果单独使用精馏并有足够多的塔板数，馏出物的组成则接近共沸物组成，塔底产物接近纯 A。如果单独使用熔融结晶，则两个产品将是纯 B 和接近共熔组成的母液 Eu，图 7-32 所示的精馏与结晶的集成系统将生产纯 B 和接近纯 A 的产品。原料进入精馏塔，产生组成接近共沸物的馏出液送去熔融结晶，此处产生的组成接近共熔物的母液得以回收和循环返回精馏塔，总结果是，原料被分离成接近纯 A 的精馏塔塔底产物和从结晶器得到的纯 B 产品。

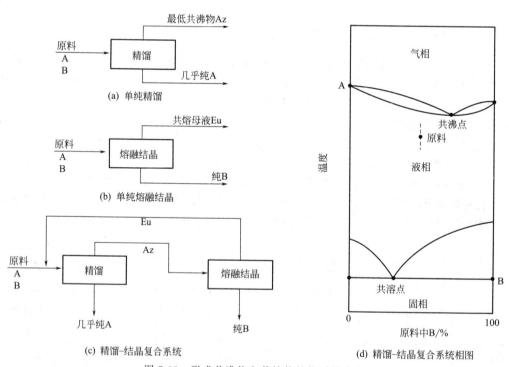

图 7-32　形成共沸物和共熔物的物系的分离

7.4.2　传统分离过程与新型分离方法的集成

（1）精馏与渗透汽化（或蒸汽渗透）集成流程　精馏与膜分离的集成是分离共沸系统的有效方法。用分离膜改变物系的汽液平衡行为。渗透汽化有别于其他膜过程，膜一边的相态与另一边不同。进料侧保持足够高的压力，使进料处于液相。膜的另一侧维持压力低于渗透物的露点，使渗透物处于气相。致密膜用于渗透汽化。商业上使用的大多数渗透汽化膜是亲水膜。水优先透过膜，所以适合于有机物脱水。典型的应用包括乙醇脱水和异丙醇脱水，它们都与水生成共沸物。乙醇脱水流程如图 7-33 所示。乙醇-水混合物被送进一个常规精馏塔中，塔顶得到接近共沸组成的馏出液，塔底分离出过量的水。然后，馏出液进入渗透汽化膜脱水，水允许透过膜，乙醇则越过共沸组成，成为脱水乙醇。图 7-33 中膜的低压侧保持真空状态，使水以气相离开，经冷凝后凝液返回精馏塔，回收其中所含的相当多的乙醇。

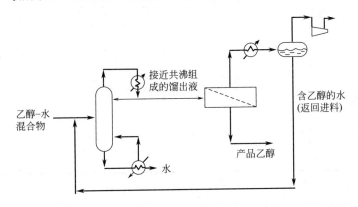

图 7-33　精馏与渗透汽化的集成流程（乙醇脱水）

图 7-34 所示为精馏与蒸汽渗透的集成流程，也可应用于乙醇脱水。乙醇-水混合物首先进入精馏塔，塔顶得到接近共沸组成的馏出液。塔顶设置分凝器，未冷凝的蒸汽送入蒸汽渗透膜，有机物（乙醇）优先透过膜，渗余汽返回精馏塔。渗透物乙醇达到脱水的目的。

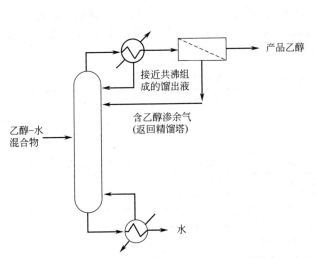

图 7-34　精馏与蒸汽渗透的集成流程（乙醇脱水）

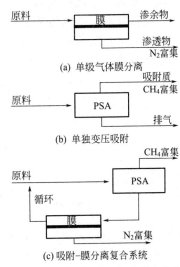

图 7-35　变压吸附与气体膜分离的集成

（2）变压吸附（PSA）与气体膜分离操作的集成　变压吸附优先移出甲烷，气体渗透则优先移出氮，渗余气循环回到变压吸附进料。图 7-35（c）表示了此集成系统，并与单独的单级气体膜分离操作［见图 7-35（a）］和单独变压吸附操作［见图 7-35（b）］作了比较，只有集成系统才能实现甲烷和氮之间相当清晰的分离。这三个过程得到的典型数据见表 7-11。

表 7-11　图 7-35 中各过程的典型数据

项目	流量/(Mscf/h)	CH_4（摩尔分数）/%	N_2（摩尔分数）/%
原料气	100	80	20
单纯膜分离：			
渗余物	47.1	97	3
渗透物	52.9	65	35
单纯 PSA：			
吸附质	70.6	97	3
排气	29.4	39	61
集成系统：			
CH_4 富集产品	81.0	97	3
N_2 富集产品	19.0	8	92

注：原料气流量为 2831.68 m^3（标准状态）/h。1Mscf＝28.3168m^3。

三个过程的甲烷富集产品均含有甲烷 97%（摩尔分数），然而仅集成系统的氮富集产品含氮超过 90%（摩尔分数），并有高甲烷回收率（98%），单独采用膜分离的甲烷回收率仅为 57%，而单独采用吸附的为 86%，集成系统显然优于单独使用膜分离或吸附操作。

(3) 超临界流体萃取与其他过程的集成　超临界流体萃取单独使用一般难以得到目标产品。因此，超临界流体萃取和各种分离技术的集成应该是超临界流体萃取进一步工业化应用的方向。超临界流体萃取与常规萃取、溶液结晶、吸附、层析分离等技术集成得到目标产品的方法已经有大量实验室研究报道，并有大量的工业应用。表 7-12 给出了超临界流体萃取与各种分离技术的集成，并给出了一些研究或工业应用的例子。

表 7-12　超临界流体萃取与各种分离技术的集成

集成的分离技术	体系说明
吸附、变压吸附	咖啡豆脱咖啡因过程中超临界流体萃取后用吸附剂吸附咖啡因；超临界萃取耦合变压吸附精制柑橘精油
色谱/层析分离	超临界色谱对应的分析和分离体系；超临界流体萃取后混合物的进一步层析分离
精馏、分馏、蒸馏	萃取精馏耦合从生姜中提取姜酚
溶剂萃取（含络合萃取、超临界二氧化碳微乳萃取、耦合离子液体的萃取）	天然产物超临界流体萃取后用极性或非极性溶剂除杂；用络合剂萃取络合金属离子再进行超临界流体萃取；超临界二氧化碳微乳液提取生物大分子和金属离子；从离子液体中分离不同有机化合物
结晶	天然产物超临界流体萃取后结晶除杂，RESS（超临界流体溶液快速膨胀）过程可以视为超临界萃取和结晶集成的典型过程
膜分离	高压气体中 CO_2 的回收等

超临界流体萃取和膜分离技术集成显示出各自的优势，符合绿色化工过程的要求。从乙醇水溶液中分离乙醇时用膜分离手段回收超临界萃取后的高压 CO_2。结果表明该过程具有

显著的低能耗优势。这是因为超临界萃取过程中产生超临界流体的加压过程需要消耗整个过程很大一部分能量；萃取后减压分离过程又将超临界流体变为较低压的气体。两过程的集成大幅度节约了能量。

（4）膜结晶技术 膜结晶技术就是采用膜技术作为一种创新手段来改进工业结晶过程。最早的膜结晶研究追溯到 1986 年人们通过 RO 中空纤维膜组件中草酸钙的沉淀模拟肾小管中结石形成的初期阶段。根据膜结晶过程中的传质机理，可以分为两种情况，一是溶剂蒸发膜结晶（从结晶溶液中以气相形式移除溶剂），另一种是非溶剂膜结晶（在结晶溶液中添加非溶剂）。溶液过饱和度是结晶的推动力，成核过程和结晶速率都受到其影响。通过采用适当的膜及操作条件，可以有效控制结晶动力学过程（结晶度、结晶形态和结构）。结晶过程通常由膜表面诱导的异相成核主导。膜结晶技术的一个重要应用是水处理，并逐渐成为解决饮用水需求问题的具有经济竞争力的手段。

本章符号说明

英文字母

A ——纯水透过常数，$kmol/(m^2 \cdot h \cdot Pa)$ 或 $kg/(m^2 \cdot h \cdot Pa)$；膜面积，$m^2$；

A_k——膜的孔隙率；

B——渗透压常数，Pa；

c——浓度，mol/m^3 或摩尔分数；

D——扩散系数，m^2/s；

d——直径或孔径，m；分子的有效直径；

J——渗透通量，$kg/(m^2 \cdot s)$ 或 $kmol/(m^2 \cdot s)$ 或 $m^3/(m^2 \cdot s)$；

K——总传质系数，m/s；分配常数；

k——溶质传质系数或分传质系数，m/s；玻耳兹曼常数；

L_p——纯水透过系数，$m^3/(m^2 \cdot s \cdot Pa)$；

L——膜的长度；

l——膜厚或边界层厚度或毛细管长度，m；

M——相对分子质量；

P——透过系数，m/s；渗透率；

p——压力，Pa；

R——截留率；气体常数，其值为 8.3145J/(mol·K)；

r——毛细管半径，m；

T——温度，K；

t——时间，s；

u——流速；

V——体积，m^3；

x——液相浓度或膜上游流体组成，m^3/mol 或摩尔分数；膜边界层或膜厚度变量；

y——气相浓度或膜下游流体组成，m^3/mol 或摩尔分数；

Z——边界层厚度。

希腊字母

α ——分离系数；分离因子；

β ——分离系数；分离因子；

δ ——膜厚，m；

λ ——气体分子平均自由程，m；

μ ——黏度，$N \cdot s/m^2$ 或 $Pa \cdot s$；

π ——渗透压，Pa；

ρ ——密度，kg/m^3；

σ ——表面张力，N/m；反射系数；

τ ——膜的弯曲因子。

下标

1，2——分别为膜的原料侧和透过侧；

b ——溶液主体；

c ——临界；

F ——进料侧；

i ——原料侧膜表面；

i ——某组分；

M ——膜；

m ——高压侧膜表面；

obs ——表观；

p ——膜透过侧；

r ——对比；

S ——溶质；

t ——时间；

V ——溶剂；

W ——水。

上标

m ——通量衰减系数；

0 ——饱和蒸气。

参 考 文 献

[1] 时钧，汪家鼎，余国琮，陈敏恒.化学工程手册：下卷.第2版.北京：化学工业出版社，1996.

[2] Radecki P P, Crittenden J C et al. Emerging Separation and Separative Reaction Technologies for Process Waste Reduction. New York：American Institute of Chemical Engineers，1999.

[3] Scott K，Hughes R. Industrial membrane separation technology. London：Blackie academic& professional，1996.

[4] 《化工百科全书》编辑委员会. 化工百科全书：第11卷. 北京：化学工业出版社，1996.

[5] Seader J D, Henley E J, Roper D K. Separation process principles. 3rd ed. New York：John Wiley & Sons Inc，2011.

[6] Noble R D，Stern S A. Membrane Separation Technology：Principles and Applications. Amsterdam：Elsevier Science B V，1995.

[7] 刘家祺，姜忠义，王春艳.分离过程与技术.天津：天津大学出版社，2001.

[8] 任建新.膜分离技术及其应用.北京：化学工业出版社，2003.

[9] 丁明玉. 现代分离方法与技术. 第2版，北京：化学工业出版社，2012.

[10] 陈欢林. 新型分离技术. 北京：化学工业出版社，2005.

[11] Smith R . Chemical Process Design and Integration. New York：John Wiley ur& Sons Ltd，2005.

[12] Wankat，Phillip C. Separation Process Engineering. 3rd ed. New York：Pearson Education Inc，2011.

[13] Strathmann Heinrich. Introduction to Membrane Science and Technology. New York：Wiley-VcH Verlag GmbH & Co KGaA，2011.

[14] Drioli Enrico，Giorno Lidietta. Membrane Contactors and Integrated Membrane Operations. Amsterdam：Elsevier Inc，2010.

[15] Baker Richard W. Membrane Technology and Applications. 3rd ed. New York：John Wiley & Sons Ltd，2012.

[16] 蒋维钧，余立新. 新型传质分离技术. 第2版，北京：化学工业出版社，2006.

习　题

7-1. 用反渗透过程处理溶质质量分数为 3% 的溶液，渗透液含溶质为 150ppm（1ppm=10^{-6}）。计算截留率 R 和分离因子 α，并说明这种情况下哪一个参数更适用。

7-2. 在超滤实验测定中，膜表面浓度 c_m 难以直接测得，可推导出表观截留率 R_0 与实际截留率 R 以及流速、通量间的关系，由计算的 R 求 c_m。现由膜评价实验测得某大分子溶液的渗透系数 $A = 2\times10^{-11}$ $m^3/(m^2 \cdot Pa \cdot s)$，在室温及压力 0.2 MPa，流速为 0.4 m/s 条件下进行超滤，传质系数 $k = 14.22 \times 10^{-6} u^{0.875}$ m/s，大分子溶液浓度较低，渗透压可忽略不计；溶液的透过通量近似等于溶剂的透过通量。测得表观截留率 $R_0 = 80\%$，求实际截留率。

7-3. 利用反渗透膜组件脱盐，操作温度为 25℃，进料侧水中 NaCl 质量分数为 1.8%，压力为 6.896MPa，渗透侧的水中含 NaCl 0.05%（质量分数），压力为 0.345MPa。所采用的特定膜对水和盐的渗透系数分别为 1.0859×10^{-4} g/（cm$^2 \cdot$ s$\cdot$ MPa）和 16×10^{-6} cm/s。假设膜两侧的传质阻力可忽略，水的渗透压可用 $\pi = RT\Sigma m_i$ 计算，m_i 为水中溶解离子或非离子物质的摩尔浓度。试分别计算水和盐的渗透通量。

7-4. 质量分数 1% 的牛血清蛋白（$M_W = 69000$）用平膜薄层流式组件进行连续浓缩。操作条件为流量 0.5 L/min，压力 0.2 MPa，液温 25℃，膜组件的流通高度为 2.5 mm、宽度为 30 cm、长度为 1 m。膜对蛋白的截流率为 100%，纯水的渗透系数 $A = 3\times10^{-3}$ cm/（cm$^2 \cdot$ MPa$\cdot$ s），蛋白的扩散系数 $D = 6.8\times10^{-7}$ cm^2/s，溶液的黏度 $\mu = 1$ cP，密度 $\rho = 1$ g/cm^3，试求透过膜的通量。

在浓缩过程中应用时，溶质的截流率一般认为 100%，渗透压差变为与膜面浓度对应的渗透压

$$\pi = (RT/M_W)[c_m - 1.09\times10^{-2}c_m^2 + 1.24\times10^{-4}c_m^3 + 20.4(c_m^2 + 1.03\times10^6)^{1/2} - 2.07\times10^4]\times0.1$$

式中，π 的单位为 MPa，c 的单位为 g/L。